本书由
国家社科基金重大项目"人工认知对自然认知挑战的哲学研究"（21&ZD061）
山西省"1331工程"重点学科建设计划
资助出版

认知哲学译丛

魏屹东／主编

具身性与
认知科学

Embodiment and
Cognitive Science

〔美〕雷蒙德·W.吉布斯（Raymond W. Gibbs Jr.）／著

魏屹东　孔佳仪／译

科学出版社

北　京

图字号：01-2020-3892

内 容 简 介

人对其身体活动的主观感受是如何为人类认知和语言提供基础的？本书通过论述感知、概念、心理意象、记忆、推理、认知发展、语言、情绪和意识在不同程度上都有的具身性基础，主张认知是当身体接触到物质的、文化的世界时所发生的事情，必须从人与环境之间动态相互作用的角度来研究。而且许多学科的经验证据和关于知觉、图像和推理、语言和交流、认知发展等的研究都支持了心智是具身的观点。

本书适合哲学、认知科学、心理学、语言学、计算机科学和人工智能等领域的专家学者和学生阅读。

图书在版编目（CIP）数据

具身性与认知科学 /（美）雷蒙德·W.吉布斯（Raymond W. Gibbs Jr.）著；魏屹东，孔佳仪译.北京：科学出版社，2024.11.—（认知哲学译丛 / 魏屹东主编）. — ISBN 978-7-03-079600-4

Ⅰ．B842.1

中国国家版本馆 CIP 数据核字第 2024821ED7 号

责任编辑：任俊红　高雅琪 / 责任校对：贾伟娟
责任印制：赵　博 / 封面设计：有道文化

科学出版社 出版
北京东黄城根北街 16 号
邮政编码：100717
http://www.sciencep.com
北京中石油彩色印刷有限责任公司印刷
科学出版社发行　各地新华书店经销
*
2024 年 11 月第 一 版　开本：720×1000　1/16
2025 年 1 月第二次印刷　印张：21 1/2
字数：405 000
定价：168.00 元
（如有印装质量问题，我社负责调换）

作 者 简 介

　　雷蒙德·W. 吉布斯（Raymond W. Gibbs Jr.），美国加利福尼亚大学圣克鲁兹分校心理学教授，跨学科杂志《隐喻与符号》主编，著有《意义体验中的心智和意向性诗学》《认知语言学中的隐喻》（合著）等。

丛 书 序

与传统哲学相比，认知哲学（philosophy of cognition）是一个全新的哲学研究领域，它的兴起与认知科学的迅速发展密切相关。认知科学是 20 世纪 70 年代中期兴起的一门前沿性、交叉性和综合性学科。它是在心理科学、计算机科学、神经科学、语言学、文化人类学、哲学以及社会科学的交界面上涌现出来的，旨在研究人类认知和智力本质及规律，具体包括知觉、注意、记忆、动作、语言、推理、思维、意识乃至情感动机在内的各个层次的认知和智力活动。十几年以来，这一领域的研究异常活跃，成果异常丰富，自产生之日起就向世人展示了强大的生命力，也为认知哲学的兴起提供了新的研究领域和契机。

认知科学的迅速发展使得科学哲学发生了"认知转向"，它试图从认知心理学和人工智能角度出发研究科学的发展，使得心灵哲学从形而上学的思辨演变为具体科学或认识论的研究，使得分析哲学从纯粹的语言和逻辑分析转向认知语言和认知逻辑的结构分析、符号操作及模型推理，极大促进了心理学哲学中实证主义和物理主义的流行。各种实证主义和物理主义理论的背后都能找到认知科学的支持。例如，认知心理学支持行为主义，人工智能支持功能主义，神经科学支持心脑同一论和取消论。心灵哲学的重大问题，如心身问题、感受性、附随性、意识现象、思想语言和心理表征、意向性与心理内容的研究，无一例外都受到来自认知科学的巨大影响与挑战。这些研究取向已经蕴含认知哲学的端倪，因为众多认知科学家、哲学家、心理学家、语言学家和人工智能专家的论著论及认知的哲学内容。

尽管迄今国内外的相关文献极少单独出现认知哲学这个概念，精确的界定和深入系统的研究也极少，但研究趋向已经非常明显。鉴于此，这里有必要对认知哲学的几个问题做出澄清。这些问题是：什么是认知？什么是认知哲学？认知哲学与相关学科是什么关系？认知哲学研究哪些问题？

第一个问题需要从词源学谈起。认知这个词最初来自拉丁文"*cognoscere*"，意思是"与……相识""对……了解"。它由 *co*+*gnoscere* 构成，意思是"开始知道"。从信息论的观点看，"认知"本质上是通过提供缺失的信息获得新信息和新知识的过程，那些缺失的信息对于减少不确定性是必需的。

然而，认知在不同学科中意义相近，但不尽相同。

在心理学中，认知是指个体的心理功能的信息加工观点，即它被用于指个体的心理过程，与"心智有内在心理状态"观点相关。有的心理学家认为，认知是思维的显现或结果，它是以问题解决为导向的思维过程，直接与思维、问题解决相关。在认知心理学中，认知被看做心灵的表征和过程，它不仅包括思维，而且包括语言运用、符号操作和行为控制。

在认知科学中，认知是在更一般意义上使用的，目的是确定独立于执行认知任务的主体（人、动物或机器）的认知过程的主要特征。或者说，认知是指信息的规范提取、知识的获得与改进、环境的建构与模型的改进。从熵的观点看来，认知就是减少不确定性的能力，它通过改进环境的模型，通过提取新信息、产生新信息和改进知识并反映自身的活动和能力，来支持主体对环境的适应性。逻辑学、心理学、哲学、语言学、人工智能、脑科学是研究认知的重要手段。《MIT 认知科学百科全书》将认知与老化（aging）并列，旨在说明认知是老化过程中的现象。在这个意义上，认知被分为两类：动态认知和具化认知。前者指包括各种推理（归纳、演绎、因果等）、记忆、空间表现的测度能力，在评估时被用于反映处理的效果；后者指对词的意义、信息和知识的测度的评价能力，它倾向于反映过去执行过程中积累的结果。这两种认知能力在老化过程中表现不同。这是认知发展意义上的定义。

在哲学中，认知与认识论密切相关。认识论把认知看作产生新信息和改进知识的能力来研究。其核心论题是：在环境中信息发现如何影响知识的发展。在科学哲学中就是科学发现问题。科学发现过程就是一个复杂的认知过程，它旨在阐明未知事物，具体表现在三方面：①揭示以前存在但未被发现的客体或事件；②发现已知事物的新性质；③发现与创造理想客体。尼古拉斯·布宁和余纪元编著的《西方哲学英汉对照辞典》（2001 年）对认知的解释是：认知源于拉丁文"*cognition*"，意指知道或形成某物的观念，通常译作"知识"，也作"*scientia*"（知识）。笛卡儿将认知与知识区分开来，认为认知是过程，知识是认知的结果。斯宾诺莎将认知分为三个等级：第一等的认知是由第二手的意见、想象和从变幻不定的经验中得来的认知构成，这种认知承认虚假；第二等的认知是理性，它寻找现象的根本理由或原因，发现必然真理；第三等即最高等的认知，是直觉认识，它是从有关属性本质的恰当观念发展而来的，达到对事物本质的恰当认识。按照一般的哲学用法，认知包括通往知识的那些状态和过程，与感觉、感情、意志相区别。

在人工智能研究中，认知与发展智能系统相关。具有认知能力的智能系统就是认知系统。它理解认知的方式主要有认知主义、涌现和混合三种。认知主义试图创造一个包括学习、问题解决和决策等认知问题的统一理论，涉及心理学、认知科学、脑科学、语言学等学科。涌现方式是一个非常不同的认知观，主张认知是一个自组织过程。其中，认知系统在真实时间中不断地重新建构自己，通过多系统-环境相互作用的自我控制保持其操作的同一性。这是系统科学的研究进路。混合方式是将认知主义和涌现相结合。这些方式提出了认知过程模拟的不同观点，研究认知过程的工具主要是计算建模，计算模型提供了详细的、基于加工的表征、机制和过程的理解，并通过计算机算法和程序表征认知，从而揭示认知的本质和功能。

概言之，这些对认知的不同理解体现在三方面：①提取新信息及其关系；②对所提取信息的可能来源实验、系统观察和对实验、观察结果的理论化；③通过对初始数据的分析、假设提出、假设检验，以及对假设的接受或拒绝来实现认知。从哲学角度对这三方面进行反思，将是认知哲学的重大任务。

针对认知的研究，根据我的梳理主要有 11 个方面：

（1）认知的科学研究，包括认知科学、认知神经科学、动物认知、感知控制论、认知协同学等，文献相当丰富。其中，与哲学最密切的是认知科学。

（2）认知的技术研究，包括计算机科学、人工智能、认知工程学（运用涉及技术、组织和学习环境研究工作场所中的认知）、机器人技术，文献相当丰富。其中，模拟人类大脑功能的人工智能与哲学最密切。

（3）认知的心理学研究，包括认知心理学、认知理论、认知发展、行为科学、认知性格学（研究动物在其自然环境中的心理体验）等，文献异常丰富，与哲学密切的是认知心理学和认知理论。

（4）认知的语言学研究，包括认知语言学、认知语用学、认知语义学、认知词典学、认知隐喻学等，这些研究领域与语言哲学密切相关。

（5）认知的逻辑学研究，主要是认知逻辑、认知推理和认知模型。

（6）认知的人类学研究，包括文化人类学、认知人类学和认知考古学（研究过去社会中人们的思想和符号行为）。

（7）认知的宗教学研究，典型的是宗教认知科学（cognitive science of religion），它寻求解释人们心灵如何借助日常认知能力的途径习得、产生和传播宗教文化基因。

（8）认知的历史研究，包括认知历史思想、认知科学的历史。一般的认知科学导论性著作都涉及历史，但不系统。

（9）认知的生态学研究，主要是认知生态学和认知进化的研究。

（10）认知的社会学研究，主要是社会表征、社会认知和社会认识论的研究。

（11）认知的哲学研究，包括认知科学哲学、人工智能哲学、心灵哲学、心理学哲学、现象学、存在主义、语境论、科学哲学等。

以上各个方面虽然蕴含认知哲学的内容，但还不是认知哲学本身。这就涉及第二个问题。

第二个问题需要从哲学立场谈起。

在我看来，认知哲学是一门旨在对认知这种极其复杂现象进行多学科、多视角、多维度整合研究的新兴哲学研究领域，其研究对象包括认知科学（认知心理学、计算机科学、脑科学）、人工智能、心灵哲学、认知逻辑、认知语言学、认知现象学、认知神经心理学、进化心理学、认知动力学、认知生态学等涉及认知现象的各个学科中的哲学问题，它涵盖和融合了自然科学和人文科学的不同分支学科。说它具有整合性，名副其实。对认知现象进行哲学探讨，将是当代哲学研究者的重任。科学哲学、科学社会学与科学知识社会学的"认知转向"充分说明了这一点。

尽管认知哲学具有交叉性、融合性、整合性、综合性，但它既不是认知科学，也不是认知科学哲学、心理学哲学、心灵哲学和人工智能哲学的简单叠加，它是在梳理、分析和整合各种以认知为研究对象的学科的基础上，立足于哲学反思、审视和探究认知的各种哲学问题的研究领域。它不是直接与认知现象发生联系，而是通过研究认知现象的各个学科与之发生联系，也即它以认知本身为研究对象，如同科学哲学是以科学为对象而不是以自然为对象，因此它是一种"元研究"。在这种意义上，认知哲学既要吸收各个相关学科的优点，又要克服它们的缺点，既要分析与整合，也要解构与建构。一句话，认知哲学是一个具有自己的研究对象和方法、基于综合创新的原始性创新研究领域。

认知哲学的核心主张是：本体论上，主张认知是物理现象和精神现象的统一体，二者通过中介如语言、文化等相互作用产生客观知识；认识论上，主张认知是积极、持续、变化的客观实在，语境是事件或行动整合的基底，理解是人际认知互动；方法论上，主张对研究对象进行层次分析、语境分析、行为分析、任务分析、逻辑分析、概念分析和文化网络分析，通过纲领计划、启示法和洞见提高研究的创造性；价值论上，主张认知是负载意义和判断的，负载文化和价值的。

认知哲学研究的目的：一是在哲学层次建立一个整合性范式，揭示认知现象的本质及运作机制；二是把哲学探究与认知科学研究相结合，使得认知研究将抽象概括与具体操作衔接，一方面避免陷入纯粹思辨的窠臼，另一方面避免陷入琐碎细节的陷阱；三是澄清先前理论中的错误，为以后的研究提供经验、教训；四是提炼认知研究的思想和方法，为认知科学提供科学的、可行的认识论和方法论。

　　认知哲学的研究意义在于：①提出认知哲学的概念并给出定义及研究的范围，在认知哲学框架下，整合不同学科、不同认知科学家的观点，试图建立统一的研究范式。②运用认知历史分析、语境分析等方法挖掘著名认知科学家的认知思想及哲学意蕴，并进行客观、合理的评析，澄清存在的问题。③从认知科学及其哲学的核心主题——认知发展、认知模型和认知表征三个相互关联和渗透的方面，深入研究信念形成、概念获得、知识产生、心理表征、模型表征、心身问题、智能机的意识化等重要问题，得出合理可靠的结论。④选取的认知科学家具有典型性和代表性，对这些人物的思想和方法的研究将会对认知科学、人工智能、心灵哲学、科学哲学等学科的研究者具有重要的启示与借鉴作用。⑤认知哲学研究是对迄今为止认知研究领域内的主要研究成果的梳理与概括，在一定程度上总结并整合了其中的主要思想与方法。

　　第三个问题是，认知哲学与相关学科或领域究竟是什么关系？

　　我通过"超循环结构"来给予说明。所谓"超循环结构"，就是小循环环环相套，构成一个大循环。认知科学哲学、心理学哲学、心灵哲学、人工智能哲学、认知语言学是小循环，它们环环相套，构成认知哲学这个大循环。也就是说，这些相关学科相互交叉、重叠，形成了整合性的认知哲学。同时，认知哲学这个大循环有自己独特的研究域，它不包括其他小循环的内容，如认知的本原、认知的预设、认知的分类、认知的形而上学问题等。

　　第四个问题是，认知哲学研究哪些问题？如果说认知就是研究人们如何思维，那么认知哲学就是研究人们思维过程中产生的各种哲学问题，具体要研究10个基本问题：

　　（1）什么是认知？其预设是什么？认知的本原是什么？认知的分类有哪些？认知的认识论和方法论是什么？认知的统一基底是什么？是否有无生命的认知？

　　（2）认知科学产生之前，哲学家是如何看待认知现象和思维的？他们的看法是合理的吗？认知科学的基本理论与当代心灵哲学范式是冲突，还是融合？能否建立一个囊括不同学科的统一的认知理论？

　　（3）认知是纯粹心理表征，还是心智与外部世界相互作用的结果？无身的认知能否实现？或者说，离身的认知是否可能？

　　（4）认知表征是如何形成的？其本质是什么？是否有无表征的认知？

　　（5）意识是如何产生的？其本质和形成机制是什么？它是实在的还是非实在的？是否有无意识的表征？

　　（6）人工智能机器是否能够像人一样思维？判断的标准是什么？如何在计算理论层次、脑的知识表征层次和计算机层次上联合实现？

　　（7）认知概念如思维、注意、记忆、意象的形成的机制和本质是什么？其哲学预设是什么？它们之间是否存在相互作用？心身之间、心脑之间、心物之间、心语之间、心世之间是否存在相互作用？它们相互作用的机制是什么？

（8）语言的形成与认知能力的发展是什么关系？是否有无语言的认知？

（9）知识获得与智能发展是什么关系？知识是否能够促进智能的发展？

（10）人机交互的界面是什么？脑机交互实现的机制是什么？仿生脑能否实现？

以上问题形成了认知哲学的问题域，也就是它的研究对象和研究范围。

"认知哲学译丛"所选的著作，内容基本涵盖了认知哲学的以上 10 个基本问题。这是一个庞大的翻译工程，希望"认知哲学译丛"的出版能够为认知哲学的发展提供一个坚实的学科基础，希望它的逐步面世能够为我国认知哲学的研究提供知识源和思想库。

"认知哲学译丛"从 2008 年开始策划至今，我们为之付出了不懈的努力和艰辛。在它即将付梓之际，作为"认知哲学译丛"的组织者和实施者，我有许多肺腑之言。一要感谢每本书的原作者，在翻译过程中，他们中的不少人提供了许多帮助；二要感谢每位译者，在翻译过程中，他们对遇到的核心概念和一些难以理解的句子都要反复讨论和斟酌，他们的认真负责和严谨的态度令我感动；三要感谢科学出版社编辑郭勇斌，他作为总策划者，为"认知哲学译丛"的编辑和出版付出了大量心血；四要感谢每本译著的责任编辑，正是他们的无私工作，才使得每本书最大限度地减少了翻译中的错误；五要特别感谢山西大学科学技术哲学研究中心、哲学社会学学院的大力支持，没有它们作后盾，实施和完成"认知哲学译丛"是不可想象的。

魏屹东

2013 年 5 月 30 日

译 者 序

认知的具身性与文化性

认知（思维）仅仅是大脑的神经活动，还是身体（大脑以外的部分）也参与的活动？认知是否也与体外的自然和社会环境密切相关？社会习俗和文化是如何影响认知的？语言的形成和习得与身体有关吗？身体是如何塑造认知能力和语言能力的？我们习以为常的具身隐喻是如何形成的？它又是如何描述认知的？身体的具身行动和意识经验是如何与人类各种各样的认知表现相联系的？具身性（embodiment）在"人成为人"的过程中起什么作用？

针对这一系列问题，《具身性与认知科学》这本书做了深入探讨。作者W. 吉布斯提出了感知、概念、心理意象、记忆、语言、推理、情绪和意识得以存在和成立的"具身性前提"，即身体活动的主观感受与体验为语言和思想提供了基础，认知是身体与世界相互作用时才发生的事情，语言和思想源于不断重复的身体活动模式，而且这些模式限制了我们的智能，所以我们不能假设认知是纯粹内在的、符号的、计算的和离身的，而是应该找出语言和思想不可避免地被具身行动所塑造的细节和总体架构（边码9）。

我们知道，传统西方哲学将认知或思维限于颅脑内，认为不仅我们的认知或思维与身体无关，而且心灵在秩序上远高于肉体。笛卡儿的二元论强化了这种观点，认为心灵与身体可以独立存在，也可以相互作用，但如何独立？如何相互作用？这些问题又难以回答，这就是著名的"心身问题"。

计算机科学特别是人工智能的出现，进一步巩固了心灵与身体可分离的观点，这是因为人们认为心灵如同软件，身体如同硬件，而硬件与软件不仅是可分离的，而且是相互独立的。在这个意义上，可以说，计算机科学和人工智能是笛卡儿二元论的实现或具体应用。事实上，所谓的"元宇宙"这种虚实结合的"另类世界"，也可看作二元论的某种实现。

第二代认知科学——具身认知科学（embodied cognitive science）的兴起，打破了这种心身分离的传统认知观，认为认知不仅是大脑的事情，身体也参与其中，而且身体是认知的构成部分，译者称之为"具身认知主义"。这种观点虽然有点激进，也遭到了不少诟病和批评，但其重要性和积极意义不可否认。

就生物体的认知而言，身体是其得以存在的前提，这是不言而喻的事实，进化论已阐明了这一点。因此，具身性对于生物认知或生物智能来说不仅仅是重要的，更是不可或缺的，因为具身性对于认知系统而言，充当了 J. 吉布森所说的可供性（affordance）（Gibson，1979）。可以说，一个实体，无论是生物体还是人工体，若没有具身性，它就不会有认知或智能。

具身认知科学的代表人物拉考夫和约翰逊（Lakoff & Johnson，1999）致力于认知具身性的研究，他们将具身性分为三个层次：神经的、现象学的意识体验和认知无意识。神经的具身性指的是神经生理学层次上的表征概念和认知操作的结构。在这个层次上，我们的概念和经验，本质上是存在于大脑的神经网络之中的，但我们又不能只从神经层次解释语言和认知的身体基础。事实上，神经系统的运作与整个身体相关，并不是大脑简单地接收来自环境的输入，并以指令的形式向身体提供输出。也就是说，身体（不包括大脑）活动，包括新陈代谢、血液循环过程，至少影响或参与了大脑的认知活动。

现象学层次的具身性指的是有意识或意识可达的东西，包括我们所能意识到的一切，尤其是我们自己的心理状态、我们的身体、我们的环境，以及我们的身体和社会的相互作用。感受性是现象学中具身性的具体表现，也是心灵哲学中关于意识的"解释鸿沟"问题，即意识的感受性用物理主义或科学术语难以解释，或者说意识现象是不能还原到神经活动层次的，亦或者说，神经活动的脑电波和刺激反应现象并不是意识本身。

认知无意识是指由构造意识经验并使之成为可能的所有心理活动组成的东西，包括语言的理解和使用，这种具身性实际上是利用并引导了我们身体的知觉和运动方面，特别是那些进入基本层次和空间关系概念的方面，包括所有的无意识知识和思维过程。我们的身体在这个层次上是至关重要的，因为我们所有的认知机制和结构，都是建立在身体体验和活动的模式上的。

通过详细的考察，本书作者 W. 吉布斯认为，具身性并不完全是由生物学给定的，不限于生物身体，它也是社会文化分析的一个范畴，揭示了身体和人格之间相互作用的复杂维度（边码 37）。这种观点表明，具身性是生物性与社会性的统一，文化不只是传达具身体验或现象意识的媒介，而是说具身体验本身在很大程度上由文化塑造。这意味着哲学上谈论的心灵、自我、人格、自由意志等，均与具身性有关。

在译者看来，在生存的意义上，这没有问题，但在认知意义上，恐怕会有分歧和争议，因为抽象的认知，特别是符号表征，很可能是离身的，如人工智能的知识表征。这意味着，人工认知的具身性不同于自然认知（生物认知）的具身性，那么区别在哪里呢？这个问题值得我们思考和探讨，因为它涉及新一代或未来人工智能的具身智能研究。

本书作者 W. 吉布斯得出结论：对于生物体而言，身体体验在精神生活中至关重要。由于心灵与身体紧密地交织在一起，认知不再与对身体的思考和对我们身体的现象经验相分离，我们身体的具身行动和经验，时时刻刻都是与我们的各种认知表现相联系的（边码 275-276）。如果我们接受这个结论，那么我们就必须承认，具身性对于人类认知或思维来说是至关重要的。

在译者看来，对于生物认知或智能来说，具身性的确是不可或缺的，不仅是因为大脑和身体在生命存在的意义上是不可分离的，而且因为在认知层次上，虽然大脑是思维的主要器官，但这不意味着身体对认知不起作用或鲜有作用。

本书的研究业已揭示了身体对于认知的重要性。显而易见的是，长期以来，我们沉浸并习惯于用脑思考，从而淹没或忽视了身体对于思维的作用。至于身体是否参与，在多大程度上参与甚至构成认知过程，这仍然是存在异议的，如认知的边界究竟在哪里。然而，不管怎样，身体对于生物体来说就是其存在的根本，对于我们人类来说，是我们成为人的必要前提，在此前提下，我们才能够谈论文化的作用，也就是说，文化也是基于身体的，哪怕是间接的。

这里译者提出几个重要问题供读者思考：具身性一定是生物认知（自然认知）才具有的吗？人工认知或智能是否能够具身化，或者说具身人工智能是否可能？新一代人工智能是否可超越具身性而产生超级智能？文化能否具身化？如何具身化？这些问题不仅是具身认知科学面临的，认知哲学要着重探讨的，也是新一代人工智能需要特别重视的。

魏屹东

2024-09-01

致　　谢

我要特别感谢格雷格·布莱恩特（Greg Bryant）、克里斯汀·伊泽特（Christin Izett）、梅利莎·纽曼（Melissa Newman）和尼科尔·威尔逊（Nicole Wilson）对本书某些章节早期版本的重要评论。埃默里大学（Emory University）的本·伯根（Ben Bergen）和艾伦·西恩基（Alan Cienki）及其学生们也对本书某些章节提供了十分有帮助的评论。我与赫尔·科尔斯顿（Herb Colston）和盖·范·奥登（Guy van Orden）的对话，对于强化本书所讨论的一些观点至关重要。

非常感谢菲尔·劳克林（Phil Laughlin）和剑桥大学出版社全体员工在本书编写和出版过程中给予的专业建议和大力支持。

本书献给克里斯汀·伊泽特（Christin Izett），感谢她在本书整个写作过程所付出的爱和给予的支持。

目　　录

第一章 引 言

在认知科学领域中，具身性（embodiment）指的是理解主体自身的身体在其日常、情境认知中的作用。例如，我们的身体如何影响我们的思维和说话方式？考虑下面由 23 岁的女士珊德拉（Sandra）所写的叙述，她被要求描述最近发生的重要生活事件。珊德拉的叙述基于她订婚要嫁给在加利福尼亚北部计算机行业工作的一位年长的男人。就在不久前，珊德拉的未婚夫要求她签订一份婚前协议，这个要求激起了珊德拉的许多难以应对的情感。

我知道我对这种事不应该太天真，但当他呈给我一份协议草案时，该草案是如此正式和合法，以至于让我感觉到彻骨的寒心，忍不住泪流满面。我实在无法忍受我们未来的关系沦为简单的金钱问题。看起来巴里并不信任我，或者说，他对我们的未来缺乏信心。我一直以为我们同心协力，从开始约会，到认真对待这段关系，然后订婚，一起希望很快结婚成为伴侣。现在我的父母要我咨询律师，以确保我不会被婚前协议所困扰。

我正努力在理解巴里需要保护自己的需求，和我对情感安全的需求之间找到一个恰当的平衡……我正尝试着灵活处理这件事……我爱巴里，我知道他也爱我，我希望爱的感觉足以支撑我们渡过任何难关。但是，一想到我们在结婚前就考虑离婚，我就感到不适。每个人都告诉我，我要克服这件事，签婚前协议可能是一件正确的事情。也许事情就是这样的。婚礼在八月份举行，希望到那个时候，我能平静下来对待我们现在正在经历的事情。

就珊德拉描述她最近的经历而言，这种叙述并不特别引人注目。但仔细审视她所说的就会发现，各种各样的具身体验（embodied experience）是如何帮助她构建这个叙述结构的。例如，珊德拉说，"我实在无法忍受我们未来的关系沦为简单的金钱问题"，这里的忍受（stand）指的是她站立或站不住的身体体验，以此来描述她对于关系变成如此专注于金钱问题的感觉。后来她又说，"我一直以为我们同心协力，从开始约会，到认真对待这段关系，然后订婚，一起希望很快结婚成为伴侣"。此时，珊德拉明确地谈到了她和男朋友在一起的身体感受，如同他们开始了一段旅程，从他们第一次约会开始，很快就走到了认真对待的地步，然后继续走向一条通向婚姻的最终目的地之路。

珊德拉也注意到，自己努力"在理解巴里需要保护自己的需求，和我对情感安全的需求之间找到一个恰当的平衡"。这种情绪体验是隐喻地谈及的，仿佛珊德拉在试图保持身体直立的同时，在身体上平衡两个相反的重量。当珊德拉努力接受未婚夫的婚前协议要求时，她"正尝试着灵活处理这件事"，这再次表明，她正在对自己的情绪体验进行概念化，好像她的身体必须调整以保持灵活性，以免在面对身体负担时受伤。最后，珊德拉希望"到那个时候，我能平静下来对待我们现在正在经历的事情"，这指的是她和她的未婚夫在他们的关系之路上努力克服身体障碍的过程。

珊德拉的叙述说明了我们思考体验的方式是如何可能被具身性塑造的。她特别谈到了自己的心理/情绪体验，具体表现为反复出现的具身行动（embodied action）模式，如站立、保持灵活性、朝着目标前进、保持平衡。珊德拉很可能没有意识到自己语言的具身性特征，读者们也可能没有将她的情绪体验视为特别的具身行动。然而，珊德拉依据具身行动对情绪体验的描述，并不是语言上的偶然事件，而是展示了具身性如何为人们解释他们的生活和周围的世界提供了基础。

一个身体必须是什么样子才能使它支持认知、语言和意识？珊德拉的身体体验是否塑造了她思考特定话题的方式，还是她只是用这种方式说话？认知科学的传统信念之一是智能行为，包括感知、思考和使用语言的能力，不需要从任何特定的身体形态产生。恒温器、计算机、机器人和缸中之脑，在适当的情况下都可能显示出复杂的认知技能。根据这一观点，认知系统最好用它们的功能状态（即逻辑和计算过程）来表征，而不必担心这些状态是如何由物理实现的（例如人脑、硅芯片或机器人）。塑造精神生活内容的材料根本不重要。思想可以在肉体、硅甚至奶油干酪中实现（Putnam，1975）。处于一种特定的精神状态，就是处于一种满足特定形式/功能描述的任何类型的物理设备中。

这种传统的身心观念严重限制了认知科学中关于精神生活的学术研究。尽管心理学家和其他人欣然承认许多知识源于感官知觉，但直到最近，很少有学者在人们如何感知、学习、思考、体验情感和意识，以及使用语言的理论描述中强调动觉行动的重要性。本书提出了一个观点，即关于心智的传统离身观（disembodied view）是错误的，因为人的认知从根本上是由具身体验塑造的。我的目的是，描述认知的方方面面是如何以具身性为基础的，尤其是在我们身体活动的现象经验方面。认知的具身性可能不会为所有思想和语言提供单一的基础，但它是感知和认知过程的基本组成部分，我们正是通过这种感知和认知过程来理解自己在世界中的经验的。

为什么认知科学在构建知觉、认知和语言的理论时，竟会如此这般地忽视具身性呢？从古希腊时代开始，西方知识的传统之一就是否认身体对人类思想的影响。也许早期这种观点的最佳代言人是柏拉图，下面这段对话出自他的《斐多篇》：

苏格拉底说，那些真正热爱智慧的人，经过这番考虑都会同意说：我们找到了一条捷径，引导我们和我们的论证得出这样的结论——我们追求的既然是真理，那么我们有这个肉体的时候，灵魂和这一堆恶劣的东西掺和在一起，我们的要求是永远得不到的……再加之肉体使我们充满了热情、欲望、惧怕以及各种胡思乱想和愚昧，就像人们说的，我们连思想的功夫都没有了，因此我们也就没时间研究哲学了……所以这番论证可以说明，我们要求的智慧，我们声称热爱的智慧，在我们活着的时候是得不到的，要等死了才可能得到。看来，只要我们还活着，只要我们还想接近知识，我们就应当尽可能多地避免与身体的接触和联系，除非万不得已，我们得尽量不和肉体交往，不沾染肉体的情欲，保持自身的纯洁，只等到上天解救我们。（Hamilton & Cairns，1961：49）

柏拉图把身体看作精神生活中的一个干扰源，必须在哲学实践中被根除。从柏拉图、亚里士多德、奥古斯丁，到笛卡儿和康德，在西方哲学对知识的描述中，心智和身体的分离以及心智高于肉体的等级秩序，一直萦绕在西方哲学史中。例如，在早期的基督教作品中，身体感觉和欲望是与更高形式的真理或与上帝的亲近抗衡的。正如公元 5 世纪的奥古斯丁所写的那样："主啊，你要在我身上多增加您的恩赐，使我的灵魂可以跟随我到你那里，从约束自己的欲望中解脱出来，不再反抗自己。"由此可知，奥古斯丁把身体确定为与上帝意志相对立的、罪恶与软弱的根源。

在 17 世纪，笛卡儿与一个纯粹物质的身体和一个完全虚无缥缈的心智做斗争，导致他提出身体实际上是头脑中的一个想法的观点（Descartes，1984，1985）。身体的物质性，连同其他对身体施加影响的物体，在我们的经验中都是这种概念的文字化。当我们注意到它时，身体就具体化了，使我们意识到身体是一个物体。然而，当我们的注意力集中在其他事情或思想本身上时，身体就消失了。

笛卡儿认为，精神现象在可量化的物理学世界中没有地位，而是具有完全自主的地位："我是一个实体，它的全部性质或本质是思考，它的存在不需要任何位置或依赖于任何物理物质。"（笛卡儿，《方法论》，第四部分）然后，笛卡儿区分了可测量和可区分的物理物质（具有广延性的实体）和不可扩展且不可分割的思维物质（精神实体）。包括大脑和神经系统在内的人体属于第一类，而包括所有心灵、欲望和意志在内的思想属于第二类。

笛卡儿的二元论源于笛卡儿的这种主张，即他可以怀疑包括他身体在内的物理对象的存在，但不能怀疑他的思想或思维的存在。虽然笛卡儿为心智和身体相互作用的可能性担忧，但他的二元论发展成了一种认识论传统，这种传统将作为理性、思维、非物质和私人的心智从身体中分离出来，其他作为一种非理性、有缺陷和物质性的物质，只不过在物质世界中提供公共的、物质的活动。这种将人分为心智和身体的分法，引发了随后许多其他二元论的产生，包括主观与客观的对立、知识与经验的对立、理性与感觉的对立、理论与实践的对立、语言与非语言的对立。笛卡儿主义还导致了浪漫主义观点，即身体是自然的、未受污染的、前概念的和原始经验的最后堡垒。身体的运动被视为一种不具有意义的行为，与语言、思想或意识几乎没有关系。

笛卡儿以来的西方传统通常假设身体是一个坚实的客体。而自我，尤其是心智，是一个神秘地注入身体中的超凡主体。纵观历史，思维被塑造为一系列不同的物质客体（例如，液压机、电话总机、全息图、数字计算机）。认知科学作为一门跨学科的研究，是随着**心智是计算机**的隐喻而诞生于 20 世纪 50 年代的，它是计算机技术进步的产物。艾伦•图灵追随笛卡儿继而提出"机器能思维吗？"这个问题的评估方法，强调了在一个人的身体能力和他的智力能力之间划出"相当清晰的界线"（Turing，1950：434）的重要性。图灵设置一个包括三个人的场景——一个男人（A）、一个女人（B）和一个性别不明的询问者（C）。询问者与这对男女分别在一个单独的房间里，询问者的任务是根据他们对某些问题的回答（例如，"你头发的长度是多少？"）来判断 A 和 B 的性别。A 的任务是混淆询问者，B 则用来帮助询问者。测试通过将 A 与机器互换来发挥作用。如果询问者在 A 与机器互换前后做出了相同的判断、推论和猜测（例如，询问者无法区分机器的答案和人的答案），那么机器就通过了"图灵测试"。这种行为与人的智力无法区分的机器就是会思考的机器。

人类智能活动的认知科学模型，就像图灵一样，大多都继续假设认知是自主的、逻辑的和离身的。在认知科学的历史中，加德纳声称排除身体事实上是一个温和的方法论决定："尽管主流认知科学家不一定对情感领域和围绕任何行动者或思想的语境，或对历史或文化分析怀有任何敌意，但实际上，他们试图最大限度地析出这些因素……这可能是一个实用性问题：如果我们考虑到这些个性化和现象学的因素，认知科学很可能将变得不可能。"（Gardner，1985：41）

一些认知科学家质疑，将现象学的身体，以及其他方面的经验，如情感和意识排除，是否仅仅是一个方法论问题，而不是认知科学家认为的认知本质的构成要素。当然，现在许多学者试图避免笛卡儿二元论所假定的心与身的严格分离。近几十年来最受欢迎的策略是将心理事件还原为大脑过程，用工具性的解释取代内在性的解释。在某些情况下，将心智还原到大脑伴随着将大脑还原到身体。例如，神经科学家很少会承认身体作为一个整体在大脑的认知过程中所起的作用。身体被还原到它在体感皮层的表征，只有当它提供认知计算所需的原始感觉输入时才被认为是重要的。在其他情况下，身体首先被还原到心智，然后再还原到大脑。在心理学中尤其如此，在那里身体首先被视为一个意向对象（即某种图像或心理表征），然后再被还原为神经计算。

6

当代哲学家们通常是通过考虑不同思想实验的含义来争论物质身体是否对知识和认知是必要的，在这些实验中，心智可能与身体经验的关键方面相分离。例如，考虑以下情形：

> 想象一位名叫玛丽的杰出神经科学家。她一生都生活在一个被严格控制的房间里，这个房间只能显示各种深浅不一的黑色、白色和灰色。她通过黑白电视监视器了解外部世界，由于她才华横溢，她设法克服了这些障碍。她成为世界上最伟大的神经科学家，而这一切都是源于这个房间。特别是，她开始了解关于大脑的物理结构和活动，以及视觉系统实际和可能状态的所有知识。（Churchland，1985：22）

哲学家们基于上面的例子质疑感受性（qualia）（即我们经验的现象特征）——如一个人对颜色的主观感觉——是否一定是与大脑的神经生理学有因果关系的心理状态（见 Churchland，1984；Jackson，1982，1986）。然而，这些场景显然没有认识到了解世界需要一个真正的、活生生的身体。没有人承认玛丽是一个活生生的人，由肉、血、骨组成，她能动，并能够意识到她自己行动的感觉。玛丽在与环境有关的自身第一人称体验中提供的知识，与她自己或他人的大脑可能发生的事情"在感受性质上（qualitatively）不相称"（Sheets-Johnstone，1999：167）。玛丽习得感受性是因为她能够通过自己的身体行为主观地体验这些感觉。一系列抽象命题的知识（例如玛丽对色觉的神经生理学理解）不会有任何意义，除非一个人在某些具身的意义上体验了这些命题所指的物理世界（Sheets-Johnstone，1999）。

像许多哲学家一样，认知心理学家常常不能认识到身体行为在人类精神生活研究中的重要性。大多数关于感知和认知的实验研究都是在实验室情境下进行的，在那里，一个人被动地观察刺激，然后以某种特定的方式对所呈现的内容做出反应。在某些情况下，人的身体活动受到限制（例如，在心理物理实验中使用头枕）。在参与者必须采取行动以响应刺激的情形中，例如必须按下按

7　钮或大声讲话，心理学家就会努力从参与者的感知和认知过程的理论理解中消除身体运动。尤其是认知过程，它被严格地视为与具身体验无关的心理现象。身体是心智和大脑的容器，但其重要性在描述精神生活的本质方面却微不足道。

　　然而，情况正在发生变化。这里仅用三个例子来说明心理学家在研究不同的认知现象时是如何关注具身行动的。首先，关于心理意象的经典实证研究探讨了心理意象与视觉感知之间可能的对应关系。例如，在一项经典研究中，研究人员向参与者展示了一对三维物体的二维图形。参与者的任务是确定两个被表征的对象除方向外其他方面是否相同（Shepard & Metzler，1971）。有些图形只需要在图像平面内旋转，而另一些则需要深度旋转（"进入"界面）。总体结果是，无论是二维旋转还是三维旋转，参与者似乎都以大约 60 度/秒的固定速率在心中旋转了对象。多年来，心理学家一直认为，认知能力，比如在心理旋转研究中观察到的认知能力，证明了视觉感知和心理意象之间的紧密联系。虽然有大量的研究考察了人们的动觉和运动意象，但是传统上，学者们并没有对动觉活动和心理意象之间的明确关系进行研究。

　　然而，最近的研究表明，视觉想象和运动想象的许多方面都有一个可能属于神经心理学表征的基底。多项研究表明，转换心理图像的能力与运动过程有关，因此，将手旋转到与所需的心理旋转相反的方向会减慢心理旋转的速度（Wexler，Kosslyn，& Berthoz，1998）。研究人员声称，"视觉运动预期是驱动心理旋转的引擎"（Wexler et al.，1998）。根据这种观点，相似的机制驱动着视觉图像的转换和具身运动的产生。将动作规划为模拟动作而不是实际运动计划的能力，可能是具身行动和心理意象表现的共同要素（Johnson，2000）。这些认知心理学的新发展说明了如何纠正先前在实验研究中对具身体验的忽视，从而更丰富地认识到具身性在人类认知中的重要性。

　　心理语言学家也慢慢地开始寻找语言结构和意义的具身基础。回想一下珊德拉对未婚夫提出签订婚前协议要求时的回应："我实在无法忍受我们未来的关系沦为简单的金钱问题。"为什么珊德拉用"忍受"（stand）这个词来指代她在适应未婚夫要求时的抽象精神体验？在人们如何处理歧义词或多义词（例如 stand）的传统研究中，通常假设单词的每种含义都被列入其在心理词典中的一部分。例如，人们是否可以立即获得 stand 这个词的所有可能的意义，而之后语境决定了哪个意义是最合适的？或者语境是否限制了词汇的使用，使得在即时的话语解释（utterance interpretation）中只有正确的 stand 的意义才会被使用？这些经验问题已得到广泛的研究（Gorfein，2001）。

　　心理语言学家很少会问，人们为何会对 stand 或任何多义词有各种含义产生直觉。然而，最近的研究表明，人们对 stand 含义的直觉是由他们的具身体验决定的（Gibbs，Beitel，Harrington，& Sanders，1994）。因此，人们默认珊德拉使用的 stand 有一种隐喻意义，这与他们抵抗某种被施加的物理力时，努力保持身体直立的体验有关。人们对语言意义的理解并没有脱离他们的具身体验，而是以可预见的方式从根本上受其制约。

根据皮亚杰的早期著作，发展心理学也开始探索具身行动如何成为儿童获得感性/概念知识的基础。例如，婴儿对移动物体的兴趣有助于他们理解物质世界中的一些因果关系。更深入的研究表明，在合适的环境下，年龄在 12 个月以下的婴儿能够对他们在世界上看到的物体行为做出因果归因（Gergely，Nadasdy，Csiba，& Biro，1995；Spelke，Philip，& Woodward，1995）。婴儿对因果关系的敏感性可能是获得能动性（即事物因内部力量或人类的意图而移动）概念的基础。

然而，这些研究尽管很精彩，却将婴儿定位为一个被动的观察者，他们通过对现实世界事件的视觉观查来学习对物理世界的推理。当前有几项实验证明了婴儿对物理世界的身体探索对于学习物体及其行为的重要性（Adolph，1997，2000；Bertenthal，Campos，& Kermoian，1994；Hertenstein，2002；Needham，Barrett，& Peterman，2002）。这一实证研究表明，许多基本概念可能产生于基本的身体动作和婴儿对它们的感觉体验。例如，因果关系和能动性概念可能源于婴儿自己身体与物体或他人的相互作用。甚至在婴儿没有任何能力用手和脚进行物理操作之前，他们就直接在母乳喂养过程中，因嘴唇、舌头和嘴巴的运动或咀嚼来体验因果关系，这会使其吞咽更容易。发展心理学中一个令人鼓舞的趋势是对婴儿与认知成长有关的现象经验给予更多的关注。

这些简短的例子说明，在思想和语言中去寻找具身行动，可能提供了一幅不同于认知科学传统上假设的人类认知图景。认知科学领域的许多新近工作，都将身体行为视为大脑状态和神经活动的问题。我们确实从这些神经科学研究中学到了很多。然而，正如罗杰·斯佩里（Roger Sperry）在 65 年前[①]指出的那样，"一位希望客观地了解生理行为的心理学家，往往会立即一头扎进神经学，试图将大脑活动与经验模式联系起来。在许多情况下，这样的结果只会加大心理学家所研究的总体经验与神经学家所分析的神经元活动之间的差距。但是，有机体的经验是完整的、有组织的，并且在协调运动方面有它的意义"（Sperry，1939：295）。

心理学家斯科特·凯尔索（Scott Kelso）最近建议说："记住这一点很重要……即大脑的进化不仅仅是为了记录世界的表征；相反，它是为了适应行动

9

---

① 截至本书作者 2004 年写此书时——译者注。

和行为而进化的。肌肉骨骼结构与适当的大脑结构共同进化，因此，整个单元必须以一种适应性的方式一起工作……它是由肌肉、关节、本体感受和动觉功能，以及大脑的特定部分组成并以统一的方式共同进化和发挥作用的整个系统。"（Kelso，1995：268）

大脑当然是一个整合的动态系统的一部分，致力于日常生活中每时每刻的具身动态性。然而，将大脑简单地看作一个认知中心的信息处理或计算设备，就忽视了生命形式在人类思想中的中心地位（Sheets-Johnstone，1999）。

本书论述了感知、概念、心理意象、记忆、推理、认知发展、语言、情绪和意识在不同程度上都有的具身性基础。在探索具身性这一主题研究的重要性时，我的策略是采用所谓的"具身性前提"（embodiment premise）：

人们对其身体活动的主观感受体验，为语言和思想提供了部分根基。认知是当身体接触到物质的、文化的世界时所发生的事情，所以必须从人与环境之间动态相互作用的角度来研究。人类的语言和思想来源于不断重复的身体活动模式，而这些模式限制了我们的智能行为。我们不能假设认知是纯粹内在的、符号的、计算的和离身的，而是应该找出语言和思想不可避免地被具身行动塑造的总体而详细的方式。

这一前提的关键特征是：要理解人类认知的具身本质，要求研究人员专门寻找可能的心身和语言-身体的联系。理解具身体验不仅仅是生理学或运动学的问题（即将身体作为对象），而且还要求人们认识到人类是如何在物质/文化世界中动态运动的（即从第一人称和现象学角度体验到的身体体验）。心智（它的图像、思想、表征）是由身体的脑表征和与身体在现实世界中持续活动密切相关的思想创造出来的。

幸运的是，有大量的经验证据揭示了具身活动（embodied activities）是如何塑造人类认知的。本着认知科学的精神，这种"经验"证据包括从受控实验室研究、自然实地观察、神经心理学案例研究、语言学研究、人工智能（和人工生命）建模，以及各种现象学研究和报告中收集到的数据。诚然，许多学者的研究工作在我的论述中并不是完全支持具身认知的。其中一些分歧集中在"具身化"（embodied）和"具身性"（embodiment）这两个术语的含义上。我认为"具身性"至少可以指人格（personhood）的三个层面（见 Lakoff & Johnson，1999）：神经事件、认知无意识和现象经验。尽管在理解神经过程方面已经取得了惊人的进步，但人们在解释感觉、认知和语言的许多方面时，对现象经验却没有给予足够的重视。我将在下面的论述中谈到这个问题。

同时，接下来的章节将特别强调认知科学的两个重要发展。首先是被称为动态系统理论（dynamical systems theory）的认知方法。这种认知方法强调认知的时间维度，以及个体行为从大脑、身体和环境的相互作用中产生的方式。简单行为模式和复杂行为模式都是自组织过程的高阶产物。事实上，几乎所有生物体都是自组装或自组织系统，"作为活性成分之间非线性相互作用的涌现结果"（Kelso，1995：67）。自组织的行为模式通过许多子系统的相互作用以稳定状态出现。然而，新出现的高阶行为会"役使"较低级的组件，以至于行为模式通常可用相对较少的维度来描述。因此，在动态系统理论中，许多重点在于可能的行为轨迹空间的结构，以及在这些轨迹展开时形成这些轨迹的内外力（即大脑、身体和世界之间的耦合）。这样一来，动态系统理论是一组数学工具，可用于表征随着时间变化的系统的不同状态。通过这种方式，动态系统理论的观点旨在描述人体与世界的持续相互作用，以及如何提供协调一致的适应性行为模式，而不是着眼于外部世界是如何在内心表征的。

动态方法否定了这样的观点，即认知最好是通过表征的内容来理解的（无论是对神经元还是对大脑的某一部分），或者认知系统可以分解成内部的功能子系统或模块。将认知表现线性分解为功能子系统，不足以理解跨越脑-体-世界划分的动态系统。在动态框架下工作的大多数研究人员采用保守策略，即在不调用表征性解释的情况下，观察人们在解释各种行为数据方面能走多远。动态系统理论在认知科学中对感知/动作关系或耦合的研究，以及对具有最低认知行为能力的情境、具身行为体或机器人的发展产生了深远的影响。尽管存在关于这种动态方法是否可"扩大"以解释认知的高阶方面（包括语言使用和意识）的争论，但我对这个视角很感兴趣，因为它直接承认主体的身体（包括其大脑和神经系统）、主体对身体的体验以及环境和社会背景的结构之间的相互作用，以产生有意义的适应性行为。

从后面的内容中可以明显看出，本书并没有对所有主题都采用动态视角，这主要是因为此类应用仍处于起步阶段，并且我在这里的目的不是主张可解释所有问题的单一元理论。尽管如此，要把认知理解为一种具身活动，就要求重视情境动力学，它有助于在复杂的世界中产生有意义的行为。

本书强调的第二个领域是认知语言学中关于心智和语言的具身本质。认知语言学并不认为语言是由心智/大脑的一个自主部分产生的，它试图发现语言结构与人类的概念知识、身体体验和话语的交际功能的相关性和其受对方驱动的方式（Crott & Cruse，2004；Lakoff & Johnson，1999）。认知语言学研究的一个重要发现是，身体是人们理解许多抽象概念的重要资源。隐喻在描绘身体体验以帮助构建抽象观念方面尤为重要，这些抽象观念是人们说话和思考的基础。尽管认知语言学的研究备受争议，但鉴于其对语言的高度重视以及语言学家的

11

个人直觉，我的目的是赋予认知语言学证据在认知科学中应有的地位，以此作为建构具身性对人类认知重要性的主要经验和理论力量。

12　　总的来说，目前有足够的经验证据来呈现一幅比认知科学中的典型案例更完整、更具身的人类认知图景。通常而言，身体体验被描述为大脑中的想法，而身体又为分担认知提供了宝贵的资源，这样意识就分布在大脑、身体和世界的相互作用中。这种关于具身心智（embodied mind）的新观点有以下具体特征，我们将在以下各章中进行更详细的探讨：

——自我的概念，以及我们作为人的身份，都与触觉-动觉活动紧密相连。

——具身性不只是生理和/或大脑活动，而是由反复出现的动觉和本体感受模式构成，这些动作为人们提供了感觉和主观体验。

——感知不只是通过特定的感觉装置（例如眼球和视觉系统）结合特定的大脑区域而发生的，而是一种包括身体各个方面活动的动觉活动。感知与虚拟思维过程紧密相连，我们通过想象物体如何被物理操纵来感知物体。

——许多抽象概念部分是具身的，因为它们产生于具身体验，并继续根植于系统的身体行为模式中。

——人的心智是由神经资源进化而来的，这些神经资源主要用于感知和运动处理，其认知活动主要由与环境的在线相互作用构成。

——认知过程并不只局限于一个人的皮肤内部，而是根据心理表征（如命题、加工、心理意象、联结主义网络）计算的。认知过程部分由现实世界中物体的物理和身体运动及操作构成。认知机制已经发展为与环境结构协同运作。因此，认知过程既包括内部过程，也包括对皮肤外部物体的身体操作。

——语言反映了人类概念化的重要方面，因此，它并不独立于心智（即作为一个单独模块）。语言结构和行为的系统模式不是任意的，也不是由惯例或纯粹的语言概括的，而是由反复出现的具身体验模式（即意象图式）驱动的，这些模式通常是隐喻地延展的。

——记忆、心理意象和问题解决并不来自内在的、计算的和离身的过程，它们与感觉运动的模拟密切相关。

——儿童的感知和认知的发展，始于并根植于具身行动。

13　　——情绪、意识和语言作为生命运动的延伸，以多种方式进化和持续存在。

——身体不是与文化无关的客体，因为身体经验的所有方面都是由文化过程塑造的。当身体与世界相遇时发生的认知是我们不可分割的文化基础，所以人类的概念系统理论应该是内在于文化的。

这些观念中有一些并不完全是新的，而是源自许多学术领域中探索心智中的身体的各种学术著作。下面各章中论述的这些发展，已经决定性地影响了认知科学家现在思考和实证检验认知行为的方式。我再次强调，我支持具身心智的论点，这并不意味着具身体验是驱动人类认知的唯一基本因素。上面提到的许多具身心智的特征，并不能说明为什么概念、语言、进化、情绪和意识在人类生活中具有特定的形式。然而，我试图为具身性的重要性提供一个强有力的案例，为认知科学家研究和描述心智提供一个更好的蓝图。现在是我们重新评估身体在人类认知中的作用的时候了。我们的身体，以及我们对身体活动的感觉经验，最终成为感知、认知和语言的实证研究的中心，也成为认知科学对人类行为理论说明的中心舞台。

第二章　身体与个人

我们每个人都能感受到在我们是谁与我们的身体之间存在着某些密切的联系。当有人猛击我的鼻子时，我——小雷蒙德·吉布斯（而不是别人），就会感到疼痛。当我想知道自己是否感到幸福时，我会从我自己的具身存在（embodied being）而不是别人的来考虑。当我感到寒冷带来的不适或跑步五英里（1 英里=1.609344 千米）带来的疲劳时，我清楚地知道，我的身体是这些强烈感觉的唯一来源。

然而，当我想到上帝的存在，或试图解决一个复杂的数学问题时，我很少意识到我的身体在我的思想中占有一席之地。认知过程的发生似乎很少从我们的身体输入。感知行为的核心是世界上的感知对象/事件，以至于身体退到幕后，身体感觉几乎没有存在的必要（Leder, 1990）。这种"肉体的消失"让我们或好或坏地将身体对象化。我们把身体看作一个物质实体，而自我和心智则是精神实体，以某种神秘的方式侵入或渗透到身体里。"精神高于物质"的传统格言抓住了一个普遍的信念，即非物质的精神统治且凌驾于肉体。

人与其身体之间的关系是什么？你可能会争辩说，你自己，你个人，是一个纯粹的思考的存在，类似于笛卡儿的设想。毕竟很多时候，"我"作为一个人的真正本质似乎是非物质的，就像当"我"的身体变得疲惫、生病或毁容时，"我"仍然相信我的"自我"是不变的。"我"是谁，以及"我"的自我概念，似乎都与"我"的身体无关，"我"的身体不过是"我"思想的载体。但这种灵敏的内省主义式分析可能会产生误导，其原因既有文化上的"民间信仰"，也有真实的现象学见解。对一个人的自我经验及其与拥有某种特定身体之关系的系统检查表明，人格可能与身体有着深刻的联系。身体不仅仅是我们拥有的东西，它也是我们所是的东西。我认为，人们的动觉-触觉经验规律不仅构成了他们作为人的自我概念的核心，而且构成了其高阶认知的基础。

本章开始勾勒这一主张的轮廓，为后面章节中各种知觉、认知和语言现象的更详细探讨奠定基础。我首先思考了关于人格的传统观念，继而思考我们注意自己身体的方式、身体图式和身体意象之间的区别、运动在我们作为"人"的经验中的重要性、紊乱的身体、文化和具身性，以及构成我们作为人的整体的三个层次的具身性。我在这里的具体目标是，通过在我们作为独特的个人的感觉和我们身体之间建立紧密的联系，逐渐缩小在传统西方心智观中固有的心身分歧。近期认知科学领域中谈论"具身心智"的最新尝试，常常是在大脑特定属性的语境下进行的。但是，非常有必要将具身性理解为人与人之间以及与它们周围世界相互作用的一个方面。

第一节 第一人称视角

哲学家琳恩·贝克（Lynne Baker）探讨了我们作为人与我们身体之间的密切联系（Baker，2000）。她认为，"人"是由人体构成的，但"人"并不等同于他的身体。人类有机体之所以成为一个人，是因为它具有采用"第一人称视角"的能力。根据这一观点，人与其他事物的区别并不在于人是否有某种意识或其他的精神状态。许多哺乳动物都有信念和欲望的心理状态，许多哺乳动物也有意识状态。相反，人类的显著标志是他们具有复杂的心理属性能力——第一人称视角，这个能力使人能够将自己的身体和心理状态，视为自己的状态并拥有各种意向状态，如相信、渴望、希望、恐惧等，同时还能对自己决定追求的计划和目标保持自我意识。从第一人称视角，"我"可以把自己想象成"我"自己（如"我想知道十年后我是否会幸福"），这表明"我"对自我的概念有所了解（Baker，2000：92）。即使完全瘫痪，如果能接受"我不知道我是否还能再移动我的腿"这个想法，那么一个人就还会和他自己的身体有第一人称的关系（Baker，2000：94）。

两个人的彼此区别在于这样的事实，即他们是由不同的身体组成的，每个身体都支持着不同的第一人称意向状态。因此，"我"（me）的任何复制品都是他的身体的第一人称关系，而不是"我的"（mine）。此外，一个单一的身体不能同时构成两个人。一个人有时可能会觉得自己在不同时间好像是不同的人（如夏娃的三张脸），在实验情况下裂脑患者会试图一只手穿上裤子，而另一只手脱掉裤子。但这些都是紊乱的第一人称视角的例子，而不是同一个身体内两个不同的第一人称视角的例子（Baker，2000：108，但也见下面关于连体双胞胎的讨论）。虽然人体一开始是完全有机的，但它可以获得无机部分。一条被"我"认为是"我"自己的假肢，"我"只要想移动它就可以移动它，它成为"我"（仍然是人类）身体的一部分。在保证一个身体是人体的前提下，我们可以替换多少身体部分？技术肯定会在补充和扩展身体方面发挥越来越大的作用。哲学家安迪·克拉克（Andy Clark）声称，肉体和机器的融合是我们

16

长期发展能力的自然进步，我们可以将工具融入我们的生活环境，以减少对大脑和意识的需求（Clark，2003，见第五章）。但是，只要我们在一定程度上继续通过有机过程维持生命，我们每个人就都应被视为拥有真正的人体。

这些观察表明，我们从第一人称的身体视角如何定义我们自己，这一点至关重要。而且，如果没有你，你的身体什么也不是。至少，将第一人称身体视角与自我的某些概念联系起来，与我们仅仅是一堆呼吸细胞或计算机程序，或者我们作为人的存在是一种形而上学的幻觉的论点背道而驰。这些观点在哲学史上都有过激烈的争论。例如，一些当代哲学家认为，"人体"和"某人的身体"这两个词语会引发哲学上的混乱，我们应该在讨论个人身份时避免使用（Olson，2003）。即使一个人的人格可能不仅仅是身体，但没有身体就没有自我。

第二节　身体与世界

西方文化中的一个传统信念是，人体与外部世界是分离的。许多认知科学家都认同这一观点，他们认为个体通过重新呈现世界来学习和认识世界。人类身体的五种主要感官是重新呈现世界的通道。然而，身体是独立于由皮肤的边界所限定的世界的（即形而上学或人与世界的二元论）。

但是，现在许多哲学家和认知科学家反对人与世界的二元论，他们主张从有机体与环境的相互关系和相互作用的角度来对人进行科学的理解和研究。例如，梅洛-庞蒂（Merleau-Ponty，1962）声称，身体在思想或反映世界出现之前就原始地存在，而这个世界对于我们来说只存在于身体中并通过身体而存在。现象学揭示了环境和人们对环境的感知是如何相互关联的。正如梅洛-庞蒂所写的："我的身体是所有物体编织而成的织物，至少就感知的世界而言，它是我'理解'的通用工具。"（Merleau-Ponty，1962：235）与笛卡儿认为自我知识是一个人认识世界和他人的基础的观点相反，梅洛-庞蒂认为，我们对自我知识的充分解释源于我们的具身存在的参与性相互作用（participatory interaction）。例如，当我们考虑时间的概念时，梅洛-庞蒂认为，将时间视为一条流过我们生活的河流，独立于并先于我们与它的关系，对于我们思考时间并没有帮助。我们不会"观察"时间的流逝。相反，时间的产生取决于我们与世界的相互作用。

关于人与环境相互性的一个较新观点，是关于人格和认知的生成观（enactive view）（Varela，Thompson，& Rosch，1991）。生成观的明确目标是，"在认知的实在论和唯心主义的进退两难之间找到一条中间道路，前者是对预先给定的外部世界的恢复（实在论），后者是对预先给定的世界的投射（唯心主义）"（Varela，Thompson，& Rosch，1991：172）。认知被理解为一种行为，或者是一种结构性耦合的历史，它通过参与一个现有的世界（如在发育和成熟过程中发生的事情），或通过塑造一个新物种（如在某个物种的历史过程中发生的事情）来"产生一个世界"。因为部分的设定在于耦合，所以主体和世界并不是真正分开的，它们是"相互指定的"。一个人的世界是由个体的行为和感知运动能力所决定的，这些能力使个体能够应对局部情况。人们的感知取决于他们能做什么，而他们所做的，最终会改变他们的感知。"知觉和行为、感觉和运动中枢作为成功的涌现和相互选择的模式联系在一起。"（Varela，Thompson，& Rosch，1991：163）当一个人创造了一个世界，这个人和这个世界就结合在一起了。这种可能性并不意味着身体和心智是一体的。但是，我们的身体是被严格限定的，它在我们的世界中行动时，从其从事的具体行动中得到体验。

我们的身体和世界是不同的，尽管在很多情况下，它们似乎可以彼此吸收。哲学家德鲁·莱德（Drew Leder）在下面的个人例子中描述了这种自我与世界的具体结合（Leder，1990：165）："我正走在一条林间小路上。然而，我并没有以身体或意识的方式关注我的世界。我陷入了自己的担忧——一篇需要完成的论文、一个财务问题。我的思绪正在进行着，与景观无关。我模糊地意识到大自然的景象和声音，但这只是一种表面的意识。风景既不能渗透我，我也不能穿透它。我们是两个物体。"

"然而，我们可以再一次想象一种存在主义的转变。随着时间的推移，通过我的行走节奏和平静的场景，我的心开始安静下来。有什么东西吸引了我的耳朵——是鸟儿鸣叫的颤音。我向上瞥了一眼，看到那只鸟在树枝间跳来跳去，它明亮的颜色在阳光下闪闪发光。我逐渐意识到其他鸟、其他歌声，好像从梦中醒来一样，意识到我站在狂野的合唱之中。我开始吸纳周围的世界，并逐渐融入其中。"

这种经历听起来熟悉吗？正如莱德所言，"内部和外部之间的界限因此变得容易渗透。当我闭上眼睛，我感觉到阳光，听到鸟鸣，既在我的体内又在我的体外。它们不是意识内部的感觉数据，但它们也不是'在外面'的某处。它们是丰富的身体-世界鸿沟的一部分，无法用二元论来描述"（Leder，1990：165-166）。对于我们来说，这个世界通过融入我们的身体而使我们变得有活力，而与此同时，我们体验到自己被这个世界所吸收。身体和世界的这种融合，有时很难将二者严格区分开来。格雷戈里·贝特森（Gregory Bateson）著名的盲人例子说明了这个问题（Bateson，1972）。我们的衣服、眼镜、助听器、人工心脏和其他假体设备，在我们出生时并不是我们身体的自然组成部分，但对于某些人来说最终会变成这样。后现代哲学家和科幻小说爱好者们，探索了随着技术手段的进步而模糊自我/他人二分法的后果，这些技术手段扩展了身体，并将无机材料与人的肉体结合起来。这些发展致力于消除身体与世界之间的一切明确界限。

第三节　身体和自我

文化人类学家克利福德·格尔茨（Clifford Geertz）曾经提出西方的自我观是："一个有界限的、独特的、或多或少整合的动机和认知的集合，一个由意识、情感、判断和行动的动态中心组织成的独特整体，并与他人这样的整体以及社会和自然背景形成对比。"（Geertz，1979：229）许多西方人认为，这个定义抓住了人们如何看待自己的本质，但并没有明确承认身体在自我概念创造中的作用。

历史上有一种强烈的倾向，认为自我是不可分割的，并且与任何肉体相分离。跟随笛卡儿的步伐，18 世纪著名的苏格兰哲学家托马斯·里德（Thomas Reid）认为："一个人的部分明显是荒谬的。当一个人失去了他的地位、他的健康、他的力量，他仍然是原来的那个人，他并没有失去他的人格。如果他断了一条腿或一只胳膊，他还是原来的那个人。被截掉的一部分不是他的一部分，否则它就有权得到他的财产，并对他的部分债务负责。它有权分享他的优点和缺点，这显然是荒谬的。人是某种个体的东西……我的思想、行为和情感每时每刻都在变化；它们没有任何持续，而是一个连续的存在；但是，它们所属于的自我或我是永久的，并且与我称为我的所有后续思想和行为具有相同的关系"。（摘自 Flanagan，2002：173）

里德试图将自我定位于非物质，这与"我思故我在"的格言相呼应，但并不一定经得起现象学的检验。许多人认为的自我，即我们所认为的"自我"的一致性，是建立在感知的统一性和身体的有界性之上的。正如威廉·詹姆斯在100 多年前所观察到的那样，"'我'（me）的核心始终是当时感觉存在的身体存在"（James，1890：194）。我们在时间上的同一性在于我们身体的同一性（Ayer，1936）。

我们作为人的自我感觉，部分来自感官信息在经验中的相互关联。"我"知道"我"是谁，部分原因是"我"可以看到"我"的身体（如手、腿、胳膊、胃、脚），并且由于行动而体验到了特定的感觉。对成年人的研究表明，自我识别部分来自我们身体的视觉、触觉和本体感受信息。例如，人们在观看自己投掷飞镖的视频片段时，比观看他人投掷飞镖的视频片段时能更准确地预测出飞镖的落点位置（Knoblich & Flach，2001）。尽管人们很少看到自己的整个身体在运动，但他们对自己动作的识别能力甚至比识别别人的还要好（Beardsworth & Buckner，1981）。此外，人们发现，当他们的手被认为与他们的身体方向不一致时，他们更难识别自己的手和自己的行为。这项研究表明，人们通常对自己身体的过去和未来的可能行为非常敏感。我们拥有相当详细的自我图式，这些图式植根于我们对具身可能性的体验中。

一项特殊的实验表明，人们对自己身体的识别，在很大程度上取决于模态间的相关性。博特温尼克和科恩（Botvinick & Cohen，1998）让参与者将"左臂放在小桌子上然后坐下。研究人员在参与者的手臂旁边放置了一个用来遮挡参与者视线的屏幕，并在参与者面前的桌子上直接放置了一个大小同真人一样的左手和手臂的橡胶模型。参与者坐着然后眼睛盯着人造手，而研究人员用两支小画笔来抚摸橡胶手和参与者隐藏的手臂，尽可能同步两边抚摸的时间"（Botvinick & Cohen，1998：766）。间隔一小段时间后，参与者就产生一种清晰的感觉，他们感觉到被抚摸的是那只看得见的橡胶手，而不是那只实际上被触摸的手。进一步的测试表明，如果研究人员要求参与者闭上眼睛然后用隐藏的手指向左手，他们的隐藏手指在经过这种错觉之后会移动并指向橡胶手。博特温尼克和科恩认为，这些结果支持了这样一个观点，即我们对自己身体的感觉并不取决于它们与其他物体和身体的区别，而是取决于它们是否参与了特定形式的模态间关联。因此，我们的触觉-动觉以及它们如何在各种方式之间相关联，为我们的自我感觉提供了一个坚实的基础。

自我和身体之间的联系并不意味着必须有一个单一的自我，就像我们每个人拥有一个单一的身体一样。今天许多学者都承认，没有一个单一的"自我"。自我是支离破碎的，充其量是我们"叙事引力"的中心而已（Dennett，1992；Gergen，1991）。实际上，我们身体经验的复杂性促进了同样复杂的自我同一性。人们使用一系列的隐喻概念，在不同的时间以不同的方式谈论他们的内在自我，这些概念来自他们在物质世界和社会世界中不同的身体体验（Lakoff & Johnson，1999）。隐喻概念表达了基本的心理映射，通过这些映射，来自一个领域（即目标）的知识，由来自不同领域[即源（the source）]的信息构成和理解。在许多情况下，这些概念反映了不同种类的具身性关联，包括：①身体控制和物理对象控制之间的关联（例如，**自我控制是对象控制**——"被击倒后，拳击手自己从帆布上爬起来"）；②处于某个正常位置与受到控制感之间的关联（例如，**自我控制是处于自己的正常位置**——"我气疯了""彼得疯了"）；③自我行动与物体运动之间的关联（例如，**产生自我行动是物体的强迫运动**——"你

20

把自己逼得太紧了""我好像走不动了");④我们的自我控制意识和统一控制之间的相关性(例如,**自我控制是把自我视为一个容器**——"她快要崩溃了""振作起来");⑤我们的自我意识和在特定地点寻找事物之间的关联(例如,**自我作为一个被发现对象的本质**——"他正尝试找回自己""她去印度寻找真实的自我""他在写作中找到了自我")。

这些理解自我的隐喻方式是不一致的,因为没有单一的、统一的自我概念。然而,这些隐喻似乎存在于多种文化中,它们部分基于不同的身体体验,体现了我们如何构想内心生活的重要特质(Lakoff & Johnson,1999)。事实上,认知科学家已经提出,自我有不同的层次,每个层次都根植于不同的具身性。例如,认知神经科学家安东尼奥·达马西奥(Antonio Damasio)区分了三种自我(Damasio,1999)。"原始自我"是无意识的,它由"相互联系的器官机能状态和暂时连贯的神经模式集合"构成(Damasio,1999:154)。低等动物,甚至龙虾,都有一个原始自我。"核心自我"是有意识经验的非言语(nonverbal)或前言语(preverbal)的主体。狗、猫和人类婴儿都有核心自我。"自传体自我"或"延伸意识"是对一个人生活经历的记录,通常被认为需要概念结构,或许也需要语言。

三种自我都深深地根植于大脑和身体,每一层都建立在其前身的基础上(Damasio,1999)。原始自我需要一个身体能够(通过血液中的化学物质)向基底前脑、下丘脑和脑干发送信号,这些信号会导致中枢皮质、丘脑和基底神经节中某些神经递质的释放。这些通道提供了合适的材料来无意识地表征不同的身体状态,包括身体与环境的关系。核心自我需要一个功能正常的原始自我,以及扣带状皮层、丘脑、前额叶皮层的一部分和上丘骨。一旦大脑的这些不同区域开始发挥作用,人们就可以拥有真正的经验主体。有机体感知事物,并且觉得自己感知事物。自传体记忆存储在不同的感觉皮层中,并由颞叶和额叶高级皮质的汇聚区以及杏仁核等皮质下区域激活,这些区域在体验和记忆某些体验的感觉和感受性方面都很重要。一般来说,自我的涌现需要一个拥有特殊大脑的有机体,并与其他类似的具身生物生活在一个世界里。

我们自己作为人的感觉,是通过身体(老化)和精神(信念、态度)的变化体验的,这主要是基于我们与物质/文化世界的身体相互作用。正如詹姆斯·吉布森(Gibson,1966,1979)长期以来所主张的,我们对感官世界的感知是通过"可供性"(affordances)直接给予的。可供性是环境为动物提供的资源,例如提供支撑的表面、可操纵的物体以及可食用的东西,它们中的每一项都是在动物与环境相互作用中被指定为刺激信息的属性。每个人/动物都有一系列行动的可能性,这是基于对提供的感知(例如,可以坐的椅子,如果跑步的话可被抓住的有轨电车），这些感知隐含地定义了我们是谁（White，1999）。吉布森对生态自我的定义如下："对持续和变化的环境的感知与持续和变化的自我（本体感受在任何术语的扩展使用）是同步的。这包括身体及其部位，以及从运动到思考的所有活动，不分所谓的'精神'活动和所谓的'身体'活动。自我和身体与环境一起存在，它们是共同被感知的。"我们的自我概念隐含在我们与世界感性的、具身的交互中，以及我们对自己身体的动觉体验中（即本体感受；见第三章）。

22

　　因此，我们的自我概念依赖于我们每天进行的身体动作的模式。作为行动因果基础的能动感，也许是我们作为人所经历的"我"最令人信服的证据。例如，"我"有意识地决定举起"我"的右手，"我"的身体就会相应地做出反应。我们是我们行动的"作者"这一持久信念，在很大程度上根植于行动的系统模式，而这些行动模式似乎是由我们的有意意图引发的。

　　但是，这种关于能动感和行动之间联系的信念，可能是基于对大脑和无意识认知过程的误解。有几项研究表明，我们认为自己有意识的意志是我们行动的因果基础的感觉可能是虚幻的。例如，在一项饱受争议的研究中，里贝特（Libet，1985）要求学生随心所欲地移动他们的手，同时在做决定时注意快速移动的模拟时钟。他同时还测量了参与者的脑电图（EEG）。如果有意向的身体行动是由一个有意识的决定或意志引起的，那么参与者应该表明他们是在大脑处理手的动作之前就已经做出行动的决定。事实上，观察到的结果正好相反：移动的决定发生在大脑皮层相关活动开始后350～400毫秒。对这一发现的一种解释表明，至少对于简单的动作而言，有意识的决定（即能动感）不会引起人类行为。一些学者声称，里贝特的发现以及其他发现证明，"自由意志"概念是一种幻觉（Wegner，2002）。

　　许多学生，以及认知科学家，都被里贝特的研究结果所困扰。大多数人仍然相信自我-身体二元论的概念，至少在某种程度上每个人都拥有一个"自我"，即"自己航船的领航员"。然而，即使真正的原因位于人们的大脑之外，人们也可能会误以为他们的意识是行动的原因。一项研究旨在通过对运动区域的参与者的大脑一侧进行经颅磁刺激来证明这一点（Wegner & Wheatley，1999）。经颅磁刺激诱发运动神经元放电，使人自动移动四肢。这些动作是无意识的，类似于用锤子敲膝盖时产生的"膝跳"（knee jerk）。在这项研究中，参与者一边接受大脑一侧的经颅磁刺激，一边被要求同时做出自发的肢体运动。有趣的是，参与者认为他们有意识的决定是导致他们"下意识"反应的原因，就像真正的原因是经颅磁刺激使他们自动移动四肢一样。诸如此类的结果使人们质疑，有意识的自我始终是一个人身体行为的作者这一简单想法。

23

　　本书第八章探讨了神经活动、有意识意志和身体行为之间的一些复杂关系。目前看来，似乎我们对自己行动的拥有感可以用运动活动（motor activity）与感觉反馈的匹配来解释，而不是用任何思维-然后-行动的因果关系来解释。思想和行动都是一个单一的、无意识的大脑过程，在公开行动完成前的一段时间，关于将要发生事情的思维就会产生于意识中。只有当我们反思发生的事情时，我们才会引用能动感的概念来解释我们采取行动的原因，即使我们在解释为什么我们以某种方式做出行为时常常是错误的（Wilson，2002）。

　　个体可以从某种意义上主张自己行为的所有权，因为这些行为产生于大脑过程、快速反应的认知机制和有意识知觉的复杂的相互作用，所有这些都是在体内经历的。自我意识的核心甚至决定性方面是我们预测未来行为的能力。这种预测能力被错误地归因于一些思想与行动的因果联系，但实际上是大脑、身体和世界耦合的一种涌现特性。除了其他方面，我们预测未来行为的能力解释了为什么给自己挠痒很困难。当我们试图给自己挠痒时，与其他人随机施加的刺激相比，我们可以轻松地预测动作的趋势，这大大降低了对触觉刺激的敏感性。许多精神分裂症患者把他们行为的原因归结于外部因素，他们觉得挠自己和被别人挠之间没有太大区别（Blakemore，Wolpert，& Firth，2000）。

　　将自我描述为大脑、身体和世界相互作用的一种涌现特性，主要假设了每个人都有一个大脑和一个身体。但是，联体（conjoined）或连体（siamese）双胞胎给这个想法提出了一个有趣的挑战。根据连体方式的不同，这对双胞胎可能共享身体空间、各个器官和四肢，并体验关节感觉和运动区域。很少有研究调查这种双胞胎对身体界限的体验，因为这与自我/他人的区别有关。例如，第一对著名的双胞胎，出生于1871年的张和恩（Chang and Eng），他们由胸底部一条5～6英寸（1英寸=2.54厘米）长的软骨腱连接在一起。兄弟俩既有共同的敏感区域，也有各自的感觉区域（Murray，2001）。当触碰他们连接处的中间部分时，张和恩都感到了刺激。但是，如果将一个刺激区域朝一边移动1.2英寸，就只有一个兄弟能感觉到。另一对著名的双胞胎是出生于1875年的托奇（Tocci）兄弟。这对双胞胎各自都有一对可用的手臂。然而，他们在第六肋下完全连接，共享一个腹部、肛门、阴茎和一双下肢。每一个兄弟都能控制他身体那一边的腿，但他们不能走路。

24　　一组四个月大的连体双胞胎在脐部和胸骨之间的腹面被连接，因此他们总是面对面（Stern，1985）。双胞胎中的一个经常吮吸另一个的手指，对方亦然，但他们不知道哪个手指属于谁。这表明，双胞胎中的每一个都"知道"自己的嘴巴在吮吸一个手指，而自己的手指在被吮吸并不能形成一个连贯的自我。即使是身体融合，双胞胎个体似乎也能区分出自己身体的某些部分和另一个身体的某些部分。

然而，许多在儿童或青少年时期被手术分开的连体双胞胎报告指出，他们在手术后对自己是不是同一个人感到困惑（例如，"真的是我吗？""我真的是我自己吗？"）[分离连体双胞胎显然是一个巨大的医学挑战。然而，外科医生实际上是在建造而不仅仅是分开身体，因为没有自然的方法可以把两个身体从一个中分离出来的同时，还能保持每一个双胞胎的自我同一和自我-身体之间具有相对应的关系（Murray，2001）]。

一个人似乎不可能从另一个人的身体内部产生明显的感觉。但是，连胎自养体双胞胎的案例为这一观点提供了一个例外（Murray，2001）。连胎自养体双胞胎是指双胞胎中的一个在胚胎发育早期死亡，但其身体的不同部分（寄生体）与存活的另一个双胞胎（连胎自养体）相连，并由后者维持生命。大多数带有寄生部分的双胞胎给他们的"同伴"起了个名字，并把寄生部分当作一个人来对待（其中一个寄生双胞胎甚至还受过洗礼）。在 1874 年出生的拉洛（Laloo）的例子中，寄生的双胞胎附在他腰部的较低部分，寄生部分有两条胳膊、两条腿和一根勃起、排尿均不受拉洛控制的阴茎。寄生部分的这种"不受控制的行为"表明，一个独立于连胎自养体双胞胎的自我控制感归因于他。然而，拉洛能感觉到寄生双胞胎任何部分被触摸时的感觉。

这些案例研究提出了更多有关连体双胞胎如何构想自我-身体关系的问题。不过有一个合理的结论是，个体知道自己身体边界的方式实际上是偶然的，虽然对于我们大多数人来说是可靠的，但对于连体双胞胎而言，这可能会使身体与自我之间产生歧义（Murray，2001）。

更一般来说，要理解大脑、身体和世界是如何产生自我意识的，就需要我们将这种相互作用视为一个自我组织动态系统的一部分。大脑在不同的层面运作，从单个神经元的微观层面，到神经元或细胞集合的群体层面，再到从第一人称视角体验精神功能的层面。上层和下层在两个方向上相互作用，并产生因果影响。然而，尽管我们感到情况确实如此，但没有一个单一的控制中心（即自我）来监督不同层面的操作或它们之间的相互作用。自组织动态系统具有一种只能从内部理解其存在的永久性（Flanagan，2002）。因此，大脑、身体和环境的相互作用产生了自我感，这种感觉又有某种永恒的感觉。 25

第四节 关于我们的身体我们注意到了什么？

成年人通常会注意到自己身体的哪些方面？当"我"往山上跑的时候，"我"

肯定能感觉到腿部肌肉的紧张以及呼吸困难时肺部的扩张。但是，"我"几乎察觉不到自己头上的头发、"我"双手的动作、"我"胃里的感觉。因此，当我们积极地与周围的环境打交道时，身体并不作为一个正常的觉知对象出现在意识中。

现象学哲学家们长期以来一直致力于描述精神生活和身体行为中的感觉（Husserl，1977；Heidegger，1962；Merleau-Ponty，1962；Sartre，1956；Sheets-Johnstone，1999）。当代西方文化也在纠结如何思考和描述身体体验。我们已经沉迷于身体的护理及其外观。这种关注的大部分与作为对象的物体或可以观察和期望的事物有关，而与作为对象的身体或行动中的第一人称体验无关。当然，我们大多数人都承认，外表光鲜会让我们内心感觉良好！作为"人类潜能运动"的残余，加利福尼亚有一个相当活跃的趋势，那就是发展能增强对自己身体感觉理解的实践（例如，按摩、极性疗法、渐进式放松、滚翻、冥想、内观冥想、瑜伽、生物反馈、费登奎斯法、自体生成训练、亚历山大法）（Marrone，1990）。这些技巧大多强调每个人的自我意识是如何由一系列的生理、情感和智力习惯组成的，这些习惯可能会变得具有局限性和限制性。各种各样的运动实践使人们能够"与自己的身体接触"，而我们大多数人在日常生活中根本感觉不到这种接触。这种"具身心理学"旨在发展身体和心智的相互作用，作为心理治疗过程的一部分。

然而，在认知科学中，很少有系统的研究探究人们通常会注意到自己身体的哪些方面。有一项研究例外，该研究直接考察了成年人对日常身体体验的直觉（Pollio, Henley, & Thompson，1997）。男人和女人分别详细地回答了两个问题：①"你能告诉我什么时候你会意识到自己的身体吗？"②"你能告诉我在那种情况下你意识到了什么吗？"第一个问题旨在揭示身体体验的"何时"，第二个问题旨在揭示身体体验的"是什么"。

26　　　参与者的回答表明，身体体验往往集中为以下八种情况：

i.使用身体（即在从事某项活动或项目时对身体的觉知）；

ii.感知身体（即对身体的感知，如在经历疼痛、疾病、疲劳和各种快乐时的感觉）；

iii.展示身体（即向他人展示身体的觉知，如姿势和着装方式）；

iv.怀孕和性行为（即与怀孕有关的感觉，包括护理、性亲密和性唤起）；

v.随着时间的变化（即对身体当前经历和过去经历的比较的觉知）；

vi.同一性（即对某件事的含义的觉知，例如当一个人意识到他的身体为"基督徒的"时）；

vii.意识到他人（即对他人存在或不存在的意识）；

viii.情感意识（即对某些情况的主要方面有强烈情感的意识）。

波里奥（Pollio）等人的采访也揭示了三个主题，这些主题反映了每个人体验自己身体的独特模式。每个主题还包括两个特定的子主题：

（1）接触经验

    a. 充满活力的身体。

    b. 活动中的身体。

（2）肉体体验

    a. 身体作为工具。

    b. 身体作为客体。

（3）人际意义体验

    a. 身体作为外观。

    b. 身体作为自我的表达。

当一个人体验到他的身体完全投入到世界上的某个项目中时，接触体验就会发生。活力是指一个人完全沉浸在世界之中，很少或根本没有对其身体的感觉。相反，世界上有一种幸福感和专注感（例如"……幸福的感觉，你走出去深呼吸，全身感觉良好"）。活动直接指一个人所从事的具体运动，在这种运动中，人们普遍意识到身体是体验的中心（例如，"跑步时，我喜欢肌肉发热的感觉，喜欢有风吹拂时皮肤的紧绷感"）。

肉体（corporeality）体验是作为对身体的意识而产生的，因为身体作为物体世界中的一个客体或作为实现目标的一个手段而存在。这些体验包括对事物的作用和被事物所作用。工具指的是身体作为体验所完成事情的工具，以及可以在学习技巧表演中培养出来的东西（例如，"在学习舞蹈的早期阶段，你必须考虑所有这些作品的过程"）。客体指的是身体的极限，类似于对象的极限。因此，身体可以因疾病而受损，或者以占有和拥有的角度被看待。此外，身体可能会唤起人们对自身的关注，并使人重新适应这个世界（例如，"吃完东西后，我对自己的身体最敏感，对自己的肚子也最敏感"）。

人际意义的体验是指身体被理解为社会和象征意义的体验。当人们分享日常世界的共同意义时，他们就会感觉到自己的身体。自我的表达指的是那些强调身体即自我的例子，包括生活方式、性格和人际关系方面[例如，"我一直对自己很严格，并且看到了改进的空间。我想我已经落入了现代美国男性的陷阱，他们总是试图让自己看起来像《时尚先生》（*Esquire*）中的模特"]。外观指的是一个人的身体在自我和他人眼中的具体表现（例如，"我试图以一种将注意力从我的身体转移到我脸上的方式来打扮自己。肥胖意味着你必须更努力才能

27

让自己看起来还行"）。

上面提到的六个主题经常在身体体验的不同方面混合在一起。例如，"（跑步时）我经常能感觉到我的步伐、我的脚、我的心跳和呼吸。当我感觉到自己处于巅峰之时，那便是我最清楚这些都在协调工作的时刻"。另一种融合是当物体、自我体验、活力和活动结合在一起时："当我做我想做的事情时，我的身体和我之间没有分离……当我对自己的身体或疼痛不满时，我就会感觉到这种分离。如果我做得很好，我意识到我就是我……如果意识到我的身体……那就意味着有些事情不对劲。"

这种对人们关于自己身体注意力的分析，再次说明了身体与环境之间的相互作用。人们通常会在涉及环境和与他人相互作用的关系情况下，注意到自己的身体。

第五节　运动、身体图式和身体意象

运动对于我们如何理解自己和身体之间的关系至关重要。我们感觉到的主观体验不是特定的大脑状态，而是我们身体在运动中的感觉。婴儿的生命开始于扭动、伸展、张嘴和合嘴、吞咽、踢、哭、伸手触摸人和物体等。从字面意义上看，我们的身体是动态地生长的。婴儿开始意识到，他们身体的不同部位能够进行特定的运动（如手臂可以伸展、手指可以触碰、脊椎可以弯曲、膝盖可以弯曲、嘴巴可以张开和闭合等）。当婴儿对他们的身体体验有运动感觉时，他们便逐渐建立起更复杂的心理理解，这些理解与包容、平衡、体重、体力，以及他们的具身行动对世界的影响有关。正如哲学家埃德蒙德·胡塞尔曾经指出的那样，原始运动是"所有认知之母"（Husserl，1980：69）。

人们的运动能力和对自己的身体有意识的基础是什么？人具有特定的身体感觉，可以产生与其身体有关的特定知识。各种信息系统产生关于身体状态和表现的信息。这些系统包括如下方面（Bermudez，Marcel，& Eilan，1995：13）：

（a）关于压力、温度和摩擦力的信息来自皮肤和皮肤表面下的感受器；

（b）关于身体状态信号的相关信息来自关节中的感受器，有些对静态位置敏感，有些对动态信息敏感；

（c）关于平衡和姿势的信息来自内耳前庭系统和头/躯干意向系统，以及来自身体任何部位的压力信息，可能与重力抵抗表面相接触；

（d）来自皮肤伸展、身体状况和体积的信息；

（e）来自内脏器官感受器有关营养和其他与体内平衡及健康相关状态的

信息；

（f）关于努力和肌肉疲劳的信息来自肌肉；

（g）关于对血液成分敏感的大脑系统的全身疲劳信息。

这些信息系统以复杂的方式协同工作，产生"身体图式"和"身体意象"。不幸的是，这些术语有时被不加区分地用来指代完全不同类型的身体表征。"身体图式"和"身体意象"这两个术语的一些使用方法包括如下方面（Bermudez et al.，1995：15）：

（a）某人在特定时间对身体的有意识体验；

（b）某人身体各部分瞬时相对位置和所占空间变化的无意识记录；

（c）某人身体结构和形状的无意识的持续表征；

（d）身体的一般外观或感觉的规范表征；

（e）对自己特定外观的了解；

（f）从社会上或学术上获得的关于身体的明确概念（如那个人有肝脏）；　　29

（g）对身体的情感归属，有些是默许的并由社会决定的；

（h）身体的文化象征；

（i）用于上述部分内容的神经元载体。

然而，这些非常不同的身体表征方面，可以充分区分彼此。"身体图式"是指身体在环境中，积极主动整合自己姿势和位置的一种方式。当我们感知物体和事件并在世界中移动时，我们通常不会感觉到我们的身体在进行姿势调整。身体图式使我们能够熟练地行走而不会撞倒或被绊倒，跟随和定位物体，感知形状、距离和持续时间，让我们准确地接球。这些平凡的事件都是独立于我们对身体的有意识思想而发生的。

我们对运动的感觉，是由我们的本体感受系统调节的。本体感受（proprioception）作为一个重要的具身系统（embodied system）被忽视了，因为它不是传统上被视为向心智呈现世界的输入系统。查尔斯·谢林顿（Charles Sherrington）爵士称这种系统为"第六感"（Sherrington，1906）。本体感受提供的信息来自肌肉和关节的神经末梢，部分也来自皮肤的神经末梢。耳朵中的平衡器官提供关于个人在空间中的姿势和位置的信息。肌肉中的神经末梢提供有关肌肉张力的数量和波动、肌肉的长度和张力的信息，从而提供有关运动和所使用的力量的信息。关节的神经末梢提供有关关节运动和位置的信息，从而提供有关运动和姿势的信息。皮肤（尤其是脸部）中的神经末梢可提供有关面部表情以及言语和进食活动的信息。平衡器官与来自颈部肌肉的信息一起，提供有关整体姿势和相对于水平面位置的信息。

谢林顿强调了本体感受是如何自动地和无意识地起作用的，以及当大脑与神经系统断开时它又是如何起作用的。我们所有的动作和姿势的保持，都需要无数肌肉和关节的微妙协调，这构成了我们的身体图式。如果没有来自感觉神经的关于肌肉和关节活动的即时反馈，我们所有的行动甚至是保持姿势就都会出错。身体图式是关于身体不断更新的、非概念性的、无意识的信息，为执行我们的总体运动计划及其微调，提供了必要的反馈（Gallagher，1995）。

举个例子，一个简单的身体动作，如站直。我们从婴儿时期就知道如何做到这一点，不需要有意识地使用适当的运动程序来执行动作。此外，身体图式还提供了这种姿势的微调。如果我们的手臂稍微在身体前面，我们必须稍微向后倾斜来抵消前面的额外重量。如果我们搬运东西，我们要（对身体）补偿得更多。这种补偿是自然发生的，我们不必对其考虑更多。无论是在其他人还是在我们自己身上，我们甚至都没有注意到这些小小的修正。只有当我们看到肚子非常大的人或孕妇时，我们才会注意到他们是向后倾斜的。平衡器官需要来自肌肉和关节神经末梢的所有信息。身体图式必须及时反馈给运动程序，否则我们就会摔倒。但我们不需要为此烦恼。这一切都是自动发生的，所以我们的手完全可以用来做其他事情。当然，这仅适用于不太复杂的运动任务，或者我们已经掌握了一段时间的运动任务。获得新的运动技能，比如学习驾驶或拉小提琴，这都需要有意识的努力和注意力。

我们的身体图式可能是超模态的（supramodal），可用于理解关于自己和他人的身体位置信息。支持这一观点的一项研究，向参与者展示了图式在相同或不同身体姿势下的连续姿势（Reed & Farah，1995）。参与者的任务是在看第一张图片时，移动他们的胳膊或腿。当这些变化与参与者的身体运动相同时，参与者可以更好地检测到模型位置的变化。另一项研究表明，参与者身体被移动的特定部位，决定了参与者检测身体位置变化的能力。人们的身体图式似乎具有内部组织，不同的身体部位有不同的表征。使用身体图式的一部分来监控自己的运动，会自动将注意力集中在我们正在观察的其他身体的相应部分。

一项复杂的研究采用了"相异手"（alien hand）范式的修改版本，以检验身体图式对自我识别的贡献。参与者和实验者坐在桌子的两端。每个人都把戴着手套的右手放在桌子上，让两只手相对。然而，参与者的手被藏在了一个带镜子的屏幕下。摄像机拍摄了屏幕上显示的镜像，给参与者留下了可以直接看到桌子上的两只手的印象。

每次实验开始时参与者和实验者的手都握着拳头。一个信号提示参与者移动拇指或食指。实验者与参与者移动同一个手指（相同的运动条件）或另一个手指（不同的运动条件），1秒后屏幕关闭，出现一个箭头，指向屏幕上显示手的位置。参与者的任务是判断，他在箭头位置看到的手是自己的还是实验者的。

在这项研究中还有一个重要的因素。屏幕上手的图像也被不同程度地旋转或没有旋转。当图像没有旋转时，参与者自己的手的空间定位与她身体的位置一致。当图像旋转 90 度时，参与者和实验者的手的方向与参与者的身体方向不一致。在这两种情况下，两只手都被视为"相异的"。当图像旋转 180 度时，实验者的手与参与者的身体方向一致，而参与者的手与实验者的身体方向一致。这种情况使得实验者的手看起来像是属于参与者的身体，而参与者自己的手看起来像是属于实验者的。

范·登·博斯（van den Bos）和让-内洛德（Jeannerod）首先研究了行动线索对自我识别的影响。参与者几乎总是在不同的运动条件下识别自己的手，但是当实验者进行相同的手指运动时，他们在识别自己的手时却明显犯了更多的错误。因此，当可用的行动线索较少时，自我识别就变得更加困难。

图像的旋转也影响了参与者的自我识别，但仅是在相同的运动条件下。因此，参与者的手部方位与自己的身体方位一致时，错误最少（15%），而当他们的手部方位与身体方位（旋转 90 度）不一致时，参与者的错误率较高（24%），当实验者的手与参与者的身体方向（180 度旋转）一致时，误差最大（35%）。在 180 度旋转条件下，有较高的错误率表明，身体图式显然有助于自我识别，尤其是在缺少其他行动线索时。

类似这样的研究再次表明，身体图式对于我们如何移动和识别我们是谁都是不可或缺的。毫不奇怪，环境会影响人们对自己身体的直觉。当伸出的手臂靠近障碍物（一堵墙）时，人们感觉自己的手臂长度比在开放空间（走廊）时更长（Shontz，1969）。当人们被要求指向物体时，他们估计的手臂长度会更长（Shontz，1969）。当被要求估计头部的宽度时，人们在脸被别人摸过之后的估计，要比他们的脸没有被别人摸过时的估计要小。这些发现证明了身体的边界是如何在不同的环境和任务中扩张和收缩的。再重申一次，没有身体运动就没有身体知觉。环境的任何变化都会导致我们对身体的体验发生一些甚至非常轻微的变化。

身体图式不是同构的，也不能用生理学来解释。我们的身体以复杂的方式对环境做出明智的反应，而不是像单一机制或单纯反射那样。我们根据实际问题积极组织我们的身体体验。"我"在田野上奔跑无法简单地用"我"身体的生理活动来解释（Gallagher，1995）。相反，"我"运动背后的实际目标（例如，在棒球比赛中跑着去接球）解释了"我"的行为，同时，物理环境、"我"以前接球的经验，甚至棒球规则等均塑造了"我"移动身体的方式。因此，个人的经验，因为个人和文化的差异，会产生不同的身体图式，而这不能仅仅用生物学的术语来解释。

32

身体意象指的是对身体的有意识表征，包括身体如何作为感觉和情绪的对象，例如，我们是否会觉得自己胖、瘦、累等（Gallagher，1995）。人们已经从身体意象与对身体单个部位的满意度之间的关系，身体意象与饮食失调的关系，以及与身体变量的关系等方面，广泛研究了人们对自己身体的主观评价以及相关的感觉和态度（Fisher，1990）。典型的身体意象问卷要求参与者对 19个项目进行评分，包括对自己身体健康/不健康、身体有吸引力/不吸引人、快乐/不快乐的来源、隐藏/展示的东西、冷静/紧张的、年老/年轻的、虚弱/健壮的、精力充沛/萎靡不振等的自我感知（Koleck，Bruchon-Schweitzer，Cousson-Gelie，Gillard，& Quintard，2002）。从这些问卷的回答中发现，身体满意度往往与性别、健康、当前和未来的情绪调整有关。

身体图式与身体意象之间存在着重要的相互作用。例如，身体图式的无意识运作会影响我们身体有意识体验的重要方面。一些研究表明，改变身体的行为方式会明显影响人们对自己身体的感知，也会影响人们对空间和外部物体的感知。因此，相对于其他物体的尺寸估计，人们的身体尺寸总是被高估（Gardner，Martinez，& Sandoval，1987）。各种研究表明，身体图式会影响空间知觉和对物体的知觉。姿势、活动能力、身体能力的变化，以及其他与身体图式有关的异常、病害或疾病（如肥胖、风湿性关节炎、多发性硬化症），或暂时的身体变化（如怀孕），都会影响身体意象的感知、认知和情感方面。例如，身体功能的退化和运动能力的变化，导致身体完整性和身体边界感觉的下降（Gardner et al.，1987）。各种各样的研究也表明，锻炼、跳舞和其他身体锻炼，都会影响人们对自己身体意象的情感态度（Asci，2003）。

第六节　失调的身体

神经损伤会使人们对自己身体和身体体验的感知产生严重的影响。当人们对自己身体的感知受到干扰时，他们就会遭受精神/情感上的紊乱。例如，患有脑瘫的人经常会经历肢体的不自主运动，有时还会声称身体的某个部位不是他们自己的。再次重申，有意识地移动身体的能力以及预测接下来发生事情的能力，对于认同自己与身体的关系至关重要。

除瘫痪外，一个人能经历的最具破坏性的失调症之一就是本体感受的丧失。以著名的伊恩·沃特曼（Ian Waterman）为例（Cole，1995）。沃特曼在19 岁时因生病变得非常虚弱，他不能走路或保持直立姿势，说话也含糊不清。他很快就瘫痪了，但他的肌肉和运动神经元没有任何问题。即使是躺在床上，沃特曼也能向各个方向移动他的胳膊和腿。但他似乎无法控制自己的动作，他脖子以下失去了所有的触觉和本体感受。所有从周围传递信息到大脑的大型感觉神经都被破坏了。沃特曼只剩下了强烈的痛苦感、冷热感、疲惫感。但是，他对自己身体的位置和姿势均没有任何感觉，对自己的皮肤也一样。如果他不亲眼看，沃特曼说不出他的胳膊和腿放在哪里。

沃特曼最终通过有意识地规划他需要做的小动作来教会自己坐起来。例如，他首先尝试使用腹部肌肉，就好像他要做仰卧起坐一样。但是这个计划并没有成功。沃特曼意识到他需要先抬起头来。当他这样做并第一次成功时，他非常高兴，以致于他忘了考虑自己的动作而向后仰倒。经过几个月的艰苦训练，沃特曼学会了坐起来、吃饭、穿衣服、写字，甚至走路。虽然被破坏的神经再也没有恢复，但他利用视觉反馈有意识地规划每一个身体动作。然而在黑暗中，沃特曼看不见自己和周围的环境，他就会和刚发病时一样无助。

沃特曼利用视觉来代替肌肉感觉的能力表明，对于有视力的人来说，这两种感觉经常可以结合在一起来判断运动。失去知觉的患者如沃特曼（感觉神经从外围到大脑不再起作用的人），对自己身体的知觉与我们不同，因为我们通常不需要如此依赖视觉来进行本体感受行为。尽管这些患者的身体图式几乎不存在，但他们的身体意象却完好无损，因为他们知道自己的长相和所占空间。当这些患者位于他们身体意象的特定位置时，他们会立即体验到疼痛。但是他们的身体意象仅仅源自他们的视觉感知，而不是来自本体感受。

身体失调的一个显著方面是，即使身体的一部分被切除，人们仍然能感觉到它。一项对第二次世界大战期间战俘营中 300 名截肢者的研究表明，98% 的人经历过"幻肢"（phantom limb），这通常是一种令人愉悦的麻刺感（Henderson & Smyth，1948）。然而，一些截肢者会感觉到失去肢体的疼痛。

关于幻肢体验有各种各样的推测。对正常成年人的研究表明，仅仅看着一个活动的肢体就能在观察者中产生一种自主运动的感觉（Ramachandran & Blakeslee，1998）。人们甚至会被愚弄，以为别人的手就是他们自己的。一项研究让人们戴上手套，把手插进盒子里，然后根据信号在一张纸上画一条线（Nielsen，1963）。然而，参与者并不知道，他们在盒子里看到的手实际上是另一个人的手在镜子中的反射，也戴着手套，拿着一支笔，放在他们希望自己手在的确切位置。当信号发出后，冒名顶替者的手画了一条不同于参与者被指示画的线，参与者通常会调整自己的手臂来补偿观察到的手臂的初始轨迹。

这种"相异手"程序已被用于研究幻肢运动的体验（Ramachandran & Blakeslee，1998）。拥有幻肢感觉的人把幻肢和另一只真实的手臂都放进了镜

34

盒里，他们会在幻肢感出现的地方看到真实手臂的影子。当人主动移动真实手臂时，他也会体验幻肢的自动移动。因此，可见的手引导着幻肢感的体验。即使当实验者的手臂出现在幻肢的位置时，手臂的移动也会产生幻肢本身在移动的感觉。诸如此类的研究表明，只要观察一个人的身体移动到它应该在的位置，就可以简单体验到有意向的身体运动。

人们对身体失调的主观体验表明，身体图式并不完全等同于生理机能（Gallagher，1995）。从截肢的腿的生理学角度来看，并没有什么东西能让一些患者感觉到他们被截肢前的真腿。相反，缺失的肢体仍然是个人身体图式的一部分，继续塑造着这个人的行动和感觉。

第七节　理解他人的身体

当我们看到另一个人的时候，我们不是将他的身体视为纯粹的物质身体，而是视为一个像我们一样的有生命的身体。姿势的心理表征、自己身体的运动和其他身体对姿势和运动的感知之间可能有着深刻的联系。念动动作（ideomotor action）是指观察者在观察其他人执行特定动作时倾向于出现的身体运动。例如，狂热的体育迷通常会说，他们在观看电视上的足球比赛时，自己也会感到肌肉紧张和不停移动手脚。自 19 世纪以来，心理学家们就一直在争论产生这种念动动作的原因（Carpenter，1874；James，1890）。当代研究表明，模拟机制提供了感知和行为之间的共同代码，因此感知一个行为会诱导观察者产生类似的行为或行为冲动（Knuf, Aschersleben, & Prinz, 2001；见第三章）。当我们看到某人执行一个动作时，我们自身执行这些动作时相同的运动回路会同时被激活（即一个"好像身体"回路，Damasio，1999，2003）。由于这种神经感觉与自我执行的动作相匹配，因此，我们将他人的动作理解为目标导向的动作。更普遍地说，感知和行动的共同表征可能是社会认知和主体间性的基础（Gergely & Watson, 1999；Trevarthen，1977）。

要理解他人，需要有移情能力。移情不只是理解另一个人的特定经历（悲伤、快乐等），而是将他人视为同自己一样的具身体验主体的经历。最近的一种移情理论认为，注意到一个对象的状态（如注视另一个人）会自动激活该主体对状态、情境和对象的表征，而这些表征的激活会自动引发或产生相关的躯体反应，除非被刻意抑制（Preston & de Waal，2002）。根据该模型，各种现象，例如情感传染、认知移情、内疚和帮助都是相似的，因为它们依赖于感知行动机制（perception-action mechanism，PAM）。

　　激活感知和行动之间的共同表征，显然是移情体验中的一个重要因素。但是，移情深深植根于我们身体的经验中，这种经验使我们能够直接认识到他人不是被赋予心智的身体，而是像我们一样的人（Gallese，Ferari，& Umilta，2002）。其他人的行为、感受和具身体验之所以对我们有意义，正是因为我们与他人分享了这些体验。但是，这样的经验分享如何可能呢？

　　一种可能性是，这种经验共享的机制是模拟（Gallese et al.，2002）。通过对某些行为建模，我们的行动提供了同一进程的模拟表征，一方面可以用来生成该进程，另一方面可以在其他人执行时解码该进程。这些"好像"模拟机制可能存在于各种各样的过程中，包括动作感知和模仿（对观察到动作的模拟）、情绪感知（对感知到情绪的模拟）和读心。模拟理论认为，我们通过假装穿着他人的"心理鞋子"，并以自己的心智/身体作为他人心智的模型来理解他人的心智（Gallese & Goldman，1998）。存在着被称为"镜像神经元"的专门脑结构，它可以支持直接的、自动的、非预测的和非推理的模拟机制，通过这种机制，观察者能够识别、理解和模仿他人的行为。有研究表明，镜像匹配系统可能是我们以有意义的方式感知能力的基础，不仅是行动，还有他人的感觉和情绪（Gallese，2000）。例如，人类的单-神经元（single-neuron）记录实验已经证明，当实验对象感到疼痛或观察到其他人感到疼痛时，同类的神经元也会活跃起来（Hutchinson，Davis，Lozano，Tasker，& Dostrovsky，1999）。神经心理学研究表明，右侧体感皮层（the right somatosensory cortice）对理解身体地图至关重要，因此右侧体感皮层受损的个体，在情感和感觉以及对他人的移情方面会有缺陷（Adolphs，Damasio，Tranel，Cooper，& Damasio，2000）。这样，了解自己的身体反应，是理解和感受他人经验的重要部分。

第八节　身体和文化

　　人及其身体在充满文化的物理环境中活动。身体系统（它的解剖结构、它的孔口或入口，以及存在物、它分泌的物质、它的位置等）为理解文化系统提供了深刻的分析。"身体的生理经验总是被它所知的社会类别所改变，并维持着一种特定的社会观点。"（Douglas，1970：93）人类学家在各种文化环境中展示了当地文化知识和实践塑造了多少基本体验（见 Csordas，1994；Lambek & Strathern，1998）。身体因其象征特性而被欣赏。在不断变化的文化背景下，人们将文化意义灌输到身体过程中，如呼吸、脸红、月经、出生、性、哭泣和大笑，并对身体的产物（如血液、精液、汗水、眼泪、粪便、尿液和唾液）给予不同的评价。人类学家研究了从神经（Low，1994）、强奸（Winkler，1994）、艾滋病（Martin，1994）到疼痛和折磨（Jackson，1994；Scheper-Hughs & Lock，1987）等更为复杂的身体体验，旨在探究具身性与文化意义之间的联系。同时，拟人化是小规模社会利用身体部位及其行为来指称大量房屋、人工制品、动物和植物的主要手段（Tilley，1994）。

人们对文化研究的兴趣，并不是关注具身性本身，而是以关注身体的方式使不同的文化过程成为焦点（Lambek & Strathern，1998）。具身性并不是由生物学给定的，而是社会文化分析的一个范畴，通常揭示了身体和人格之间相互作用的复杂维度。谈论具身性涉及健康和疾病、亲属关系、生产和交换方式、性别和年龄、语言实践、宗教和政治纪律、法律规则、普遍隐喻、精神财富、历史经验和神话等主题。人们的身体不仅仅是社会印刻的表面（即"身体作为文本"隐喻），它同时还融合了文化意义和文化记忆。

不仅文化传达具身体验，而且具身体验本身也是由文化构成的（Csordas，1994；Maalej，2004；Strathern，1996）。许多具身体验植根于社会文化背景（Quinn，1991）。例如，抑制概念（见第四章）是基于一个人自己控制某事物在自己身体内进出的体验。但抑制不仅仅是一种感觉运动行为，而是一个充满各种预期的事件，有时是震惊，有时是恐惧，有时是喜悦，每一个都是由我们与之相互作用的其他物体和人的存在形成的。感官知觉的某些方面是涌现的并依赖于文化，它通过日常实践影响性情的具身性（Shore，1996；Shweder，1991；Strauss & Quinn，1997）。

多项人种学研究表明，在许多社会中视觉并不是主要的知觉模式。相反，"较低"的感官是经验的隐喻组织的核心（参见第四章）。这并不意味着不同文化的人有不同的生理，只是他们在思考自己的经验和周围的世界时，对感官信息的衡量有所不同。例如，在马里和尼日尔的桑海族中，嗅觉、味觉和声音有助于构建他们的宗教和哲学经验（Stoller，1989）。桑海法师和格里奥教徒通过"吃"、吸收气味和味道、品味纹理和声音来学习权力和历史。胃则被认为是人类个性和能动性的场所。他们从饮食的角度来考虑其社会关系。

西非讲安洛-埃威语的人（Anlo-Ewe）不像来自西方文化的人那样，强调五种感官之间的严格区别（Geurts，2002）。在安洛-埃威文化背景下，一个独立的范畴划分了五种感官系统，这种划分，既没有一个严格的界限，也不是一种特别有意义的经验分类或知识理论化的方法。相反，在安洛-埃威人的心中，由外部物体的刺激引起的感觉，在认识论上与来自内部身体模式的感觉有关（例如内感受，它支配平衡、运动和本体感受）。安洛-埃威文化传统没有感官理论，但却有一个连贯且相当复杂的内部状态理论，将感觉与情感、性情和职业联起来，被称为 seselalame（一种身体或肉体的感觉）。

Seselalame 是一种文化阐述的方式，通过这种方式，安洛-埃威人在了解他们与物体、环境和周围物体的关系的同时，阅读自己的身体。例如，他们非常强调身体平衡的本体感受性。他们公开鼓励在婴儿时期积极平衡自己的身体，在头上平衡小碗和小锅，上下学时在头上平衡书本和桌子。成年人普遍地认为，平衡是成熟个体和人类物种的一个决定性特征。但这一特征不仅是个人的身体特征，而且是身体感觉和你是谁或你可能成为谁之间的直接联系。因此，你的品格和道德品质是建立在你的行动方式上的。因此，通过引用这种由隐喻而产生的文化范畴，人们被指定为道德的或不道德的。

在孟加拉湾安达曼岛的一个狩猎和采集民族翁吉人（Ongee）中，嗅觉是主要的感官媒介，他们通过嗅觉可以概念化时间、空间和人的类别（Howes，2003）。根据翁吉人的说法，气味是赋予所有生物生命的重要力量。他们认为新生儿几乎没有嗅觉，随着年龄的增长，儿童就会获得更多的嗅觉能力。他们还认为，一个人在白天四处散发的气味，在睡觉时会被一个内在的灵魂收集起来重新返回到身体，如此循环往复使人们得以持续生活。当一个人失去了他的气味时，人就会死亡。一旦死亡，这个人就会变成一个无机精神体，寻找活人的气味以获得重生。通过这种方式，翁吉人根据嗅觉进程来构想他们的生命周期。

日常生活就是一场关于嗅觉的捉迷藏游戏。动物被杀死释放它们的气味，而人们试图对其他人和动物隐藏自己的气味。翁吉人把"打猎"说成是"释放导致死亡的气味"。走路的时候翁吉人试图踩在前面人的脚印上以混淆个人气味，让亡灵很难追踪到他们。他们还用烟来掩盖气味。当他们排成单行行进时，领队会带着燃烧的木头以掩盖所有跟在后面的人身上的气味。翁吉人还会用泥土涂抹自己以抑制气味的散发。身体上涂了黏土的翁吉人会说："黏土涂料特别好！我感觉我的气味像地上的蛇一样在慢慢地以'之'字形前进！"（Pandya，1993：137）。

空间被翁吉人理解为气味的动态环境流动，而不是静态的物理维度。因此，一个村庄的空间将根据嗅觉环境的不同而扩大或缩小，比如，当有强烈气味的物质（如猪肉）存在或空气中飘散着季节性流动的气味时。一个翁吉人会描绘一种气味从一个地方到另一个地方的移动线，而不是这些地方本身的位置。翁吉人根据气味周期或"气味日历"来测量时间。

这几个例子说明了不同的文化如何赋予不同的身体感官（包括本体感受）不同的意义，这影响了每种文化想象和表征世界的方式。成为一个人意味着什么，以及关于人存在的类型的看法，与一个文化群体认识、关注并将身体融入他们在世界上生活方式的感觉直接相关。感官是体现社会类别的方式（Geurts，

2002）。因此，与生理机制不同的感官体验不能被普遍定义，因为它总是受到文化差异的深刻影响。

许多认知科学家对人类学关于身体感觉的文化本质的主张具有消极的反应。毕竟，不同文化背景的人有相似的生理特征，以及高度相似的身体和社会相互作用，这可能反映了具身性的普遍属性。我同意这种观点，但我也很快注意到，认知科学家仍然忽视了身体体验是如何被抵制简单生物学解释的文化实践所塑造的。将文化活动的作用纳入具身认知理论的一种方法是，认知和研究思想、语言和行为中不同层次的具身性。

第九节　具身性的不同层次

认知科学家通常希望揭示可能包含感知、思维、语言、情绪和意识的神经和认知机制。身体和人的本质联系并不意味着整个身体是分析、理解语言和认知的唯一层次。事实上，具身性通常有三个层次：神经层次、认知无意识和现象学的意识体验（Lakoff & Johnson，1999）。

神经具身性是指神经生理学层次上表征概念和认知操作的结构。我们的概念和经验从根本上来说是存在于大脑中的。然而，我们不能仅从神经层次解释语言和认知的身体基础。大脑并不是简单地接收来自环境的输入，并以指令的形式向身体提供输出。当神经系统在具体情况下运作时，它与整个身体相关。

认知无意识由构造意识经验并使之成为可能的所有心理活动组成，包括语言的理解和使用。认知无意识利用并引导我们身体的知觉和运动方面，特别是那些进入基本层级和空间关系概念的方面。它包括我们所有的无意识知识和思维过程。身体在这个层次上是至关重要的，因为我们所有的认知机制和结构，都是建立在身体体验和活动的模式上的。

现象学层次是有意识的，或者是意识可达的。它包括我们所能意识到的一切，尤其是我们自己的精神状态、我们的身体、我们的环境，以及我们的身体和社会相互作用。这是我们感受体验的层次，感受事物呈现给我们的方式以及感受性的独特品质，比如牙痛、巧克力的味道、小提琴的声音或者成熟冰樱桃的红色。

这三个层次并不是相互独立的。认知无意识和意识经验特征的细节来自神经结构的本性。如果没有地形图或对方位敏感的细胞，我们就不会有空间关系概念。神经层次与外部世界的经验一起，极大地决定了我们可以形成什么概念，或者可以形成什么样的语言。

　　人们不仅仅是大脑或神经回路，也不仅仅是身体的质性体验和相互作用模式的集合，更不只是认知无意识的结构和运作。这三个层次都是存在的，而这三个层次的解释对于充分了解人类的心智均是十分必要的。在我看来，毫不奇怪，这三个层次的具身性，共同构成了一个人作为具有特定身份和不同认知能力的人的意义。

第十节　结　　语

　　人们对自己作为"人"的体验，显然与他们平常的身体体验密切相关。我们对能动性、我们心理行为的所有权、统一性和连续性的感觉，均与身体活动的规律紧密相连。所有这些都不能完全弥合心身的鸿沟，我在这里所描述的也不应该被视为试图将人格简化为身体活动。当然，自我和人格的边界并不稳定，而是在不断变化、渗透，部分由社会和环境的突发因素构成。但是，一般来说，我们可以把人格设想为大脑、身体和世界相互作用的一种涌现属性。这些动态 41耦合表明，理解"自我"和我们作为可控心智和身体的个体自我意识，我们需要特别关注这些耦合，而不只是关注大脑、身体或作为可分离实体的世界。承认心智是与整个人相关的，承认人与人、人与环境相互作用，这为我们解开知觉、认知和语言如何被完全具身化的秘密提供了一把钥匙。现在，让我们继续进行具身心智的探索。

第三章　感知与行为

感知是指从感官经验中获得意义，从而指导适应性行为的能力。人类的感知经验（perceptual experience）通常被认为是将来自世界的信息通过五种感官输入到大脑的不同区域。大多数哲学家和心理学家认为，感知是一个由一系列步骤组成的推理过程。我们与环境并没有直接的接触，只有环境的一些方面在影响着我们。但是，关于我们如何看、听、闻、尝和感觉的传统说法，并不承认整个人体在世界中运动和参与有意行为时的重要性。这种对身体活动的忽视导致了对感知经验的还原，具有讽刺意味的是，这种还原也导致了在解释人们如何感知真实世界中的物体和事件时过于复杂的机制的形成。在本章，我的目的就是探讨具身行动在人类感知经验和行为的心理学解释中的重要性。

第一节　具身感知概述

正如生物学家汉贝托·马图拉纳（Humberto Maturana）所解释的那样（Maturana，1980：5），具身感知观假设："生命系统是相互作用的单元，它们存在于一个环境中。从纯生物学的观点看，它们不能独立于与之相互作用的环境，即生态位（niche）而得到解释；生态位的定义也不可能独立于占据它的生命系统。"此外，"当一个观察者声称一个有机体显示出感知时，他所看到的是一个有机体，这个有机体通过与观察者所看到的环境扰动相一致的感知运动的关联来创造一个行动世界，以保持其（有机体的）适应能力"（Maturana，1983：60）。

这种"创造一个行动的世界"的想法强调了一个人的身体活动，这种活动废除了感知和行动之间的线性因果关系。正如心理学家、哲学家约翰·杜威（John Dewey）100 多年前在行为刺激-反应理论的著名评论中所指出的那样：

我们不是从一个感官刺激开始的，而是从感觉运动协调、光-视觉的协调开始的……在某种意义上，运动是最主要的，感觉是次要的，这种身体、头部和眼睛的运动，决定了我们所经历的事物的质量。换句话说，真正的开始是看见的行为；它是在看，而不是对光的感觉。（Dewey，1896：137-138）

所有的人类活动都涉及具身相关性。认为感知和行动是离散的、独立的过程，并以线性的方式因果相关，这是一种误导。看一看杜威的一个例子，他认为经验的性质取决于我们在某些活动中如何进行协调：

如果一个人在读书，如果一个人在打猎，如果一个人在一个美好的夜晚欣赏夜景，如果一个人在做化学实验。在每种情况下，噪声的心理价值都大不相同，这是一种不同的体验……提供"刺激"的是一个整体行为，一种感官运动的协调，刺激是由整体行为作为基质而产生的。刺激源于这种协调；刺激也诞生于这种基质，表现为它好像是从基质中逃出的一样。除非声音的活动在某种程度上存在于先前的坐标中，否则它现在就不可能在意识中变得突出……我们不可能先有一个声音，然后才产生注意力的活动，除非声音仅仅被视为神经元刺激或物理事件，而不是作为意识价值。声音的有意识感觉取决于已经发生的运动反应。（Dewey，1896：140）

对于杜威来说，任何感知经验的意义和产生的反应，都是个体"我现在正在做什么"的一部分。这句话很好地抓住了具身感知的本质。

在更现代的著作中，吉布森（Gibson，1966，1979）认为，感知系统的进化促进了我们与真实三维世界的相互作用。感知不是发生在感知者的大脑中，而是一种整个动物对环境感知引导的探索行为。例如，视觉的作用是使感知者与环境保持联系并指导行动，而不是产生内在的体验和表征。在任何给定的时刻，环境都提供了许多可能性："我"可以抓住物体，坐在椅子上，穿过门。这些都是可供性的例子，就像是演员和制片人之间的那种可能性关系（Gibson，1966，1979）。可供性使动物认识到它们可能吃到什么猎物，什么捕食者可能吃它们，爬上什么树木以逃避危险，等等。想象一下菠萝的颜色、质地、味道和气味。物体的这些属性就是它的可供性，这些可供性在我们与菠萝的具体相互作用中变得不同寻常。我们感知的可供性是与感知对象相关的，因此，例如在观察一个窗口时，一个人不仅感知到一个光圈，而且还可以感知到可透过光圈来观察的可能性（Bermudez，Marcel，& Eilan，1995）。因此，感知和具身行动在感知-行动的循环中是不可分割的，在这个循环中，例如对视觉世界的探索，是由预期的感知行为计划指导的。

感知-行为的联系当然受到环境的限制，我们只能根据大脑、身体和世界的相互作用来精确地描述。在最普遍意义上，有意义的感知产生于有机体及其环境的结构耦合（Thompson，Palacios，& Varela，2002；Varela，Thompson，& Rosch，1991）。这里仅以颜色感知为例（Thompson et al.，2002）。传统观点认为，色觉的功能是从视网膜图像中恢复对指定表面反射率（即表面在每个

44

波长反射光的百分比）的不变远端特性的可靠估计。但生成方法表明，不同的动物有不同的现象色彩空间，色觉不具有检测任何单一类型环境属性的功能。颜色的特性是由动物与环境的感知-行为耦合决定的。

比如，我们在表面反射率的低维度模型中发现的"预定的世界"（prespecified world），实际上是与高级灵长类动物的感觉运动能力相关的世界。在研究我们自己或像我们这样的动物的能力时，预设的世界是合理的。但是，在研究与我们不同的动物时，做出同样的举动是不合适的。例如，对鸟类的视觉辨别不是重构一个巨大图像，而是根据鸟类感知运动活动而定的语境化规范。这项活动揭示了是什么构成了我们或任何与动物相关的世界，而不是对我们视觉上看到的世界的重构。

颜色感知的生成观始于两个重要的事实（Thompson et al.，2002）。首先，许多不同的动物（如昆虫、鱼、鸟和灵长类动物）生活在不同的环境中，所有的动物都有差异很大的神经系统，且所有的动物都有色觉。其次，尽管如此，动物的色觉在辨别力和灵敏度上都有所不同。这两个观察结果表明，不同动物的色彩空间存在重要差异。动物的不同感知经验不仅源于它们独特的神经生理构成，还源于它们与环境相互作用的进化历史。例如，与其他昆虫相比，蜜蜂的色觉偏向紫外线方向，蜜蜂的颜色空间包含了新的色调。这些事实可以用动物与环境的共同进化来解释。蜜蜂的色觉对紫外线很敏感，因为它有利于蜜蜂发现有紫外线反射的花朵。此外，花朵有紫外线反射，因为它有利于被蜜蜂看到。

45　　动物辨别的有色物体之一是其他动物。颜色为动物提供了对同种动物的可见性以及环境中其他物种成员的可见性。颜色涉及伪装和许多种视觉识别（例如，物种识别、性识别和动机状态识别），这并不奇怪。要了解色觉、动物颜色、视觉识别和动物交流之间的关系，就必须考虑到生理、生态和进化等多方面的因素，从色素积淀的生理功能、协调种间和种内的动物的相互作用，到各种行为模式的共同进化。最普遍的情形是，存在着一个循环往复的互动过程，在这个过程中，环境的结构限制了有机体的活动，而有机体的活动塑造了环境（Odling-Smee，1988）。正如莱文斯和莱旺廷（Levins & Lewontin，1985）指出的，"环境和有机体相互积极地决定着"（Levins & Lewontin，1985：89）。

第二节　单独用大脑不足以解释具身感知

在为感知经验寻找因果解释时，要理解感知的具身本质，就需要超越大脑，进入身体-世界的相互作用中。大多数心理生物学教科书的传统描述是，包括皮层下和皮层神经元在内的躯体感觉区域专门处理躯体信息。初级感觉皮层与初级听觉和初级视觉皮层有许多共同之处。首先，身体对侧的触觉表现在感觉皮层。其次，大脑表面有一个有序的身体对侧的表征。身体在感觉皮层上的这种投射被称为"躯体特定区视图"，并呈现出一幅被称为"小矮人"（homunculus）或小人的图像。小矮人的示意图如图 3.1 所示。

用于构建小矮人模型的经验数据，是由加拿大神经外科医生威尔弗雷德·彭菲尔德（Wilfred Penfield）开发的，他是使用脑内癫痫病灶切除术治疗顽固性癫痫的先驱者。他在局部麻醉下给患者做手术，这样患者就可以自主交流和移动。彭菲尔德对患者癫痫发作的区域进行电刺激。当 S1 区受到刺激时，患者经常报告在对侧身体的特定区域有各种各样的触觉。这种方法使彭菲尔德能够绘制出身体各个部位在大脑上的投影图。

躯体特定区视图看起来和普通人体完全不同。脸、唇部和手所占的区域要比脚、腿和躯干的区域大得多。人类初级感觉皮层的这些较大区域，与皮层较小区域相比其触觉更加敏感。例如，人们可以用指尖和嘴唇做出比腹部和腿部更精确的感官识别。

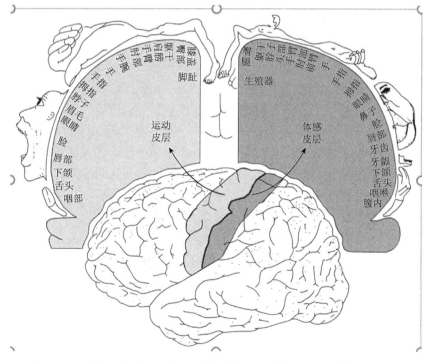

图 3.1 人脑初级皮层。大脑表面的视图，显示运动和感觉皮质的位置

大脑中躯体感觉图的发现导致许多学科倾向于假定：只有从大脑状态和神经活动的角度来理解身体的问题才是最好的。研究表明，当触摸猴子手部的特定区域时，猴子大脑的不同区域（顶叶皮层）会被激活（Merzenich et al.，1983）。研究发现人与猴子的内部触觉图明显是相似的，因为手上的相邻区域被表征为猴子大脑中的相邻区域。这些过程可能是相关的，因为神经系统在物理上将手与大脑相连。

但是，事实上，并没有一束神经元将猴子手上每一个能想到的点，与猴子大脑中手部感知图上的一个特定点联系起来。这项研究只表明，如果你触摸猴子手掌上的 X 区域，猴子大脑的 Y 区域就会被激活。通过这种方式，感知图只描述了"什么时候会发生什么"，而不是"手在这里与大脑相连"（Clancey，1997）。显示身体的某些部位和大脑的某些部位之间的关系，并不能告诉我们"神经刺激和神经激活的过程是如何在一个单独的、连接的物理系统——猴子的身体中发生的"（Clancey，1997：83）。身体部位和相应的大脑区域的图像，仅仅描绘了一个物理上封闭系统（猴子的神经系统）过程的相关性，不应被解释为显示特定的大脑状态仅包含感觉体验。标记为 P1、P2 等的区域包含对这些区域的活动进行分类的神经模式，而不是创建并维持这种具身活动，如猴子的手部感觉和运动的硬件。

近年来，使用单细胞记录的更详细的研究表明，在初级感觉皮层中有四幅不同的躯体特定区视图（Nicolelis & Fanselow，2002）。这四幅躯体特定区视图在产生不同反应的刺激种类上有所不同（区域 1——快速适应的皮肤感受器；区域 2——深压力；区域 3a——肌肉拉伸感受器；区域 3b——短暂和持续的皮肤刺激）。最为重要的是，大脑皮层不同部位的这种选择性是不固定的。任何一个视图中的细胞都可以对所有不同种类的刺激做出反应，因此，整个视图可以根据受伤和经历进行动态重组。"这些变化强烈表明，正常的体感皮层会受到区域竞争的影响，而这种自组织的力量会改变体感皮层的形貌。"（Merzenich et al.，1983：50）

这再一次说明，这些讨论都没有贬低神经活动在感知经验基础上的必要性。最近对一位出生时没有腿和前臂的妇女的神经影像学研究表明，即使这些部位没有实际存在，它们也可以在感觉和运动皮质中表征出来（Brugger，Regard，& Shiffrar，2000）。人类的大脑已经进化到可以表征身体的各个部分。然而，我们不应该假设感官/神经图和感知经验之间有直接的对应关系。感知不仅仅是将刺激与大脑状态对应起来的问题（Clancey，1997）。此外，感知不是由躯体感觉活动来解释的。因此，如果将刺激物注入神经，就会引起神经系统活动的变化。但大多数学者不会把这种活动变化称为对刺激物的"感知"。感知只能在大脑、身体和世界相互作用的语境下解释，而不能通过神经元的干扰来解释

（Maturana，1983）。

　　另一个质疑感知是否只是感觉刺激映射到神经活动的理由，来自最近关于嗅觉的神经科学研究。神经学家沃尔特·弗里曼（Walter Freeman）就感知经验提出了以下问题："在眼睛、鼻子、耳朵、舌头或皮肤受到刺激后不到 1 秒钟，一个人就会知道这个物体是否是熟悉的，以及它是否可取或危险。这种被心理学家称为'前注意感知'（preattentive perception）的认知是如何如此准确或迅速的？即使刺激是复杂的，而且产生它们的语境也各不相同。"（Freeman，1991：78）。弗里曼认为，这些快速的感知反映了自组织的过程，包括整个大脑皮层中的大多数神经元集合，即使是很小的输入，也会迅速从一个活动阶段转移到另一个活动阶段。这种自组织的、无序的活动不仅仅是简单的大脑或神经过程，而是反映了大脑、身体和环境相互作用的全局动力学。

　　弗里曼及其同事运用这种动力学观点，解释受过训练的兔子是如何识别不同气味（如锯末、香蕉），并以不同的方式（如咀嚼或舔食）来表现的。通过脑电图，他们记录了兔子在训练期间和训练结束后，嗅球和嗅皮层对不同气味反应时的大规模离子电流。脑电图记录显示，兔子在吸入气体时出现了脉冲活动。这些脉冲由每个记录点的神经脉冲同步波组成。但是，对于每种类型的气味，调幅（amplitude modulation，AM）会以一种特殊的方式在整个嗅球上变化，而不仅仅是在少数神经元内变化。在刺激发生变化之前，同一气味刺激的振幅等值线图始终不变。当引入另一种气味时，当前识别的所有刺激的等值线图都发生了变化以适应它，新的模式在出现进一步气味之前保持稳定。例如，在兔子学会识别香蕉气味后，再次接触锯末导致了新的锯末感知图的涌现。但是，鉴于其来历、身体形状、皮毛颜色等，每种 AM 模式对于每只兔子来说都是独特的。

　　AM 模式对应于兔子"表现"自身与气味之间可能的身体相互作用的可供性，例如，它是可以吃的东西还是应该害怕的东西（即捕食者）。但是，这些模式并不是气味的表征，也不是指明食物或危险存在的信号，因为不可能将每个 AM 与特定的刺激相匹配。由于其过去的经历，这种模式对于动物的历史而言是独特的，它塑造了嗅球神经突触中的突触连接。弗里曼认为，嗅球和皮层之间的重入连接构成了一个耦合系统，因为嗅球的活动是由皮层的活动调节的。

　　弗里曼及其同事基于"常微分方程描述神经元局部池的动力学"，建立了嗅觉系统的计算机模型。实验表明，该模型描述了脑电图数据，包括连发或神经活动以及该活动的轮廓图的属性。弗里曼认为，兔子的嗅觉系统对刺激做出反应时的快速神经活动反应表明，嗅觉系统是一个无序的动力系统。例如，该模型预测了类似于奇怪吸引子（strange attractors）的神经活动的相位图。弗里曼推测，所有感觉模式的感知都涉及大脑无序动力系统中奇怪吸引子之间的反复转换，每个奇怪吸引子均表征一个特殊的有意义的刺激。"感知行为不是对传入刺激的复制。它是大脑成长、认识自己、进入环境并改变为对自己有利轨迹中的一步。"（Freeman，1991：85）弗里曼的嗅觉模型并没有明确显示气味识别是如何与行为联系在一起的。但他的经验证明，气味识别与所有感官处理一样，依赖作为大脑、身体和世界动态相互作用的部分感知和动作的结构耦合。AM 模式反映了一个有意可供性行为的早期阶段，通过这个阶段，动物可以得知自己是应该吃东西还是在闻到有特定气味的捕食者时逃跑。但是，AM 模式并不是气味的表征，因为动物不可能将这些波动的、动态的模式，与特定的刺激或将刺激传递到皮层的感受器相匹配。相反，AM 模式对于动物来说是独一无二的，它源于过去的经验，如动物的行为（嗅和舔）、身体形状和颜色，这些经验不断地塑造和重塑大脑的自身构造。

我反对将感知还原为神经活动的观点，但这并不完全意味着大脑的某些区域可能已经进化成专门感知系统的一部分。我只是追随弗里曼和其他人的观点，认为感知并不仅仅存在于大脑活动中，而且是必须始终存在于涉及整个身体活动的复杂动态耦合中。

第三节　移动身体去感知

如果不涉及行为，感知就不能被理解了。人们不是静态地感知世界，而是积极地探索环境。例如，如果"我"靠近"我"前面的桌子，"我"就能更好地看到木质表面的纹理线条。如果"我"转过头，"我"能更清晰地听到身后音响里轻柔的音乐。如果"我"走到柜台上那杯冒着热气的咖啡前，靠近它，"我"就能清楚地闻到咖啡豆的气味。身体的每一个动作都能使"我"的感觉器官根据"我"的动机和目标来完成它们的工作。

行为对感知至关重要。随着"我"眼睛的移动，"我"周围的光（即光学阵列）的结构发生了变化，出现了某些以前不可用的信息（即不变信息）。外部结构是当"我"在其中移动时操纵的环境光学阵列。当人们仅仅触摸一个物体时，除非他们移动他们的手来探索它的轮廓和纹理，否则他们就会对所感知的东西了解甚少（Gibson，1962；Steri，Spelke，& Rameix，1993）。通过在"图形正确"的凸起表面上移动他们的手，即使是盲人也能理解许多深度的空间表征（Kennedy，Gabia，& Nicholls，1991）。虽然我们的手装有感觉传感器，但我们控制行为的肌肉组织允许我们探索物体，让我们更容易识别感觉到的东西。当我们举起一个物体时，就揭示了它的重量，用手指摩擦它，我们就会知道它的质地和整体形状，而挤压它就说明了它的可压缩性。再举一个例子，人们不用看棍子就可以通过挥舞棍子来确定其长度（Turvey，Solomon，& Burton，1989）。仅仅通过身体运动即可产生足够的感知信息来确定棍子的长度。

个体对物体和通常与之要关的行为之间有着强烈的联想（Rosch et al.，1976），这反映了一个事实，即物体的功能与我们直接对其进行的行为密切相关。与物体相关的可供性是如此强大，以至于 3 岁和 4 岁的儿童有时可能会暂时性地尝试坐在玩具椅子上、钻进玩具汽车或从玩具滑梯上滑下来，尽管事实上由于他们的体型，他们无法做到这一点（DeLoache，Uttal，& Rosengren，2004）。只要对象可以用于某些相互作用，它们就被视为同一基本层级类别的一部分（见第四章）。这些关联不限于高级操作（如用笔书写），而且在微观层次上也很明显，如握住笔所需的手形（Klatzky，Loomis，Lederman，Wake，& Fujita，1993）。人们使用各种触觉测试来识别对象的不同属性。一项研究考察了人们仅通过触摸来识别普通物体的能力（Klatzky，Lederman，& Metzger，1985）。被蒙住眼睛的参与者触摸了 100 个常见对象，每个对象都可以通过名称被轻松识别，如牙刷、回形针、洋葱、叉子和螺丝刀。大约 96% 的识别是正确的，94% 的识别发生在触摸物体的 5 秒内。很明显，触觉取决于对物体与身体接触方式的意识，并通过产生感觉来影响身体。事实上，皮肤系统的一个主要功能是使用定型探索程序（exploratory procedures，EPs），如手的运动，以获得关于不同类型物体属性的信息（Lederman & Klatzky，1990）。例如，向物体施加压力的探索程序最能传达该物体的硬度，而采用横向运动的探索程序可以揭示物体纹理的各个方面，轮廓跟踪探索程序则提供了精确的形状信息。

即使在人与物体之间没有身体接触时，探索程序在识别物体时也是有用的（Gibson，1968）。例如，我们使用棍棒、耙子、螺丝刀、锤子、鱼竿和网球拍作用于其他物体。我们知道，我们对一个物体所做的事情具有因果关系，即使我们没有直接身体接触这个物体，比如，"我"把咖啡杯推到桌子另一端的时候用手指碰到了它。实证研究表明，使用手持工具对物体的触觉探索可以获得关于物体的合理准确的信息（Bavac-Cikoja & Turvey，1995；Lederman & Klatzky，2003）。这些研究并不是在简单地暗示行动对知觉很重要，而是说没有行动就没有感知。

第四节　从运动中识别人

人活动的身体是我们视其为人的关键线索，无论是在一般情况下还是在具

51

体情况下。约翰逊（Johansson，1973）进行的研究对此作了精辟的论证。在一项实验中，研究人员将灯光放置在一个穿着黑色衣服并在黑暗中拍照的人的主要关节处。当这些光静止时，观察者报告说看到的只是随机排列的点。然而，如果灯光所照射的人通过行走、跳跃、做仰卧起坐或任何其他熟悉的活动来移动，观察者会立即清晰地看到从事该活动的人。如果灯光停止移动，那些点就会再次回到那个似乎是随机集合的状态。观察者可以分辨出灯光所照射的人的性别，甚至是身份（Cutting，Proffitt，& Kozlowski，1978），并区分出演员正常行走和还是跛行。即使是涉及弹性变换的面部表情，也可以通过一些点光源的运动来感知（Bassili，1978）。

比起识别朋友和同事，人们更善于从光点显示的行走人物中识别自己（Beardsworth & Buckner，1981）。人们似乎能认出一些他们已经熟悉的东西，也就是他们自己的步态。这种效果不能仅仅归因于感知学习，因为人们看到朋友和同事的步态要比看到自己的步态多。一种很强的可能推断是，行为的产生可以生成一个相应的准感知表征。

事实上，对人物形象的感知判断部分依赖激活自己的身体表征。有行为证据表明，对视觉呈现的手的识别取决于传感器运动过程的隐蔽反应，这些过程受到控制待识别的手的一侧的神经结构的制约（Parsons & Fox，1998）。不同的研究考察了人们判断别人举起或搬运的物体重量的能力。人们可以从录像带（Valenti & Costall，1997）、点光源显示器（Runson & Frykolm，1981）和静态照片（Valenti & Costall，1997）以及被举起或搬运的物体中提取重量信息。对这些结果的一种可能的解释是，对肌肉、姿势和运动线索的感知涉及举起和搬运行动，它吸收了关于一个人的身体如何对举起和搬运行动作出反应的知识。这些被吸收的知识可以帮助人们进行感知判断。同样地，当两个连续呈现的物体的刺激模式诱发视运动时，产生的运动遵循两点之间最短路径的原则。但是，当呈现的两个物体均是人体形状时，产生的运动并不总是遵循最短路径原则（Heptulla-Chatterjee，Freyd，& Shiffrar，1996）。相反，好像是为了自动避免做不到的身体运动，运动需要更长的路径和弯路。最近使用的正电子发射体层成像（positron emission tomography，PET）的神经影像数据，显示了在感知可能做到但实际做不到的人类运动时的运动系统活动（Shiffrar & Pinto，2002）。此外，对人体运动的视觉分析与非人体运动的视觉分析不同，特别是在显示速度较慢的情况下，以及当视觉信号与观察者对人体可能运动的内部表征有关时，这种分析尤其如此。

感知他人的活动通常会激活大脑的运动系统（Stevens et al.，2000）。早期的研究表明，猴子的行为感知和行为控制有共同的机制。当猴子观察到特定动作（如抓食物）以及猴子执行相同类型的动作时，猴子腹侧前运动皮层中的镜像神经元都会很活跃（DiPelligrino et al.，1992；Gallese，2000）。猴子前运动皮层中的神经元在猴子执行特定动作时，以及在听到与动作相关的相应声音时，都会放电（Kohler，Keysers，Umilta，Fogassi，Gallese，& Rizzolatti，2002）。

其他研究则表明，动作、对他人动作的观察、对动作的模仿和心理模拟都有共同的运动表征（Decety & Grezes，1999；Rossi et al.，2002）。甚至观察到的动作的预期目标也能被观察者识别并激活相关的运动皮质（Gallese et al.，2002）。例如，一项大型的元分析显示，在执行（如手指连续运动与静止）、模拟（如抓取物体与观察物体的运动模拟）和观察（如观察抓取物体与观察物体）之间存在有利于功能对等的共同激活位点。在辅助运动区、背侧前运动皮质、缘上回和顶叶上部，观察到最多的激活重叠（Grezes & Decety，2001）。

然而，如果认为对行动中他人的感知仅仅是通过激活大脑中共享的运动表征来完成的，那就错了。正如第二章所述，人们可以通过模拟产生他人身体动作的相同过程，来理解他人的动作。除了这种可能性外，有明确的证据表明，我们自己的身体动作，如走路、跑步、协调的手指动作和人类语言的各个方面，都是由神经资源、身体生物力学和外部环境结构的复杂相互作用引起的。对他人身体行为的感知也可能更多地取决于大脑、身体和环境相互作用的更大模式如何产生某些运动的动态过程。例如，参与者在实验中使用一个手摇钟摆执行一个任务，使其振荡频率与整个手腕摆系统（wrist-pendulum system）的共振频率相匹配（Kugler & Turvey，1987）。同样的效果也发生在挥动高尔夫球杆或网球拍，或者摇晃汽车使其脱离雪地时（Hatsopoulos & Warren，1996）。在每种情况下，本体感受信息（来自具有内在弹簧状动力学的肌肉骨骼系统）都以一种创建更大的自主动力学系统的方式，将神经系统与身体和/或环境资源进行耦合。这些发现不支持传统的身体动作观，即认为身体动作是运动的中心表征而后再产生行为。

第五节 音乐感知中的运动

音乐感知是感知与具身运动紧密相关的另一个领域，如节奏性步态、呼吸和其他运动现象（Friberg & Sundberg，1999；Friberg，Sundberg，& Fryden，2000；Scruton，1997）。肖尔和雷普（Shore & Repp，1995）强调了音乐运动是人类首要听觉行为的这一重要事实。他们描述了对听觉行为事件意识的三个层次：对音调的原始心理物理感知、对音源之外的抽象音质的感知，以及对引起声音事件的环境对象的理解。最后一个层次是感知的"生态层次"，即"听者不仅听到马疾驰而过或小提琴演奏的声音；而且，听者听到一匹马在疾驰和小提琴手在运弓的声音"（Shore & Repp，1995：59）。在这种生态学框架下，感知到的音乐运动（尤其是自我运动）的来源，对于听众的感知经验来说至关重要，这一点对于现场音乐表演的听众来说是非常清楚的（Clarke，2001）。这样，音乐感知涉及对身体运动的理解——一种移情的具身认知。

　　行为研究表明，音乐结构具有运动学方面的特征，不仅迫使表演者以特定方式调节节奏，而且还会在受过音乐训练的听众中引起相应的感知偏差（Repp，1998）。最近对音乐感知的神经生理学研究强调了身体运动在音乐感知和创造中的主要作用。对脑受损患者的脑各部位病变的研究表明，如果不调动已知参与运动活动的神经系统，尤其是运动序列的规划，就无法激活听觉图像的节奏成分（Carroll-Phelan & Hampson，1996）。这些神经心理学数据允许就所谓的感觉运动回路（包括后顶叶、运动前皮层、小脑和基底神经节）感应搏动或搏动的感觉进行假设，在这种视角下，感知到的节奏实际上是一种想象的运动，即使肌肉骨骼系统本身并没有运动（Todd，1999）。因此，听有节奏音乐的行为涉及产生身体运动的相同基本过程。

第六节　从运动中感知因果性

　　所有的物理运动都是由一系列的力引起的。物体运动的视觉感知强烈地受到这种因果性的影响。米乔特（Michotte，1963）的经典研究引发了人们对因果性的视觉感知的探讨。米乔特通过让实验对象描述简单的电影，研究人们是否以及如何理解物体运动的因果性。他的一些研究专注于对碰撞的解释。例如，米乔特提出，当一个移动的物体与另一个静止的物体接触时，人们可以直接感知到"发动"。在这些情况下，参与者总是希望 X 的运动引起 Y 的后续运动。最近的研究表明，观察者可以在正常碰撞和物理上不可能碰撞之间做出精细区分（Kaiser & Proffitt，1987）。尽管米乔特认为对因果性的感知并不依赖经验，但随后的研究提出了相反的观点（Kaiser & Proffitt，1987）。例如，几乎所有关于感知因果性的研究都假设视觉系统都是这些感知判断的来源。但是，人们对自己身体在运动中与物体对抗的经历，无疑也是一个关键因素。米乔特假设，直接的因果感知可以发生在单个事件中，而不需要特定的先验经验的调解，如台球的碰撞。事实上，康德（Kant，1787/1927）强烈主张，婴幼儿如果没有某种因果性的先验概念，就无法学习因果性。但是，在具身行动中，包括整个身体相互运动和身体物体的影响，以及较小的事件，例如在母亲的乳房上移动舌头和嘴唇的影响，对于感知运动的因果性可能至关重要（见第七章）。

当然，我们也学会了通过视觉进行因果推理，比如当我们看到事件 2 在事件 1 之后，而且如果没有看到事件 1，就不会看到事件 2。然而，视觉并不是获得因果关系的唯一感官输入，因为因果性从根本上也依赖触觉感知（White，1999）。想想"我"是如何用手把杯子推到桌子另一端的。触觉感知让"我"了解了杯子的比例，如高度、硬度、质地以及大小和形状。不过，理解杯子的这些特殊属性并不重要，因为"我"对这个事件的主要理解是"我"推杯子。"我"对这个事实的理解来自推动动作和感觉之间的相互作用。"我"可能对杯子的高度、重量和体积有误解，甚至对它是不是杯子也有误解，但"我"清楚地意识到，是"我"把杯子推到桌子对面的。"我"的推动动作和触觉系统提供的信息之间的关联，使"我"能够毫无疑问地知道"我"在推杯子。这样，对物体的触觉感知行为满足因果实在论的所有条件（White，1999）。"我"对"我"的行为和杯子移动之间的因果关系的判断，不只是因为动作与杯子的最终行为之间存在时空联系。"我"知道"我"是杯子行为的起因，"我"直接从"我"的感知/具身体验中了解到这一事实。

我们对人与物之间的相互作用做出因果推论的能力，并不依赖我们对因果关系的抽象规则或概念的理解。相反，我们从与他人和物体的直接具身体验中得出因果推论，并通过应用我们自己对物体采取行动的具身体验来感知因果性，即使在错误的情况下也是如此。风一吹，我们的头发就会动起来；有人猛烈地撞击我们，我们就会失去平衡；肩膀上放了重物，我们就会感到膝盖微微弯曲。在每种情况下，由于触觉知觉，我们都能感受到其他物体对我们的机械作用，就像我们知道当我们对其他物体采取行动时，我们的行为是它们运动的原因一样。

儿童在与物体和他人相互作用时，通过对因果关系的反复直接感知而获得因果知识（见第七章）。随着时间的推移，这种因果知识可以用来解释其他无法通过我们的具身体验直接感知因果关系的事件。例如，假设"我"看到另一个人把一个咖啡杯推到桌子另一端（White，1999）。"我"对他人行为的感知与他所感知的不同，因为"我"不知道他在其感知行为上的具身体验。尽管这个信息不完全，但"我"还是根据"我"对自己身体运动的因果关系的了解，推断其他人的动作和杯子的动作之间的因果关系。"我"对"我"所目睹的事件做出因果推论，是因为"我"对"我"的具身行动及其在世界上的影响有自己的理解。

55

第七节　以静态模式感知运动

56　　即使在观看静态视觉对象或图案时，人们也会默认识别运动的存在，其中至少有一些运动与人体的运动相关。研究表明，人们在感知静态形状时，如阅读笔记和观看人体图片时，会推断出关于运动的动态信息（Babcock & Freyd，1988；Freyd & Pantzer，1995；Freyd，Pantzer，& Cheng，1988）。例如，坎德尔等（Kandel，Orliaguet，& Viviani，2000）向参与者展示手写的三个字母单词的中间字母。参与者的任务是猜测两个字母中哪个是第三个字母。当手写体笔迹的轨迹与用于书写单词的动作一致时，人们的判断最准确。因此，人们根据手势来感知手写显示，而不仅仅是字母最有可能彼此相连的静态特征。其他研究表明，移动点的速度似乎是均匀的，如果（且仅当）它实际上遵循运动产生的规律（Viviani & Stucchi，1992a，1992b；Viviani，Baud-Bovy，& Redolfi，1997）。这再次表明，与结果相关的知识隐含地涉及知觉加工以及感知因果性。

　　人们从静态图像推断运动的另一个例子是表征动量现象（见第五章）。我们对物体空间位置的记忆会偏向物体运动的方向，即使物体是静态呈现的。例如，当参与者看到一个男人从墙上跳下来的照片，并被要求记住这个人的位置时，他们对他的位置的记忆会系统地沿着他跳下去的轨迹向前倾斜（Freyd & Finke，1984）。因此，我们对运动物体（如人的跳跃）位置的记忆，取决于导致物体占据该特定位置运动的时空特征（Freyd，1987）。研究还表明，当人们看到一个运动的物体时，且这些物体的方向与第一个物体的运动路径一致时，人们对新物体的识别就会更容易（Kourtzi & Shiffrar，1997）。此外，在感知隐含运动的照片时，参与运动感知的相同皮层区域（如内侧颞叶/内侧颞叶上皮层）会被激活，而感知不隐含运动的图片时，这些区域则不会被激活（Kourtzi & Kanwisher，2000）。

　　我们对物体相互作用方式的假设，以及我们移动时碰到物体的身体体验，可能也会影响我们对不同物体属性的感知。例如，新车弯曲的凹痕会引起人们注意由于其不对称的形状而作用在物体上的力。车门上的凹痕并不是静态感知特征，我们可以推断出当有人或物接触车门时车门表面的运动。莱顿（Leyton，1992）概述了作用于物体以产生不同形状的力的语法。对非对称性和可能因果力的感知与这样一种观点很好地联系在一起，即感知不仅包括以某种方式作用于一个物体可能对它造成的影响，还包括必须发生在这个物体上才能创造出它57　的特定形状。人们推断对静态对象的因果影响的某些方式，必须归因于他们自己先前和预期针对对象的行为以及此后产生的影响。

第八节　感知和行为是分离的活动吗?

传统上，心理学家认为感知和行为是信息处理系统的两个不同部分。感知和行为相分离的部分证据来自对视觉认知和视觉引导行为分离的研究（Stoerig & Cowey，1992）。例如，患病的猴子和人类患者均可在没有视觉意识（盲视）的情况下执行视觉引导动作（Humphrey，1974；Weiskrantz，1980）。盲视现象最容易在那些在初级视觉皮层有片状坏死组织的人身上观察到，这造成了暗区或盲点。尽管患有盲视的人声称自己在盲点上没有视觉意识，但他们能够以几乎 100%的准确率报告物体穿过盲点的方向，并能区分水平线和垂直线。这些参与者通常认为他们只是在猜测，当被告知他们的猜测是正确时，他们会非常惊讶（Weiskrantz et al.，1974）。

盲视效应已在对视力正常的人进行的实验室研究中被注意到了（Heywood & Kentridge，2000）。对眼动的研究表明，大脑功能正常的人在扫视时不会察觉目标有空隙，但仍可以指向同一目标的新位置（Bridgeman et al.，1979）。关于错觉感知的不同研究表明，诱导运动错觉（Bridgeman，Kirch，& Sperling，1981）和铁琴纳的循环错觉（Tichner's circles illusion）（Aglioti，Goodale，& DeSouza，1995）影响语言报告，但不影响指向反应。在静止刺激中也发现了类似的分离现象，这被称为罗洛夫斯效应（Roelofs effect），在这个效应中，参与者被展示了一个在完全黑暗中且带有框架的目标（Bridgeman，Peery，& Anand，1997）。当目标和框架不对称地向左或向右移动时，人们往往会误认为目标在朝着与周围环境相反的方向移动。当刺激物暴露和在对提示目标的位置或指向目标的位置做出口头反应之间没有延迟时，所有 10 个参与者均在他们的口头反应中证明了这种错觉，但有 5 个参与者在给出指示反应时没有这样做。然而，在 4 秒和 8 秒的延迟条件下，这种分离没有被发现，这表明运动系统的短时记忆非常有限。一种可能性是，两组参与者（即指点与口头报告）不一定遵循不同的心理规律，而是在刺激抵消后，以不同的延迟从运动模式转变为认知模式（Bridgeman，2000）。

最后，其他研究报告了刺激的感知和视觉运动处理之间分离的情形，这种分离比实验室研究的刺激分离更远（Proffitt，Creem，& Zosh，2001）。参与者在户外和虚拟环境中判断山的倾斜度或陡度。角度判断是通过三种反应措施获得的——口头估计、对山横截面的表面调整，以及用看不见的手对倾斜板的触觉调整。前两项测量结果均大大高估了山体坡度，而后一项判断接近真实。这些数据表明，视觉系统中可能存在两个路径，每个路径都通往不同

58

的视觉空间内部图。

米尔纳和古德尔（Milner & Goodale，1995；追随 Ungerleider & Miskin，1982）认为，这些神经心理学和实验的分类发现，指出了视觉系统主要部分之间的功能区别，这些部分后来被称为"什么"系统和"哪里"系统。从主要视觉皮层投射到颞下叶的腹侧通路，由于其与对象识别或模式识别有关而被称为"什么"系统。从初级视觉皮层到后顶叶皮层的背侧通路，被称为"哪里"系统，因为它参与处理物体的空间位置。这两个系统也被称为"认知"视觉系统和"感觉运动"视觉系统（Paillard，1987）。

然而，许多学者对所谓的"认知"视觉系统和"感觉运动"视觉系统之间的区别提出了异议，并提出证据支持感知和行为的整合观点。根据这种观点，感知和行为可能是同一个神经和心理过程的两个方面（Möller，1999）。例如，在一项研究中，参与者面前放着一些物品，他们必须把这些物品拿起来放在一张纸上（Creem & Proffitt，2001）。他们被要求单独或者同时进行语义（成对关联记忆）和空间图像任务。当参与者被要求在没有其他任务的情况下拿起物品时，他们通常会用合适的方式用手柄把物品拿起来。然而，当认知系统被一个同时发生的语义任务所累时，参与者很少能恰当地拿起物体。当同时进行空间图像任务时，其表现几乎没有下降。第二项研究表明，当向参与者呈现一个纯粹的视觉空间任务（即跟踪一个移动的点）时，同时进行的空间图像任务会影响抓取行为，而语义任务则不会。一般来说，在没有认知系统影响的情况下，视觉运动系统不能有效地到达并抓住物体。我们至少需要部分来自语义系统的信息，才能以功能标识定义的方式恰当地抓住物体如抓住刮铲）。这些发现说明了视觉认知与视觉引导的具身行动之间相互作用的必要性。

另一些研究者则得到了感知错觉对行为有显著影响的结论，这与先前的一些研究相反。因此，如果感知和抓取任务得到适当的匹配，感知和抓取错觉的大小是没有差别的（Franz et al.，2000）。关于感知错觉是否影响视觉引导行为的争论，一个可能的解决方法是更精确地了解错觉在大脑中的位置（Milner & Dyde，2003）。除非错觉真的在腹侧通路的深处运作（即"什么"系统），否则它很可能影响背侧通路和腹侧通路的活动，从而无法提供感知和视觉运动分离的最佳测试。

其他一些反对"什么"系统和"哪里"系统之间区别的令人信服的证据，来自对脑损伤患者的研究。例如，背侧通路同源物受损的患者很难在对侧的视野中找到放置在不同位置的物体。这一区域皮质受损的患者，通常无法转动他们的手，或正确张开他们的手指去抓放在他们面前的物体。但是，这些患者能够描述出他们无法正确抓起的物体的方向、大小、形状和相对空间位置（Goodale & Humphrey，1998）。腹侧通路损伤的患者则表现出相反的缺陷模式（Goodale & Humphrey，1998）。

　　古德尔和墨菲（Goodale & Murphy，2000）认为，人们不应该把背侧通路看作一个空间视觉系统，而应该把它看作熟练动作的视觉控制系统。这两个通路都处理关于物体的方向、大小和形状以及它们的空间关系的信息。这两个通路也均受注意调控。但是，每个通路都以不同的方式处理传入的视觉信息。腹侧通路将视觉信息转化为感知表征，体现物体的持久特征及其相互之间的空间关系。在背侧通路中进行的视觉转换则利用自我中心参照系中物体位置的瞬时信息，调和了对目标导向行为的控制。

　　尽管视觉控制的动作所涉及的神经通路，不同于显示感知判断所导致的神经通路，从而导致了感知和行为表现之间的分离，但感知和行为可能在某种程度上是相似的，并依赖相同的视觉信息（Smeets & Brenner，1995；Vishton et al.，1999）。例如，在自我运动的感知判断（即视网膜流动）中使用的信息也被用于操纵杆控制转向（Li & Warren，2002）。因此，感知和行为不是不同的实体，而是行为控制的两个方面（Kotchoubey，2001）。背侧系统可负责通过动作的光学信息（如到达和抓取）进行快速调控（Green，2001）。腹侧系统不支持不同于动作的感知，而是控制在较长时间范围内展开的扩展动作，因此可以比简单、快速的肢体运动在更大的空间范围内利用光学信息。

　　感知科学家继续争论双视觉系统假说的优点。但很明显，最初版本提出的视觉感知和视觉引导行为的明显分离，在最近几年已经被大大削弱了。一项新的提议大大缩小了视觉表现和行为控制之间的区别（Ellis & Tucker，2000）。根据这一观点，视觉对象的表现不仅包括对其视觉属性的描述，而且还包括与该对象相关的行为编码。例如，对酒杯的心理表征，一定程度上是由它的可及性、可触性和可握性，以及所有其他与酒杯有关的东西构成的。

　　支持这一理论的研究来自刺激-反应相容性的研究，即物体的刺激特性会迅速产生反应编码（Simon，1969）。例如，西蒙效应是指当刺激和反应的位置相对应时，人做出的反应较之位置不对应时更快，尽管刺激的位置与任务无关（Simon & Ruddell，1967）。例如，假设对字母 H 做出左反应，对字母 S 做出右反应。显示在固定装置左侧的 H 比显示在固定装置右侧的相同刺激产生更快的反应。许多研究已经探讨了感知对行为影响的刺激-反应相容性。考虑以下研究（Brass et al.，2000）。参与者被要求要么学习对非空间线索做出不同的反应（例如，1 或 2），要么通过模仿两个手指运动刺激线索中的一个做出反应。如果给参与者显示的是 1，他们被要求用食指回答，如果显示的是 2，就要求用中指回答。在另一项实验中，当参与者看一部关于食指的电影时，他们被要求移动他们的食指，同样地，当看一部关于中指的电影时也被要求移动中指。如果把感知和行为的产生联系在一起，那么看相同行为电影来模仿刺激就会加快反应时间。此外，当被要求通过移动自己的中指来对食指的电影做出反应时，反应速度会减慢，这是一种由刺激-反应不相容引起的干扰效应。这项实验表明，刺激与所要求的行为越相似，人们的反应就越快。这些数据说明了感知对形成行为运动的紧密影响。

其他研究表明，即使与任务无关的空间位置信息，也能产生一致的空间反应编码（Eimer，1995）。但与目标无关的是，位置并不是视觉对象能引发与行为相关的反应属性的唯一特征。与行为相关的特性，如大小、形状和方向，具有类似的效果。塔克和埃利斯（Tucker & Ellis，1998）向参与者展示了一些物体的图片，让他们判断这些图片是正常显示的还是以反向垂直方向显示的。相应地，参与者通过按下左键或右键做出反应。这些物体也被描绘成两个水平方向中的一个，不同之处在于哪只手最适合用于以该方向到达和抓住对象。例如，将茶壶的把手放在参与者的左边或右边。尽管水平方向与任务无关，但这一变量影响了参与者的按键反应。如果反应的手与伸手、抓握的最佳手一致，则与不一致的情况相比，参与者的反应会更快、更准确。

对视觉感知与行为程序相关性的进一步研究，考察了干扰物对抓握运动的干扰效应（Castiello，1996）。在该研究中，干扰物与次要的、非空间性任务相关，但它们干扰了主要抓握任务的运动学。另一项研究考察了非相关的原始图片，是否影响随后抓握动作的延迟（Craighero，Fadiga，Rizzolatti，& Umilta，1999）。当原始图片描绘了要抓握的物体时，抓握延迟时间减少了，但是当原始图片描绘了另一个物体时，抓握延迟时间却没有减少。因此，对物体的视觉感知会影响紧接着感知之后的运动编程。这些结果被解释为支持"前运动注意理论"，其中空间注意力受到运动过程（如眼球运动、手臂运动）的约束（Rizzolatti，Riggio，& Sheliga，1994）。

许多研究表明，看到一个物体就可以产生与之相关的动作。手臂够得着的小物体可以抓握，或者更确切地说，是一种特殊的抓握方式。物体的位置、形状、方向等特征会激活特定抓握的组件。当看到触手可及的物体时，特定的伸手方向、特定的手形和特定的手都会被激活。抓握反应的这些增强成分被称为"微观可供性"（micro-affordances）（Ellis & Tucker，2000）。塔克和埃利斯将这些行为可能性描述为观察者神经系统的倾向特征（也见 Shepard，1984）。在"微观可供性"观点下，一般而言，抓握并不是由一个物体（如吉布森的可供性）促使的，而是在特定的环境下，适合于该物体的特定抓握，如手的特定形状和手腕的特定方向等。

理解感知和行为或运动规划之间的联系还有另一种新的理论（Hommel et al.，2001）。"事件编码理论"（theory of event coding，TEC）认为，事件的认知表征（即末端环境中任何待感知的世界事件）不仅有助于表征功能（如感知、意象、记忆和推理），而且也有助于行为相关功能（如行为的计划和启动）。事件编码理论声称，感知和行为计划在功能上是相等的，因为它们均是内部表征外部事件的替代方式（或者更准确地说，是事件与感知者/行为者之间的相互作用）。感知世界的过程是一个实际获取感知者与环境关系信息的过程，包括眼睛、手、脚和身体的运动。感知的过程既预设并提供主动的行为，又依赖并提供感知的信息。在这个意义上，感知或刺激编码，以及行为或反应编码，都表征着特定感觉运动协调的结果和刺激。

　　事件编码理论认为，感知和行为之间的对话发生在两个层面——补偿和适应。补偿指的是，为了解释信号在三个接受层面的空间分布变化，动物必须有一种方法来补偿自己的身体运动。因此，该运动系统必须考虑动物的身体运动，然后才能使用感觉信号恢复环境安排的结构（Bridgeman，1983；Epstein，1973；Shebilske，1977）。适应是指感觉-行为耦合的灵活性，以及可以通过行动计划在一定范围内感知所知觉的事实。例如，对扭曲视觉的研究表明，知觉可能会指导动作，而动作也可能会同时指导知觉（Redding & Wallace，1997；Welch，1978）。这再次表明，相称的或同一表征是知觉和动作的基础（van der Heijden，Mussler，& Bridgeman，1999；Wolff，1999）。

　　事件编码理论的核心概念是表征事件末端特征的"事件编码"。这些末端特征并不针对特定的刺激或反应，而是记录不同感觉系统的感觉输入，并调节不同行为系统的激活。因此，末端特征编码不仅指颜色、大小或形状的单一维度，还指复杂的具身可能性，如"可压制性"。甚至时间和变化也可以用特征编码表征，这样"向左移动"之类的事件就可以被编码。特征编码不是简单地给出的，而是通过感知者/行动者的经验而进化和改变的。例如，一个特定的动作可能并不总是被编码为"左"或"右"，而是被理解为如"身体左边""食指左边""左手"。

　　例如，一个人站在他面前，伸手去拿瓶子。分析这种情况的一种可能方法是把瓶子想象成刺激，把伸展运动想象成合适的反应。一个成功的反应显然需要刺激的几个特征和行动计划相匹配。例如，手的内部距离应与感知手与瓶的距离相同；内部抓握应与瓶子被感知的位置相同。这个匹配任务很容易，因为刺激和待执行反应之间有很多相同的特征。毕竟，行为编码是在感知刺激的过程中随时被激活的。

　　有各种证据都支持事件编码理论的预测。首先，镜像神经元的神经学发现表明，有一群神经元同时具备感知和行为计划功能（见第五章和第六章）。这些神经元可能提供刺激感知和行为反应的共同编码的神经解剖学基础。

与事件编码理论一致的行为证据有各种不同的来源，其中包括一个被称为双重任务的实验。在这个实验中，参与者在按一个已经准备好、非特定的左键或右键时，会短暂地看到一个标记的箭头。按键后，参与者需要判断箭头的方向，箭头会随机指向左边或右边。计划和执行左手或右手按键需要将左手或右手编码分别集成到相应的行动计划中。如果是这样，则此解释后的编码应该最适合处理和编码左箭头或右箭头，以便人们有效地避免指向与响应相同的箭头。总之，在按左键时出现向左箭头，就像按右键时出现向右箭头一样。因此，编码、计划和刺激之间的特征重叠可以改善按键程序。事实上，这就是我们所发现的。一般来说，如果箭头指向反应的一边，它的准确率比箭头方向和同时反应不匹配的情况要低10%。

另一组研究考察了动作感知转移，他们让参与者在没有视觉反馈的情况下，先给出口头命令，接着进行手臂运动（Hecht，Vogt，& Prinz，2001）。随后，参与者对相似的模式进行视觉判断。另一组参与者则先是完成视觉任务，然后再完成运动任务。研究表明，存在着感知生成行动、行动生成感知的转换。这些发现与感知和行为具有共同的表征编码的主张是一致的。

其他实验范例提供了支持事件编码理论的数据（Prinz，1997）。包括空间相容性任务和感觉运动同步在内的诱导范例表明，某些视觉刺激通过相似性来诱导特定的动作。干扰范例显示了对正进行事件的感知与对正进行动作的感知和控制之间的相互干扰。赫克特（Hecht）等认为，这种运动-视觉转移最有可能是由于视动-动觉的匹配，这表明感知和行为具有共同的机制，这正是事件编码理论所预测的。

总之，越来越多的证据表明，感知和行为是密切相关的，并且它们可能具有共同的神经机制。这些工作显然与感知的具身观相一致，与传统的描述截然不同，后者将感知与具身行动区分开来。

第九节　感知作为预期的具身交互

许多学者反对在感知和行为之间进行严格区分的一个原因是，感知物体而不接触物体涉及想象如何对其进行物理操作（Newton，1996；O'Regan，1992）。这种感知-行为耦合表明，感知一个物体需要人们去猜测一些东西，如被拉动就会弯曲，如果被扔出去就会把其他物体撞到一边，如果被翻转就会露出另一边。"我"看到一个物体，然后想象如果不这样做，"我"又将如何使用它。例如，

"我"认为房间角落里的那把椅子,当"我"走到它跟前时,"我"可能会坐在椅子上、站在椅子上或抬起椅子来挡住咆哮的狮子。这种思想可以扩展到世界上所有的物体和物理事件。因此,如果"我"有合适的工具,"我"可以把覆盖在院子里的树叶耙在一起。通过这种方式,感知某物不仅是一种视觉体验,而且包括非视觉的、感官的体验,如气味、声音和人整个身体的运动,如准备对物体采取特定行动的感觉。在这种观点下,感知与虚拟思维过程紧密相连(Ellis,1995;Newton,1996)。

考虑一个人如何通过使用各种基本虚拟形式来感知一个物体(Newton,1996)。一个均匀反射光线的物体会被认为具有坚硬和光滑的感觉,而温暖的绒毛毛毯会反射不均匀的光。看到某物是平坦的,就是看到它产生了某种感觉运动偶然性的可能。感觉一个表面是平的,确切地说是感知它阻碍或塑造了一个人运动的可能性。每一种感知都涉及一个人想象触摸一个物体,用手抓住它,把它翻过来、咬它、嗅它等的感觉。发育的证据表明,学龄前儿童可以对有生命的物体进行分类,尽管它们之间的姿势不同,主要是因为儿童可以想象在不改变其身份的情况下,对每个物体进行物理操作的方式(Becker & Ward,1991)。

对象感知不是发生在我们身上的事件,而是我们通过观察物体来完成的事情。我们看东西是一个目标导向的任务,需要头部位置和眼睛焦点的协调才能把物体带入视野。为了做到这一点,世界在某种程度上被概念化为可能的身体相互作用或可供性模式(例如,我们如何移动我们的手和手指、我们的腿和身体、我们的眼睛和耳朵,以处理呈现出来的世界)。在这种视角下,眼睛本身看不见。但是,"看"就是通过锻炼一个人的视觉器官(如眼睛)来探索环境。因此,视觉活动取决于一个人(至少有时)对自己眼睛运动的意识,也取决于头部和身体运动,以及身体感觉的特征模式。

人们看到物体时是否能意识到身体的可能性?越来越多的研究表明,人们很容易根据他们能承受的身体动作来感知物体。例如,当观察者被要求观看不同高度的楼梯,并以正常的方式判断他们可以爬的楼梯时,他们的判断和实际的爬楼梯能力是一致且准确的(即判断攀登高度在腿长中所占比例是恒定的)(Warren,1984)。人们对坐姿高度的判断、站立或穿越不同表面的能力(Burton,1992;Fitzpatrick et al.,1994)、对能力不同的人的判断(Stoffregen et al.,1997)、掌握真正的对象(van Leeuwen,Smitsman,& van Leeuwen,1994)、抓住飞球(Oudejams,Michaels,Bakker,& Dolne,1996)、工具的使用(Wagman & Carello,2001)、爬墙(Boschker,Bakker,& Michaels,2002)和虚拟现实环境的设计(Smets et al.,1995)等研究都有类似的发现。这些研究的结果,与预期身体相互作用是感知经验的重要部分的观点一致。

第十节　感觉运动偶然性理论

感觉运动偶然性理论是一个新的发展，它包含了在感知经验中真实和预期的身体运动的重要性（Noe & O'Reagan，2002；O'Regan & Noe，2001；也见Churchland，Ramachandran，& Sejinowski，1994 的兼容视角）。这一理论的基本前提类似于"相互作用视觉"的主张，即"视觉体验不是偶然发生在个人身上的东西"（Noe & O'Reagan，2002：567）。感觉运动偶然性是刺激与运动相互依赖的一套规则，是感知者学习掌握视觉信息随环境的变化而变化的方式。因此，视觉体验是一种暂时外在的熟练活动模式。

以驾驶保时捷的经历为例（Noe & O'Reagan，2002）。驾驶一辆保时捷并没有什么特别的感觉，也就是说，当一个人驾驶汽车的时候并没有什么特别66的身体感觉。相反，保时捷的驾驶体验是由一个人驾驶保时捷车时所执行的操作构成的，如转动车轮，以不同的速度换挡，踩下油门踏板时感觉汽车在加速，甚至在驾驶一辆敞篷车时，感觉到有风吹头发。一个人驾驶保时捷的体验，并不是单一确定的感觉，而是基于对控制汽车行为的感觉运动偶然性的认识。

从视觉体验的角度来看，看见（seeing）就像驾驶保时捷。因此，"看"的体验就像"开车"的体验一样，是由"看"时所做的一切构成的。再看一次椅子，涉及椅子可以做的那一系列事情，例如坐在椅子上，举起椅子来挡住咆哮的老虎，甚至动动眼睛以更好地欣赏椅子上的红色天鹅绒覆盖物。当你与椅子进行视觉相互作用时，这些事情都可以完成。当然，看到一把椅子会产生一些感觉，如感到轻松；仅仅这些并不能定义视觉体验的基本要素。它们只是在某些特定情况下看到对象活动的偶然附加物。

感觉运动偶然性理论的一个含义是，人们通常不能意识到他们当前环境的所有方面。人们只会体验他们所关注的世界的那些方面。事实上，正如上面所提到的，有很好的实验证据表明，人们往往没有注意到环境的变化，即使环境的变化是相当大且完全可见的。"变化盲视"效应[①]会在一些简单的情况下发生，比如对更复杂的事件进行扫视，比如改变谈话对象（Levin & Simons，1997；O'Regan，Resnick，& Clark，1997；Resnick，O'Regan，& Clark，1997；Simons & Chabris，1999）。例如，在一项引人注目的研究中，一个人走过大学校园时被另一个人（实验人员）拦住，实验人员拿着一张地图，向被

---

① 一种无法辨识图像之间变化的现象，甚至包括就在我们眼前活生生的人或物体——译者注。

试询问去某个特定地点的方向。在他们谈话间，两个工人扛着一扇门，从被试和问路者中间纵向走过。当被试的视线被门挡住时，其中一个扛着门的工作人员迅速地与最初问路的实验人员调换了位置。因此，在短短几秒钟内就变成了被试正与穿着不同衣服的另一个人交谈。然而稍后被问到时，只有50%的被试注意到谈话间发生了变化。

　　一种被称为"非注意盲视"的相关现象，发生在被试从事注意力密集的任务之时，当出现无关任务刺激时被试却没有注意到的时候（Mack & Rock，1998）。例如，人们被要求判断一个简单展示的十字水平线和垂直线哪个更长。在一种情况下，出现了一个额外的意外元素。参与者被问到除了十字架之外，他们是否看到了其他东西，然后被给予一个识别测试来评估他们对额外元素的感知。当许多参与者被告知对交叉线做出判断时，他们没有注意到额外的元素。但是，当人们被告知要专注于显示屏上的其他内容时，他们很少会错过看到多余元素的机会。因此，人们对所见事物的期望，极大地影响了他们的实际感知。

　　这些发现都不符合任何假设人们构建真实世界环境的成熟三维表征理论。但研究结果与感知是一种基于技能的活动的观点非常一致，这种活动基本上取决于眼睛、头部和身体的运动。要把某些事物带入视觉意识，人们就必须做点什么（如斜视、向前倾、向光线倾斜、走到窗前），而不仅仅是被动地看。根据我们当前的需求和目标，我们只能体验我们特别关注的事情。由于缺乏集中注意力，世界的其他部分甚至根本就不存在。世界上未被注意到的部分似乎只是存在于那里，我们可以在需要的时候以各种方式将我们身体的注意力引向它们。一旦我们这样做了，这些丰富而详细的信息就成为我们意识感知的一部分，就好像这个世界一直就在那里一样。感知科学家争论变化盲视和非注意盲视是否能用无意识遗忘更好地解释（Wolff，1999），或者用主动抑制来解释（Tipper，1985）。尽管如此，人们很少能看到世界上的一切，除非他们以不同方式移动他们的身体来关注环境信息。

　　感觉运动偶然性理论中一个令人兴奋的结果是，视觉系统可能不需要"绑定"。许多知觉科学家认为，视觉刺激的各种视觉子系统，必须以某种方式统一起来，以解释连贯的感知经验。例如，可能有特定的细胞（即"祖母"细胞）或高度局限的皮质区域（如会聚区）绑定与特定感知有关的信息。此外，在感知分析过程中同时激活的单独皮层区域可能会同步振荡，这种同步为感知经验提供了连贯性或统一性（Brecht，Singer，& Engel，1998）。然而，物体特征似乎是单个物体的一部分这一事实，并不要求所有这些特征必须以一种统一的方式"被表征"，无论是在单个大脑区域，还是在各种不同的大脑过程中。诺伊（Noe）和奥里根（O'Reagan）认为，"经验的概念统一性解释就是说，经验是一个人所做的事情，而且是一个人关于概念统一的外部对象所做的事情"（Noe & O'Reagan，2002：585）。根据这种观点，经典的感知绑定问题可以被视为假问题而不予考虑。

68　　　诺伊和奥里根进一步认为，感官不能通过其独特的质性特征（即只有眼睛能看见、耳朵能听到等）来区分，而是可以通过不同的感觉运动偶然性模式加以区分。毕竟，通过视觉以外的感官系统"看"世界是可能的。考虑一种触觉视觉替代系统（tactile vision substitution system，TVSS）（Bach-y-Rita，1996；Kaczmarek & Bachy-Rita，1995）。在 TVSS 中，通过摄像头（戴在头上）捕捉到的光学图像，可以在接触皮肤（如腹部、后大腿或最近的舌头）时激活一系列刺激器（振动器或电极）。光学图像以这种方式产生触觉的局部模式。经过一段时间的训练，先天失明的被试和蒙住眼睛的正常被试都能看到一些简单的画面。这些参与者甚至报告说，经过一些训练后，当他们使用 TVSS 设备时，他们不再体验触觉，而是体验在他们面前排列的三维空间的物体，就像相机捕捉到的一样。例如，当摄像机呈现一个快速接近的物体时，电视物体的快速扩张与触觉网格上的扩张活动相对应，使人立即低头。参与者"学会了使用透视视差、隐现、变焦和深度判断等视觉分析手段做出感知判断"（Bach-y-Rita，1996：91）。

　　　　这种触觉感知使参与者能够判断物体的形状、大小、数量，以及感知物体之间的空间关系。通过充分的练习，参与者能够从事要求具备熟练的感觉运动协调能力的任务（如击球或在装配线上工作）。但是，参与者必须能够自行移动相机。使人们能够通过扫过显示器上的照相机来探索人物，从而导致振动变化，这对于感知有意义的触觉图像来说是必不可少的。当然，触觉视觉（tactile vision）并不像真实视觉那样有效。然而，TVSS 研究提供的另一个例子说明了感知过程中感觉运动偶然性事件的力量。

　　　　支持感知中感觉运动偶然性事件的最后一个证据来自一个案例研究，该案例是一位试图通过手术摘除白内障来恢复视力的盲人（Gregory & Wallace，1963）。事实上，这种手术并不能恢复视力。一位患者是这样描述他的经历的：他听到一个声音从他前面和一边传来，他转向声音的来源，看到一个"模糊的东西"。他意识到这可能是一张脸，经过仔细的询问，他似乎认为，如果他以前没有听到过声音，知道声音来自面部，他就不会知道这是一张脸（Gregory & Wallace，1963：122）。患者获得了某种形式的视觉感觉或印象，但还没有获
69　得看的能力，大概是因为新获得的视觉印象还没有与控制这些感觉发生的感觉运动偶然性模式相结合（Noe，2004）。虽然外科手术恢复了使视觉产生的机

制，但它不能恢复正常视觉所必需的印象和身体运动之间的联系。因此，简单地切断与运动区域相连的视觉区域就会导致盲视，这就不足为奇了（Nakamura & Mishkin，1980）。即使感觉器官同与视觉相关的皮层区域完好无损，如果运动皮层没有激活，也就没有视觉。诸如此类的案例研究普遍认为，对物体和空间的感知，是基于一个人在特定情况下，对可能发生行为的感官后果的预期。

第十一节　机　器　人　学

传统的人工智能（artificial intelligence，AI）模型假设，人们对智能的理解，主要是通过操作精心构建的外部现实的内部模型进行的。这就导致了人们对基于世界模型构建的智能机器的追求，从感官数据和算法的开发，到使用这些模型对世界的"推理"。大多数人工智能研究都试图理解高层次认知的重要方面，如推理和语言理解。但人工智能相关分支"人工生命"（artificial life，AL）的研究人员降低了开发具有类似昆虫智能机器的目标。这些学者认为，自然智能的主要部分与大多数动物在所处恶劣、无情的环境中所产生的适应行为紧密相关。

许多新的机器人都基于两个基本原则：情境性（situatedness）和具身性（Brooks，2002）。"一个位于环境中的生物或机器人是嵌入（embedded）在这个世界中的生物，它不处理抽象的描述，而是通过它时时刻刻对世界的感知直接影响生物的行为。具身生物或机器人，是拥有物质身体并至少部分地直接通过世界对身体的影响来体验世界的。当该生物的全部都包含在其身体中时，就会出现一种更特殊的具身类型。"（Brooks，2002：52-53）

以机器人为例，它可以通过避开障碍物、寻找门道、识别它可以捡起的物品（比如易拉罐）等方式在世界中移动。为此开发的传统机器人是为了得到一个完整的三维模型，然后才构建一个在环境中移动的内部计划。一旦这个完整的计划被创造出来，关于机器人该做什么动作的指令就会被发送到身体。因此，高级规划师在需要时调用低层的运动模块，以特定的方式行动。

另外，更现代的人工智能机器人首先从移动开始，并将自己的活动作为了解环境的指南。布鲁克斯（Brooks，1991）创造的口号"世界是它自己最好的模型"抓住了这个想法的精髓。系统的整体行为是各种自主活动相互制衡的结果，而不是系统作为一个整体根据世界的中心内部表征做出全局决策的结果。系统的每一层都对环境的特定部分很敏感。尽管观察者可能认为机器人的整体行为是有意义的，但除了其各个部分对当地环境条件的特定行为外，系统内没有编程的"意义"（例如，由严格的刺激—反应—反馈循环引导的活动模式，

70

满足特定环境约束的进化）。

例如，早期机器人"根格斯"（Genghis）是一只六条腿的大昆虫，它的行为不是组织在一个程序中，而是组织在 51 个微小的并行程序中的（Brooks，2002）。其中三个程序可以让根格斯在崎岖的地形上爬行，主要是保持平衡的同时对路上的障碍做出反应。排列在机器人前部的六个热电传感器使它能够感知发热哺乳动物的存在。每当机器人根格斯"闻"到一种散发热量的气味，它就会在它前面的任何地形上追踪气味的来源。当然，机器人根格斯从不知道这种散发热量气味的真正内容，它只是跟着气味走。机器人根格斯也从来没有提前计划过它的轨迹或它的每一步行动。它的行为是一种突发的活动计划，其结构高于其个体反应的水平。

后来，一个被称为"赫伯特"（Herbert）的机器人在实验室环境中移动并收集汽水罐，它不是通过详细的事先计划，而是通过非常成功地使用一组粗糙的传感器和简单、相对独立的行为序列（Connell，1989）。基本避障是由一圈超声波声传感器控制的，如果机器人前面有物体，超声波就会使机器人停下来。如果赫伯特的简单视觉系统检测到一个类似桌子的轮廓，一般运动（随机定向）就会中断。这时，赫伯特开始执行一个新的程序，用激光扫过桌子表面。如果检测到汽水罐的轮廓，则整个机器人都会旋转，直到汽水罐位于其视场的中心。这种物理动作通过创建标准动作框架简化了拾起过程，在该动作框架中，配备有简单触摸传感器的机械臂轻轻地掠过了前面桌子的表面。一旦遇到罐子，就可以将其抓住并收集，然后继续前进。

再次需要注意的是，赫伯特无须使用任何常规计划技术，也无须创建和更新任何详细的内部环境模型就能成功。赫伯特的世界是由无区别的障碍和粗糙的像桌子和罐子一样的轮廓组成的。在这个世界里，机器人还利用它自己的身体动作（旋转躯干使罐子在它的视野中处于中心位置）来极大地简化最终到达罐子时涉及的计算问题。因此，赫伯特是一个简单的例子，它既能成功地使用最小的表征资源，又能帮助简化知觉列程。

一种被称为"造物"（creature）的人工生命系统，将一个情境系统分解成许多简单的任务实现行为，每一个行为都连接着特定的感知和运动能力，这样它就可以独立地和周围环境特性发生反应（Brooks，1991）。机器人的任务执行行为不是通过明确的目标导向规划来处理的，而是通过分层控制来实现的，即建立最底层的任务执行行为，调试其运行，然后在此基础上建立另一个，如此循环。例如，机器人在现实世界的探索可以从第 0 级"不要接触其他物体"开始。然后增加到第 1 级"漫无目的地游荡"，将使其在不触及任何东西的情况下产生移动。接着增加第 2 级"参观有趣的地方"（如传感器探测到的自由空间走廊），机器人的行为看起来像是探索，没有任何目标或计划指向该功能。在视觉和触摸之间，或者在手动接触和对接检索之间，预适应的感觉运动配对与机器人对环境的体验独立地相互作用，从而产生一种分层控制序列和目标定向的错觉。

　　另一个例子——昆虫机器人技术，是一个专门收集矿石样本的机器人社会（Steels，1994）。这些机器人根据它们的感知和所做的动作，通过沿行进过程投放电子面包样本进行协作。通过删除有意义地改变系统后期行为的标记，机器人使用世界中的对象来表征它们的相互作用体验（见第五章）。这种技术的核心理念是，机器人所遵循的模式描述并不是内置的。虽然机器人被设计为创建路径以便采集矿石样本，但路径的运动没有表征为机器人内部的一个计划。这些机器人表现出了自组织的行为，表现为个体行为、局部反应以及遵循采集矿石样本的一系列规则。斯蒂尔（Steels）的自组织设计基于这样一种理念，即涌现的结构将在许多元素的相互作用下成长，然后再次衰变，直到达到平衡状态。正如他总结的那样："我们将设计一个相互作用机器人系统，其中平衡行为包括探索车辆周围的地形。岩石样品的存在构成了一种干扰。所需的耗散结构包括由机器人在样本和车辆之间形成的空间结构（即路径）。这种结构应该在岩石样品出现时自发出现，它也应该加强自身以使性能最大化，并且在所有样品采集完毕后消失。"

　　布鲁克斯和斯蒂尔的机器人，都是机器人与环境各方面之间结构耦合的例子。例如，机器人赫伯特通过不断避开障碍物和向前移动，可以不断增强其沿墙壁行动的能力，而这种持续行为则可以使其从门口进入。大多数情况下，协调运动是由分层自动装置高效而直接地完成的，其中的状态与程序刚刚完成的动作和它现在感知的动作有关。最近在机器人学方面的研究提供了一种证据，证明了在产生有意义的行为时，感知和行为之间存在着错综复杂的联系。与人类参与者的实验工作类似，这些机器人表明，感知并不先于行动，因为行动是感知表现的一部分。与此同时，人工生命机器人还说明，并不总是能够脱离生物体与环境的互动方式来定义有意义的行为。例如，机器人根格斯从事一种看起来像是"追逐猎物"的行为，但这个短语只是对一种突发行为的方便描述，而不是机器人遵循的某种内在化的"心理"规则。"追逐猎物"是从实际的具体表现中产生的[①]。因此，高级动作不能简化为简单的动作序列，高级动作可能是由机器人的各种简单活动或条件反射与它所适应的特定环境（如布鲁克斯

72

---

　　① 2022年，波士顿动力（Boston Dynamics）公司设计制造的波士顿动力机器人已经做到了这一点，它可以爬楼梯、跳跃、翻跟头，可以在办公室、家里和户外活动，行动非常灵活——译者注。

的包含结构）之间的相互作用而形成的。

最近一个关于具身行为体的论证，更明确地包含了动力系统理论的观点（Beer，2003）。通过捕获圆形物体并避开菱形物体，这个行为体能够在视觉上区分物体。行为体的行为通过一个动态的"神经系统"来控制，这个"神经系统"是为了这些目的而"进化"的。一系列实验表明，行为体在捕捉或避开任何物体之前，都会注视并扫描它，并主要根据物体的宽度进行辨别。非常重要的是，行为体并不真正知道不同类型物体之间的区别，因为它进行分类感知的能力并不在单个子系统中。相反，行为体的适应性行为是整个耦合系统的属性（如大脑、身体和环境的相互作用）。即使它有可能分解耦合的大脑、身体和环境系统，以便更好地理解每个系统是如何参与整体行为的，但把简单的因果性归于这些部分是没有意义的。与任何动力系统一样，结果随着时间展开并成为原因，因此，区别行为确实发生在整个耦合系统的扩展瞬态过程中（Beer，2003：236）。

73 这里给认知科学的教训是，对一个人（或动物或机械物体）所做的描述不应被具体化为一种天真的刻意描述，也不应被假定为基于内在心理表征的因果性。诸如人工生命机器人之类的执行系统显示了知识如何以分布式方式（人体、传感器、制动器、神经系统/控制系统等）或部分地嵌入环境中。尽管如此，有人可能会说，这些机器人仅仅是被动地生活在"此时此地的世界"，它并不是真正自主的。自主主体所处的环境和能力，能够从他们的经验（和进化历史）中学习，从而应用于解决新的现实世界问题。

一些认知科学家对是否有可能通过扩大这些反应系统来模拟更复杂的认知行为表示担忧（Clark，1996；Ziemke，1999）。一些自组织系统试图通过将传感器和执行器连接到某个中心机构（例如连接网络或分类系统）来实现行为体的功能。这些系统允许行为体根据机器人与环境的相互作用来调整中心机制。这样，一个自组织的自主行为体就可能建立在经验的基础上（Beer，1997，2003）。当然，机器人的设计者在选择特定结构（如单元的数量、连接网络的层数）方面扮演着重要的角色，这使得这些"自主"机器人不那么自主。

针对人工生命机器人的"机器人接地"或"身体接地问题"（body grounding problem）①，对一些机器人提出了不同的批评（Sharkey & Ziemke，1998）。尽管在设计机器人时包含了具身性和情境性，但大多数系统都无法捕捉到身体机制在其环境中的真实嵌入方式。生物自组织因子并不是被设计出来，然后插入到某个环境中的，因为生命有机体在整个进化过程和生物体个体的生命周期中

① grounding 这个词有多种译法，诸如"接地""落地""奠基""基础""底定""根定""植根"等，这里采取最基本也是最易接受的译法"接地"——译者注。

以具身相互规范和结构耦合为特点，具身认知与其环境有着深远的历史联系。真实的躯体根植于环境之中，而不仅仅是内部控制器与环境之间的界面（接口）。举一个例子，由于人类所处的环境，他们的身体被设计成以一种有意义的方式感知和行动。因此，当前人工生命机器人的具身本质部分忽略了生物体、神经系统和环境共同进化、相互决定的历史现实和环境体现（Ziemke，1999）。感知和行为在生物有机体中的结合，比大多数人工智能机器人更紧密 [见 Nolfi 和 Floreano（2000）关于这个问题的进一步讨论]。

第十二节　意向行为的动态模型

正如传统上认为感知先于行为一样，行为也被认为起源于先前的心理意图。例如，如果你的朋友看着你且故意打呵欠，你就会认为她是有某种想法才会这么做的。但是，思想或心理状态如何能为人类行为提供因果基础呢？尽管我们认为有意识的选择是有目的打哈欠的基础，但打哈欠肯定有一些物理解释。正如亚里士多德的著名论断，没有任何东西能导致或移动自己。每一个物理事件都必须源自某些先前的物理事件（例如，台球互相撞击时发生的运动等的有效原因），而不是仅仅出于意识或心理的行为。但我们的普遍经验再次表明，意图移动我们的身体会导致我们的身体以这种方式移动。当代哲学家们致力于行为理论的研究，继续为研究大脑如何导致行为并持续监控和指导行为的影响而努力。最近的实验结果表明，人们错误地认为，他们的有意识意志指导了他们的运动动作时机，而实际上恰恰相反，大脑的行为准备潜力似乎导致了一个人的有意识意向（Libet，1985）。这样的发现很难与传统意义上的有意行为观念相一致。

华瑞罗（Juarrero，1999）批评哲学家们未能对是什么导致了有意行为的问题提供一致的答案。她提出这样一种观点，即有意识的行为及其原因最好能被描述为一种流动的、动态的过程，并且通过大脑、身体和它们的环境之间的相互作用而形成。华瑞罗将复杂动态系统理论作为一种"理论-构成隐喻"来重新认识心理因果关系，特别是在哲学家如何思考有意行为的原因方面。华瑞罗的哲学分析对认知科学解释因果关系和人类行为有着显著而深远的意义。

动态系统理论的一个重要含义是，一个人有意识地打哈欠或举手向朋友挥手问好的意图，是一个人自组织倾向的结果。这种自组织结构体现了一种倾向，即某人甚至在执行动作的意图达到意识之前就想要有意识地打哈欠。关于这一点的具体说明可以在塞伦和史密斯（Thelen & Smith，1994）的工作中看到。塞伦和史密斯认为，婴儿的运动发育并不是一个由某些根深蒂固的遗传密码决定的成熟过程。相反，运动发育是一个动态的自组织过程，这种发育起源于婴儿与不断变化的环境的持续相互作用。

例如，两个婴儿刚开始接触外界时具有不同的内在动力。一个婴儿加百列（Gabriel）在伸手拿东西时会疯狂地反复跳动，而另一个婴儿汉娜（Hannah）的身体活动就少得多，在伸手之前她会仔细地评估情况。这两个婴儿在几周内学会了成功地接触物体。然而，正如皮亚杰（Piaget，1975）所暗示的那样，这一事实并不意味着一定存在一种有意行为的预先编程模式，且这种模式会随着时间的推移而逐渐展开。相反，每个儿童产生了不同的解决方案来成功达成目标。因此，作为一个自组织系统，一个婴儿的初始自发动力和环境的相互作用，促使儿童的运动从平衡到建立二阶语境依赖约束的转变。这些二阶约束以不同的方式重塑了儿童们的肢体运动，使每个儿童都能成功地学会去拿一个物体。

对意向行为（如你朋友的哈欠）的动态说明始于这样一个想法——即使在较低级的混乱情况下，自组织的动态结构也是全局稳定的。但是，由于外部环境和系统自身内部动态过程的相互作用，你朋友的适应性系统可能会从平衡状态转为不稳定状态。例如，在演讲中感到无聊不仅会导致神经系统的不稳定，还会导致认知和情感的不稳定。通过形成一个意图，例如在看着另一个人时打哈欠就会发生认知转变，从而消除这种不平衡。除了恢复动态平衡外，新意图重组的语境限制，将空间重新组织成一个更加差异化和复杂的选项集。这样，通过制定一个先天意图，人们就不必考虑和评估行动中的每一种逻辑和物理可能性。因此，一旦你的朋友有意让你知道她对讲座的看法，认知重组就会限制你的朋友对你打哈欠，这种意图胜于给你写便条、对你摇头、对你耳语等。

从动态系统视角对行动进行概念化，可以解释为什么人们不必在每次行动时都明确地做出决定。这个人当前的思维框架会自动地从他的自组织限制空间内无限制地选择其中的一个子集。例如，当你的朋友决定告诉你她对这堂课的看法时，她不需要明确地决定要做什么。她"选择"打哈欠而不是做其他事情（比如写纸条、大声和你说话），可以由她自身的动力和环境之间的相互作用"决定"，因为这个过程是"顺流而下"的（用动态语言来说，就是在"景观"中移动）。例如，你的朋友知道她在听课，所以她不能大声说话，甚至不能低声耳语。然而，这一切都不需要她形成明确的意图，也不需要她有明确的考虑。她可以只决定传达她对讲座的感想，环境约束就会处理如何在现实行为中体现这一意图的细节。

大卫·苏纳（David Sudnow）关于他自己在钢琴上学习爵士即兴演奏的经历，可以从另一个现象学的角度展示如何用动态术语来解释意向行为（Sudnow，

1978）。苏纳一开始想通过模仿爵士表演者的声音来掌握爵士乐即兴创作，但这被证明是极其困难的，因为苏纳无法准确地识别出这些大师级表演中的音符和时间值。即使苏纳接近能准确地描述大师的声音时，还是有些东西听起来不对劲。困难在于，这些声音不能提供正确的信息来指导他的手在键盘上正确移动。一个突破性的进展出现在一位颇有造诣的钢琴家敦促苏纳制作少量简单的音阶与和弦序列时，他希望在演奏时表现出爵士乐特有的和弦序列。

苏纳开始通过模仿吉米·罗尔斯（Jimmy Rowles）的作品来做这件事。例如，"最初有 3 个递减的音阶，每一个音阶都是参照一个理论体系来确定的，这个理论体系将音阶的使用与 12 个主要和弦中的 4 个相联系，所以我认为有一个'认知地图'，每个音阶都以一个起始点命名，每个音阶都与它的和弦类别相联系"（Sudnow，1978：21）。通过反复练习这些音阶，苏纳取得了显著的成效。"我回想起一天的演奏，在升调音符之后，开始着手进行下一组音符时，我满怀深情地瞄准了某些特殊音符的声音，这些音符的声音似乎爬到我的手指上，就好像按下琴键时琴键就准备发出低沉的声音。"（Sudnow，1978：37）换言之，通过参与结构化活动，其中所涉及的运动活动与从特定环境相互作用中获得的知觉输入之间出现了可靠的相关性。

苏纳准确地指出，在他与钢琴的相互作用中产生的"知识"并不是明确的、与语境无关的音乐知识。"当我发现下一个声音即将响起时，当我开始学习音符时，并不是说我已经学会了键盘，俯视键盘时就能知道一个音符的声音是什么样的。我并没有那种技巧，许多音乐家也没有。我能分辨出它是下一个声音是因为我的手与键盘接触得如此紧密，以至于它被赋予了一个具有自身构架和潜力的发声位置设置。"（Sudnow，1978：45）因此，进行音阶与和弦序列的定位的具身行动，使苏纳能够熟悉伴随的声音和身体感觉以及它们之间的相关性。此外，苏纳坚持认为，同样的音键，从不同的方向、用不同的意图敲击，会发出略微不同的声音，因为在演奏时，他就是在"追求"那个特定的声音。任何音符的模型都可能有一个客观的分类，但这并不能提供产生这种声音的感觉运动机制的动力学基础。

这样一来，意图就不必要被视为导致行为的独立心理事件，而最好表现为嵌入在物理、历史和社会世界中的动态过程，包括那些学习如爵士即兴演奏之类的熟练活动的人。苏纳对他学习爵士乐的现象学分析表明，熟练的演奏并不是由先前的心理决定产生的，这个心理决定是独立于他正进行的钢琴演奏行为的。相反，熟练的人类行为可能源于个体的思维结构如何从由人与环境相互作用定义的自组织限制空间中选择行为的子集（即以正确的方式敲击正确的音符以产生正确的声音）。

77

第十三节　结　语

感知不是采样、选择或指出独立客体世界特征的信息处理。人们不会首先意识到要创建一个完整的世界内部模型，然后再用它来产生适当的行动。相反，感知包括各种身体运动以及在适应环境情况时对行为的预期。通过这种方式，感知在有机体与环境的物理协调中建立了一种相互关系。这种身体与世界的耦合结构从根本上是基于自我运动的。感知和行为的具身方式将它们视为是动态交织的，因为现实世界的物理属性不是静态感知的实体，而是行为的机遇。

感知和行为究竟是如何相互关联的？许多学者从"共享表征"的角度来讨论感知与行为的联系。但有一种功能方案为感知与行为的耦合提供了更广泛的动态解释。对此的概述见图 3.2（Viviani，2002）。这个模型包括两组层级组织的共振器（或非线性谐振器），它们能够产生感知和组织行为。每一个振子都被调整以最大限度地对一种刺激做出反应，同时也足够灵活地对不同类型的刺激做出反应，或对不完全或损坏的刺激做出反应。感知集被假定包含了比运动集合更为丰富的共振模式或极限周期集合。因此，感知系统的行为比运动系统更容易向吸引的特定区域集中。每个集合都有一个完整的耦合，其中一些是由基因决定的，另一些是从经验中获得的。这些既定耦合用于激活和组织各自域中的单个组件。尽管"赢家"强烈地受到既定耦合的影响，但在任何时刻，占优势的感知模式都依赖于知觉的输入。通过这些耦合，即使没有任何有意识的运动意愿的直接激活，共振器也会产生共振模式。甚至没有理由假设感知共振和行为共振有任何差异，因为它们可能源于相同的生理机制。不管激活是从感知传播到行动，还是以其他方式传播，最终产品都是一个综合性的超限循环，或者说是一个吸引流域。事实上，一些熟悉的感知经验可能在那些缺乏共振运动组的功能的个体中被排除。与此同时，抑制感知共振会在一定程度上改变行为功能，这既是因为一些自传入感觉（reafference）会缺少，又是因为某些全区共振模式将不再可用。

这一推测性提议可以解释感知与行为相互作用的几个方面，包括：①镜像神经元、预期行为在感知中的作用；②为什么运动皮层受损的人尽管有着完整的视觉系统但仍然会出现视觉问题；③不同的经验效应证明了感知和行为的双向影响。将感知和行为视为动态系统的一部分，强调了其参数的微小变化可能导致长期行为的质性类型发生突变（灾难性）的性质。动态系统的这一特性提供了一种将连续性和不连续性结合到系统中的方法，并提出了一种在力争平衡时实时展开的描述方式。大多数情况下，这个功能方案解释了许多动态感知-

78

行为耦合，这些耦合居于具身感知的核心。

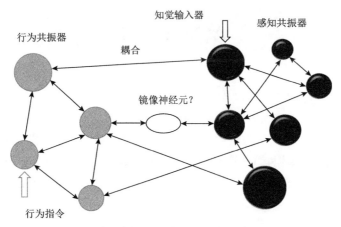

图 3.2 描述行为-感知相互作用的功能方案（详见正文）

第四章　概　　念

北美的阿帕奇印第安人如何给汽车零部件命名，是一个很好的例子，它说明了在普通概念中具身性的重要性（Basso，1990）。在库达伦（Couer d'Alene）印第安语中，汽车或卡车的轮胎被称为"起皱的脚"，这是指轮胎胎面上的花纹。关于汽车的新知识被比作关于身体的旧知识。巴索（Basso）用亚利桑那州中东部的阿帕奇语描述了一套完整的机动车部件命名系统。西部的阿帕奇人将人和动物身体部位的名称，扩展到汽车或卡车上。在这个结构隐喻中，车头变成了"鼻子"（bichih），车头灯变成了"眼睛"（bidaa），挡风玻璃变成了"前额"（bita）。术语"面部"（binii）被扩展到从挡风玻璃顶部到前保险杠的整个区域，因此，这个术语包括了鼻子/引擎盖和前额/挡风玻璃。前轮变成"手"和"胳膊"（bigan），后轮变成了"脚"（bikee）。引擎盖下的所有配件都被归类为"内部部件"（bibye）。在引擎盖下，电池变成了"肝脏"（bizig），电线变成了"静脉"（bitqqs），储气罐变成了"胃"（bibid），分配器成了"心脏"（bijii），散热器变成了"肺"（bijii izole），而散热器之间用被称为"肠子"（bich'i）的软管相连接。

这里有一个基本的概念隐喻，即**"机动车是人体"**，它表达了人体各部分与汽车或卡车各部分之间的对应关系。在这个**"机动车是人体"**的隐喻中，我们所说的事物（机动车）及其组成部分和关系（其认知拓扑学）是目标域，而我们所指称的事物（人体），其自身的组成部分和关系是源域。用人体部位的名称来命名汽车部件，保留了部件之间关系的层次认知结构，使汽车和人体一样都拥有"内脏"，如"肝脏"。

一些学者可能会认为，在一种文化中，人们给汽车部件命名可能不是寻找具身概念证据的最佳途径。但是，汽车的核心名称揭示了一种根深蒂固的认知需求，即从我们的身体（以及具身隐喻方面）来理解这个世界。通过认识到汽车部件与人体部位（和功能）之间的隐喻关系，阿帕奇人充分利用他们的丰富想象力创造了一些新事物。在某种意义上，阿帕奇人通过不同于以往的视角重新审视了他们的经验。然而，这种经验的重新排序并不仅仅是陈词滥调，或者是一次性映射。相反，这里存在着一个复杂的隐喻性对应系统，它建立在人们对自己身体的普遍体验之上。

　　本章探讨了具身体验在概念和概念结构中的重要性。我认为，具体概念和抽象概念的重要方面都源自普遍存在的具身活动模式，并继续按照这种模式进行构造。有越来越多的认知心理学和认知语言学的文献支持这一论点。这项工作的大部分内容集中在对语言陈述的分析以及人们如何解释这些语言，以此来推断具身性的存在（另见第五章和第六章）。尽管传统实验心理学家常常对从人们如何说话的分析中提出概念结构的主张持怀疑态度，但语言证据需要在人类概念系统的更一般的心理学说明中加以解释。正如我们将看到的，对身体的认识是研究和描述概念的中心。

第一节　传统概念观

　　心理学和哲学中的传统观点认为，概念是一种储存的心理表征，它使人们能够识别现实世界中的物体和事件。经典理论认为，规则描述的对象是一个独立于情境的范畴（Bruner，Goodnow，& Austin，1956）。例如，规则可能让我们尝试理解椅子的物理属性，这些物理属性对于其成员资格来说是必要的，而椅子出现的背景则无关紧要。人们可能会识别出物体的某些特征或属性，比如"那个物体有四条腿而且还会吠叫"，这与长时记忆中已经存在的概括表征相匹配，比如"狗有四条腿而且也会吠叫"。这样，概念和范畴就通过它们与外界事物的关系来定义了。大多数概念理论也假定存在一个非模态符号（amodal symbol）来表示不同范畴的属性。例如，我们必须为属性"红色"设置一个概念符号，它在苹果、葡萄酒和消防车等不同概念中具有相同的属性。非模态符号是语言独立、语境独立和离身的（disembodied）（即体外的——译者注）。

81

　　而且，概念还进一步根据它们的客观性被分层地组织起来。例如，"椅子"就属于层次结构的中层，家具则是上层概念，而特定的椅子（如摇椅）则属于下层。这些"事实"大概反映了客观地存在于世界上的事物的本质。

　　心理学理论试图解释识别属于特定范畴的任何实例的过程，以及记忆中概念信息的结构方式，以促进对这些物体和事件的理解。揭示任何概念表征内容的一种常见方法是给参与者一个表示某个概念的词，并让他们口头列出该概念的典型特征。在属性验证任务中，参与者阅读一个概念的单词，并口头说出第二个单词是否说明了这个概念的真实属性（如"鸟"-"翅膀"）。心理学家通常认为，在完成这些任务时，人们会访问只包含非模态特征的结构化特征列表、命题、框架和语义网。

　　一个被认为是最好的概念范畴的例子被称为"原型"（prototype）。范畴被假定在心理上以原型来表征，范畴成员的程度由与原型的相似程度决定。例如，对于美国人而言，麻雀比企鹅或鸵鸟更像原型鸟，这使得人们更容易验证如"麻雀是鸟"之类的说法，而不是验证"企鹅是鸟"（Rosch，1975；Rosch & Mervis，1975）。这些实证结果并不仅仅是由于一些样本比其他样本更常见，因为即使是一个范畴中罕见的实例，也可能比常见的例子更接近原型。因此，人们认为像"双人座椅""达文波特长书桌""雪松箱"这样的稀有家具，比他们经常遇到的"冰箱"等物品更能成为"家具"范畴的典范（Rosch，1975）。

第二节　传统观点中的问题

传统概念观有几个主要问题。首先，有证据表明，在不同的环境下，人们对某些属性的表述是完全不同的。例如，"火"的概念大概是一个抽象的表述，它来自特定环境中人们理解火的所有具体实例。然而，典型判断往往随着语境的变化而变化（Roth & Shoben，1983）。在秘书们休息的语境中，"茶"被认为是比"牛奶"更典型的饮料，但在卡车司机们休息的语境中，情况正好相反。从美国人的角度来看，典型的"鸟"指的是知更鸟或鹰，从普通中国公民的角度来看，这则是非典型的（Barsalou & Medin，1986）。这些发现表明原型与个别语境紧密相连，并不一定是从任何概念的具体实例中产生的抽象表征。再举一个例子，属性"红色"在苹果、莴苣、土豆和葡萄酒中的表征方式有所不同（Halff，Ortony，& Anderson，1976）。人们可能在不同的具体语境中局部地表征相同的属性，而不是全局地表征单个符号（即局部形式假设）（Solomon & Barsalou，2001）。

与传统观点相反，概念并不是自然界事物的直接反映。与概念是非模态符号的假设相反，概念并不直接保留它们所引用的外部对象的各个方面。例如，在分类层次结构中间的某些认知范畴（即基本层级范畴）可以用某些非客观性来解释。实证研究表明，基本层级的特殊性有以下原因（Lakoff，1987）。

（1）基本层级是范畴成员对整体形状有相似感知的最高层级。例如，你可以根据椅子的整体形状来识别它。但是，你无法给一件普通家具赋予整体形状，从而从形状上识别出家具类别。

（2）基本层级是单一心理意象能够表征整个范畴的最高层级。你可以在脑海中形成一张椅子的形象。在这个层级上，你可以得到对立范畴的心理图像，如桌子和床。但是你无法获得不是某些特定家具（如桌子或床）的一般家具的心理印象。

（3）基本层级是一个人在与范畴成员相互作用时使用相似运动的最高水

平。人们有与基本层级物体相互作用的运动程序——如与椅子、桌子和床的相互作用。但人没有与普通家具相互作用的运动程序。

（4）基本层级是我们大部分知识的组织层级。想想你对汽车的了解和你对交通工具的了解。你对交通工具了解不多，但对汽车的了解却很多。我们大部分有用的信息和知识都是在基本层级上组织起来的。

这些观察解释了为什么范畴的基本层级优先于其上下层级。一般来说，基本层级是指，人们根据其拥有的身体和大脑，以及所居住的环境而与环境进行最佳相互作用的层级。例如，要确定某个沙发属于"可以穿过前门的东西"这一范畴，一个好的策略是将沙发的模拟表征与门口的模拟表征相互作用。如上所述，保持感知特性的表征通常比纯粹的符号表征更有效，因为它们不需要外部构造来确保正确的推断（Barsalou，1999a）。这些事实只能从人的具身性来解释，并引发了人们对原型是不是抽象的、预先存在的概念表征的严重质疑。

与传统概念观相关的一个问题是：原型理论假设范畴成员的关系是由某个候选对象是否与原型足够相似来决定的，还是由一组候选对象与原型是否相似来决定的？然而，相似性并不能解释许多种类的原型效应。因此，目标派生的范畴，如"节食时要吃的食物"和"露营旅行要带的东西"，与其他范畴一样，也显示出了同样的典型性作用（Barsalou，1983，1985，1989，1991）。这些作用的基础不是与某些原型相似，而是与某些理想相似。例如，"节食时要吃的食物"这一范畴的作用性评级，是由现实世界的知识决定的，比如每个例子是否清楚地符合零卡路里①的理想。这些包括临时模拟表征在内的现实知识用于推理或解释概念的属性，而不仅仅是将它们与某个预先存在的抽象原型相匹配。尽管如"露营旅行要带的东西"这样的范畴具有原型结构，但这种结构并不提前存在，因为该范畴是"临时性的"的和非普通的。

事实上，有很多方法可以形成原型（Rosch，1999）。有些可能基于统计频率，如各种属性的平均值或数量（家族相似性结构）。其他的则是一些突出的理念，这些因素诸如生理（好肤色、好身材）、社会结构（校长、教师）、目标（理想的饮食）、形式结构（十进制中十的倍数）和个人经验（第一次学到的，最近遇到的，或者因为特别有意义、特别感人或特别有趣而变得突出的）。原型并不是基于一些定义属性的概括抽象，而是丰富的、意象的、感官的、完全身体化的心理事件。

认知科学家们错误地相信概念必须是先天存在的心理结构的一个理由是：他们犯了"效应=结构"的谬误（Gibbs，1994；Gibbs & Matlock，2000；Lakoff，

---

① 1 卡=4.186 8 焦——译者注。

1987）。这一谬误反映了这样一种信念，即在心理实验中获得的样例优度评分（the goodness-of-example ratings）是范畴隶属度的直接反映。但是"效应=结构"的解释不能解释上述许多数据类型，特别是复杂分类的问题（Gibbs，1994）。事实上，许多原型效应都可以用其他原理（如隐喻推理和转喻推理）来解释，这些原理并不假设实验中得到的效应反映了已有知识的结构。例如，许多复杂分类的例子都有原型作用，这些原型作用是基于参考点推理的，这种推理反映了某些范畴的一部分代表整个更复杂的范畴的情况（Lakoff，1987）。因此，由于对母亲概念的重视，"家庭主妇母亲"的典型案例，被用于推理"母亲"这一更复杂的范畴。母亲的其他实例，如"未婚母亲""继母"等，均来自中心的原型案例。但是，这种部分对整体的推理过程，在思考时创建了较少原型的实例，并且它们不仅仅是从长期记忆中的持久概念图中被简单地读取出来的。

许多研究指出了概念的灵活性，这很难与作为抽象、无形符号的传统概念观相一致。一组研究要求人们提供对范畴的定义，如单身汉、鸟和椅子（Barsalou，1995）。对参与者为某一特定范畴提供的特征的重叠分析表明，在一个人对某一范畴的定义中，平均只有47%的特征会存在于另一个人的定义中。当要求个人提供概念的定义时，他们也有很大的灵活性。当上述研究的参与者在2周后再次定义相同的范畴时，在第一阶段中所提到的特征，只有66%在第二阶段中再次产生。这些结果表明，一个人在不同场合对同一范畴概念化的方式存在很大的灵活性（Barsalou，1995）。

在定义范畴时，许多实验显示出的显著灵活性并非来自知识的差异，而是来自从长时记忆中检索这些知识的差异。在不同的情况下，不同的个体从他们对一个范畴的广泛知识中检索出不同的特征子集。同样，一个人可能在不同的场合，检索他对一个范畴的知识的不同方面。例如，"圣诞节的鸟喂养了12个人"这句话使得关于火鸡和鹅的百科全书式信息最容易被检索，而如果给出"鸟跟着船出海"这样的句子，海鸟就最容易被检索到。

我们对现实世界中物体的普遍经验，并不要求我们对它们进行分类。例如，"我"与床的相互作用包括在床上睡觉、移动和整理床铺，以及在特殊情况下（如在心理学实验中），将它们归为"家具"一类（Murphy，2002；Ross，1999）。人们当然可以从与床的相互作用中学到很多关于"床"的知识，这些不同的方式也肯定会影响他们对"床"的概念。一组研究让人们根据患者的症状对患者进行分类，然后根据这些症状开出相应的药（Ross，1990）。当人们将患者分为不同组别时，对处方最为关键的症状与症状本身同样重要。因此，人们从与物品的相互作用中学到的东西被纳入他们的概念中，从而影响分类。不出所料，其他研究也表明，实际与范畴成员打交道的人（如研究树的专家）会开发出反映他们与对象相互作用的表征形式（Medin et al.，1997）。这就是为什么生物学家和外行人对树的类型有不同的概念。

这些关于范畴使用对分类任务影响的研究，揭示了人们与世界丰富的相互作用是如何塑造知识的获取和其表征的。进行这些研究的心理学家把人们"与世界的相互作用"作为一种"背景知识"来讨论。但其中一些研究可能反映了人们对事物和事件的具身理解，而不仅仅是他们的抽象知识或信念。

现在来考虑一组实验，在这组实验中，研究人员向人们展示了他们对物体执行动作的图片（Pazzani，1997）。每一张图片都描绘了一个成年人或小孩对一个没有充气的气球做动作，该气球有大有小，分为黄色和紫色两种。图片中人们的动作，要么是把气球扔进一杯水里，要么是将它拉伸。参与者必须学习析取和合取这两种类别的其中之一。析取范畴是基于这样的规则："这个人必须是成年人，**或者**其动作必须是在拉伸气球。"合取范畴则遵循"气球颜色必须是黄色**且**必须是小气球"的规则。早期的研究表明，合取范畴比析取范畴更容易学习（Bruner，Goodnow，& Austin，1956）。但这里的参与者也被要求要么学习"范畴阿尔法"，要么识别那些会膨胀的气球。"范畴阿尔法"指令可能不会激活人们关于气球的背景知识，但第二个任务应该会促使参与者考虑气球充气的问题。事实上，当人们收到"范畴阿尔法"指令时，他们会发现合取范畴比析取范畴更容易学习。但是，当给出充气指令时，与掌握"范畴阿尔法"的人们学习合取范畴相比，参与者学习析取范畴的速度要快得多，甚至更容易。

一方面，这种数据模式显示了背景知识（即气球膨胀）对范畴学习的强烈影响。然而，人们可能尚未存储有关与气球膨胀相关的确切属性的陈述性知识。另一方面，被指示识别哪些气球最容易充气，会促使人们对每个气球的充气情况进行具身模拟。我的观点是，在某些情况下，关于背景知识对范畴学习的影响的讨论，显示了具身模拟的重要性，而不是显示了我们会激活预先存储的抽象、陈述性知识，以便做出分类（范畴化）判断。

这些观察表明，概念是工作记忆中基于具身模拟的临时结构，而不是储存在长时记忆中的稳定结构。有一种可能性是，概念可能被定义为感觉-运动系统的统计模式，这种模式在不同的环境中采取不同的形式。人类概念系统的发展是为了支持环境中的具身行动。让我们更详细地考虑一下这个观点。

第三节 感 知 符 号

认知科学的一个重要新目标是要确定感知过程如何指导具体和抽象概念

的构建。这项工作最好的例证是"感知符号系统"理论的发展（Barsalou，1999a，2003）。感知符号是从感知输入系统生成的表征中派生的，但它通过对感知表征进行运算而获得，并与这些操作相似。因此，感知符号是图式的，但仍保留了一些感知表征的结构，而感知表征正是从这些结果派生出的。与非模态概念不同，感知符号是非随机的，因为它们与它们表征的对象相似。

感知符号也是多模态的，其中包括了来自五官的感知信息以及本体感知和动觉信息。感知符号不一定是有意识的图像，而是神经上指定的知觉系统的无意识状态（Barsalou，2003）。例如，椅子的表征可能被指定为在视觉系统中活跃的神经元配置，而不是有意识的心理图像。这些感知表征不一定是整体的，但可以反映出通过选择性注意而提取并存储在长时记忆中的知觉状态的某些方面（请参阅第三章中的感觉运动偶然性理论）。因此，选择性注意力可能集中在物体的形状上，只在记忆中存储它的形状，而不是它的颜色、纹理、位置、大小等。这种图式提取过程不仅作用于感觉状态，也作用于内部的心理事件、提取表征状态、动机状态和情绪等各个方面。当没有感觉输入时，连接神经元的激活部分会再现或恢复早先的视觉刺激。这些再现或模拟是一种特定技能，它们是提供特定于语境范畴表征形式的基本机制。也许感知符号理论最有趣的方面，是概念处理涉及感觉运动模拟的观点。在这种观点下，由于在对概念的处理中使用了相关的感知和感觉运动信息的关键元素，因此，概念无法被理解和存储为抽象的、离身的符号。

87　　事实上，我们也有支持感知系统理论所主张的经验证据。首先，认知神经科学的证据表明，概念建立在大脑的感觉运动区域（Damasio，1989；Damasio & Damasio，1994；Gainotti et al.，1995；Martin，Ungerleider，& Haxby，2000；Martin et al.，1996；Pulvermueller，1999；Rosler，Heil，& Hennighausen，1995；Tranel，Damasio，& Damasio，1997；Warrington & Shallice，1984）。例如，功能图像研究表明，处理人造物体会激活左腹前运动皮层（Gerlach，Law，& Paulson，2002；Grafton，Fadiga，Arbib，& Rizzolatti，1997；Martin et al.，1996）。因此，对人造物的理解可能依赖基于运动物体利用的知识（动作知识）。例如，在一个案例研究中，语义痴呆患者在证明或模仿对象的用途时，比仅要求单独命名对象的能力更好（Coccia et al.，2004）。其他神经影像学研究则表明，动作知识通常对于处理可操作物体很重要，无论这些物体是人造的（衣物）还是非人造的（水果/蔬菜）（Gerlach et al.，2002）。神经影像学研究的发现，与那些主张概念在分类学范畴中表现出来的理论相反，但与感知符号理论一致，在感知符号理论中，范畴在不同任务中对不同形式的知识权重也不同。

关于概念的心理学理论所面临的一个挑战是生产能力，即一种将表征结合起来形成更复杂结构的能力。传统理论很难解释概念是如何以自然的方式结合起来的。例如，A 和 B 可以很容易地混合在一起，但 X 和 Y 不能。人们对现实世界中概念如何相互融合的理解，也限制了他们对事件的概念性理解。考虑一下"灯在桌子上方"和"桌子在灯下面"（Solomon，1997）这两个表达。这些不同的句子表达了不同的图式图像。对于"灯在桌子上方"，我们对"上方"的具体理解是一个有顶部和底部区域的图式形象，我们的注意力集中在顶部。对于"桌子在灯下面"，我们对"下面"的理解也包含了顶部和底部区域，但是这次，我们的注意力集中在底部。"灯"和"桌子"之间关系的这些不同解释是通过将记忆中的类型与感知环境中的标记相结合而产生的。在这一观点下，我们通过确定记忆中的哪种行为模式可与现存环境特征相吻合，来创建不同的命题解释（Barsalou，1999b；Glenberg，1997）。

感知系统理论假设，概念可根据在世界上进行物理操作对象的约束条件来组合（Barsalou，印刷中[①]）。一项支持该观点的研究对参与者报告的名词短语的特征进行了研究，在名词短语中，相同的修饰语（如"半个"）既可以揭示对象（如"半个西瓜"）的内部，又可以隐藏对象的内部[如"微微一笑"（half smile）]（Wu & Barsalou，2001）。与隐藏对象内部的描述相比，参与者产生了更多揭示对象内部的描述（如红色、种子）。这些发现支持了这样一种观点，即当参与者被要求描述不同物体的特征时，他们会在心理上模拟真实世界中的概念（"一半"与"西瓜"或"微笑"）是如何结合的。

另一系列关于概念组合的研究，考察了感知相似性在分类判断中的作用（Solomon & Barsalou，2001）。这些研究在不同的测试中处理了感知相似性。例如，一个参与者首先验证了"小马-鬃"的概念与属性的匹配，后来又验证了"**马-鬃**"或"**狮-鬃**"的概念与属性的匹配。如果人们通过感知模拟这一概念来验证这一特性，那么验证"**马-鬃**"序列的速度应该比验证"**狮-鬃**"序列的速度更快，因为马的鬃毛比狮子的鬃毛更像小马鬃毛。事实就是这样。当参与者处理"**马-鬃**"配对时，他们会联想到与鬃毛有关的早期配对，根据所暗示的鬃毛类型，这种配对会促进或抑制参与者的联想。这些发现证明了执行验证任务的人们是如何在感知上模拟一个概念的，而不是简单地激活它的抽象特征。

另一组研究表明，验证听觉模态（如"**搅拌机**-声响"）中的属性，在用不同方式验证一个属性之后（如"**蔓越莓**-果馅饼"），比验证相同模态中的

88

---

① 已发表，见 Barsalou L W. Perceptual symbol systems. *Behavioral & Brain Sciences*, 1999, 22(4): 577-660——译者注。

属性要慢（如"**叶子沙沙作响**"）（Pecher，Zeelenberg，& Barsalou，2003）。因此，在概念处理过程中切换模态需要付出努力，这显然与以非模态方式表征概念知识的观点相反。

感知符号理论认为，即使参与者收到非图像材料且没有被要求使用形象，他们仍然会自发地进行感知模拟。概念产生于对事件的动态模拟（Barsalou，2002，2003）。例如，在标准的分类任务中，人们首先在感知上模拟该概念的对象，然后再扫描其模拟来产生所需的信息（如列出"椅子"的特征）。因此，参与者在典型分类任务中的反应，并不能反映出某些先前存在的纯粹模态内容。这一结论与相关研究一致，即当人们看到一个要进行分类的物体时，他们往往会想到一个表面上相似的物体。一旦被提醒，他们就会试图对包含这两个对象的范畴进行抽象描述（Ross，Perkins，& Tenpenny，1990）。

感知符号理论的另一个含义是：如果尝试用概念化来模拟感知经验，那么它通常应该模拟一个情境，因为情境是感知经验的内在组成部分。例如，客厅里的椅子会让人联想到与飞机上截然不同的椅子。有一项研究很好地说明了人们是如何想象自己在具体情境中产生概念范例的（Vallee-Tourangeau，Anthony，& Austin，1998）。参与者从常见的范畴类别（如家具和水果）和特殊的范畴类别（如"狗追逐的东西"和"去度假的原因"）中生成样本。随后，参与者描述了他们在生成这些示例时使用的策略。

有几种策略已被报告。一方面，"经验中介"涉及先从目标范畴中检索包含个体情境的自传体记忆，然后再报告该个体所属的范畴。例如，在生成水果类型时，参与者首先会检索杂货店的记忆，然后再通过扫描这种记忆来生成在农产品区出现的水果类型。另一方面，"语义中介"涉及首先检索包含目标范畴分离的分类法，然后再生成它的子类别。因此，在生成水果类型时，人们会首先检索水果分类，然后再生成子类别，如热带水果、干果和柑橘类水果等。

对参与者自我报告的策略分析表明，人们使用"经验中介"的频率大约是"语义中介"的三倍，无论是常见类别还是特定类别。鉴于这些类别是在特定语境下产生的目标导向的活动，情境对于特定类别的重要性就不足为奇了。更令人惊讶的是，具体的情境被报告的频率和常见的分类类别一样，这表明它们也围绕着情境进行组织。

一般来说，感知符号理论的相关研究提出了一种新的概念观，它解释了概念知识创造和检索的感知基础。一个范畴的概念化，通常包括基于人的具身模拟或在类生命情境下的行为背景信息。这种再现或模拟并不一定是完整的。但每个概念化都以与背景情境相关的方式来表征一个范畴，因此不同的概念化会以不同的方式表征范畴。通过这种方式，感知符号理论揭示了概念是如何从认知和运动过程的紧密耦合中产生的。

最后，感知符号与抽象概念的表征有关。像真、美、品德这样的概念并不是单一的形象，每一个都可能在不同的语境中有多种表现形式。"美"的概念可能涉及我们通过事物的外表和内在状态（如情感）来感知事物的能力。抽象的概念关系可以被描述为对感知符号的处理。举例来说，考虑一下"反事实"的概念。反事实的思想是形成感知模拟的一种方式。你可以有一个反事实的思想，如果你形成一个模拟来表征一些不真实的事件状态 P，并且你打算在这样做的同时，在你的表征中添加另一个事件状态 Q 的表征。如果 P 是这种情况，这就是表征 Q 不可能发生事实的一种方式。因此，反事实的思想不需要依赖特定的形象，而是进行感性模拟的一种方式。

解释抽象概念以及它们是如何在大脑中产生的，仍然是认知科学面临的最大挑战之一。在描述抽象概念如何可能有多重实现的过程中，感知符号在大多数情况下是正确的，就像所有概念处理的情况一样。此外，感知符号理论也正确地指出，抽象观念有一个感性基础，或许也是具身性的基础。正如我们现在将要看到的，越来越多的人相信，概念与感知符号是联系在一起的，这种观点在认知语言学中得到了最显著的表达。

第四节　意象图式与抽象概念的隐喻本质

认知语言学认为，语言结构与人类的概念知识、身体体验和话语的交际功能有关，并受其驱动。与生成语言学家不同，认知语言学家描述语言结构和语言行为时，会明确寻找语言-心智和语言-心智-身体之间的联系。这项工作的关键部分表明，我们的许多概念都建立在各种形式的感知相互作用、身体动作和物体操纵的基础上，并由其构成（Johnson，1987；Lakoff，1987；Lakoff & Johnson，1999；Talmy，1988，2000）。力动力学（force dynamics）的特定模式是我们对抽象概念的具身理解的基础（Talmy，1988，2000）。力被视为与其他力量（对手）竞争的物理的、具身的实体（对抗者），每个实体都具有不同的优势和趋势。我们对这些实体的理解主要来自我们自己的身体体验，比如推和被推、移动物体，以及当我们在环境中移动时感受到我们身体内的力量。这些模式是被称为"意向图式"的体验式格式塔模式，在我们操纵物体、在空间和时间上定位自己、引导我们的感知焦点以达到各种目的时，这种模式会贯穿于整个感觉活动中。

意象图式一般可被定义为空间关系和空间运动的动态模拟表征。尽管意象图式来源于感知和运动过程，但它们本身并不是感觉运动过程。相反，意象图式是"我们构建或构成秩序的主要手段，而不仅仅是将经验注入其中的被动容器"（Johnson，1987：30）。因此，意象图式不同于认知科学传统上使用的图式概念，后者是抽象的概念和命题的事件结构（Rumelhart，1980）。相比之下，意象图式是一种想象的、非命题的结构，它在身体感知和运动的层面上组织经验。意象图式存在于所有感知模式中，并且在我们的经验中必须保持某种感知运动协调性。因此，意象图式同时包括视觉、听觉、动觉和触觉。同时，意象图式比一般的视觉心理意象更为抽象，并且由动态空间模式组成，这些模式是在实际具体意象中发现的空间关系和运动的基础。

认知语言学的研究表明，在人们的日常思维、推理和想象中，至少有 24 种不同的意象图式和几种意象图式转换经常出现（Johnson，1987；Lakoff，1987）。其中包括**容器、平衡、源-路径-目标、路径、循环、吸引、中心-外围**和**链接**的图式结构。这些意象图式涵盖了广泛的经验结构，这些结构则普遍存在于经验之中，具有内在的结构，构成字面意义，并且可以隐喻性地加以阐述，为我们理解更抽象的概念领域提供了条件。

让我们考虑**源-路径-目标**图式。这种图式最初是在我们学习集中注意力和跟踪在视野中移动的图形时发展起来的。从这些经验中，一个重复出现的模式在跟踪从点 A 到另一个点 B 的轨迹时变得明显。后来，当我们在现实世界中移动我们的身体时，从接触物体的经验到将我们整个身体从一个位置移动到另一个位置，使得多样的**源-路径-目标**经验变得更为显著。尽管**源-路径-目标**的体验可能相差很大（如许多物体、形状、行进路径的类型），但**源-路径-目标**的新兴意象图式结构却支持字面意思（如"他穿过房间走到门口"），并且可以被隐喻地映射到更抽象的理解和推理领域（Johnson，1987）。这种隐喻映射保留了源域的结构特征或认知拓扑学（Lakoff，1990）。因此，**源-路径-目标**图式产生了概念隐喻，例如"目标就是目的地"，这些隐喻保留了源域（即**源-路径-目标**）的主要结构特征。

英语中充满了可以说明这种潜在隐喻概念化的传统表达方式。例如，我们一开始是为了获得博士学位，但在这一过程中，我们偏离了正轨或误入歧途，偏离了我们最初的目标。我们试图回到正确的道路上，并在前进的过程中保持目视终点。最终，我们可能会走很长一段路并达到我们的目标（Johnson，1993）。我们用资源、道路和目标来谈论我们的生活和事业，这并不是英语中的一个随意行为；相反，我们通过世界上最基本的身体体验来隐喻化我们的经验，这些经验被抽象成更高层次的隐喻思维。这种讨论经验的方式表明了**"目标是目的地"**的隐喻是由一个非常基本的意象图式结构产生的，它构成了我们对有意行为的理解。

在诗歌中可以看到**源-路径-目标**图式的一些创造性实例。思考一下智利诗人巴勃罗·聂鲁达（Pablo Neruda）创作的一首诗，题为"颂歌与萌芽"（Neruda，1972）：

> 我的狂野女孩，我们不得不
> 重拾时间
> 向后行进，在我们生命的尽头，
> 一个吻接着一个吻，
> 在从没有被给予快乐的地方
> 发现快乐，再探索另一个
> 秘密之路
> 慢慢地让你的脚
> 靠近我的脚。

这是聂鲁达最伟大的情诗之一。一说到爱似乎就超出了语言的极限，这是我们欣赏诗人作品的原因之一，他们为这种经历找到了表达方式。上面的几行诗说明了我们是如何隐喻性地将我们的爱情经历概念化的，一部分是基于**源-路径-目标**意象图式的过程。诗人谈论到他与"狂野女孩"的恋爱关系"向后行进直到尽头"（即道路），停在那些"从没有被给予快乐"的地方，然后寻找带来真正美满和幸福的"秘密之路"。虽然这些短语都是新奇的，但它们与人们通常用来谈论爱情和爱情关系的世俗表达方式有着隐喻性的联系。例如，考虑以下常规表达：

> "看看我们已经走了多远。"
> "这是一条漫长而崎岖的道路。"
> "我们正处在十字路口。"
> "我们可能不得不分道扬镳。"
> "我们的婚姻濒于破裂。"
> "我们在原地打转。"

这些（和其他）传统表达集中在一个基本的隐喻理解系统下：**爱是一个旅程**（Lakoff & Johnson，1980）。这个概念隐喻包含了一个紧密的映射，根据这个映射，在爱情领域中的实体（如情侣、他们的共同目标、爱情关系等）系统地对应于旅行领域中的实体（如旅行者、交通工具、目的地等）。当我们把爱看作一场旅行时，就会产生各种各样的对应关系。在这些观点中，恋爱中的人

93

是一个旅行者，爱的终极目标是一个目的地，实现爱的手段是路线，一个人在爱中经历的困难是旅行中的障碍，爱情关系的进展是旅行的距离。

把爱情关系说成是处在十字路口、在岩石上，或已经在一个漫长且崎岖的道路上，这不是一个武断的说法。相反，我们明白，这些表达方式中的每一个都适用于谈论爱情关系，这正是因为我们共同的隐喻转换，即爱被概念化为一个物理旅程，而我们对旅程的理解与**源-路径-目标**意象图式密切相关。对**源-路径-目标**图式的讨论表明，反复出现的身体体验、被隐喻理解的抽象概念，和指代这些抽象概念的传统语言与创造性语言之间存在着直接联系。

另一个例子是**平衡**图式（Johnson，1987），它是关于意象图式及其内部结构如何通过隐喻投射到新抽象领域的图式。平衡的概念是"通过我们的身体而不是通过掌握一套规则"习得的（Johnson，1987：74）。平衡是我们身体体验中一个非常普遍的部分，以至于我们在日常生活中都很少意识到它的存在。我们通过与身体平衡或失去与平衡密切相关的经验来认识平衡的意义。例如，一个婴儿摇晃着站起来，然后摔倒在地板上。他一次又一次地尝试，直到学习到如何保持平衡的直立姿势。一个小男孩在一辆两轮自行车上艰难地努力，他正在学习如何在街上骑车时保持平衡。我们每个人都经历过几次胃酸过多、手发凉、头部发烫、膀胱发胀、鼻窦肿胀、口干等情况。通过这些和其他许多方式，我们了解了缺乏平衡或失调的含义。我们通过加热双手、给我们的嘴巴补充水分、排干膀胱等方法来应对这种不平衡和失调，直到我们再次感到平衡。然后，通过我们的身体平衡和失调以及我们保持身体系统和功能处于平衡状态的经验，我们出现了**平衡**意象图式。

继续此示例，我们的**平衡**意象图式也支持理解字面表达，如"他把重量平衡在肩膀上"，并在大量的抽象经验领域（如心理状态、法律关系、形式系统）中得到隐喻性的阐述（Johnson，1991）。在身体和视觉平衡的情况下，似乎存在一个由点或轴组成的基本方案，力和重量必须围绕这个点或轴分布，以便它们相互抵消或平衡。我们对身体平衡的体验和对平衡的感知，与我们对平衡人格、平衡观点、平衡系统、多态平衡、权力平衡、正义平衡等的理解有关。在这些例子中，心理或抽象的平衡概念都是根据我们对平衡的物理理解来理解和体验的。意象图式具有内在的逻辑或结构，这决定了这些图式在构建各种概念和推理模式方面所能发挥的作用。大量不相关的概念（系统、心理、道德、法律和数学领域）并非都偶然地使用了同一个词"平衡"和相关术语（Johnson，1991）。相反，我们在所有这些领域使用同一个词，因为它们在结构上是由相同类型的基本意象图式联系在一起的，并且由它们隐喻性地阐述出来。

现在，让我们考虑普遍存在的身体**动量**（momentum）体验。当我们看到重物在与其他物体相遇后仍在继续移动时，我们就会感受到视觉动量。当我们是重物的对象或我们是重物本身时，我们都会体验到动觉动量。我们体验到的听觉动量与视觉动量和动觉动量关联，但二者也相互独立，像当我们听到雷声逐渐增强时一样。当某些身体机能增强而无法停止时，我们甚至会体验到某些内在的动量。我们从所有这些相似的经历中抽象出它们共有的或相似的形式方面，我们通过语言将其称为动量。

动量意象图式是一些抽象、隐喻概念的具身基础。考虑下面的句子：

"我被那个想法迷住了（bowled over）。"

"我们的竞选势头太猛，不能退出。"

"我被自己的所作所为冲昏了头脑。"

"一旦他开始说话，你就无法阻止他说话。"

这些话语反映了**动量**意象图式是如何讨论非常抽象的认知领域的，比如讨论政治支持、控制、争论，以及谈论有动量运动的物理物体。例如，想象一下，一个人被一个观点击倒是什么样子。鉴于思想仅仅是抽象的实体，所以这在字面上或物理上并没有意义。然而，大多数人很容易想象这样一个场景：某种物理力量击中了一个站着的人，持续的物理力量使得这个人摔倒在地。许多人对如"我被那个想法迷住了"这样形象表述的理解，都是基于他们自己被其他人或物体撞到的具身体验。

最后，考虑另一个显著的意象图式**直的**（straight）（Cienki，1998）的具身根源。"直的"这个词有许多物理和抽象的用法。例如： 95

"桌子的直边。"

"站直。"

"我不能直接思考。"

"雨一直下了三天。"

"直接告诉我。"

"让我有话直说。"

"我无法一直坦然。"

为什么我们能够以这些相当不同的方式使用"直的"呢？"直的"概念在我们的感官体验中扮演着重要的角色。研究表明，在视觉模式中，点或元素的共线性对视觉感知具有重要作用（Foster，1983）。例如，经典的格式塔研究涉及经验分组、运动场中的视觉检测、运动中的视觉敏锐度、视觉纹理辨别力，以及对简单呈现的点图形视觉识别的研究，这都表明，对"直的"感知是我们观察和理解事物的基本属性视觉事件。直线比曲线能更容易和更迅速地被看见。水平和垂直直线比斜线更容易被感知（Attneave & Olson，1967）。这些发现部分解释了为什么人的参考形式可以是格式塔的形式（如"桌子的直边"），或者可以是一个方向，比如垂直（如"墙上的画不是直的"）（Zubin & Choi，1984）。

　　除了在视觉感知中的重要性之外，人们还会感受到"直的"与有序事物的正相关关系。例如，人们参与某个等待的事件（比如买一张电影票），通常会站成一条直线。"直的"和可感知的坚固度之间也有很强的关系。弯曲柔软的物体（比如衣服），不会像笔直的物体（比如盒子）那样更易变成坚实的容器。

　　意象图式并不是简单地以单一的实体存在，而是经常通过不同的"意象图式转换"连接在一起以形成非常自然的关系。意象图式的转换在连接感知和理性方面发挥着特殊作用。最重要的意象图式转换如下（Lakoff，1987：443）。

　　（a）"路径-焦点到终点-焦点"：在想象中跟随移动物体的路径，然后集中于它静止或将要静止的点。

　　（b）"多路聚集"：想象一个由几个物体组成的小组。（在你的脑海中）脱离这个小组，直到群体中的个体开始形成单一的同质体。然后再重新使群体变成个体。

　　（c）"遵循轨迹"：当我们感知到一个持续运动的物体时，我们可以在心理上追踪它已经走过的或将要走过的轨迹。

　　（d）"叠加"：想象一个大球体和一个小立方体。增大立方体的大小，直到球体可以放入其中。现在缩小立方体的大小并将其放入球体中。

　　每个意象图式的转变都反映了我们视觉、听觉或身体动觉体验的重要方面。为了说明这一点，请考虑如何将这些转换应用到我们前面关于平衡或均衡的意象图式的示例中。为了成功地控制和引导大量的动物，比如牛或羊，需要保持群体的凝聚力。如果群体中的一部分开始偏离整体，这是多路聚集转变的一个实例，此时必须采取行动来恢复失去的平衡。这种纠正措施要求按照轨迹确定偏离物的路径和其目的地，从"路径-焦点"转移到"终点-焦点"。有许多这样的例子说明，意象图式和不同的转换构建了我们对现实世界现象的理解。

　　这种关于意象图式和隐喻的讨论与流行的观点相反，流行观点认为在字面概念和隐喻概念之间存在一些抽象的相似性，比如我们对困难的理解与物理重量有关（Murphy，1996）。诸如难度和物重等概念在客观上没有相似的属性集合，也没有将"阳光明媚的性格"和"明亮的言语"与"灿烂的笑容"联系起来的相似特征。相反，概念隐喻理论证明，不同领域的概念通过人的身体构造、认知能力以及与世界的相互作用而相互关联。

这些关于意象图式在构建抽象概念中的重要性，已经促使若干学科的学者研究各种抽象观念和事件的具身本质。下面是几个扩展的研究例子，这些例子为意象图式和隐喻在构建抽象概念中的突出作用提供了更多的支持。

第五节　思　　维

隐喻在人们构思和谈论思维中起着至关重要的作用。认知语言学研究表明，心理隐喻有一个巨大的子系统，这个系统的中心思想是**"心智即身体"** 97（Lakoff & Johnson，1999；Sweetser，1990）。身体到心智的映射产生了以下亚隐喻：

思维是一种生理机能

观念是独立存在的实体

想到一个观念就是物理地作用于一个独立存在的实体

更具体地说，这一隐喻有四种特殊情况，因此，思维被理解为四种不同的生理功能：移动、感知、操作物体和进食（Lakoff & Johnson，1999）。首先来考虑"思维即移动"这一观点。这个隐喻产生了一组复杂的映射：

思维即移动（例如，"我的思维在飞驰"）

观念即地点（例如，"你是如何得出那个结论的？"）

理性是一种力量（例如，"他被迫接受计划"）

理性思维是一种直接的、深思熟虑的、循序渐进的、符合理性力量的运动（例如，"在想出如何解决这个问题时，不要跳过任何步骤"）

无法思考即无法进行移动（例如，"我被困住了"）

一种思路就是一条路径（例如，"你应该遵循那个思路"）

对 X 的思考即是在 X 周围的区域中进行移动（例如，"我研究这个主题有一段时间了"）

交流即指导（例如，"他引导我产生了这个新想法"）

理解即跟随[例如，"我明白你所说的"（"I **follow** what you are saying"）]

重新思考即重新审视某条路[例如，"我需要回头再考虑一下"（"I need to go back and consider that again"）]。

第二种隐喻**"思维即感知"**也有一组复杂的映射，包括以下内容：

思维即感知（例如，"我尝试弄明白你在说什么"）

观念即感知到的事物（例如，"观念变得清晰"）

"知道"即"看见"[例如，"我终于**明白**你在说什么了"（"I finally **see** what

you are saying"）]

试图获取知识即搜索（例如，"我正在寻找合适的计划"）

帮助认知即是光源[例如，"他阐明了新理论"（"He shed **light on** the new theory"）]

无知即看不见（例如，"她被蒙蔽了"）

欺骗即有目的地阻碍视觉（例如，"他设了个障眼法"）

引导注意力即指向（例如，"让我指出这个计划的优点"）

善于接受即倾听（例如，"他对你说的话充耳不闻"）

同意即嗅闻[例如，"这个理论有什么地方不对劲"（"Something doesn't **smell** right about this theory"）]

个人偏好即品位[例如，"这是个好主意"（"That is a **sweet** idea"）]。

操纵物体是另一种用来理解思维的身体行为。第三种"**思维即对对象的操作**"隐喻具有许多映射，包括以下内容：

思维即对对象的操作（例如，"让我们考虑一些观点"）

观念即可操作的对象（例如，"让我们重塑那个观点"）

沟通即传递（例如，"我们交换了观点"）

理解即抓住[例如，"她很容易理解困难的概念"（"She easily **grasped** the diffcult concept"）]

无法理解即不能抓住（例如，"这个观点很难领会"）

观念的结构就是对象的结构（例如，"这个观点有很多方面"）

分析观点就是拆解对象[例如，"他把这个论点反驳得体无完肤"（"He **tore apart** the argument"）]

关于思维的最后一个具身隐喻是"**获得观念即进食**"。其含义包括：

接受观念即进食（例如，"他全盘接受了那个观念"）

对观念的兴趣即对食物的食欲（例如，"他渴望学习"）

好的观念即健康的食物[例如，"那是个好主意"（"That is a **savory** idea"）]

不好的观念即令人作呕的食物[例如，"那个观点糟透了"（"That idea is **shit**"）]

不吸引人的观念即没有味道的食物（例如，"这是一个乏味的理论"）

考虑即咀嚼[例如，"让我们仔细考虑一下这个想法"（"Let's **chew on** that idea for a bit"）]

接受即吞咽[例如，"我不能接受那个想法"（"I can't **swallow** that idea"）]

完全理解即消化[例如，"这一大堆观点对于我来说太难理解了"（"That's too much for me to **digest**"）]

沟通即喂食［例如，"他被灌输了几个新观念"（"He was **fed** several new ideas"）］

这四种隐喻在话语中极为常见，它们展示了如何通过与身体行为的比较使抽象概念变得具体。但是，这些比喻并不是以英语为母语的人所特有的；语言学分析表明，同样的隐喻在汉语中也存在（Yu，2003）。想想隐喻的几个例子（原始表达—字面直译—口语意思）：　　99

思维即移动

"思路"—思维的路径—一系列的想法

"晕头转向"—头晕，失去方向—迷失方向

"反思"—反向思考—反省、自省

"追溯"—追寻根源—追溯、回忆

思维即感知/看见

"看法"—看的方法—看待事物的方式

"看穿"—看透—识破某事

"看低"—从低处看—小瞧、贬低

"看轻"—看起来很轻—低估

思维即对对象的操作

"思想交流"—交换观点/想法—交换想法

"抛在脑后"—抛在头部后边—忽略某种想法

"挖空心思"—穷尽心里的观点/想法—绞尽脑汁

"思想疙瘩"—思想中的结—精神上的障碍

获得观点即进食

"陈腐观念"—过期腐烂的观念/概念—过时的观念

"馊主意"—坏主意/建议—糟糕的想法，愚蠢的建议

"如饥似渴"—就像是饿了—以极大的热情获取观念

"搜肠刮肚"—搜索肠子—专注地寻找一个观念

由于移动、感知、操纵物体和进食在人们日常生活中的重要性，思维在不同文化中以具身的方式概念化并不奇怪。正如余（Yu，2003：162）总结的那样，"不同的语言均以系统的方式显示隐喻，这一事实支持了这些隐喻的认知

状态，这些隐喻主要是概念性的，并植根于人类的共同经验"（另见 Neumann，2001）。

第六节　语 言 行 为

诸如真理、思想、正义和友谊等抽象概念也会以有形的方式被讨论，就好像它们是可以被物理操纵的东西一样。例如，欧内斯特·海明威（Ernest Hemingway）在他的诗作《终极》（Hemingway，1960）中把真理描写成好像它是实实在在的可以吐出来的东西：

> 他试着吐出真相；
> 先是口干舌燥，
> 最后口涎横流；
> 真相顺着他的下巴滴落。

在上面的例子中，对于想要诚实地说话的人来说很难把真理说出来，我们对真理的理解依赖某种对隐喻概念的认知，例如，将真理比喻为一种可以在需要时摄取并吐出的物质。同样，人的具身性，特别是具身行动，与我们如何看待不同的物理和非物理概念之间有着本质的隐含联系。作家们以新颖、创造性的方式详细阐述了这些基于身体的隐喻概念，以普通读者能够理解的方式，联系到他们自己的身体经验。

如上所示的海明威诗歌节选，说明了人们是如何将语言行为（如说出真相）与身体行为（如吐出摄入的东西）联系起来的。身体活动的经验，尤其是与口头和头部活动及其相关的身体部位有关的经验，为构建各种言语事件提供了一个重要的源域。例如，一项对大型语料库中 175 个身体部位隐喻的分析表明，身体部位和身体功能是表征人们对谈话的描述所必不可少的源域（Goossens et al.，1995）。有几种方式可以通过比喻手法将人们对具身感知的理解投射到构建语言行为的结构中。

第一种方法涉及身体的各个部位，它们在说话时起作用，但它们还有不同的用途（如吃东西和呼吸）。例如，"进食"（feed）和"推动/填塞/将某物塞入某人的喉咙"（force/ram/thrust something down someone's throat）之类的短语描述了两个人之间的特定相互作用，其中说话者将某物传输给听众，听众像是吃东西一样来获得信息。

第二种方法将说话的特征描述为进食（或进食过程的一部分），比如"嚼肥肉"（chew the fat）或"嚼碎屑"（chew the rag）（即"聊天或抱怨"）。鉴于肥肉和碎屑都可以长时间咀嚼且几乎没有营养价值，因此，这些惯用语表达了长时间讨论某件事情，而从中获得的新信息却很少。

"食言"（eat one's words）（即承认自己说错了话）这个短语通过语言行为来说明了一个不同的隐喻。这些习语是指吃的方向性（即吞咽），与说话的方向性（即外部化）相比，其表达了这样一种观点：说话者的话由于回到了它们产生的地方而遭到了某种程度的破坏。这种假设的行为令说话者失声，因为它不再对听众产生最初预期的效果。

另一方面，术语"反刍"（regurgitate）（即报告一个人已经听到或学到的东西）描述了与言语相同的行动方向，并表达了这样一种观点：说话者曾经"吞咽"了一些观点，但还没有完全消化掉它（就像是人消化食物或液体），这样它就可以被抛出体外。

有关呼吸的经历是语言行为中许多隐喻性短语的基础，部分原因是呼吸在说话中占很大一部分[如"他把爱的话语吹入了她的耳朵"（He breathed words of love into her ear）]。短语"白费口舌"（waste one's breath）将一个人呼吸的空气描述为一种宝贵的资源，一种对身体正常运作至关重要的资源，不应该不必要地消耗掉。短语"咳出"（cough up）是指除去引起身体和呼吸不适的物质（血液、痰）。当说话者"噎住"（chokes back）时，他试图阻止某物逃逸到身体之外，从而表达了某人对他开始说的话施加了极大控制的想法。

"吐出"（spit out）这个比喻反映了说话者的身体中有一些有价值的东西，他通过努力就能聚集（像吐口水或痰）和说（或咳）出来。

语言行为的各种表现形式都集中在可见语言器官的运动上。"让某人闭嘴"（keeping one's mouth shut）、"让某人开口"（opening one's lips）和"一言不发"（closed **lipped**）描述了嘴和嘴唇的位置，用以表示有无言语。短语"开玩笑"（**tongue** in cheek）或"说瞎话"（to lie through one's **teeth**）也表达了不同类型的语言行为（如态度、说谎），在这些语言行为中，脸部和嘴部的轮廓，隐喻性地构成了我们对说话者所传达内容的理解。

听众的身体姿势和经验，反映了语言行为是如何被理解的。当某人"置若罔闻"（turns a **deaf ear**）或对某事"左耳进右耳出"（goes in one ear and out the other）时，很明显，听众没有将交流的主体放在正确的部位。

除了语言行为的具身性特征外，非言语交际的许多方面也都依赖身体行为。"拍拍某人的背""向某人屈膝""向某人眨眨眼"这些肢体动作，都反映了个人对他人的欣赏、尊重或与他人的友谊。这些非语言行为有时与语言相一致，但也可以单独存在。"拍自己的背"是一项困难甚至荒谬的举动，原因之一就是它表达了对自己的称赞。

我们的感觉器官在隐喻概念化语言的各个方面也扮演着重要的角色。例如，隐喻"嗤之以鼻"（sniff）（即"以抱怨的方式说些什么"）依赖于具身体验，即用鼻子感知事物的行为通常伴随着一种特殊的噪声（即嗅、闻）。嗅、闻的声音代表着一个人已经感知到一些有价值的东西，这会转化为听众已经理解了一些实质性的东西。当人们闻到令人讨厌的东西时，通常会发出嗅音，这被映射到语言交流的领域，以表达听者刚刚理解了一个不愉快的想法。

人与动物都"用鼻子嗅探东西"（poke their noses into things），这表征了身体在准备闻到某种气味时的位置（如狗嗅地面的洞、人嗅炉子上的锅）。"他窥探别人的事"（he **poked his nose** into other people's business）暗示着一个人将自己定位为获取（通常是隐藏的）信息。与此相关的是，"一个人伸出触角"（one puts out feelers）作为感知事物的准备，这在言语领域被隐喻地理解为将自己置于获取信息的位置。

暴力身体行为为表征多种语言行为提供了丰富的源域。尤其是拳击运动，它提供了许多语言概念基础上的具身行动，如"故意不用力打"（pulling one's **punches**）、"陪练"（sparring）或"先发制人"（beating someone to the **punch**）。在"故意不用力打"的表达中，演讲者可以缓和他们所说的话对听众的影响。当演讲者与听众"陪练"时，这种相互作用不那么严肃，而更像是一场全面的战斗。当演讲者"先发制人"时，他们会比听众先提出观点或论点。

另一组用来概念化语言行为的暴力行为包括"严厉批评"（rap someone over the knuckles）和"打耳光"（box someone's ear）。在这两种情况下，重点都集中在听者因说话者所说的话而感受到的痛苦。其他暴力隐喻还包括"不必多嘴"（butt out）、"出局"（kick someone around）（例如理查德·尼克松 1962 年对媒体发表的著名声明"你们不会再看见尼克松了"）、"撕裂"（tear apart）和"遏制"（choke off）。这些惯用语反映了说话人一个人对另一个人使用权威的情况的不同方面，例如"撕裂"和"遏制"，突出了说话人行为的极端性质。

像"引起争吵"（make the fur fly）、"背后中伤"（back-bite）、"疾声厉色"（snap at）、"大发雷霆"（bite someone's head off）和"打断某人说话"（jump down someone's throat）这样的比喻，都是源于动物世界中不同的暴力行为，尤其是表示在特定情况下采取的任意、不必要的敌对行动性质的比喻。使用任何这些短语来描述说话者的语言行为，都强烈暗示了这个人对其他人所说或所做的事情反应过度。另一种完全不同的暴力行为是"极度悲伤"（eat your heart out）和"冲动行事"（cut off your nose to spite your face）。这两个比喻都表达了一个人由于自己的行为而经历了巨大的痛苦。

语言行为的另一些隐喻集中在受限的运动上。"张口结舌"（tongue tied）、 103
"保持缄默"（hold your tongue）和"慎言"（bite your tongue）指的都是通过
自我控制来保持沉默。有些与此相关的短语是指某人笨拙地处理某物，如"笨
嘴拙舌"（fumble），或者某人的行为很奇怪，如"笨手笨脚"（heavy-handed）
或"言不由衷的恭维"（left-handed compliment）。当一个讲话者与另一个人
成功地交换信息时，通常是在讲话者向他人提供奖励以换取某物的情况下"把
某物交给某人"（hands it to someone）。

一个特别有趣的隐喻是"滔滔不绝"（shoot one's mouth off），这个短语
把说话看作是笨拙地拿枪，然后意外地导致枪走火。当一个演讲者"滔滔不绝"
时，他浪费了一颗子弹，并吸引了不想要的注意，这意味着这个人并不是真正
地知道他在做什么或在说什么。另一方面，过度关注自己说话内容的说话者会
"吹毛求疵"（split hairs），从而传达一些无关紧要或离题的观点。

人们行走的具身体验激发了各种言语行为，而行走运动的不同部分与特定
的说话方式相关。当一个人在说话的时候进行"回溯"（backtracks），意思是
他改变了他一开始说话的方向来纠正已经说过的东西。当某人"说错话"（puts
his foot in his mouth）时，就会出现另一种错误，这是通过比喻走路时身体出现
了严重错误，来表明刚才自己的话犯了严重的错误。

言语行为有不同程度的强度。例如，警告或斥责可以是温和的，也可以是
强烈的。在某些隐喻中，强调的程度特别明显。例如，在比喻"扬起眉毛"（raise
one's eyebrows）（意为"表示惊讶或不高兴"）中，言语行为必须是温和的，
因为具身行动是相当轻微的。持续时间在"嚼肥肉"（闲聊）（持续时间很长）
和"左耳进右耳出"（这意味着持续时间非常短）中非常重要。

当然，通过重要的具身体验模式构建语言行为的隐喻结构与意象图式有
关。例如，**平衡**意象图式（即围绕一个点或轴的力的对称排列）激发了各种各
样的短语，指的是一个人试图恢复身体（和心智）的平衡。当人们说"一吐为
快"（get something off my chest）时，他们描述的是通过一种强有力的行动来
消除导致不平衡的障碍。说话者通过与适当的人交谈来消除压抑的力量，而这
个人往往是给说话者带来负担或障碍的罪魁祸首。就像"释放压力"（blowing
off steam）和"吐露"（coughing something up）一样，"一吐为快"可以让一
个人恢复平衡或健康。

包含（containment）的意象图式是我们对相关隐喻性语言行为的理解基础。 104
例如，我们的嘴和我们的身体一样被认为是容器，因此，当容器打开时就可以
进行语言行为，而当容器关闭时则只能保持沉默。"守口如瓶"（closed-lipped）
反映的是沉默、封闭的容器，当一个人"欲言又止"（bites one's lip）时，其

嘴和嘴唇的闭合会以巨大的力量迅速完成。当人们"说瞎话"（lie through their teeth）时，这个容器被认为是一个隐藏真实信息的地方，但这个容器有一定的缺陷，我们可以看穿说话者无耻地试图对某些事情撒谎。一些隐喻谈到进入口腔容器，如"给某人灌输观点"（one puts words in someone's mouth）或"推动/填塞/将某物刺入某人的喉咙"（forces/rams/thrusts something down someone's throat），进入口腔的力度越大，反映出说话者语言行为的强度越大。

具身**包含**意向图式也指从说话人的嘴里或头上移开物体或信息的情形，如"他说出了我想说的话"（He took the words right out of my mouth）和"请教某人某事"（pick someone's brains），这两种情况都意味着说话人拥有一些值得窃取的贵重物品。

路径意象图式的重要性体现在基于行走的隐喻中，比如"回溯"，即沿着某条路径的运动方向必须被逆转。**路径**意象图式也与逆向运动的情况有关，如在进食隐喻中的"食言"和"被迫收回自己的话"（eat crow），这是"收回自己的话"（taking back one's words）的普遍概念的具体实例（比如，让说话者的话语顺着导管通道传回来）。

在上面提到的许多基于暴力身体行为的隐喻中，**力量**意象图式是核心。在大多数情况下，这种力量因为其极端性质是显而易见的[例如，"大发雷霆"（bite someone's head off）和"对某人大吼大叫"（snap at someone）]。

这些例子清楚地说明了意象图式是如何将具身行动领域与语言行为领域连接起来的。更普遍的情形是，这种对隐喻和语言行为的研究，揭示了人们如何使用他们对身体的直观现象学感觉来理解和构建更抽象的概念领域。

第七节 语法和空间概念

另一个对具身概念研究的领域是跨语言的数字系统。说话人虽然通常不能理解他们语言中数字的具体特征，但仔细观察许多数字系统就会发现，数字的语言标签不是随意的，而通常（特别是在某些语言中）是由具身体验启发的。

105   非洲中部的尼科-撒哈拉语言（African Niko-Saharan language）马姆乌语（Mamuo）很好地说明了某些数字系统的具身特征（Heine，1997）。前 5 个数字——从 1 到 5，在词源学上是不透明的，因为似乎没有任何解释来说明与它们有关的词。但是其他数字的术语都受到了身体部位的启发。马姆乌语中的数字根据人手的 5 个手指分为 5 组。因此，5 构成了基本数字，计数从每 5 个实体块开始。第二个数字基数是 20，它反映了手指和脚趾的总数，这形成了一个二十进制的系统（即以 20 为主要数字基数的系统）。

　　马姆乌语中数字的身体部位模型并不是这种语言所独有的，世界上大多数语言中都有这种模型。人手是构造数字系统最广泛使用的模型，所以数字 5 构成了世界各地语言中最小的循环基数（即重新开始计数的数字）。例如，就连英语中的十进制系统（即基于 10 的系统），也与我们双手上的手指数有关。有些语言似乎有与身体部位模型无关的数字系统。但是，具身性在许多情况下仍然扮演着重要的角色。因此，在索托语（Sotho）中，"跳跃"的动词表示数字 6。为什么动词"跳"与 6 有关？这是因为，在从 5 数到 6 的过程中，一个人必须"从一只手跳到另一只手"。这个跳跃到另一只手的具身行动，代表实际的数字 6。

　　有些语言从来没有在参考任何数字时明确地提到"手"这个词，但是再次强调，手和数字之间有一种隐含关系。例如，艾皮（Api）语（新赫布里底群岛的一种语言）的使用者在他们的数字 6 到 9 中没有明确表示手，因为"新"的语素中隐含着"手"。因此，6（otai）是"新 1"，7（oluao）是"新 2"，8（otolu）是"新 3"，9（ovari）是"新 4"，而 10（luc luna）是"两只手"。

　　我们在新几内亚的部分地区找到一个很好的例子来说明身体部位是如何启发数字系统的，在那里只有前 5 个数字的语言术语，但说话者可以用一只手的手指，然后向上到手腕、肘部、上臂等部位，以手势指代高达 20 的数字，最后再回到另一只手（Greenberg，1978）。计数并不是由具身体验启发的唯一算术运算。有些语言的乘法是"两手和两指""两手和三指"等（Stampe，1976）。

　　许多语言还用身体部位来描述空间定位。在属于墨西哥玛雅语的尤卡泰克语（Yucatec）中，背部的身体部位术语（paach）表示"在后面"，正面（tian）表示"在前面"，眼睛（eich）表示"内部"，而骨髓（tu' u'）用于讨论"在……之中"（Goldap，1992；Stolz，1994）。身体部分到空间定位的映射是参考经验中所使用的源域之一。其他模型包括环境地标和动态概念。但是，身体部位模型（即身体处于最直立的位置）显然是在概念化空间中使用最广泛的模型。

106

　　人体是讨论空间定位的最重要的模型。但动物身体也可以作为谈论和表达空间关系的结构模板（即动物模型）。米斯特克人（Chalcatango Mixtec）对"人的背部"和"动物的背部"有不同的称呼，它们塑造了不同物体概念化的方式（Brugman & McCaulay，1986）。例如，桌子被认为是一种动物，它的背是桌子的顶部，它的肚子是桌子的下面。墙的顶部是用动物背部的名字来描述的。尽管动物的背部被用来指代无生命的物体，但没有任何一种语言只根据动物形态模型来概念化空间关系。

跨语言研究显示了人体在涉及空间概念时的普遍性（Heine，1997）。请考虑以下介词中的一些示例：

空间概念"向上"是根据人体各部分来描述的，特别是用人的手来描述。在87%的非洲语言和61%的大洋洲语言中，使用身体部位来表示"向上"的词汇，如"上面""向上""之上"，"手"这个词为达到这种表示目的被语法化了。

在非洲和大洋洲语言中，"向下"的空间概念描述普遍使用环境标志（如"地球"和"地面"）。然而，身体部位在谈论"下"概念时仍然起着重要的作用。在非洲，85%的语法化语素为"向下"的语言中都经常提及"屁股"和"肛门"。大洋洲语言将"脚"或"腿"作为"向下"语法化语素中的主要身体部位（59%）。

在53%的非洲语言和72%的大洋洲语言中，"前面"的概念是最常见的关于人脸的概念，"眼睛"和"乳房"在非洲语言中也普遍存在。在有关"前面"的语言表达中很少见到环境标志。

毫无疑问，"后面"的概念是从人类背部的角度来讨论的，这在78%的非洲语言和95%的大洋洲语言中都可以看到。"臀部"和"肛门"是非洲人表达"后面"概念时常见的身体部位。同样，有关"后面"的语言表达中也很少见到环境标志。

在非洲和大洋洲语言如何指代"在……中"的空间概念中可以看到空间定义。92%的非洲人将其表达为"肚子/胃"，而"手掌"和"心脏"等表示身体其他部位的相关表达则少得多。但是大洋洲语言在说"在……中"时使用各种身体部位相对平等，包括"牙齿""身体""皮肤""心脏""肝脏""肠子"。

107 在谈论"上""下""前""后""中"的空间概念时，很少提及人体的四肢（如手或手臂）（Heine，1989）。为什么在概念化这些空间定位时，四肢提供的源域是如此之少呢？一个很好的可能解释是，我们对肢体的经验根本不能促进对这些特定空间概念的理解。但是"左"和"右"的概念指的是四肢（即谈论左右空间定位的"手"）（Werner，1904）。手相对于身体其他部位的位置使得手更适合表达"左"和"右"，而不是"上"和"下"。另一方面，令人好奇的是，身体部位"鼻子"和"膝盖"在描述"前面"时并没有被使用。

一种语言学主张认为，世界上的语言在涉及空间位置时以下列尺度为基础：下-上-中-前-后（Heine，Ulrike，& Hunnemeyer，1991）。在这种观点下，如果五个概念中的任何一个是用一个身体部分的词来构思的，那么它右边的任何一个概念都不可能来自一些离身的源域，比如环境地标。因此，不太可能使用身体部位的术语（如"臀部"）来指代"向下"，而使用具有环境标志意义的术语来指代"上"、"中"、"前"或"后"。同样，如果用环境地标来描述，身体部分模型也不会用于谈论"前"或"后"。

在映射身体部位时，一个相关的区别是，身体的上半部分比下半部分在空间定位的概念化中能发挥更大的作用。这可能是因为上半身在知觉上更具差异性，对于希望谈论空间概念的使用者来说也更突出。因此，在任何一种语言中，人们更倾向于把脚趾称为"脚的手指"，而不是把手指称为"手的脚趾"。许多东亚和东南亚语言把脚踝骨称为"脚上的眼睛"，然而，眼睛却没有被描述为"头部的踝骨"（Matisoff，1978；Schladt，1997）。

人体也提供了一个框架来讨论各种抽象的、图式的概念。因此，"上端"指的是头部，"下端"指的是臀部或脚，"开口"或"边缘"指的是嘴，"狭窄部分"被理解为脖子或手腕。不同的语言根据身体部分，以不同的方式将对象表示为抽象关系的图式集。因此，在塔泽尔语（Tzeltal）中，刀、盆、叶、羽毛和植物等物体都具有来自不同身体部位的概念属性（Levinson，1994）。

第八节　政 治 观 念[①]

从哲学家托马斯·霍布斯（Thomas Hobbes）的著作开始，我们就习惯了"政体"的隐喻。"政体"的隐喻大多被认为是在一般层面上运作的，但新的研究揭示了具身体验在构建这种政治观念中的深度。对美国 1990 年海湾战争辩论的一项分析表明，几种意象图式使人们能够对国际政治进行理性思考（Beer，2001）。平衡是国际关系的核心术语。"均势"表达了外交政策的共同智慧。"平衡"一词及其同源词在辩论中总共出现了 107 次。在"平衡"的情况下，我们可以更清楚地了解相关应用程序的整个复杂过程。俄勒冈州民主党众议员彼得·法齐奥（Peter Fazio）用"平衡"来布局海湾地区的国家版图，并试图将该地区的力量构建在一个非常复杂的棋盘上。他说："如果我们考虑一下这里的长期影响，我们已经支持伊拉克来对抗伊朗。现在我们又支持叙利亚对抗伊拉克。如果我们真的在这场战争中征服伊拉克，那么之后该地区接下来会发生什么？我们要如何在伊拉克建立新政府？我们应如何平衡该地区的力量？我们必须要占领伊拉克吗？在不久的将来我们是否必须为了保卫伊拉克，而对抗叙利亚、土耳其或伊朗，以便在该地区获得或恢复所谓的平衡？"（CR，H-132）

阻碍或阻塞（blockage）包括许多与语义相关的术语，如障碍物（block）、

108

---

① 本节所涉观点不代表译者和出版社立场。

阻塞（blockage）、封锁（blockaded）、包围（blockading）、妨碍（blockages）、受阻（blocked）、封阻（blocking）和区块（blocks）。相关词汇有禁运（embargo）、武力（force）、干预（intervention）、渗透（penetration）和制裁（sanctions）。"阻塞"本身出现的频率相对较低，但"封锁"使用了 69 次。在海湾战争中，经济封锁是一种主要的战略选择。"禁运"及其同源词出现了 260 次。相反的术语，如"解除封锁"（unblock）或其远近同源词"释放"（release）和"解放"（free）出现了 167 次。"渗透"与阻碍相反。当释放解除或溶解了堵塞，"渗透"便会穿透它。"渗透"的使用频率不高，但"干预"（intervene）的概念被使用了 374 次。"干预"与"封锁"一样，是一种标准的外交手段，在国际关系理论和实践中紧密相连。

"中心与外围"（center-periphery）的概念在国际政治经济中具有广泛的作用。"中心"成为这个二元体中的关键术语，与"外围"出现 3 次相比，它出现了 37 次。"中心"让人联想到一个非常清晰的圆形空间网格。事实上，正如来自爱达荷州的参议员史蒂文·西姆斯（Sen. Steven Symms）所描述的"中心"一样，他构想出蜘蛛网的图像——萨达姆·侯赛因（Saddam Hussein）坐在国内权力网的中心："伊拉克的独裁者坐在国家、政党、军事和秘密警察组织网络的中心。"（CR，S-380）当网络扩展到伊拉克以外的国家边界时，就会牵扯到越来越多的参与者，包括国际恐怖主义世界。然而，就像在真实的网络中一样，操控装置始终处于中心位置。事实上，正如犹他州共和党参议员奥林·哈奇（Orrin Hatch）所说的："我们都知道，世界上最恶毒的恐怖分子已经在巴格达定居……恐怖分子在行动，武器和设备正在就位。伊拉克站在三项行动的中心，提供了只有一个支持恐怖活动的国家才能提供的关键支持——假护照、精密设备、巨额资金。"（CR，S-385）夏威夷民主党参议员丹尼尔·阿卡卡（Daniel Akaka）援引"中心计划"来描述针对萨达姆·侯赛因的计划行动："在伊拉克非法接管科威特之后，联合国在过去几个月里通过了 12 项决议，试图在不使用武力的情况下和平解决危机。联合国倡议的核心是一项对伊拉克实施经济制裁的协议，这将导致伊拉克和平撤出科威特。"（CR，S-396）

"外围"是"中心"的对立面，其文字用法说明了身体取向的另一个重要方面。例如，马里兰州民主党参议员保罗·萨班斯（Paul Sarbanes）区分了国家利益的关键（或核心）部分和次要部分："当然，我们在海湾地区也有利益。但区分外围利益和核心利益是至关重要的。当我们的国家安全真正处于危险之中时，核心利益就会呈现出来。核心利益是那些你值得为之牺牲的利益。"（CR，S-154）同样，为了维持身体的"中心"——生命的本质或者"灵魂"，人体的外围元素——比如皮肤甚至四肢——也会被牺牲。

109

　　"聚集"（collection）最常显示为"集体"（collective），用于指代领导人或国家以及民主社会采取的共同活动。美国总统是民主人民的集体代表，可以动员和运用他们的联合力量。正如印第安纳州民主党众议员弗兰克·麦克洛斯基（Frank McCloskey）指出的那样，"这种权力最终不是由一个人决定的，而是一种被人民选举出来的集体智慧"（CR，H-152）。民主的判断、良知和决策是集体的。正如科罗拉多州民主党众议员帕特里夏·施罗德（Patricia Schroeder）指出的："这就是民主原则的全部意义。这不是一个我们承认一个人拥有全部智慧的国家。我们每个人都有自己的弱点，在这个美好的共和国，我们所能拥有的最好判断是大量的集体判断。"（CR，H-153）另一位来自加利福尼亚州的众议员代表亨利·瓦克斯曼（Henry Waxman）指出，美国具有领导作用且"在我们的集体安全负担中首当其冲"（CR，H-156）。

　　"强迫"被用作区分自由社会和奴隶社会、自由美国人的自我和另一种被奴役人的自我的框架。区别萨达姆政权的标志之一是强制劳动的使用。有关强迫的主题也进入了国会的民主党辩论。参议员约瑟夫·利伯曼（Joseph Libermann）明确表示，他不希望强迫总统参与战争。相反，他希望国会为必须采取的行动分担集体责任："我今天做出选择，支持美国总统，不是给他强迫参加战争的权力，而是授权执行我们的任务。如果他认为有必要保护我们的国家安全，则可以参加战斗。"（CR，S-376）

　　政治生活的网络是通过接触来构建的。世界上的国际关系通过接触联系在一起。正如来自密西西比州的参议员特伦特·洛特（Trent Lott）指出的："世界是统一的，我不得不称赞布什总统的努力，他已经通过联合国和个人外交，与世界各地的领导人相接触，将世界团结起来反对一个人的侵略，即萨达姆·侯赛因。"（CR，S-376）战争与和平的重大问题也取决于接触。在海湾战争辩论中，来自纽约的民主党参议员帕特里克·莫伊尼（Patrick Moynihan）指出："没有一个作战计划能在与敌人的接触后幸存下来。"（CR，S-394）同样地，来自科罗拉多州的参议员汉克·布朗（Hank Brown）表示了对接触的信念，他表示希望"经济制裁和外交接触能够说服萨达姆恢复科威特主权"（CR，S-396）。

　　"容器"（container）显然还可以翻译成"遏制"（containment），这是战后国际关系的一个主要走向术语。关于海湾战争的辩论引发了新的微妙之处。伊拉克是一个包含科威特的"容器"，而科威特是一个包含重要领土和石油的"容器"。正如西姆斯议员所报道的："根据发给伊拉克大使馆的地图，这个领土包括科威特的北部省份，它拥有科威特约 1/3 的领土和 1/5 的石油。"（CR，S-380）

　　"遏制"与"容器"相反，它表示一种存在的状态，而不是一个实际的物

110

体。正如马萨诸塞州民主党参议员克里（Kerry）指出的那样："在斯大林接管东欧之后，我们与苏联的斗争持续了 40 年。我们遏制了斯大林主义，随着时间的推移，孤立和衰败的苏联正在经历一个崩溃的过程。"（CR，S-249）拟议的封锁战略更具经济色彩。当参议员萨班斯谈到伊拉克的情况时，那些支持制裁政策的人的假设是，"这些经济制裁的影响和惩罚性的遏制措施——禁运、封锁、使用武力使制裁通过封锁生效——随着时间的推移，这种情况会越来越强烈，最终苏联会离开科威特"（CR，S-151）。最后，《纽约时报》谈到了更广泛的政治和军事控制，提到如果经济封锁并不奏效将会发生什么："然后，冲突将成为破坏区域稳定的因素，其规模难以准确界定，并且也可能无法遏制。"（CR，S-155）

111　　这些讨论证明了有多少关键的政治概念可以追溯到身体指称物。吸引力与结盟有关，平衡与力量平衡相联系，物理阻碍与封锁相联系，中心-外围与核心利益、边缘利益相联系，集体利益和集体防御安全相联系，外交话语权和军事摩擦相联系，容器和封锁相联系。

第九节　数　学　概　念

数学被认为是离身思想的理想案例。从表面上看，数学似乎反映了高度抽象、先验的思想。但最近的研究表明，数学概念是由接地隐喻和连接隐喻两种基本类型的具身隐喻构成的（Lakoff & Nunez，2000）。接地隐喻将数学思想置于日常的具身体验中。例如，接地隐喻允许我们从形成集合、构造对象或在空间中移动等方面来概念化算术运算。这些暗喻保留了意向图式结构，因此，关于收集、构造和移动的推论被映射到抽象的算术领域。

一些最基本的接地隐喻如下：

算术即对象集合
-数字是大小一致的物理对象的集合
-数学主体是对象的收集器
-算术运算的结果是对象的集合
-数字的大小是集合的物理大小
-方程式是称量平衡集合的秤
-加法是将集合放在一起形成更大的集合
-减法就是将更小的集合从更大的集合中提取出来形成其他集合
-乘法是相同大小的集合在给定次数内的重复加法

-除法是将给定的集合重复分割为尽可能多的给定大小的较小集合

-0 是一个空集合

算术即对象构造

-数字是物理对象

-算术运算是对象构造的行为

-算术运算的结果是一个构造对象

-数字的大小是对象的大小

-方程式是称量平衡物体的天平

-加法是将对象与其他对象放在一起形成更大的对象

-减法是将较小的对象从较大的对象中取出以形成其他对象

-乘法是相同大小的对象重复相加一定的次数

-除法是将给定对象重复分割为尽可能多的给定尺寸的较小对象

-0 指的是没有任何对象

112

日常关于算术的讨论揭示了这些不同隐喻的局限性，其中包括"1 万亿是个很大的数字""20 中有几个 5？""23 中有 4 个 5，然后还剩一个 3""2 乘以几等于 10？""如果等式的一侧是 10，而另一侧是 7，那么 7 加什么才能使等式平衡？"

不同的语言实例将"对象集合"隐喻与"对象构造"隐喻区分开来。

对象集合：

"8 比 5 大多少？""8 比 5 大 3"

对象构造：

"如果把 2 和 2 放在一起，就等于 4"

"5 和 7 的乘积是多少？"

"2 是 248 的一小部分"

一个不同的接地隐喻是"**算术即运动**"。

-数字位于路径上

-数学主体是沿着那条路的旅行者

-算术运算是沿着路径移动的行为

-算术运算的结果是路径上的一个位置

-0 是原点（起点）

-最小的整数（1）是从原点向前迈进了一步

-从原点到位置的轨迹长度的大小

-方程是到达相同位置的路径

-加法是一个给定的量向右（或向前）移动一个给定的距离

-减法是在给定的方向上向左（或向后）移动一个给定的距离

-乘法是相同大小的量在给定次数内的重复加法

-除法是将给定长度的路径尽可能多地重复分割为给定长度的较小路径

日常语言再一次说明了**"算术即运动"**的隐喻，如"这两个数字有多接近？""37 离 189、712 很远""4.9 差不多等于 5""结果在 40 左右""数到 20 不要跳过任何数字""从 20 倒数""从 20 开始数到 100""说出从 2 到 20 的所有数字"。这些例子展示了在算术和算术运算的系统讨论中，具身隐喻是如何形成的。0 与对象集合和对象构建隐喻中的数字不是同一类事物，而是"运动"隐喻下的数字。因此，对于**对象集合**和**对象构建**隐喻，0 代表属性的缺失，但在运动隐喻下，0 指的是空间中的一个特定位置。拉考夫（Lakoff）和奴涅斯（Nunez）认为，"收集和构造"隐喻是如此基本，以至于我们花费了很长时间才将 0 作为数字包含在内。

有两种相关的经验可以作为集合理论的隐喻基础：①用概念容器将对象分组；②比较两组对象的数量。隐喻的源域使用了一个容器图式，它指定了一个有界的空间区域，包括内部、边界和外部。边界内的对象在容器中。在数学中，集合被概念化为容器图式，集合中的数被视为容器内的对象：

"集合作为容器图式"隐喻

-集合是一个容器图式

-集合的成员是容器图式中的对象

-集合的子集是容器图式中的容器图式

这种隐喻可以很容易地扩展到隐喻性地定义联合、交叉和互补。另一个不同的隐喻——**"集合即对象"**隐喻，使对象成为集合数成了可能。虽然这个隐喻说明了集合如何成为其他集合的成员，但是将这个隐喻与**"集合作为容器图式"**隐喻结合起来，说明了为什么一个集合不能成为其自身的成员——原因是容器图式不能在自身内部。

我在这里的讨论只限于算术隐喻。拉考夫和奴涅斯（Lakoff & Nunez，2000）对复杂数学许多方面所隐含的具身隐喻是如何构成的进行了更广泛的分析，包括逻辑主题、超数、无穷大、无穷小等。这些分析显示了在整个人类概念系统中发现的基本认知机制（即意象图式模式、概念隐喻、概念融合）也是数学来源的一部分。正如他们所指出的，"数学不是宇宙所固有的，数学的画像是一张人脸"。更重要的是，数学的产生源于我们拥有的大脑和身体。对于传统上被视为最离身抽象概念之一的数学概念，这些推测性想法无疑是激进的。然而，这些分析与本章所描述的关于许多具体和抽象概念的具身特征的证据是非常一致的。

114

第十节　关于意象图式的问题

人们可以讨论不同种类的意象图式以及它们转换的不同方式，这一事实显然表明，意象图式是可定义的心理表征。但是，鉴于意象图式具有跨模式特征，我们该如何表征它们？鉴于意象图式产生于跨越视觉、听觉、动觉运动等反复出现的身体体验，其在大脑中的何处可以表征？（即**源-路径-目标**和**动量**图式是否以某种编码的模式存在于视觉皮层或大脑的某些其他部分？）意象图式的抽象而又可定义的特征并不能为这些问题提供简单的答案。在这一点上，语言学家和心理学家应该谨慎地对意象图式如何和在何处可以心理地表征给出具体的建议。我们最好将意象图式理解为体验格式塔，这些体验格式塔不一定会被编码为明确的心理表征。

另一个问题是，身体体验的哪些方面必然会引发意象图式。例如，像大多数人和动物一样，我经常在皮肤上抓痒。这是否意味着我必须有一个**抓痒**意象图式？我不太相信人们会有**抓痒的**意象图式，主要是因为它们不是我们跨模态经验的一部分。然而，抓挠行为有助于恢复身体**平衡**，因此是产生平衡图式的各种身体体验的一部分。一般来说，会产生意象图式的身体行为是那些反复出现并有助于解决适应性问题的行为。**平衡、源-路径-目标**和**动量**等图式有助于确保人类生存的整体身体图式。

意象图式作为即时的具身模拟的涌现本质，在理论上可从大脑、身体和世界的复杂相互作用的角度来理解。意象图式可以被描述为具有涌现性，因为它是一种大脑、身体和世界之间的结构耦合，是由构成一个人生命的不同"操作循环"而产生的。意象图式反映了认知系统中的一种稳定性。根据自组织理论，系统中的秩序是围绕有助于创建和保持系统内稳定模式的吸引子出现的。吸引子是首选模式，如果系统从一个状态开始，它将进化到吸引子，并将在没有其他因素的情况下保持在那里。吸引子可以是一个点（如装有滚球的碗的中心）、规则的路径（如行星轨道）、状态的复杂序列（如细胞的新陈代谢）或无限序列（称为奇怪吸引子）。一个复杂系统会有许多吸引子，自组织系统的研究主要集中在这些吸引子的形式和动力学方面。

115

我的提议是，意象图式就是人类自组织系统中的吸引子。诸如**平衡、源-路径-目标、阻力、垂直性和路径**等的吸引子，反映了系统在实际相互作用中出现的稳定点。在环境中遇到令人惊讶的新模式会使系统陷入瞬间的混乱（如系统失去**平衡**），直到系统通过自组装过程重新组织并达到一种新的稳定（如达到一种新的**平衡**或平衡状态）。这里重要的一点是，吸引子不是局部化的表征，而是整个系统正在活动的新模式（即大脑、身体和世界的相互作用）。这样，意象图式的稳定属性（如**源-路径-目标**之类的地形结构）就不会与感觉运动活动分开。意象图式不应被简化为感觉运动活动，但将意象图式视为脱离经验的心理表征则是错误的。这一动态观点的一个含义是，每一个意象图式的解释都会有一个不同的描述，这取决于参与某些活动的有机体的整体状态，以及系统内过去建立的吸引力池（即过去对某一特定行为模式的模拟，如**平衡**模式）。

第十一节　关于概念隐喻的问题

认知语言学对概念隐喻的研究为抽象思维的具身基础提供了重要的证据。但这个理论存在几个问题。首先，概念隐喻的经验基础不同（Grady，1997，1999）。例如，众所周知的概念隐喻"**多即向上**"（如"今年通货膨胀率上升"），人们很容易将拥有更多的物体或物质（即数量）和看到这些物体或物质的水平上升（即垂直度）联系起来。但许多概念隐喻并没有暗示这种直接的经验关联。例如，众所周知的概念隐喻"**理论是一种建筑**"和"**爱是一次旅程**"，似乎与"**多即向上**"在经验相关性上没有太多的联系。因此，实际旅行与人际关系的发展没有多大关系，理论与人们产生、讨论和拆除这些想法的建筑也没有紧密联系。

概念隐喻理论的一个相关问题是，它不能解释为什么某些源域到目标域的映射不可能发生（Grady，1997，1999）。例如，人们思考"理论"概念的一种常见方式就是用概念隐喻来类比**理论是建筑物**。这种概念上的隐喻启发了许多有意义的语言表达，例如，"理论需要得到支撑"或"你的理论的基础不稳固"。但建筑的某些方面显然没有映射到理论的领域，这就是"理论没有窗户"听起来很奇怪的原因之一。

隐喻理论家们长期以来一直在努力解决的一个问题是，为什么源域的某些部分会映射到目标域，而其他部分却没有映射到目标域。让我们思考一下"这本书很难消化"这句话，我们很容易就能看出，这个表述表达的是与饮食有关的思维领域。然而，我们对饮食的了解只有某些方面能映射到我们对思维的理解中。因此，我们很少听到人们用传统的表达方式谈论他们的嘴巴在思考，但我们确实听到人们说这样的话："作者试图咬下超过他所能咀嚼的东西（The author tried to bite off more than he could chew）。"是什么解释了为什么有些表达可以被接受，而有些则不能？如何解释隐喻映射过程中的"空白"？

隐喻理论的另一个问题是不同概念隐喻之间的关系。概念隐喻之间的差别很大。有些隐喻在其所引发的推理中有着更为详细和复杂的含义。例如，**"多即向上"**这一概念隐喻将数量与垂直高度联系在一起，比如"今年汽油价格上涨了"或"过去四年通货膨胀率一直在下降"。这种将垂直高度映射到数量的映射导致了一组直接的隐喻映射。然而，思考一下把概念隐喻**"爱是旅程"**比作"我们的关系处在十字路口"或"我的婚姻岌岌可危"。实际上，**"爱是旅程"**继承并阐述了**"长期有目的的活动就是旅程"**这一更笼统的隐喻概念（Lakoff，1993）。尽管这两个隐喻映射在逻辑上似乎是相关的，但是很难确定哪些概念隐喻可以被阐述并易于被继承。

隐喻理论的另一个挑战是，有些隐喻同样适用于描述不同的概念域。例如，"喂"（feed）这个词可以用来描述教授的教学风格，比如"教授用勺子喂他的学生"（"The professor spoon-feeds his students"），也可以用来谈论一个完全不同的领域，比如"小联盟把球员送进（feed…into）职业棒球联盟"。理论学家如何解释这种用广泛的隐喻法来谈论的抽象概念呢？

第十二节　具身隐喻的新观点

对这些问题的一个有趣的解决方案表明，概念隐喻并不是隐喻映射在人类思维和经验中的最基本的层级。格雷迪认为（Grady，1997），日常具身体验的强烈相关性导致了"原始"隐喻的产生。下面是一些最突出的原始隐喻：

117

亲密即离得近［例如，"我们的关系很亲密（**close**）"］

困难即负担（例如，"她被责任压得喘不过气来"）

感情即温暖（例如，"他们热情地向我打招呼"）

重要即大［例如，"明天是重要（**big**）的一天"］

多即向上（例如，"价格很高"）

相似即接近［例如，"这些颜色不一样，但很接近（**close**）"］

组织是物理结构（例如，"理论是如何组合在一起的？"）

帮助是支撑（例如，"支持你的当地慈善机构"）

时间即运动（例如，"时光飞逝"）

状态即地点［例如，"我快要陷入（being in）萧条了"］

变化即运动（例如，"我的健康已经每况愈下"）

目标即目的地［例如，"他会成功，但还没有成功（but isn't there yet）"］

原因是物质力量（例如，"他们推动国会通过了法案"）

知道即看到［例如，"我明白（see）你的意思"］

理解即掌握（例如，"我从未能够掌握复杂的数学"）

这些隐喻性的关联源于我们在世界中的具身功能。在每种情况下，隐喻的源域都来自身体的感觉运动系统。原始隐喻是一种具有独立直接经验基础和独立语言证据的隐喻映射。另一方面，"复合"或"复杂"隐喻是一种由多个原始隐喻组成的自洽隐喻复合体。复杂隐喻就是通过混合原始隐喻将小的隐喻片段组合成更大的隐喻整体。

例如，考虑以下三种原始隐喻：**坚持是保持直立，组织是物理结构，相关联是交织在一起**。这三种原始隐喻可以以不同的方式组合在一起，从而产生复合隐喻，即传统意义上的概念隐喻。但是这些原始隐喻的结合允许没有"空白"的隐喻概念。因此，将**"坚持是保持直立""组织是物理结构"**结合起来，就提供了复合的**"理论是建筑"**的隐喻，它很好地激发了隐喻性推论，即理论需要支持并且可能崩溃，等等，但是却没有其他映射，例如理论需要窗口。同样，将**"组织是物理结构"**与**"相关联就是交织在一起"**结合起来，就产生了不同的理论隐喻复合物，即**"理论是编织物"**。这种复合隐喻产生了合理的推论，即理论可以被解开，也可以被编织在一起，且同时不会产生不太可能的推论，比如，理论就像某些织物的颜色一样丰富多彩。

这种隐喻思维和隐喻语言的具身基础的观点，解决了概念隐喻和其他隐喻理论已注意到的"映射贫困"问题（Grady，1997）。由于源域和目标域之间体现的经验具有正相关关系，因此我们无须提出特定的机制来覆盖原始隐喻中源域到目标域映射的某些部分（Grady，1997）。此外，源域和目标域之间的相关性可能通过神经连接在体内实例化（Lakoff & Johnson，1999）。在这一观点下，大脑中的神经连接可能反映了来自感觉运动源域（即垂直性）的推断是如何投射到主观目标（即数量）上的。

一般来说，隐喻是地形映射的延伸结果，在所有的地形图中，源域的结构都保留在目标域中，因为前者的神经元通过可重入信号（或其等效物）映射（即刺激）后者。这些联系是如何形成的呢？考虑一下**"多即向上"**隐喻。在这个映射中，抽象的数量或价值域与空间域纵轴上的相对变化相关联，如"我的股票暴涨了"和"他的生产力大大提高了"。这些相关性是由神经网络产生的，这些神经网络表征了这些领域，并在日常生活中相互作用，比如我们在桌子上堆了更多的书，书就变高了，或者我们往容器里加了水也是同理。如果映射通过重入路径连接，协同激活将加强连接。这些连接一旦形成，该映射将保留源域中的垂直关系，从而形成目标量域中推理的基础。如果有什么东西突然冒出来，它就会迅速向上推进，在很短的时间内就会比以前高出很多。因此，"她的名气一飞冲天（skyrocketed）"意味着名气的突然大幅度增加。隐喻是一种神经机制，它使感觉运动活动中使用的网络，也能充当使抽象推理成为可能的基质。

第十三节　认知语言学证据与认知研究有关吗？

与所有的科学方法一样，试图通过对语言结构和行为的系统分析来推断概念结构的策略也存在局限性。主要局限性是大多数语言学研究所共有的，即基于分析者个人的直觉对现象得出结论的问题。许多认知科学家认为，试图通过对语言结构的系统模式分析来推断概念知识的各个方面，会使这些理论显得过于滞后。例如，有人声称，一些表达方式——诸如"他在浪费我们的时间""我在电脑上写论文省了一个小时""我再也不能在婚姻中投入那么多精力"等——是有一个独立的、已经存在的**"时间就是金钱"**概念隐喻而为这种语言行为提供了解释。认知科学家们希望根据科学推理的假设-演绎方法，提前预测行为。他们所寻求的是经验的、客观的证据，即人们的概念知识在某种程度上预示着不同语言行为的存在，而不是人们的语言行为可以通过假设概念隐喻等理论实体来解释。正如心理学家山姆·格鲁兹堡（Sam Glucksberg）所认为的，他在对考威塞斯（Kovecses）所著《隐喻与情感》（Kovecses，2000a）的评论中指出："从认知科学的角度来看，正如考威塞斯等学者示例的那样，认知语言学程序过于有限（而且在我看来，甚至是不必要的）。它将从聚合操作的部署中受益匪浅，也就是说，有多种方法来验证从语言证据中得出的推论。"（Glucksberg，2002：765）

这种对认知语言学家关于抽象概念的具身性、隐喻性的理论主张的怀疑肯定是合理的。所有科学理论都需要从聚合操作中获得证据的支持。但我强烈反对这样一个隐含的假设，即认知语言学研究处于"认知科学"之外，而认知科学可能拥有适当的科学方法，可以令人满意地检验关于人类思维的重要假设。首先，我们必须对人们如何谈论抽象概念的详细分析进行解释，而不是像许多

119

心理学家和哲学家所做的那样，直接对此不予考虑。绝大多数实验心理语言学中关于隐喻理解的研究都集中在简单的相似性，或者"A 像 B"，比如"我的律师是一条鲨鱼"这样的隐喻，而忽略了上述种种系统常规隐喻。然而，认知语言学已经证明了不同类型的常规隐喻在言语和写作中的普遍性。这一语言学证据必须由提出隐喻理解一般模式的心理语言学家来解释。

心理学家们有时会辩解称，某些认知语言分析与他们自己的直觉相反，他们忽视了具身的、传统的隐喻。因此，心理学家对认知语言学的直觉性内省方法表示怀疑，但随后又为他们由于自己的直觉而忽视的常规隐喻辩护!在我看来，心理学家和其他人应该根据公认的经验方法，明确地研究抽象概念的具身隐喻，并根据这些研究对认知语言学的主张做出决定，而不是简单地对这项工作置之不理。本书第六章提供了一个更详细的讨论，其中有大部分支持认知语言学主张的具身隐喻。

除了对抽象概念的认知语言学主张是否"在心理学上真实"的关注之外，还有一些关于认知语言学研究方法的问题需要进一步考察。例如，究竟什么构成传统表达中足够的"系统性"，才能恰当地推断出这些表达是由某些潜在的概念隐喻驱动的？在识别概念隐喻时，如何确定适当的概括性水平？因此，经典的**"生活是旅程"**隐喻的适当源域是否真的是旅程，而不是其他想法，例如从一个地方到另一个地方的移动或任何形式的身体移动？此外，在人类概念系统中，概念隐喻是如何相互关联的？认知语言学家对其中一些问题有不同的回答（见 Gibbs，1994；Grady，1999；Kovecses，2000b；Lakoff，1990，1993；Yu，1999）。但是，认知语言学家需要为识别概念隐喻提供更明确的标准，以供其他学科的学者在对某些抽象概念可能体现的具身隐喻性质进行实证研究时使用。

概念隐喻作为一种典型的表征，被认为是长时记忆中持久存在的知识结构，对日常抽象概念的内容至关重要。然而，认知心理学家往往对这种说法持怀疑态度，主要是因为他们怀疑语言证据本身是否能揭示人类概念系统的很多信息（Murphy，1996）。对隐喻作为概念原型持怀疑态度的一个例子就是多重隐喻问题（Murphy，1996；Gibbs，1996）。例如，根据认知语言学分析，爱的概念可以通过几个不同的隐喻来理解（如**爱是一段旅程、爱是疯狂、爱是对手、爱是有价值的商品**）。这些不同隐喻的含义在某些方面有所不同。因此，**"爱是一段旅程"**指的是一段时间内爱情关系的结构，而**"爱是一个对手"**则是把爱人格化为一个我们经常与之斗争的对手。这些不同的隐喻有时会出现彼此不一致的情况，而且我们并不清楚如何解决我们对爱的概念在心理表征上的不一致。

这个论点保留了将概念视为应具有内在一致性的单一实体的观点。但是，如果我们不把这些原型概念看作是固定的、静态的结构，而是看作是动态的、依赖语境的临时表征，那么所谓概念的多重隐喻问题就很容易解决。**"爱是一个旅程"** 这个隐喻，可能更好地反映了在某些情境下，对爱的一个特定的具身概念化，而 **"爱是对手"** 可能出现在对爱形成概念的其他情境下。这些关于人类概念的替代思考方式允许甚至鼓励使用多重隐喻来访问我们丰富的、基于身体的关于爱的知识的不同方面，从而在我们经历的不同时刻区别地概念化这些体验。在某种语境中对概念的每一次隐喻解释，都会产生一个在长时记忆中独立于所体现的源域信息之外的、暂时的表征概念。因此，我的建议是，在不断构造特定概念域的意义上，概念隐喻可能不存在。但是，由于人们在给定特定任务的情况下立即将某些抽象目标域概念化，因此，可以在不同场合使用概念隐喻来访问不同的知识。概念隐喻也可能只是作为过程概念化的产物而出现，而不会成为这些过程的根本原因（Gibbs，1999b）。

第六章讨论了一些新实验的结果，这些发现对于希望获得更多具身概念隐喻在日常语言使用中的作用的认知心理学家来说，应该尤其令人感到欣慰。这项新的研究为认知语言学提供了一种补充性的方法，有助于消除在评估各种语言现象时对单个分析者自身直觉的依赖。它也展示了语言结构的动机解释，是如何被用来预测人们在实验情境中的语言行为的。

第十四节 结 语

来自认知心理学和认知语言学的研究描绘了一种关于概念的新观点，它与认知科学中的传统立场相反，即概念是抽象的、离身的、去语境化的和持久的心理表征。具体概念和抽象概念都是暂时的、动态的、具身的和处于情境中的表征。此外，概念产生于感知/具身模拟行为，而不仅仅是长时记忆中的静态表征。这种具身视角解释了为什么概念具有灵活性、多模态性和生产性，并且在将它们调整到现实环境时会产生明确的推论。

我所提倡的在语境中创造概念的具身模拟，并不一定意味着概念加工的感觉运动本质上是非表征性的。毕竟，用于在语境中创建特定概念的模拟过程会使用各种知识，包括所表征的有关身体的知识。这些模拟与构成感知、行为和认知的神经状态不同。但是，概念的模拟肯定涉及大脑过程与整个神经系统和身体的合作，以创造出对事件的想象性理解，无论环境信息存在与否。

隐喻对于概念加工来说是必要的。抽象概念部分是由具身源域到各种目标域的隐喻映射创建的。事实上，如果没有基于身体的隐喻，抽象概念就不会以普通认知的方式存在。隐喻并不是一种获取抽象知识的方式，而是在不同情况下创造和维持抽象解释的内在方式。这一观点表明，人类的概念加工是深深植根于具身隐喻的，特别是在对经验的抽象理解方面。

科学史揭示了许多具身思想在创造力和想象力方面的力量的显著例子。科学家们通常会承认，他们的伟大发现并不是通过形式的、纯粹的分析推理产生的，而是通过以丰富的感官意象和身体感觉形式形成的"内心感受"产生的。阿尔伯特·爱因斯坦总能意识到自己在数学方面的弱点，他这样描述自己的创造过程：

> 无论是书面的还是口头的语言文字，在我的思维机制中似乎都没有发挥任何作用。在我看来，作为思想元素的心理实体是某些符号和或多或少清晰的意象，它们可以被自动地复制和组合。就我而言，上述心理实体是视觉和一些肌肉类型（Hadamard，1945：142-143）。

爱因斯坦的具身思想过程是在他的一个著名思想实验中具体形成的，在这个实验中，他将自己想象成一个以光速运动的光子。他首先想象他所看到的和他所感觉到的，然后成为第二个光子去想象他现在对第一个光子的体验。

许多科学家如爱因斯坦，都承认形式化的数学对于交流他们的科学发现确实有用，但他们最初的想法却植根于具身可能性。另一位科学家西里尔·斯坦利·史密斯（Cyril Stanley Smith）专门研究了平面艺术，以便他更好地全面理解金属结构。在开发合金时，史密斯写道："我有一种强烈的自然理解感，这是一种如果我是某种合金我会如何表现的感觉，是一种可以感受到自己对硬度、柔软度、导电性、可熔性、变形性和脆性的感觉——所有这些都是以一种奇怪的内在性和相当感性的方式表现出来的。"（Smith，1981：359）这些具身想象对于史密斯的创造性工作来说并不是偶然的，因为他的研究依赖于"平衡结构的美感和界面彼此拉动的肌肉感"（Smith，1981：359）。

与科学思维相似，艺术创造力也涉及想象的身体感觉。一位艺术创造评论家说：

> 对于钢琴家、雕刻家、乐器演奏家、舞蹈家、外科医生和手工工匠来说，它们（想法）以一种动觉的形式突然出现在意识中，以它们的方式感受到不同类型的肌肉体验。手指"痒痒地"想要弹奏，音乐"流"自手，创意"流"自

笔。动作表达了舞者或管弦乐队指挥的"想法"； 在雕塑中，塑型的感官欲望强迫着雕塑家行动。

认知科学家们很少承认高阶认知的具身本质。加德纳（Gardner，1983）有力地论证了动觉思维的概念，认为它是多元智能的七种形式之一。但是，认知科学的趋势是将动觉智力视为心智的一个独立模块，它不一定与心智和语言的其他方面相互作用。然而，在认知科学的几个领域中，都有新兴的文献明确地证明了高阶认知和具身行动之间的直接联系。因此，具身性对于各种认知功能都是必不可少的。本章内容论述了这项工作及其对高阶认知理论的启示。

第一节 心 理 意 象

心理学以及大多数其他学科中有关心理意象的学术研究，绝大多数都忽略了具身性（如人们对身体活动的主观感受）可能在心理意象活动中发挥的作用。例如，关于心理意象的经典实证研究调查了心理意象和视觉感知之间可能存在的对应关系（比如，Finke，1989）。遵循这一趋势，大多数当代的认知心理学教科书只从视觉感知的角度来谈论心理意象（以及在更小的程度上，比如听觉角度）。虽然有许多研究考察了人的动觉和运动表象，但直到最近，还很少有学者研究动觉活动和心理意象之间的明确联系。最近的研究表明，视觉表象和运动意象的许多方面都有一个共同表征，可能还有共同的神经心理学基础。正如帕维奥（Paivio，1986：72）曾经指出的那样，"所有心理转换都涉及最初源自对指称对象主动操作的运动过程"。

一、想象人体运动

125　　心理意象的具身性表明，只要人们认识到视觉感知是由动觉活动塑造的，那么长久以来人们所注意到的心理意象和视觉感知之间的对等关系就是准确的（见第三章）。我对心理意象的看法非常广泛。按照牛顿（Newton，1996）的用法，我使用术语"意象"指代任何虚构的实例，在这样的例子中，人们考虑以某种方式移动身体，或想象以不同方式操纵物体的感觉，或想象以某种方式作用在物体上的感觉，而实际上并没有做出当前正在思考的事情（Gibbs & Berg，2002）。例如，当我们弯腰抓住左脚时，可能产生的感觉显示了人们如何形成一个动作的本体感受的心理意象。这些心理意象不仅具有感知性，而且是动觉的，寓意着以特定方式移动我们身体时的感觉。

　　有相当多的研究表明，我们想象自己以某种方式运动的能力，会影响我们实际对这些动作的表现（最近的一些研究包括：Corriss & Kose，1998；Hanrahan，Tetreau & Sarrazin，1995；Hardy & Callow，1999；Murphy，1990；Smyth & Waller，1998）。例如，最近的一项研究表明，当参与者复制图形时，参与视觉意象有助于整体形式的绘制，而参与动觉意象则有助于双手的精细运动（Fery，2003）。尽管关于哪种想象技术对学习和表现的影响最大还存在很多争议（见 Ahsen，1995），但这些实证研究至少表明，想象我们的身体运动与随后现实生活中的人类行为有一定的关系。

　　念动动作是指，人们仅仅思考某一行为，就能使其执行该行为而不受意志的任何特殊影响。阿诺德（Arnold，1946）发现，一个人对一个行为的想象越生动，这个行为就会发生得越多。例如，一个人站着不动想象着摔倒，通过思考摔倒的样子和感觉，会产生比单独思考摔倒的动作更让人觉得摇摇晃晃。要求人们想象弯曲他们的手臂，而实际上没有这样做，会激发手臂肱二头肌运动相关的电活动（Jacobson，1932）。另外，思考假装的动作可以让人们产生没有行动感的动作。

　　仅仅思考某一种人就可以诱导对那个人行为的念动模仿（Bargh，Chen，& Burrows，1996）。在一项研究中，大学生们完成了一项拼句子任务，其中一些单词反复提到衰老的概念（例如，包含"皱纹""灰色""退休""睿智""老"等单词的句子）。之后，研究者在每个参与者离开实验室时都会悄悄观察他们的步态。在之前的拼句子任务中，那些读到有关老年人词语的人，实际上要比没有读到有关老年人词语的人走出房间的速度慢。实验后的访谈表明，参与者并没有意识到自己已经接触到了关于老年人的想法，也没有意识到自己缓慢地走出了实验房间。但是，当阅读涉及老年人特点的词汇时，确实会不知不觉地促使人们慢慢地走。有趣的是，在另一项实验中，当参与者事先被告知句子中提到的词语会影响他们的行为时，他们在之后的行走中并没有表现出同样的迟缓性。这样看来，对行动的认知影响似乎发生在参与者的有意识意志之外。

　　许多其他的研究已经复制和扩展了这些最初的发现。一项研究要求大学生思考关于教授的事情（Dijksterhuis & van Knippenberg，1998）。之后，这些学生们对"智力棋盘"游戏中的问题给出了比没有事先思考教授相关事情的参与者更正确的答案。另一方面，当参与者被先要求思考足球流氓时（在荷兰进行的一项研究中），他们随后在回答"智力棋盘"问题时比对照组的参与者表现更差。相关研究也表明，让大学生思考老龄问题会导致一些记忆的丧失（Dijksterhuis，Bargh，& Miedema，2001）。

　　在上述的每个研究中，在描述实验结果的轨迹时都没有提到意象。研究人员只是假设某种抽象的知识被激活了（例如，当一个人读到诸如"皱纹""灰色""睿智""衰老"等词时），并通过象征性的心理过程整合起来。然而，参与者在完成如整理单词以形成合乎语法的句子等任务时，实际上可能正在创造丰富的心理意象。这些心理意象不仅仅是简单的图像，而是反映了意象、躯体反应和意义之间复杂的相互作用。

很多关于意象的研究都集中在人们对物理事件的刻意想象上。想象我们周围物体的位置也依赖动觉活动。例如，一项研究要求人们记住房间里物体的位置（Presson & Montello，1994）。之后，参与者被蒙上眼睛，并被要求指出特定的物体。人们做这件事又快又准确。但是，当参与者被要求想象旋转90度并再次指向特定的物体时，他们反应缓慢且不准确。当参与者再次被要求蒙上眼睛实际旋转90度并指向特定的物体时，他们的速度和准确程度又恢复到旋转前的样子了。

在儿童身上也有类似的结果（Rieser & Rider，1991）。研究人员对5岁和9岁的儿童进行了测试，测试他们在家时想象教室的能力以及从不同角度指向物体的能力。当视角改变伴随着实际位置变化时，5岁的儿童有100%是正确的，9岁的儿童有98%是正确的。然而，当儿童们只是幻想改变视角时，5岁的儿童只有29%的正确率，9岁的儿童有27%的正确率。一个成年人对比组显示，当他们真正改变姿势时，他们有100%的反应需要不到2秒，而当他们想象视角改变时，只有29%的反应需要不到2秒。这再次表明，想象力的重要方面受到身体行为的影响。

人们也有能力想象他们的行为对环境产生的影响。在使用工具时，人们经常改变位置，例如当他们使用扳手拧螺栓时。一组研究专门探讨了以下观点：手部运动可以促进物体旋转的意象，但在某些情况下，便利化取决于人们对工具的塑造（Schwartz & Holton，2000）。与想象在没有身体运动的情况下旋转相同的物体相比，在没有视觉的情况下旋转物体会减少心理旋转的时间。第二项研究表明，从线轴上拉一根线有助于参与者对线轴上的物体进行心理旋转。总的来说，人们的形象转换并不依赖动作的客观几何特征。但是，人们的意象想象能力，取决于他们对调节运动动作的工具的主观建模和这种行为对环境的影响，以及他们如何将这种理解转移到新环境中。

这些具有代表性的发现说明了具身行动在人们如何随着时间的推移在脑海中想象自己的位置以及周围世界中物体的位置方面的重要性。因此，许多认知心理学家认为想象物体在空间中的位置纯粹是认知的并且与身体分离的任务，它会受到身体运动的强烈影响。总的来说，这些数据支持这样一个观点，即不同现实世界事件的心理意象均包含了具身性的信息。

一些研究表明，显性和隐性行为的心理表征在很大程度上是"功能等同的"（Hall，Bernoties，& Schmidt，1995；Vogt，1995）。例如，在与目标意象方向相同的情况下，在大脑中旋转手或拳头所需要的时间，与在身体上进行同样的旋转所需要的时间之间存在着密切的关系（Parsons，1987b，1994）。此外，人体在运动中的想象表征受到与限制真实运动的生物力学因素相同的限制（Kourtzi & Shiffrar，1999）。

计划某项动作不仅仅是隐蔽或公开的动作，而是具身行动和心理意象表现的共同要素（Salway & Logie，1995）。例如，约翰逊（Johnson，2000）的一系列研究结果表明，运动意象或心理模拟动作在人们对抓握的预期判断中至关重要（例如，人们对用木棒执行不同手部动作的判断）。人们似乎不是预先激活一个完整的运动计划，而是通过计划模拟的动作来提前思考他们的具身运动。

人们在心理上模拟自己将来可能采取的行动时，往往会高估自己的身体能力（Landau，Libkuman，& Wildman，2002）。在一项研究中，一组参与者被要求在心理上模拟举起一个重物（冰箱），然后估计他们能举起多少重量。另一组参与者在没有进行心理模拟练习的情况下，估计他们可以举起的重量。那些在心理上模拟举起重物的参与者比在没有模拟的情况下的参与者能够举起更多的重量。后续研究表明，事先多次在头脑中模拟举起 100 磅①重物等事件的参与者，与完成模拟次数较少的参与者相比，能举起更多的重物。此外，模拟举起更大重量的人，比想象举起更少重量的人估计能举起更多的重量。这些发现很好地表明，即使是对具身活动的简短心理模拟，也可以塑造人们预测未来身体表现的能力。

预测未来行动的结果似乎需要一定的能力来内在地表征情境模型，然后在这些表征结构的基础上得出结论。一项研究调查了人们关于想象行为的口头报告是否可以在不借助表征结构的情况下得到解释（van Rooij，Bongers，& Haselager，2002）。当参与者站在某处时，他们被递给不同长度的杆子，然后他们把这些杆子举成 45 度角。参与者的任务只是简单地说出他们是否可以用棍子触摸远处的物体。在一系列的实验中，展示给参与者的木棍要么是先长后短，要么是先短后长，或者是随机的长度。

判断一根杆子是否能到达一个物体，需要评估杆子的长度和一个人的身体能力（如一个人的姿势、身体前倾的能力、脚放在一个点上、手臂的长度等）。传统的表征理论认为，参与者必须通过一些内在标准来计算木棍长度、姿势可能性和估计与物体之间的距离。因此，成功的想象行动是建立在心理计算基础

128

---

① 1 磅=0.453 592 千克——译者注。

上的，这些计算改变了这些不同且独立的表征。

　　然而，一种动态系统的解释认为，个人行为最好在整个具身系统的层次上描述。这是一种自组织模式，是从子系统之间的相互作用中产生的。与所有关于人类表现的动态描述一样，这里的重点是在实验的不同序列中参与者行为的时间动态。微分方程被用来显示不同的势能函数是如何捕获参与者表现背后的长期动态的。这些潜在功能描述了一个吸引子景观，它反映了参与者在不同时间的相对稳定和不稳定的行为状态。范·罗伊（van Rooij）等考察了一个特定的双吸引子空间模型，该模型在实验的不同序列中再次对不同动态模式的相对频率做出了特定的预测（即从最短到最长、从最长到最短杆的呈现，以及随机呈现的不同长度的杆）。

　　事实上，范·罗伊等（van Rooij et al.，2002）的结果表明，有以下几种动态模式解释了参与者的表现。第一，在随机序列条件下，被试倾向于给出相同的分类反应。这种同化效应与系统倾向于保持其所处状态的动态观点是一致的。第二，杆长与回答"是"的概率成反比关系。当耦合序列从短杆到长杆而不是相反时，这种对比效应得到了强化，这正符合预期的结果，因为这里的多稳态区域相对较大。第三，在实验过程中，每个参与者的行为都不同程度地被观察到滞后、临界点和增强对比的三种动态模式。一般来说，这些数据与一个动态描述是一致的，其中参与者的想象行为来自控制参数（引导系统通过各种动态模式的参数）和控制整个系统的集体变量之间的相互作用。这些参数并没有内在表征，而是提供了一个"想象的风景"，这是整个具身系统的一种涌现属性。范·罗伊等认为，因为必须整合不同的内部机制，而这些机制通常是为每个发现而假设的，所以我们很难想象传统的表征理论是如何解释参与者在任务行为中观察到的动态模式的（即在单一机制内整合滞后和增强对比的问题）。尽管如此，参与者表现的复杂模式可以用一个更普遍的自组织行为动态学模型来解释。就目前的目的而言，一个动态模型也适当地承认了身体在认知行为中的作用，例如用来暂时想象不同的人类行为的作用。更广泛地说，这项工作展示了人类行为的动态学模型是如何扩大到解释高阶认知行为的。

二、心理意象中的运动过程

　　人们能够在心理上想象他们的身体在行动，有时在想象现实世界中的物理事件时会使用他们的具身体验。这并不令人惊讶。但是，有一些非常有趣的研究更直接地探索了运动过程和视觉心理意象能力之间的联系。例如，在库珀和

谢帕德（Cooper & Shepard，1982）的经典测试中，心理意象的转换依赖运动
过程（Wexler et al.，1998；Wohlschlager & Wohlschlager，1998）。"视觉运动
预期是驱动心理旋转的引擎。"（Wexler et al.，1998：79）类似的机制可能是
视觉意象转换和具身运动产生/控制的基础。

　　韦克斯勒等（Wexler et al.，1998）通过要求参与者旋转手持操纵杆，使其
朝着与心理意象方向一致或相反的方向旋转，研究了心理旋转和运动过程之间
的关系。在进行主要实验任务之前，参与者进行了操纵杆旋转任务的练习。在
操作操纵杆时，一个视觉通道使参与者无法看到自己的手。参与者练习以两种
特定的速度（45 度/秒或 90 度/秒）顺时针和逆时针方向旋转操纵杆，直到他们
熟练地完成任务。

　　在这项主要实验中，参与者同时进行了一项心理旋转任务和一项运动旋转
任务。心理旋转任务使用二维方块图，其中一个数字在显示屏的顶部显示了 5
秒。紧接着，一个箭头短暂地显示出来指示第二个图形将出现在哪里。随后出
现第二个图形，它要么是原始图形的旋转（角度不同），要么是原始图形的镜
像反射（在其垂直轴上翻转 180 度）。参与者必须指出第二个图形是否与第一
个图形相同（只是旋转了一下），还是第一个图形的镜像。在进行运动任务时，
参与者被要求在心理旋转任务中初始图形出现的同时开始旋转操纵杆（按照指
定的方向和适当的速度）。操纵杆的旋转一直持续到参与者在心理旋转任务中
做出反应为止。

　　这项研究的主要发现是"顺时针运动旋转促进了顺时针心理旋转，阻碍了
逆时针心理旋转，反之亦然"（Wexler et al.，1998：86）。当心理旋转与运动
旋转方向相同时，心理旋转速度比两个旋转方向相反时快。运动旋转速度也影
响心理旋转速度。人们通常会在进行心理旋转任务的各种实验中通过练习来加
快执行速度。然而，在这项研究中，在第一次实验中以快速的运动速度完成实
验，然后在第二次实验中以缓慢的运动速度完成实验的那些人，却并没有这样
的表现。与第一阶段相比，第二阶段参与者的心理旋转速度略有下降，这表明
心理旋转速度和运动旋转速度之间存在紧密联系。总的来说，韦克斯勒等
（Wexler et al.，1998）的研究结果，支持了心理旋转和运动旋转之间存在着紧
密且动态关系的观点。

　　关于心理意象和运动过程之间联系的另一个证据来自一些研究。这些研究
表明，在反映原始视觉场景内容和空间安排的视觉意象中，会发生自发的眼球
运动（Brandt & Stark，1997；Laeng & Teodorescu，2002）。眼球运动似乎在
心理意象的过程中有着重要的功能性作用，在激活和安排复杂场景的各个部分
到其适当的位置上可能特别重要。

　　心理意象必须涉及动觉体验的一个原因是，先天失明者完全有能力形成意象表征（Zimler & Keenan，1983）。不同的实验研究表明，先天性失明的参与者表现出典型的心理旋转、心理扫描和尺寸/检查时间效应（Carpenter & Eisenberg，1978；Marmor & Zaback，1976）。这些效应的强度有所减弱，并且总体上比有视力的人要慢，但这种作用模式表明视力正常和先天失明的人都是相似的。鉴于盲人参与者无法完成纯视觉任务（Arditi，Holtzman，& Kosslyn，1988），先天失明参与者的一系列实证研究结果显然是由于这些人的触觉/动觉或触觉意象。盲人对物体和空间关系的触觉理解来自他们主动的、探索性的身体运动。大多数情况下，盲人和正常人的触觉能力都受到触觉、本体感受和运动皮层参与之间复杂协调的制约。盲人提供的大量意象证据明显否定了这样一种观点，即心理意象必然是视觉意象或空间意象（Intos-Peterson & Roskos-Ewoldsen，1989）。

　　这些发现表明，我们没有理由相信视觉表征对于心理意象是必要的。在处理视觉表征时，可能存在两个解剖学上截然不同的皮层系统（一个用于表征物体的外观，另一个用于表征物体在空间中的位置）（Farah et al.，1988）。一项神经学病例研究显示，一名因车祸而脑损伤的患者在视觉识别方面存在若干缺陷，但他在大多数空间心理意象任务上表现正常（Farah et al.，1988）。

　　许多神经心理学研究支持这样一种观点：即使在没有身体运动的情况下，隐含在具身行动中的基本过程也会被激活。例如，在脑成像研究中，尤其是使用正电子发射体层成像进行的研究表明，即使在没有身体运动的情况下，当人们从事各种心理活动时，感觉运动皮层也会被激活，比如，从判断想象动作的意义到使用不同的记忆策略（Decety et al.，1994）。其他正电子发射体层成像研究则发现，大脑皮层的特定区域不仅在人们想象自己做不同的身体运动时会被激活，而且当人们说出工具的名字时也会被激活（Martin et al.，1996）。镜像反转形式（如两只手）之间的视觉区分会导致额叶运动皮层的强烈激活，无论是当人们想象到手的运动还是实际进行手的运动时（Parsons et al.，1995）。额叶运动皮层甚至在某人观察他人移动自己的手时也会被激活（Rizzolatti，Fogassi，& Gallese，1997；DiPelligrino et al.，1992）。顶叶皮层的损伤会严重影响人们预测运动动作的结果，以及参与心理想象任务的能力（Georgopoulos et al.，1989）。

　　神经影像学研究随后发现，当人们在心中旋转多臂块状物（multiarmed block-like objects）的图像时，大脑的后顶叶区域会被激活（Kosslyn，DiGirolamo，& Thompson，1998）。当人们在心中旋转手的图像时，其他大脑区域（如部分运动皮层）也会被激活（Kosslyn et al.，1998）。这些发现表明，人们可以通过想象外力的后果，或通过想象用自己的双手操纵物体的后果来旋转心理意象中的物体。因此，心理旋转仅在所涉及的力是内生时才涉及运动过程，而在旋转力是外生时不涉及运动过程。

现在大多数学者都认为，在感知和想象过程中激活的运动过程始终是明显运动中激活的运动过程的一个有限子集（Ellis，1995；Ramachandran & Hirstein，1997）。不过更普遍的情形是，各种行为和神经影像的发现表明，当感知或想象的物体被以行动导向的术语概念化时，运动元素就会被吸收。

人们已经提出了几种模型来说明，人们通常能够正确地想象他们的身体如何在空间中运动，更普遍的是想象运动对物体行为的影响。讨论最多的模型是"运动表象理论"（Jeannerod，1994，1995）。在这种观点下，意象是一种正在进行的无意识前行为计划的有意识体验。如上所述，对人们体验心理意象是否一定要有完整的行为计划，一直存在着一些争议（见 Ito，1999）。另一种"意象计划假说"提出，当一个人在心理上转换体感表征时，便会调用心理意象，以便在执行之前预测即将发生的行为的结果（Rosenbaum，1991）。

一种"意象的动态（描述）模型"承认了力动力学在解决物理意象任务中的重要性（Schwartz，1999）。支持这一观点的研究包括研究自我运动（Parsons，1987a，1994）、生物运动和摩擦（Hubbard，1995）、动量（Freyd & Johnson，1987），以及判断水在倾斜玻璃杯中的行为（Schwartz，1999）的工作。这一观点的一个计算实例是关于人们如何表征特定于环境的动态信息，包括基于速率的物理特性表征，如摩擦、弹性和平衡（Schwartz & Black，1996），以及我们如何清楚地体验和感知我们的身体。除此之外，这个模型捕捉了人们如何在心中想象一个物体对另一个物体运动的反应速度和方向。不出所料，人们会用非常人性化的方式将物体相互碰撞时的反应概念化。米肖特（Michotte，1963）在他的经典研究中观察到，人们会用物体与人接触时的行为来描述物体的碰撞（例如，"A 踢了 B 一脚，把他踢飞了"）。正如下面将要讨论的，许多心理意象现象，包括人们如何想象非人类物体的运动，均是通过人们反复出现的具身体验来直接理解的。

"知觉活动理论"是一个明确旨在解释心理意象的感觉运动方面的议题（Thomas，1999）。在这一观点下，心理意象并不被认为是知觉的最终产物（也就是说，没有特定的内在图像或对某些刺激的描述）。然而，心理意象与环境中正进行的知觉/运动探索密切相关。当一个与当前环境探索不直接相关的意象暂时控制了身体的探索装置时，人们就会产生心理意象的现象学经验。

知觉活动理论解释了各种传统的心理意象发现（Thomas，1999）。心理扫描与现实世界的视觉扫描相似，在较大的视角下进行扫描比在较小的视角下进行扫描需要更长的时间。当手和眼的运动被抑制时，模式启动和控制这些运动的失败尝试，仍然会导致与现实世界扫描相似的时间过程。尺寸/检验时间效应的出现，使得视觉场景中较小的细节比在较大的细节需要花费更长的时间来辨认，部分原因是人们必须缩小注意力，集中或靠近目标物体才能感知到较小的细节。当人们试图在脑海中寻找更小的细节时，靠近物体或缩小视觉焦点到小细节上所需的额外时间也会增加处理的工作量和时间。如上所述，心理旋转效应与运动过程紧密相连，因此，我们对一个物体的心理旋转，类似于在我们手中实际转动它（Kosslyn，1994）。

最后，一些学者认为，有意识的心理意象增强了人们在各种感知运动和认知任务中的表现（Marks，1999）。按照这种观点，心理意象同样不是某种特定认知过程的最终产物，而是为思考、解决问题、记忆和想象提供了基础，尤其是在人们计划如何行动方面。例如，牛顿（Newton，1996）声称，意向心理状态是目标导向的动作片段的意象，是对外部刺激的反应。我们对感觉运动意象的许多意识体验反映了这些潜在的心理状态。因此，有意识的意象对于人类行为的计划必不可少（Marks，1999），而具身运动为有意识的体验提供了基础（Sheets-Johnstone，1998；第九章）。由于这个原因，一些学者甚至认为人们有意识地准备行动和他们对这种行动的想象是很难区分的。总的来说，越来越多的研究者现在提出了运动意象与视觉和听觉意象不可分离的可能性（Klatzky，1994）。

三、心理意象是从大脑中产生的吗？

前面提到的神经影像（neuroimagining）研究表明，运动皮层在许多心理旋转任务中会被激活。将不同的大脑区域与在不同的认知任务上的表现相关联，可能指向如心理意象等基础的神经机制。实际上，科斯林（Kosslyn，1994）声称，神经科学数据解决了许多关于心理意象的本质和功能的传统争论。科斯林、汤普森、雷格和阿尔伯特（Kosslyn，Thompson，Wraga，& Alpert，2001）最近发表了另一项神经影像研究的结果，该研究证实了不同的神经机制构成了想象物体旋转的不同方式。在这项研究中，参与者要么首先观看电动马达旋转角度物体，要么实际手动旋转物体。之后，当参与者进行旋转任务时记录下神经影像，在这个任务中，他们比较了两对不同方向的物体。参与者被特别要求想象物体的旋转，就像他们刚刚看到物体旋转一样（由电动马达或自己的手完成）。结果表明，运动皮层只有在参与者想象旋转是他们自己手动活动的结果时才会被激活。科斯林等（Kosslyn et al.，2001）认为，这些发现支持了存在定性不同物体旋转的想象方式，可以根据任务的不同而自动采用不同的方式。

　　然而，我拒绝得出这些结论，尤其是简单地将意象还原为大脑状态，而忽略了身体的其他部分和身体活动。首先，研究人员因为对特定的假设感兴趣从而假设存在不同的神经机制，但忽略了其他可能影响人们成功完成某些实验任务的因素。例如，科斯林等（Kosslyn et al.，2001）发现，只有当参与者第一次旋转一个物体时，运动皮层才会激活，而当参与者观察到一个电动机旋转同一物体时，运动皮层就不会激活。但他们也发现，在这些不同的实验条件下，大脑的许多其他区域也有活动，包括最保守的区域 4、6、7 和 9（根据更自由的统计测试，18、19、37、45/47 和 47 区域也有显著的活动）。为什么这些区域的激活不被认为是心理旋转任务中多种机制运作的证据？研究人员往往把注意力集中在似乎支持他们假设的数据上（例如，有不同的神经机制负责心理旋转），而忽视了解释数据的其他方法（例如，心理旋转的"机制"可能和大脑活动的区域一样多吗？）。值得赞扬的是，科斯林等评论道："我们认识到，一些研究者可能有特定的假设，这些假设与我们预期的激活差异区域以外的区域有关。"（Kosslyn et al.，2001：2522）然而，声称只有当人们第一次手动旋转物体时运动机制才会发挥作用，这极大地简化了大脑、身体和世界在心理意象过程中相互作用的复杂性。

　　更一般地讲，这里有几个具体的理由来质疑心理意象是否仅仅是作为神经过程的输出而产生的。首先，不应将某些大脑区域的激活与不同实验任务行为之间的相关性解释为心理的独特神经甚至认知"机制"的证据。根据不同的行为模式和大脑记录数据，心理学家往往急于假定存在不同的"机制"。然而，行为和大脑数据的不同模式可以很容易地理解为分布式心理过程（Rumelhart & McClelland，1986）、完整过程（Pribram，1991），或非线性动态相互作用（Kelso，1995；Port & van Gelder，1995）。

　　认知和神经心理学中对传统意象研究的问题在于，它主要将心理意象视为内在的心理表征，而这些表象可能植根于大脑的不同区域。但是，激活神经结构并不能产生心理意象的体验，即使对于大多数认知心理学家研究的相对贫乏的心理意象也是如此。心理意象有一种特殊的"感觉"，这种感觉只有在动觉体验的背景下才有意义（Damasio，1999）。在大脑机制中寻找心智的"圣杯"隐藏了一种微妙的二元论形式，即身体成为执行大脑指令的工具。但是，正如许多学者现在认为的那样，我们拥有的特殊大脑及其独特的神经组织，是由我们拥有的身体以及我们在现实世界中继续执行的动作决定的（Freeman，2001；Kelso，1995；Lakoff & Johnson，1999）。在这种观点下，大脑并不是意象体验的唯一潜在原因。心理意象源自整个人持续行为的神经和躯体活动。

心理意象是一个整体人的活动，这一观点为许多认知和神经心理学家所采用的心理意象"心理模拟"视角描绘了一幅不同的图景。按照贝尔托（Berthoz，2000）的想法，我特别主张"模拟"应该被"模拟器"的观念所取代。让我们先考虑以下情境，一位气象学家创建了计算机模拟美国东部沿海飓风的路径。这个模拟很好地反映了这个天气系统的各种拓扑关系，甚至可以用来预测实际的飓风行为。在某种程度上，包括心理意象过程在内的认知计算机模拟，均类似于气象学家对飓风行为的模拟——它们捕获了有关在特定表征上，执行一组操作的形式特征的相关信息。

一个更好的模拟观念是一个实际的"模拟器"（Berthoz，2000）。与对行为的计算机模拟（例如，神经网络或任何符号计算设备）不同，模拟器提供了一些接近真实感觉的东西，比如驾驶飞机。在我们看来，心理意象是一种行为的模拟器，它基于的是一个人可能参与的现实行为和潜在行为。作为模拟器，心理意象则提供了一种动觉感觉，它不仅仅是某种抽象计算机器的输出，同时也提供了有质感和三维深度感的全身体验。认知心理学传统上把重点放在视觉表象上，而忽略了其他感官和动觉领域，这有时会让人误以为心理表象完全在"心之眼"中，而不需要身体其他部位的太多参与。

但是，正如达马西奥（Damasio，1994，1999，2003）长期以来所主张的，我们对自己的躯体感觉系统有一种持续的意识。达马西奥注意到，大脑不断地从身体的自主过程中接收反馈信号，他认为这种反馈为我们提供了一种对自身躯体感觉系统的持续的后台意识。这种低水平的意识类似于为我们的普通意识着色的情绪："身体感觉是连续的，尽管人们可能很难注意到它，因为它表征的不是身体中任何东西的一个特定部分，而是身体中大多数事物的整体状态。"（Damasio，1994：152）尽管达马西奥在他的"躯体标记假说"中主张，人们将某些躯体感觉标记为积极或消极，但这些感觉更为复杂，通常被认为是我们想象的焦点对象的属性。我们对这些体感（somatosensory sensations）的"标记"使我们能够指代身体外部的事物（例如，当我们比较心理旋转任务中两个方向不同的物体时），也可以指代我们体内的东西（好像这个物体已经被注入我们的身体内）。心理意象体验通常同时保留着这些客观和主观的成分。

格鲁斯（Grush，2004）认为，仅仅通过运动规划或仅仅激活运动皮层来进行的模拟远不足以解释意象。他提倡一种"仿真理论"，这个理论采用了肌肉骨骼系统的仿真，输出运动中心产生的意象驱动着这种仿真。以此类推，运动意象就像飞行员坐在飞行模拟器中，飞行员发出的指令（手和脚的动作）被飞行模拟器转换成人造的感官信息（仪表读数），这本质上是对飞机的模拟。因此，与模拟理论相比，意象模拟理论更强调本体感受和整个身体环境中的动觉动作。仿真将对象和环境表征为以某种方式参与的事物，而不是将它们与有机体在环境中的作用分开来看待。

怎样才能描述大脑、身体和真实世界中物体/事件之间的这种相互作用，就像仿真理论所建议的那样？我对心理意象的看法是，最好以一种"生成"（enactive）的认知科学方法来理解它。再者，动态系统最重要的特征是，心理意象作为复杂的、自组织系统中"涌现"的一般特征而出现。神经系统、身体和环境是高度结构化的动态系统，在多个层次上相互耦合。通过自组织的涌现有两个方向（Thompson & Varela，2001）。首先，存在着局部到全局的决定，或者说是向上的因果关系，由此产生了新的过程（如独特的意象体验），这些过程具有自己的特征以及与思维和语言的其他方面的相互作用。其次，存在全局到局部的确定，或向下的因果关系，即系统的全局特征控制局部神经的相互作用。将心理意象视为一种涌现现象，表明它可能对基底神经集合产生因果效应。这种双向因果相互作用还没有在心理意象本身上得到实证证明，但各种研究都揭示了不同意识行为和神经事件之间的相似互惠关系（Freeman，2001；Thompson & Varela，2001；见第八章）。

神经动力学和有意识的心理意象体验之间的关系，可以用神经过程参与构成一个人生命的"操作循环"来描述。有三种循环是最相关的（Thompson & Varela，2001）：整个身体的有机体调节循环，有机体与环境之间的感觉运动耦合循环，以及主体间相互作用循环包括对行为的意图意义的认识和语言交际。弗里曼（Freeman，2001）很好地描述了这些不同的循环是如何合作产生"生物学意义"的。他指出："有意义的状态是指神经系统和身体的一种活动模式，它的焦点是生物体的状态空间，而不是大脑的物理空间。随着意义的改变，焦点也会改变，形成了一个跳跃、摆动、编织的轨迹，就像夏日夜晚萤火虫的路线。每种动态要素包括大脑中的脉冲和波、肌肉的收缩、骨骼系统的关节角，以及自主神经内分泌系统中细胞的分泌物。意义来自神经鞘膜神经元之间的整个突触连接，它们的触发区的敏感性由神经调节器决定，并在较小程度上影响身体其他部分的生长、形成和适应。运动员、舞者和音乐家的技能不仅存在于他们的突触中，也存在于他们的四肢、手指和躯干中。"（Freeman，2001：115）

我强调心理想象的动态描述，主要是因为我希望不仅仅将心理想象简化为神经活动状态。当然，这并不能否认大脑在心理意象以及其他认知功能中发挥的关键作用。但是，认知科学家需要认识到，意象是如何与感觉运动的感知或者整个"身体-循环"相伴的（Damasio，1994），这赋予意象体验丰富的现象性。动态解释暗示了人们在从事各种活动时，是如何短暂地体验这些有意义而且形象的状态的，这些状态清晰地体现在大脑中，而不是仅仅封闭在大脑中。

四、意象图式和心理意象

最近关于运动活动和意象活动之间相似性的实证工作和理论，如何与对人类思维和语言的更广泛的观点相联系？在本节中，我提出了一个观点，即最近关于心理意象的动觉性质的发现和理论，很好地符合了在思想和语言的具身基础上的一组不同的发展（见第四章）。我阐述了这些想法，展示了它们是如何具体应用于传统的心理意象发现的，并提出了更全面的观点，即高阶认知的具身基础。

约翰逊（Johnson，1987）和拉考夫（Lakoff，1987）首先指出了关于心理意象的认知心理学研究与意象图式的可能相关性。他们都描述了一些关于心理意象的研究，这些研究均支持意象图式及其转换在认知功能中起着重要作用的观点。约翰逊（Johnson，1987）认为，关于心理意象选择性干扰的几项研究（Brooks，1968；Segal & Fusella，1970）为意象图式提供了证据。因此，人们似乎能够通过动觉或言语报告等多种渠道访问某些认知模式，无论是回忆口头信息还是视觉意象。此外，拉考夫和约翰逊都声称，关于心理旋转的经典研究（如 Cooper & Shepard，1982）也为支持意象图式及其转化提供了证据。正如约翰逊从他对心理旋转数据的讨论中得出的结论："我们可以对类似于空间操作的意象图式进行心理操作。"（Johnson，1987：25）（也就是说，我们在想象中快速旋转物体，是因为我们的身体体验到用眼睛、手和其他身体部位旋转物体。）换句话说，经验数据表明，意象图式具有动觉特征，因为它们不与任何单一的知觉模态绑定。

139   我们在心理上旋转意象的能力，真的反映了意象图式的运作吗？要回答这个问题，必须非常清楚认知心理学家研究的心理意象和意象图式之间的区别。意象图式比普通意象更抽象，它由动态的空间模式组成，这些空间模式构成了现实具体意象的空间关系和运动基础。传统上，心理意象被视为暂时的表征，而意象图式则是具身体验的永久属性。最后，意象图式是主观感受到的身体体验的涌现属性，而心理意象则是更费力的认知过程的结果。例如，研究表明，一些心理意象可通过将意象的各个部分组合在一起而产生（见 Finke，1989）。

尽管存在着这些差异，但心理意象和意向图式之间也有一些有趣的相似之处，这使得对心理意象的研究尤其有助于我们对心理意象的具身基础的探索。

一项来自对表征动量（representational momentum，RM）的研究，专门指出了意象图式的作用及其在心理功能中的转变。RM 一词由弗雷德和菲克（Freyd & Finke，1984）创造，指的是物理动量的一种内在表征。有各种实验研究了 RM 的不同方面。研究 RM 的典型范例是，对一个物体（通常是一个简单的形状或一个点）进行一系列的静态图像展示，这些图像在一个方向上线性移动或旋转，这被称为诱导刺激。然后给出图像的最终目标位置，并要求参与者确定该目标图像的位置是否与对象的第三个静态图像相同。人们在 RM 任务中的参与涉及他们在想象中跟随移动物体的路径，然后将注意力集中在它将停下来的地方（路径-焦点到端点-焦点意象图式转换的一个例子）的能力。

　　RM 研究的一个经典发现是，参与者对其所经历的隐含运动物体最终位置的记忆会朝着运动的方向移动。例如，如果参与者观看一个看似在旋转的物体的图像，然后他们要记住这个物体的最终位置，那么他们通常会报告物体的最终位置比实际旋转的位置更远。同样的效应也适用于线性运动的物体。这种效应最初发现于旋转物体（Freyd & Finke，1984），后来扩展到线性运动物体（Finke & Freyd，1985）、向心力与曲线动力（Hubbard，1996）和螺旋路径（Freyd & Jones，1994）。如果参与者观看一个物体的图像，这个物体看起来是沿着一条直线运动的，然后他们被要求记住这个物体的最终位置，他们报告的最终位置要比物体的实际位置更远。

　　RM 效应不是由明显的运动引起的，因为将静态图像之间呈现的时间延长到 2 秒后仍然会产生 RM 效应（Finke & Freyd，1985）。RM"反映了视觉系统中物理动量原理的内在化"（Kelly & Freyd，1987：369）。事实上，我们确实已经在 RM 中发现了现实世界中物理动量的许多特征。例如，诱导刺激的表观速度会影响 RM（Freyd & Finke，1985；Finke，Freyd，& Shyi，1986）。与慢速移动的物体相比，参与者对快速移动物体最终位置的记忆在其路径上的位移更大。诱导刺激的明显加速也会影响 RM，因为似乎正在加速的物体会产生更大的记忆位移（Finke，Freyd，& Shyi，1986）。此外，超出真实世界动量预期的位移不会产生 RM（Finke & Freyd，1985）。如果对象的目标图像处于与诱导图像序列中"下一个"位置相对应的位置，或者在路径或旋转方向上甚至比"下一个"位置更远，则 RM 效应就会消失。

　　此外，水平运动的记忆位移大于垂直运动的记忆位移（Hubbard & Bharacha，1988）。这可能是由于在我们的环境中水平运动占优势。重力也会影响 RM（Hubbard & Bharacha，1988）。向下移动的物体比向上移动的物体沿其移动方向的位移更大。如果一个物体水平移动后消失了，参与者会一致地将其消失点标得比实际位置低。上升倾斜运动也会产生相同的结果。有趣的是，

140

倾斜下降运动通常会在实际消失点上方产生位移。这些结果表明内在环境限制了动量。上升的东西会下降，下降的东西比上升的东西下降得更快，线性移动的东西通常朝着地面下落，而倾斜的东西通常沿着地面水平移动。相对于简单地表征物体具有动量的运动，RM 似乎要复杂得多。

最后，重要的是，RM 效应不仅在视觉刺激中被发现，而且对听觉刺激也有影响（Kelly & Freyd，1987；Freyd，Kelly，& DeKay，1990）。对音乐音高的研究表明，一系列的诱导音调，无论是音调的上升还是下降，紧随着一个比第三个诱导音调高或低的目标音调，都会产生与视觉刺激相同的 RM 效应。这种听觉 RM 效应似乎不仅仅与视觉 RM 效应相关，而且更与视觉 RM 效应抽象地相关（Kelly & Freyd，1987）。

141 　　视觉和听觉 RM 数据的许多方面都可通过意象图式及其转换来解释。首先，当人们观察到物体从起始位置沿着某条路径朝着设想的目标移动时，**源-路径-目标**意象图式必须作为 RM 关键方面的基础。**源-路径-目标**图式必须是最基本的意象图式之一，它产生于我们的身体体验和与世界的感性相互作用（即注意身体任何部分移动到某个物理物体或位置的所有动作）（见第四章）。除了**源-路径-目标图式**之外，**动量**可能也有一个特定的图式。当我们在视觉或听觉上遇到 RM 任务中的诱导刺激时，存储的动量表征都不会被激活。相反，我们使用由我们的思想、身体和我们的环境共同导出的动量的意象图式，来期望下一个刺激在路径、旋转或音阶上更进一步。仅使用**路径**意象图式或**沿着轨道**意象图式不会发生这种期望。这些可能提供了一个移动或旋转物体将要穿过的方向，但是它们不能解释物体在动量作用下移动距离的预期值。然而，动量图式说明了可视化 RM 的具体定量方面。我们的经验告诉我们，物体移动得越快，其动量就越大，因此当对其施加制动力时，它移动的距离也就越远。此外，动量作为意象图式的概念，也解释了 RM 的交叉模态方面。我们从看到动力、听到动力和感觉动力的经验中，抽象出那些共享的或彼此相似的方面。因此，我们在听觉 RM 和视觉 RM 中得到了同样的效果，尽管它们在环境中并不总是相关的（Kelly & Freyd，1987）。

　　视觉 RM 和听觉 RM 的研究，也可用来推测动量是如何通过意象图式转换而产生的，如**地标、路径、阻塞、消除阻塞**和**目标**（关于这些图式的具身证据，见 Johnson，1987）。像这样的意象图式转换将以下方式在 RM 中发挥作用。首先，当我们立即关注一个对象时，我们会调用地标意象图式。当物体移动时，我们将地标意象图式转换为路径意象图式，因为我们的注意力现在额外地集中在地标的路径上。这被称为**地标-路径**意象图式转换。其次，当移动对象消失时，我们将调用**阻塞**意象图式。当出现目标刺激时，此意象图式被转换为**阻塞**

意象图式的消除。这种转换被称为**阻塞消除**意象图式的转换。最后，为了确定运动物体的端点，假设它是一个路标，沿着遇到阻塞的路径运动，阻塞随后被移除，我们将**源-路径-目标**意象图式转换为**动量**意象图式，然后再转换为端点焦点或目标意象图式。如果没有遇到任何障碍，这将为我们提供有关物体可能位置的信息。

在 RM 任务中，人们使用意象图式转换提供的位置与目标刺激进行比较。如果我们的预期位置与不同的意象图式和目标刺激相匹配，我们就会做出积极反应。然而，正如 RM 文献所表明的，我们经常错误地认为，沿路径更远的目标位置正确地指示了物体的位置。这个错误是由**路径-终点-焦点**意象图式转换产生的。这种转换为我们提供了有关对象的信息，该对象应以某个速度、沿某个方向移动并遇到障碍，然后被移除。如果我们只是依赖记忆中关于物体最近意象的实际位置信息，我们就不会犯这些错误。

总之，尽管心理意象和意象图式之间存在显著差异，但有充分证据表明心理意象存在空间、动觉和视觉表征。这一结论与知觉/身体体验的不同模式会产生具有类似性质的认知图式的观点相当一致。因此，从某种程度上说，人的心理意象反映了身体各种形态的运作和动觉特性，心理意象的实验结果支持了意象图式在知觉和认知的某些方面发挥重要作用的观点。

第二节　记　忆

在传统的研究中，记忆好像是大脑中一个功能独立的存储设备，它包含的信息大多以抽象的符号形式来表达。大脑中可能存在不同的记忆系统，如短时记忆和长时记忆，以及不同的内容，如语义信息和情境信息。但是，除了一些"程序性"的信息（如如何系鞋带的知识），传统观点认为，记忆是由离身的抽象符号构成的。

一、记忆作为具身行动

最近的许多研究表明，记忆和记忆过程也同样是基于具身活动的。想象一下，你正在厨房里准备烤蛋糕所需的材料（Cole，Hood，& McDermott，1997）。你无须准确地记得每一种配料在你橱柜里的确切存放位置，因为你可以简单地走到橱柜前，翻动里面的东西，直到找到每一种必需的配料。外部世界（即橱柜）可能会代替记忆完整表征的成分和存储位置的存储代码。这个橱柜甚至可以让你不用在记忆中检索制作蛋糕所需所有配料的详细清单。因为我们知道，任何需要的东西都可能在柜子里找到。不仅仅是柜子的存在使得这些环境结构部分地接管了重要的信息处理。而且，当我们把配料推到一边时，我们在橱柜里的翻动使我们能够弄清楚烤蛋糕究竟需要些什么。

当然，橱柜可能只是记忆的外援，而不是记忆的认知过程的一部分。然而，对记忆内部和外部进行严格区分就不那么引人关注了，因为记忆是由内部表征和对环境结构的操纵组成的。

以专业调酒师为例。面对嘈杂拥挤环境下的多份饮料订单，这位专业调酒师以惊人的技巧与准确性调配和分发饮料。他的这种表现的基础和依据是什么？这一切是否都源于精细的记忆和运动技能？比较新手和专业调酒师的研究表明，专业技能涉及内部因素和环境因素之间微妙的相互作用（Beach，1988）。专业调酒师会在订货时选择和排列形状独特的玻璃杯，然后他们使用这些持续的线索来帮助回忆和排列具体的顺序。因此，在使用统一玻璃器皿的测试中，专业调酒师的技能直线下降，而新手的技能并不受任何此类操作的影响。专业调酒师已经学会了改变工作环境，以简化身体在行动中面临的任务。

显然，我们的具身体验使我们易于记忆。有一种理论提出，记忆的主要功能是将环境中可投射属性（如一条路径或一只杯子）的具身概念，与提供非投射感知的具身表达相结合（Glenberg，1997）。这种网状概念化用于控制三维环境中的动作。例如，人们回忆房间里的物体是基于观察者在房间里走动时物体之间的物理距离，而不是基于物体的语义相关性。另一项研究则让攀岩者在一个比例模型上，复制他们刚刚攀爬过的一面攀岩墙的 23 个支点位置和方向（Boschker et al.，2002）。老练的攀岩者比新手能正确地记住更多的抓点。但是，与只报告墙的结构性但非功能性方面的新手相比，攀岩老手们还专注于墙的功能性方面（即其承受能力）。人们对地点的记忆是建立在他们的具身体验之上的，这是一种感知的符号形式，而不是某种抽象的、模态的、图式的表征。

144 　　　另一组研究通过让参与者阅读并记住与从特定角度观看场景相对应的空间布局来证明这一点（例如，在酒店场景中，"在你的左边……你看到闪烁的室内喷泉"）（Bryant & Wright，1999）。物体分别位于想象场景中参与者的上面、下面、前面、后面、左边和右边。在设想了一个场景之后，研究人员会测量参与者定位一个特定物体所花的时间。一方面，鉴于这些物体在之前已经被参与者无差别地牢记，人们可能会认为检索时间与位置无关。另一方面，定位一个物体所需的时间，可能与一个人在心里找到这个物体所需要做的心理检索程度相对应。但结果显示，人们对位于头/脚的轴的物体反应最快，其次是前/后轴，最后是左/右轴。参与者使用的"空间框架"对环境不对称（如重力）

和身体不对称（我们通常关注眼前的事物）非常敏感。检索过程在某种程度上明显受到具身体验的限制。

当然，环境信息可以被抑制，从而使概念化以此前的经验为指导，这是对记忆有意识的使用。闭眼或望着蓝天是一种通过消除通常会干扰思维过程的可投射属性来帮助抑制环境的行为。研究表明，人们在处理难度中等的记忆任务（而不是简单的任务）时，会转移目光，这种行为可以提高记忆的准确性（Glenberg，Schroeder，& Robertson，1998）。这种抑制环境信息的能力有助于预测、记忆体验和语言理解。

二、工作记忆

工作记忆是一种短时记忆，其功能是临时存储完成特定任务所需的信息，包括推理、问题解决和语言理解。一个经典模型认为工作记忆有三个组成部分：语音回路、视觉空间速写板和中央执行器（Baddeley，1986；Baddeley & Hitch，1974）。但最近的一些研究表明，工作记忆也反映了不同的具身能力（Carlson，1997；Glenberg，1997；Wilson，2001）。

言说是一种可在不同的情况下促进或阻碍对语言材料记忆的身体活动。例如，涉及语音的搜索任务会破坏对口头信息的短时记忆（Baddeley，1986）。当然，说话的连续性也是一个原因，当人们必须按序列顺序回忆语料时，公开或隐蔽的语言预演就显得尤为重要（Healey，1982）。其他研究表明，口头语言的短时记忆跨度取决于发音所需的时间。因此，汉语和英语使用者的记忆跨度不同，因为在这些不同的语言中，相同的单词发音所需的时间不同（Stigler，Lee，& Stevenson，1986）。跨语言的差异也存在于个体之中。在一项对威尔士语和英语双语者的研究中发现，在相同的参与者样本中，英国人的记忆广度比威尔士人要大（Ellis & Hennelly，1980）。

发音率的差异也可以解释手语和口语之间记忆广度的巨大差异。使用美国手语（American Sign Language，ASL）的听障参与者通常具有大约四个项的记忆跨度，而口头演讲者大约有七个项（Wilson & Emmorey，1997；Wilson，Iverson，& Emmorey，2000）。跨度上的差异似乎反映了说者和手语者在发音时间上的差异（Marschark，1994）。

身体姿势序列和空间运动序列的工作记忆表现出与语言即时记忆相同的特征。因此，工作记忆中的感觉运动演练并不局限于口语。在口头演练听到数字的同时，教参与者连续敲击对应于不同数字的适当手指，可以增强他们对数

145

字的短时记忆广度。其他研究表明，在复制区块图案的任务中，眼球运动减轻了工作记忆的负担并促进了快速、准确的表现（Ballard，Hayhoe，Pook，& Rao，1997）。

许多研究探索了在想象路径上放置信息的显性运动和记忆之间的关系。例如，巴德利和李伯曼（Baddeley & Lieberman，1980）让参与者想象一个 4×4 的方阵图案。然后，参与者被要求沿着矩阵周围的路径，去想象把连续的数字放在一系列相邻的正方形中。在描述完"数字路径"之后，参与者被要求口头回忆重现想象路径所需要的一系列想象动作的序列。在一项实验中，参与者被蒙上眼睛，然后给他们一个手电筒，让他们跟着摆动的钟摆做运动。一个声音会表明手电筒在哪里。因此，参与者要同时执行两项不同的任务——在脑海中生成一条路径的意象，并用节拍器及时地前后移动他们的手臂。心理意象任务只涉及听觉输入和声音回忆，而运动任务则涉及音调的听觉反馈和手与臂的受控跟踪运动。这两项任务都不涉及视觉输入。

146 在这些情况下，与没有同步运动的情况下执行意象任务相比，参与者对矩阵路径的记忆明显受损。这种干扰似乎特定于想象的路径任务和并发运动的组合。当想象路径任务与视觉辨别光斑同时进行时，回忆能力并没有受到影响。换句话说，在心理上想象沿着路径的一系列位置的认知过程，似乎与控制手臂运动的认知过程相重叠。参与者在运动条件下被蒙住眼睛的事实表明，这种处理资源的重叠与空间表征和运动控制有关，而不是仅仅依赖于视觉系统。

其他研究表明，对想象路径的回忆会被同时进行的手臂运动打断（Quinn，1994）。例如，在一种情况下，参与者以随机的方式在桌面上轻敲不同区域。在另一种情况下，实验者以随机的方式握着参与者的手在桌面上移动（也就是说，参与者无法控制自己的动作）。研究表明，由参与者产生的随机运动会导致想象的路径记忆中断，但由实验者产生的运动则不会。当实验者握着参与者的手，并以一种规律的、可预测模式移动它时，双重任务干扰再次出现。总之，当参与者控制他们的动作或预测他们的手下一步要去哪里时，他们很难回忆起想象的矩阵路径。然而，当参与者不控制自己的运动时，他们回忆想象的矩阵路径几乎没有困难。这些结果证明了工作记忆是如何通过计划运动以及通过执行它们被破坏的。

也有证据表明，运动活动影响人们如何从构建的心理意象中回忆信息（Kosslyn et al.，1988）。参与者被展示了一个视觉矩阵的四个连续片段序列。每个线段都包含一个箭头，指示线段应该如何绘制。参与者的任务是把这些片段组合成一个单独的形状。之后，参与者被展示矩阵的各个部分，并判断每个被展示的元素是不是整体图形的一部分。根据记忆做出这些判断的反应时间随着图中序列位置的增加而增加。因此，对于矩阵中的最后一个部分，人们会比第一个部分多花 50%的时间来回答"是"。运动活动似乎会影响人们回忆视觉刺激的方式。

然而，对于纯视觉信息和基于运动的信息，工作记忆可能存在功能上的差异。各种研究都支持这一观点，即视觉信息的临时记忆可能有别于物体之间路径或目标运动序列的临时记忆。洛吉和马尔凯蒂（Logie & Marchetti，1991）研究了两项对比记忆任务来测试这种可能性。其中一项任务是向参与者展示一系列方块，这些方块依次出现在电脑屏幕上的不同随机位置。然后，在屏幕空白的情况下，在保持 10 秒时间间隔后，测量参与者的识别记忆。第二个任务是给参与者一组正方形，每个正方形都有相同基本颜色的不同色调（如蓝色阴影）。在保持时间间隔期间，参与者要么敲出一个规则的图案，要么简单地查看同一位置物体的随机线条图序列。分析结果表明，线形图的呈现破坏了颜色的保留，但没有破坏正方形序列的保留。相比之下，敲击出一种图案会破坏对不同位置正方形序列的记忆，但不会影响对颜色的记忆。这些数据表明，视觉临时记忆系统和空间运动记忆系统之间存在分离。

一些学者认为，视觉空间工作记忆过程是动态运动系统的一部分，被称为"内部记录"，它与一个静态的视觉存储（称为"视觉缓存"）相联系（Logie，1995；Logie & Pearson，1997）。根据这个观点，内部记录能够重绘视觉缓存的内容，从而允许在工作记忆中对信息进行视觉和空间的演练、操作和转换。一些神经心理学证据与这一观点一致。法拉赫等（Farah et al.，1988）描述了这样一位患者，他在进行涉及视觉外观判断的心理意象任务时遇到了很大困难，比如"天空和大海哪个是深蓝色的？"然而，同样的患者在进行涉及智力活动的想象任务时，如想象和回忆目标之间的路径，并没有什么困难。一种视觉记忆的计算模型，似乎捕捉到了视觉空间工作记忆的一些非常具有表现性的特征（Kosslyn，1987）。

本节所描述的研究都指向工作记忆至少部分与运动活动有关的结论。各种各样的身体动作，包括私人谈话、隐蔽的眼神和运动活动，都能增强短时记忆。一些证据表明短时记忆表现和具身行动之间存在着强烈的同构关系。这样的发现表明，工作记忆与其说是大脑中一个独立的、结构化的组成部分，不如说是一系列行为策略（触摸、说话）的集合。工作记忆的感觉运动说明了信息的感知和运动形式之间的信息快速循环（Wilson，2001）。两种编码形式之间的自动转化表明，即使在没有明显的感知和运动活动的情况下，知觉和运动表象形式之间的同构也具有加工上的优势。

三、想象膨胀

记忆研究人员对想象一个事件如何改变自传体信念越来越感兴趣。例如，当人们被要求评价他们经历了一系列事件的可能性，然后被要求想象这些事件的一个子集时，他们更有可能报告他们确实经历了之前想象的事件（Garry & Polaschik，2000）。这种错误的记忆发现被称为"想象膨胀"（imagination inflation）。各种研究表明，一个人想象一个事件的次数越多，他就越有可能说他确实经历过这个事件（Goff & Roediger，1998），尽管这一结果并不仅仅是由于对事件熟悉程度的增加。特别有趣的是，研究发现，从第一人称（自己）的角度想象一个事件，比从第三人称（观察者）的角度想象导致更大的想象膨胀（Libby，2003）。

最近的研究表明，当个体被指示以极大的感官细节来想象事件时，错误记忆更有可能发生（Thomas，Bulevich，& Loftus，2003）。在一项研究中，参与者坐在一张摆满了许多物品的桌子前。他们先听到一系列陈述（如"抛硬币"），然后被要求执行或想象执行要求的动作。几天后，当参与者回来时，他们只需要想象在没有任何物体的情况下对物体进行各种动作。最后，研究人员对参与者在第一天的记忆进行了测试。即使在几次想象之后，人们有时也会想起他们认为自己所做但其实并没有做过的动作。他们不仅谎称自己做了一些普通的事情（如"掷骰子"），而且还说自己做了一些相当奇怪或不寻常的事情（如"亲吻一只塑料青蛙"）。

这些不同的结果表明，在实验的想象阶段，当人们更多地参与对事件的具身模拟时，他们将更容易混淆他们实际经历的事情和他们仅仅想象的事情。一种可能性是，在人们参与这些事件的动觉想象时，植入错误的记忆会更加成功。这个想法有待进一步的实证研究。

四、语言记忆

实验心理学中一个著名的发现是，人们在阅读并大声朗读单词时，比只阅读单词时更容易记住单词（Slamecka & Graf，1978）。这种"生成效应"表明，通过说话让身体参与进来，会使单词记忆更持久。研究还表明，与简单地读台词相比，如果参与者在有脚本的对话中进行陈述的话，他们会更好地记住脚本中的台词（Jarvella & Collas，1974）。如果人们是讲述而不是单纯读材料，其有意识地回忆语言的学习也会得到加强。伟大的表演教练斯坦尼斯拉夫斯基认为，把自己置于角色的情境中，并为虚构的角色创造一段历史，可以让演员表现出更可信的表演。演员们被教导想象自己在他们的角色所面对的特殊情况下，并想象自己作为角色做出反应。演员们还被要求识别能唤起与他们角色所经历的情绪相似的个人记忆。　149

　　一项研究支持了记忆中言语行为对话语的重要性（Scott，Harris，& Rothe，2001）。参与者被要求读一段5分钟的独白，并尽可能多地了解这个角色（他们没有被要求背诵全文）。然后，所有的参与者都要参加5种不同的30分钟活动中的一个，分别是：①只读活动，参与者仅执行无关的解答任务；②写作任务，每个人都写出关于发出声音的角色的5个问题的答案；③协作讨论任务，参与者分组讨论5个角色问题；④独立讨论任务，每次只有一个人对同一组角色做出回应；⑤即兴任务，参与者以小组为单位，表演他们对这5个问题的反应。

　　在30分钟的活动之后，参与者回忆了他们最初读过的独白。即兴任务组的参与者表现出比其他任何情况下的参与者更好的记忆（基于他们回忆的要点）。这一发现证明了具身活动的价值，即参与者直接将行为戏剧化，以记忆演绎独白。要求人们以一个完整的人的身份（具有适当的认知、情感和情感维度）积极地体验一个角色，会比在仍然激发高层次认知但较少的具身活动的情况下，获得更牢固的记忆。

　　进行与词义相符的活动对记忆语言很重要。被诱导点头的人在偶然阅读积极和消极形容词时更容易认出积极的形容词，而被诱导摇头的人更容易认出消极词（Foster & Strack，1996）。此外，当人们以一种与他们所读的形容词相一致的方式移动他们的头部时（如为肯定的形容词而点头），他们比那些与头部运动不相容的词语更能完成一项次要任务。同样，同时执行不相容的运动和认知任务需要更多的认知能力，这似乎会阻碍对单词的记忆。

　　最近关于脑想象的研究发现了语言记忆的另一个具身性来源。例如，一项正电子发射体层成像研究表明，记住生动的单词与编码时激活的听觉大脑区域的声音是成对的（Nyberg et al.，2000）。这一发现表明，语言的记忆包括特定模态的信息，并不仅仅涉及访问记忆中单词的非模态表征。

　　在一项相关研究中，实验者使用功能磁共振成像（fMRI）首先向参与者呈现一对单词-声音或单词-图片（Wheeler，Peterson，& Buckner，2000）。之后，　150
参与者执行不同的任务，包括回忆一个与单词相关的声音或图片，或者记住一个单词是否与声音或图片配对。实验中记忆部分的大脑成像显示，视觉皮层和听觉皮层分别在检索图片和单词时被不同程度地激活。此外，在检索过程中被激活的区域是单独的感知任务中被激活区域的子集。这些数据支持这样一个观点，即检索与单词学习相关的视觉和听觉信息会激活学习过程中一些活跃的相同的感觉区域。再次，参与学习语言的具身过程，似乎被编码为记忆中语言表征的一部分。

最后，许多研究调查了在记住语言陈述时，想象具身行动所带来的收益和成本。例如，研究表明，当人们在没有使用真实物体的情况下假装做这些动作时，人们对相关具身行动的口头陈述（如"削土豆"或"点一支烟"）的记忆会得到促进（Engelkamp，1998）。人们还会记住自己生成的短语，而不是那些他们所注意到其他人生成的短语（Hornstein & Mulligan，2001）。此外，需要与对象相互作用的短语比没有对象的语句更容易被记住。

为什么颁布声明最令人难忘？与那些只假装做同样动作的人相比，使用一个物体做出陈述的人得到了更详细的感官信息。在执行过程中，一个人会收到他自己动作的视觉反馈。如果任务中涉及真实的物体，还会提供额外的视觉和触觉信息。恩格尔坎普和齐默（Engelkamp & Zimmer，1984）证明，当参与者对成对动作短语的相似性进行评分时，当他们表演第一个动作短语而不是仅仅听到它时，他们对第二个动作短语的相似性的判断要比两个动作短语只以口头形式呈现时更快。因此，与动作的口头描述相比，第一个短语的设定更有效地激活或准备了后续比较所需的运动信息。然而，仅仅想象第一个动作是不足以在相似性判断上达到启动作用的（Engelkamp，1998）。

这些不同的发现解决了关于记忆和语言的几个重要问题（Engelkamp，1998）。第一，有三种信息有助于动作短语的回忆，即通过观察自己的身体运动所提供的视觉感官信息，通过观察参与动作的物体所获得的视觉感官信息，以及运动产生的运动或动觉信息。第二，通过感知真实物体获得的视觉感官信息可以提高记忆，但对设定效果并不重要。第三，通过观察他人的行为而获得的视觉信息与记忆者的发生行为相比，并不能增强对行为陈述的记忆。运动或动觉信息似乎在记忆语言语句中起着至关重要的作用。

151

第三节 推 理

评估人类智力通常侧重于人们如何推理、决策和解决问题。与心理意象和记忆的情况一样，大多数认知科学家认为人类推理是一种计算技能，需要改变初始问题状态的抽象符号表征以达到不同的目标状态（如手段-目的分析）。人们可能是通过一般的推理策略和域-特异知识来解决问题的。

但是，考虑一下下面的推理问题。想象一下在一个大房间里从一堵墙跑到另一堵墙（Schwartz，1999）。现在想象一下在齐腰深的水中做同样的活动。

虽然两种情况下的空间关系是相同的，但我们对这两种情况的想象感受是完全不同的。实际上，相比于想象不带任何东西走 30 码[①]要花的时间，人们会认为背着一个沉重的背包走同样的距离要花更长的时间（Decety，Jeannerod，& Problanc，1989）。尽管这一发现可能仅仅是由于人们相信负重对他们的步行速度有影响，但其他研究表明，无论人们实际上相信什么，当被告知他们背着背包时，他们总是花更长的时间来回答 30 码的问题（Finke & Freyd，1985）。实际上，五岁的儿童正确地修改了将物体从桌子上推到不同高度所需的力，以使其能够落在特定目标上，尽管他们对事先询问该物体会落在何处的看法不正确（Krist，Fieberg，& Wilkening，1993）。

我们很难用抽象的推理策略来解释这些发现，而这些抽象的推理策略并没有承认具身模拟对于人们解决问题的重要性。事实上，研究表明，人们可以通过模拟做什么来解决实际问题，这涉及一种想象中的动作，即使人们无法口头表达自己在做什么，也可以促进正确的推论（Schwartz & Black，1999）。例如，人们想象两个高度相同但宽度不同的烧杯以不同角度倾斜。当人们被明确地询问——水什么时候会到达两个烧杯的顶部时，他们做出了错误的预判。然而，当人们闭上眼睛，倾斜杯子，直到想象水到达顶部时，他们对两种类型的烧杯都做了正确的操作。通过图像进行的模拟，包括运动和视觉成分，当人们解决现实世界的问题时，运动信息并不总是可用的视觉觉知或意识（Schwartz & Black，1999）。

人们如何移动身体可能会影响创造性的问题的解决。最近的一系列研究表明了手臂弯曲如何能引发一种系统化的处理策略，以促进创造性的洞察力（例如，参与背景设置破坏、重组和心理搜索的能力），但手臂的延伸会损害洞察力的过程（Friedman & Forster，2000）。此外，来自相同研究的数据显示，人们在弯曲手臂而不是延伸手臂时会解决更多的类比问题。这些实证研究结果并不是因为参与者自己的情感状态或情绪，而这些情感状态或情绪可能是以特定方式移动手臂而产生的。相反，运动动作，比如以特定的方式移动手臂，会影响与创造性洞察力和解决问题相关的认知过程。一种可能性是，接近和回避运动活动不仅会触发不同处理策略的身体信号，而且可能会不同程度地激活基于大脑的动机系统（Lang，1995）。

人们在解决不同的问题时，往往以一种具身的方式依赖环境资源。在一项研究中，有良好想象能力的参与者被要求观察并回忆一幅有歧义的画（鸭/兔）（Chambers & Reisberg，1992）。这幅画是可翻转的，因为它可以被看成是两种

152

---

① 1 码=0.914 4 米——译者注。

不同事物中的一种。参与者之前没有见过这张鸭/兔图，但是他们接受了相关例子的训练（内克尔立方体、脸/花瓶图），以确保他们对所讨论的现象很熟悉。他们被简单地展示了鸭/兔图，并被要求在脑海中形成一幅画以便他们以后可以画出来，然后让他们参考自己的脑海图像来寻找对这两幅画的另一种解释。参与者被提示他们应该试着改变他们的视角（如从左下角到右上角）。最后，参与者画出他们脑海中的图画，并试图找到对他们图画的另一种解释。

尽管有些参与者是生动的想象者，但没有一个被测试的参与者能够识别刺激物的替代图像（如从鸭到兔）。与之形成鲜明对比的是，所有的参与者都能在自己画完之后找到替代解释。这一发现模式表明，通过身体活动（如从记忆中提取图像）将信息外化，然后使用在线视觉感知外部痕迹，人们解决问题的能力会显著提高。

人们使用各种"互补策略"来改变环境，以增强他们的推理能力。这些策略包括具身行动，比如用手操作拼字游戏，或者用铅笔和纸做复杂的算术，以帮助人们改善他们的思维和记忆来解决问题。例如，当人们看到一张倒置的照片时，他们不会试图在头脑中旋转图像，而会自然地把图像朝上。因此，人们通过身体改变环境，而不是改变他们的心理能力，以便更好地识别所看到的东西。

互补策略明显地增强了人们解决问题的能力。例如，在一项研究中，研究人员向参与者展示了两套共 30 枚的硬币（即不同的 25 美分、10 美分和 5 美分），并要求他们计算出美元和美分的数量（Kirsh，1995）。当人们被允许触摸硬币时，他们比不允许用手触摸硬币时能更快更准确地判断出数量。触摸硬币似乎可以帮助人们记住中间数，就像写下中间数有助于解决复杂的乘法问题一样。

一项不同的研究要求参与者找出骰子标记上的数字总和（Cary & Carlson，1999）。当参与者被允许处理标记时，每个参与者实际上都这样做了。但是，当参与者被禁止触摸标记时，他们大声说话的次数远远多于其他情况。当触摸骰子等其他资源不可用时，谈话为工作记忆提供了一种环境支持。与此相关的是，算盘专家通常通过物理操作算盘来解决心算问题（Hatano & Osawa，1983；Miller & Stigler，1991；Stigler，1984）。最后，允许使用手势的儿童能比禁止使用手势的儿童进行更精确的计数（Alibali & DiRusso，1999）。主动手势可以帮助儿童保持追踪并协调标记物品和说出数字单词。与被动观察这些视觉对象的相同图像序列的人相比，观察者在计算机屏幕上主动旋转新的三维对象后，对这些对象的视觉识别速度更快（Harman，Humphrey，& Goodale，1999）。进行主动旋转的人在随后涉及研究对象的心理旋转任务中的速度也表现得更快（James，Humphrey，& Goodale，2001）。

人们不断地使用来自环境的感知信息来指导他们的行动，并减少推理过程中的认知努力。一项研究以人们玩俄罗斯方块电脑游戏的表现为背景来检验这一观点（Kirsh & Maglio，1994）。在俄罗斯方块游戏中，方块或游动块从顶部进入棋盘，玩家必须决定是将方块向左移动还是向右旋转。身体上旋转方块不仅可以节省大量的认知工作，而且比在心理上进行旋转后所放置的位置更合适。总的来说，人们通过物理的方式旋转多面体需要 150 微秒，而在心理上旋转需要 700 微秒到 1500 微秒。通过在环境中进行相同的物理转换，人们可以清楚地节省放置多面体所需的内部计算。因此，人们可以利用自己的身体和世界来节省内部计算。在高速任务中，比如玩俄罗斯方块，人与环境如此紧密地联系在一起，因此最好将二者视为一个单一的概念系统，而不是两个独立的系统（Kirsh，1995）。

人们在解决日常任务时也会创建和使用工具，以探索现实世界中他们的想法可能出现的变化。有了可用的工具，并且减轻了内部表征的负担，来做这件事就很容易了。对空间最明智的利用是尝试那些仅仅利用内在思维难以想象的可能性（Kirsh，1995）。思考下一个人是如何玩拼字游戏的。当字母被乱排时，找到通过组合字母可以创造出的最佳单词集是最容易做到的。

制作一份复杂的食谱通常同样需要进行身体探索。当参与者被要求准备一份 2/3 杯干酪的 3/4 量的食谱时，大多数人会利用外部资源从事一些具身行动，而不是通过算术计算出确切的数量（Brown，Collins，& Duguid，1989）。例如，一名参与者取了 2/3 杯奶酪，将其平整成一个均匀厚实的圆盘，并用手指在上面画了一个十字，这样就可以通过丢弃 1/4 的奶酪来确定所需的数量。像大多数参与者一样，这个人从来没有通过算法来验证这个过程（如 3/4 × 2/3=1/2）。其他研究表明，当人们在解决问题的过程中使用外部资源时（如从事复杂的折纸任务），他们会积极地留下工作的痕迹，比如书写符号，这有助于他们以后追溯他们的工作（Shirouzu，Miyake，& Masukawa，2002）。这些方式证明，形式推理技能并不独立于人们对外部环境的身体操作能力。

所有这些研究都指出，包含主体与环境之间的动态关系可能形成一个复杂的计算系统（Hutchins，1995；Suchman，1987；Wilson，2004）。具身性可创造性地利用物理环境的事实来避免显表征和推理（Agre & Chapman，1987；Brooks，1991）。例如，哈钦斯（Hutchins，1995）证明了驾驶飞机或驾驶船只所涉及的认知过程不是发生在飞行员的头脑中，而是分布在整个驾驶舱、机组成员、控制面板和操作手册中。

另一个关于具身推理的新兴文献涉及学生对物理的学习。解决物理问题通常要求学生理解并正确应用抽象的物理定律。但是，初学物理的学生所掌握的

154

155　物理现象知识并不是一个紧密相连、逻辑有序的结构。相反，研究表明，物理知识是从具体经验中抽象出来的关于世界的松散连接的概念，可用于在特定情况下针对特定问题或线索做出解释（diSessa，1993）。这些被称为"p-启动"（p-prims）的思想是"现象学的原语"，因为它们对于认知者来说是不言而喻的，不需要进一步解释。

　　例如，学生们不会试图解释，为什么当你花更大的力气推大石块时会得到更多的结果，因为这种现象没有什么令人费解的地方。学生对动力之类概念上的理解仅仅是针对一小类问题的发明。因此，在解释抛球的物理原理时，永远不会描述人的手在球上的动作，因为从学生的角度来看这完全没有问题。"力作为原动力"的 p-启动描述精确地说明了抛掷的情况。相反，球从手上脱离后，情况就有问题了。为什么球会一直向上直到轨迹的最高点，即使重力作用在球上使它下降？在最高点，球似乎停止了运动，看起来好像力是平衡的。那什么又是平衡重力？蒂塞罗（diSessa）认为，这类问题带来了一种冲突，迫使学生发明推动力等概念来解释使球保持在其运动轨迹的峰值并保持平衡的持续力。通过这种方式，朴素物理理论是在特定情况下发明的特殊解释，而不是某种一致的理论或头脑中"表征"的产物。在日常生活中，人们经常就运动和力进行交流，不是为了解释这些现象，而是为了协调他们所处的行为进行协作。例如，一个人可能会说"推得更用力"或"保持力量拉扯"，而不需要阐明力和动作的含义。

　　再举一个例子，为什么夏天更炎热这一问题可能会激活学生关于一个 p-启动连接"接近度和强度"的疑问。学生从自己的经历中心照不宣地知道，一个人越接近某物，就越容易受到它的影响。你越靠近蜡烛，蜡烛就越热越亮；你越靠近扬声器，音乐就越响；你越靠近大蒜，大蒜的味道就越浓烈。简单地用 p-启动"把接近度和强度联系起来"来激活"越近意味着越强"这一概念，就能让学生们理解为什么夏天比冬天更热，因为夏天太阳离地球更近。

　　学生们面临的另一个问题是，地心引力把一个滚动的球固定在地面上。一名学生首先解释说，"重力把球固定在表面上"，这表明了对重力的误解，认为它是一种约束，"把球固定在一定的距离上"。人们可能会将学生的错误想法描述为一种知识，他可能会错误地将其应用于许多情况。但学生的想法也可以被看作是涉及激活一个或多个 p-启动（源自蒂塞罗所说的"约束集群"），

156　包括"支持""引导""钳制"。因此，学生的解释是特定于情境的，反映了一种想象的推理路线，因为在情境中，学生的想法并不是与牛顿的推理不一致的。通过这种方式，学生的原始且具身的推理实际上表明了一个更复杂的牛顿式理解。

这几个例子说明了以 p-启动的形式表征的具身思想在学生如何学习解决基础物理问题中的力量。学习解决这些物理问题最终改进了 p-启动，但并不能取代它（diSessa，1993）。因此，具身知识构成了人们对物理事件的高级推理的持久部分。

一些认知科学家认为，物理世界的经历有时会使学生在推理物理问题时感到困惑（Clement，1987；McCloskey & Kohl，1983）。然而，在学习数学和科学概念时，幼儿教师往往承认允许儿童与材料相互作用的重要性。一个案例研究清楚地展示了一个儿童的直接动觉体验是如何支持她学习运动数学的（Wright，2001）。凯伦是波士顿地区一所城市公立学校的四年级学生。她的老师声称，学生对运动（如跑步、走路等）的主观体验有助于他们理解运动的数学概念。对凯伦与其老师的工作进行分析的三个案例，说明了她如何利用身体作为学习数学的资源。首先，凯伦用自己的身体在双人比赛中产生了不同的积极结果。其次，凯伦用手代替掉下来的物体来比较速度模式。在这两个例子中，凯伦开始明白，任何一个动作（如"跑"或"走"）都可以有不同的速度，而且这些差异（如慢走、慢跑、快跑和中速跑）都可以预见地影响比赛的结果。最后，凯伦展示了不同的动作类型，这有助于她正确地解释数据表。她认识到当时间保持不变时，距离是如何影响速度变化的。这三个案例都展示了凯伦如何利用她的身体来制定动作类型，从而形成关于时间和空间的新表征。通过让学生以各种方式移动身体，可以使其学生更轻松地学习有关空间、时间和速度的概念（Liljedahl，2001）。这样一来，其学生就可以把静态的运动表征，直接与他们自己的具身行动联系起来。

在思考数学和科学概念时，儿童并不是唯一一使用具身活动的人（见第七章）。一项关于物理学家如何解释图形的研究揭示："科学家们参与了协作性的解释活动，通过谈话和手势将自己传递到构建的视觉表征中，通过这些视觉表征，他们可以用自己的语言和身体进行探索。"（Ochs，Jacoby，& Gonzales，1994：168）一般来说，这样的研究表明，不同种类的物理设定是科学推理的关键。

157

第四节 结 语

将高阶认知视为对符号表征的计算处理的传统观点，未能理解具身性在人类思想中的重要性。人们过去和现在的具身行动是想象力、记忆和推理的各个方面的基础。在线具身过程强调显性的感觉运动活动，以协助与直接世界相互作用的认知任务。当感觉运动过程在暗中运行，以协助在暂时缺乏与任务相关的输入或输出的情况下进行信息的表征和操作时，离线具身性就会显现。这两个方面的具身工作均创建了一个具身心智模型，它不在人的大脑内部，而是作为一个"认知网络"分布在大脑、身体和世界中。这种分布式的、具身的认知观点提供了一种人类思维的设想，这种设想远不如传统认知科学中所理解的那样具有内部计算性，而是更多以身体的方式延伸到真实的行动世界。我再次声明，这一论断并不意味着认知永远不依赖离身的计算过程。然而，越来越多的文献支持这样一种观点，即图像、记忆和推理与身体活动密切相关，因此，高阶认知过程是情境的、嵌入的和具身的。

第六章　语言与交流

在与他人交流时，我们通常需要移动自己的身体。当"我"和朋友说话时，"我"会活动"我"的嘴唇、舌头和发声器官，以及各种与言语没有直接联系的其他身体部位，比如"我"的眼睛、手、头和躯干。在某些情况下，"我"仅仅通过点头或眨眼就能有效地传达一些想法或观念。即使没有明显的身体运动也可以交流，比如当"我"问你一个问题后你茫然地盯着"我"。我们之所以把缺乏身体运动解释为有意义，正是因为身体运动通常是一种交流方式。

许多认知科学家的传统信念是，意义是一种脱离身体体验的抽象实体。理解语言被认为需要将物理信息（如语音）分解成一种独立于语言的媒介，这种媒介构成了"思想语言"。任何句子的意义都可以用一个包含多个谓词的复杂命题来表征。较长的文本以命题的联想网络（谓词-论据模式）或抽象的心理模型来表征（Fletcher，1994；Fletcher，van den Broek，& Arthur，1996；Kintsch，1988）。较新的词汇和句子语义研究方法包括强大的定量工具，如超空间模拟语言（hyperspace analog to language，HAL）或潜在语义分析（latent semantic analysis，LSA），这两种方法都将意义问题简化为计算单词共存的简单问题（Burgess，2000；Burgess & Lund，2000；Kintsch，1998）。由此得到的高维词汇语义空间可以用来预测儿童词汇习得、词汇分类、句子连贯、启动效应、意义相似性和语篇学习困难等心理效应。

与本书中涉及的其他主题类似，这些不同的语言观点的主要问题在于，它们以抽象和离身的符号来构想意义和人类的认知。传统的语言和交流观点忽视了意义如何建立在日常经验中的基本问题（"符号接地问题"）（Harnad，1990），尤其是在有意义的符号如何与具身性和现实世界的指称物相联系（Johnson，1987）。虽然认知神经语言学家研究人类语言能力的神经基础，但大多数关于语言和大脑功能之间联系的研究，并没有正确认识到人们通常的动觉体验的重要性。这种忽视严重损害了对心身关系的科学理解，更具体地说是对语言意义、交流和具身理解的损害。

在本章中，我的目的是为语言和交流的心理学理论中存在的具身性辩护。我从言语感知和语言演变到词义和语篇理解，考虑了一系列有关言语具身性对语言使用可能产生影响的假设。本章还介绍了认知科学中有关姿态的重要工作及其在交流和认知中的重要作用。

第一节　语言交流的时间进程

具身体验可以在几个层次上影响语言交流。其中的每一个层次都反映了身体在不同时间尺度上是如何影响交流的，展现了从缓慢的语言发展，到即时在线语言生成和理解的快速变化。考虑以下假设。

（1）具身性会随着时间的流逝而在单词和表达含义的发展和变化中发挥作用，但不会促进当代说者对语言的使用和理解。

（2）具身性可以促使语言意义在语言共同体内流通，或在理想化的说者/听者对语言的理解中发挥一定作用，但这种具身体验对说者理解或处理语言的能力没有任何作用。

（3）具身性可以促使当代说者使用和理解各种词语的含义，但对人们日常的在线生产和日常语言理解没有任何作用。

（4）具身性在人们对语言意义的在线使用和理解过程中自动地、交互式地发挥作用。

这些假设反映了关于具身体验与语言使用和理解的不同方面交互可能性的等级结构。因为它们与语言意义发生的不同时间尺度有关，每个假设都需要适当的方法进行实证研究，而某些学科能够更好地为这些不同的可能性提供证据。我的基本主张是，关于具身语言和交流的争论，最好的办法是在这些不同的层面上，寻找它对人类表现的影响，而不仅仅是先验地认为，具身体验在说话、理解和交流中很少起作用或根本不起作用。

160

第二节　语　言　变　化

具身性在语言如何变化方面具有明显的作用，尤其是通过使用隐喻推理。许多类型的词义从身体概念扩展到构想和谈论来自不同领域的想法，如空间和时间（Geeraerts，1997；Traugott & Dasher，2002）。例如，斯威策（Sweetser，1990）已经证明了印欧语系中有很多多义词通过隐喻延伸，从早期获得的具体物理意义中获得了它们的非物理意义，由此**视觉/听觉/触觉**行为被映射到关于**智力**的想法上。因此，从视觉上看事物的概念到智力上理解事物的隐喻，映射定义了语义变化的途径。概念隐喻如**"理解即看见"**的存在，不仅解释了词汇在历史上是如何改变其意义的（即为什么"看"的物理意义在后来通过隐喻经常扩展到具有非物理意义），而且还为当代说者说明了为什么多义词具有其特定的含义（例如，为什么对于我们来说，使用如"我清楚地看到你在本文中所要表达的观点"这样的表达来理解想法是有意义的）。除少数例外情况外，印欧语系中，意为"看见"（see）的词通常在广泛分布的时间和地点有"知道"（know）的意思（参见 Andrews，1995，从俄语获得的类似证据）。

身体观念/体验如何通过隐喻驱动语义变化的另一个不同例子，可在情态动词的发展中看到（Sweetser，1990）。情态动词，如 must、may 和 can，与现实性、可能性和必要性的经验有关。因此，我们常常把我们对事物、事件和关系的经验表现为真实的、可能的或必要的。我们常常觉得自己能够以某种方式行动（can），允许自己选择行动（may），被我们无法控制的力量所强迫（must）。**"心智即身体"** 这种无处不在的具身隐喻，驱使人们利用物理经验来构想推理的心理过程，这种心理过程涉及的障碍类型，类似于物理和社会力量的障碍。考虑以下例示（Gibbs，1994：160）：

161

"你必须移动脚，否则汽车会压伤它。"
（物理上的必要性。）
"莎莉可以为你提供炸鳗鱼。"
（她身体上能够达到目标。）
"保罗现在必须找到工作。"
（尽管强迫不是物理上的，但保罗被迫要找到工作。）
"你现在可以亲吻新娘了。"
（没有社会障碍可以阻止你亲吻新娘。）

这些情态动词的不同词根意义包含了力和义务的概念，这些概念从身体的感觉隐喻性地延伸出来，用来描述关于心理过程的更抽象的观念。历史证据表明，许多词的语义变化，如这里看到的这些情态动词的变化，都是由具身隐喻驱动的。最普遍的情形是，从感知/运动体验到认知过程，再到关于言语表达的观念，都有着广泛的映射关系，似乎在不同时间和地点推动了多种语言的语义变化（Koivisto-Alanko，1998）。

第三节　言语感知

听者如何将言语和意义联系起来？听者如何学习从复杂的语音列阵中，提取语音信息来识别单个单词？对语音进行分类是一项极其复杂的任务。环境噪声（包括来自其他语音的噪声）通常会干扰语音信号，以及其他因素如语速和说话人的声音（即高音和低音），也会使稳定的语音识别变得复杂。

传统方法是通过关注音素识别中使用的不变声函数来认识不变性问题（Stevens & Blumstein，1981）。然后将语音信号中的语音信息与心理词汇中音素的相同抽象表征进行比较。例如，keep 一词由三个语音片段组成：一个声母（/k/），一个元音（/i/），最后一个辅音（/p/）。每一个语音片段都可以用一小组特征来描述，这些特征在给定的语言中重新组合成一组片段。

但是，这种观点存在问题。首先，没有一套完整的不变量属性可以明确地识别语音信号中的所有语音片段（Klatt，1989）。有许多特性导致了映射的这种复杂性。例如，当说话者说话时，他们不会按顺序产生单词的语音片段，因为某些片段的发音状态会与其他片段重叠。协同发音使说话人能够快速地产生语音片段序列，但它会使听者对声音信号和语音结构的映射变得复杂。

要解决声音信号缺乏不变性的问题，一个方法是认为语音感知可能与具身发音过程相一致（Liberman et al.，1967）。虽然听觉刺激与感知之间的关系相当复杂，但发音与感知之间的联系更为直接。以相似的方式产生的声音，即使声音表现形式不同，人们也会以相似的方式感知。例如，在一个音节中，[d] 的发音线索取决于后边的元音，但对[d]的发音描述是"齿槽音收缩"，这在各种环境中都是兼容的。语音解码通过听者自己对协同发音对其发音影响的了解，产生一个抽象的基于音素的表征。有证据表明，无声地说话有助于学生学习新的语音。尝试发出新的声音会鼓励学习者注意细微的运动过程，否则可能会被听觉所掩盖。这种言语感知的运动理论认为，听者使用自己内在化的发音运动模式来解释口语（Liberman，1970；Liberman & Mattingly，1989）。

运动理论被设计用来解释不同的声音刺激如何代表同一个音素。对 got 和 gaze 的声音刺激的不连续性提供了一个显著的例子，在这个例子中，感知与发出声音的发音操作一致，而不是与发出的声音的声学一致。另一个例子是在口语句子中插入短暂的沉默。如果在录音中使用"请说停止（stop）"一词，并在"说"之后插入约 5 毫秒的沉默，则短语变为"请说砍掉（chop）"（Dorman，Studdert-Kennedy，& Raphael，1977）。考虑到说"请说砍掉"时需要用到的发音姿态，这就说得通了。发出 chop 的音节需要短暂地关闭气道，从而产生短暂的沉默。

相当多的证据表明，对音素的感知不仅是通过分析物理声学模式来完成的，而且还可以通过它们的发音事件来实现，如嘴唇、舌头的运动等（Fowler，1994；Liberman & Whalen，2000）。例如，福勒（Fowler，1987）分析了言语产生和感知任务的研究结果，并建议听众"关注声学变化，因为声谱的变化区域最能揭示讲话者话语的姿态成分"。不出所料，手语使用者也关注视觉变化（即动作），因为观察者视野区域的变化最好地表明了手语者说话时的姿态。也有证据表明，儿童自己对发音的尝试，在某种程度上是由他们对他人发音模式的视觉观察所支配的（Studdert-Kennedy，1981）。儿童将语音识别为姿态的模式，在试图表达这些姿态时，往往会因为时间上的错误而不能发出正确的声音。

　　在有关即时序列记忆的研究中发现了其他证据，表明语音是根据发音姿态进行处理的。例如，近因效应指的是人们在回忆单词列表中最后几项口语项时的优越表现。后缀效应指的是当列表后跟一个不相关的音节或单词时，前几项的回想力降低（因此，近因效应减少）（Nairne & Walters，1983）。对于非语音刺激，如当人们阅读印刷字词时，近因效应和后缀效应都会大大降低（这被称为模态效应）。传统理论认为，模态效应的产生是因为最后几项是以未经处理的形式（即其声学特性）短暂持有的，然后被听到的额外材料所干扰（Surprenant，Pitt，& Crowder，1993）。但研究表明，近因效应和后缀效应仅在人类言语刺激中出现，而在非语言声音中不存在（Greene & Samuel，1986）。事实上，当人们听到一串单词后面有一个含糊不清的后缀时，他们会认为这是喇叭的声音，后缀效应就此消失，但当他们被告诉这个音是音节"wa"时，后缀效应就又出现了（Ayres & Jonides，1979）。这些发现表明，引导言语知觉的不是感觉模态（听觉和阅读）。相反，言语知觉是围绕以下事实组织的：听觉信息是口头语音，甚至被认为是具有发音姿态的人类语音。

　　另一个表明音素感知通过对其发音的识别而形成的现象是"麦格克效应"（McGurk effect）（Massaro，1987；McGurk & MacDonald，1976）。看着说话者的嘴说一个与已听到的音节冲突的音节常常会改变所听到的音节。例如，当参与者听到双唇音"ba"，但看到说话者发出辅音"ga"时，他们通常会报告听到了保留了两种声音的某些语音特征的齿槽音"da"。这些研究的参与者并没有意识到这两种信息来源之间的冲突。麦格克效应说明了听者处理音位的方式没有严格按照声学特性，而且还通过发音姿态来对其进行处理。在语音感知过程中，听者似乎使用了关于声音从听觉和视觉两种模式中产生的方式的信息。拉赫斯和皮索尼（Lachs & Pisoni，2004）提出，事实上，言语的视觉和听觉表现都是由发音事件背后的相同规律来组织的。在这种观点下，通过与有关声道活动的公共信息源进行比较，可以实现语音和视觉之间的跨模式匹配（即面部和口腔运动）。

　　婴儿也能把视觉和听觉对应起来。如果一个 18～20 周大的婴儿同时观看同一张脸说两个不同音节的两个视频，并通过直接放置在两个视频屏幕之间的扬声器听到其中一个音节，则婴儿会长时间注视与声音信号对应的视频的脸（Kuhl & Meltzoff，1987）。

从广义的角度看，上述每一项发现都与"言语知觉与言语的发音姿态相联系"的观点是一致的。更具体地说，运动理论无法解释言语知觉的某些方面。第一，给定辅音的运动表现似乎与声音信号一样多（MacNeilage，1975）。第二，当听者有语言产生（即运动障碍）困难时，他们仍然能够感知语言。第三，尽管口齿表达能力较差，但很小的婴儿似乎能够轻松识别语音（Jusczyk，1995）。最后，早期的研究表明，非人类可以学会区分不同的语音，如果人类的语音产生过程与语音感知有关，那这就是一个不太可能的可能性（Kuhl & Miller，1975）。

由于存在这些问题，修正的运动理论强调语音的抽象特征，而不是强调可通过专门过程检测到的真实的语音姿态（Liberman & Mattingly，1985）。语音姿态，包括嘴唇变圆、下颌抬高等动作，是从大脑发送到声道的不变的运动命令。在这种情况下，语音模块可以快速、自动地处理从声音信号到预期语音手势的转换。这个修正后的观点认为，重要的可能性是生物的言语能力，即使在缺乏发声器官功能经验的情况下。这种关系不一定会因声道的损伤而中断。尽管如此，有趣的是，人脑中某些部位的电刺激会导致最终的言语姿态，并且还会影响音素的感知（Ojemann & Mateer，1979）。因此，电击刺激左半球外侧区的同一位置会产生音位感知和口头姿态重复的缺陷。

不幸的是，这一运动理论的修正很难通过实验来检验，因为姿态的概念在底层和表层都是难以捉摸的。一些学者质疑语音手势处理的证据是否必然意味着语音感知需要使用说话者的运动系统。例如，福勒（Fowler，1986；Fowler & Rosenblum，1991）的直接现实主义理论认为，运动组织的一个单位（即姿态）是语音感知的基础，但是语音姿态是远端事件，而语音感知包括从近端刺激中恢复远端事件。最后，一些学者声称言语感知并不特殊，它是一种涉及所有类型感知的共有潜在模式识别过程（Massaro，1987）。

但是，最近的研究试图证明，语音原语是姿态而不是抽象特征（Browman & Goldstein，1995）。发音姿态除了捕捉到一些关于声道发音器官活动的东西外，仍然是语音模式特征的统一原语。更具体地说，词汇是由动态指定的姿态组成的，在这些姿态和它们的组织方面，词汇项彼此不同。再次声明，姿态不是动作本身，而是动作的抽象特征。目前已经开发了几种动力学模型，这些模型将语音姿态实现为发音器和关节发音的姿态喉部特征之间的基本耦合（Kelso，1995）。这些建模工作基本上说明了语音姿态是如何直接构造声音信号的。

还有另一组文献强调了言语处理的具身本质。许多研究表明，语音信号不

165

仅包含语音和韵律信息，还包括非语言或索引信息。听者可以很容易地识别说话者、他们的身体和情感状态、他们的性别、他们的方言，以及其他与说话速度和发音动态相关的品质（Nygaard，Sommers，Mitchell，& Pisoni，1994）。研究表明，心理词汇可能是一个情境或范例记忆系统，其中每个单词的出现都会在记忆中留下详细的痕迹（Goldinger，1998；Nygaard，Sommers，Mitchell，& Pisoni，1994；Remez，Fellowes，& Rubin，1997）。这些索引信息，包括关于声音产生的信息，与语音的语音特性一起在记忆中被编码。这项近期研究与感知符号理论（Barsalou，1999a）一致，即高级符号在记忆中的表征形式是以其知觉特性而不是以其非模态形式来表征的。

第四节　手势与言语

人们讲话时移动他们的身体。这些动作不是偶然的，而是与说话者希望传达的交流信息紧密相连的。听者会注意到这些手势动作，并根据他们所看到的推断出关于说话者和他们所传达的信息的不同之处。

关于言语与手势之间的关系有几种观点（Iverson & Thelen，1999）。一种观点认为，言语和手势是独立的交流系统，偶尔由于与言语产生相关的认知需求而联系起来（Butterworth & Beattie，1978；Butterworth & Hadar，1989；Hadar，1989；Hadar，Wenkert-Olenik，Krauss，& Soroker，1998）。手势的作用是支持言语产生活动，例如，当言语暂时中断（如咳嗽）或说话者无法用语言表达自己的想法时，手势可以起到补偿作用。但是，手势并不影响潜在的言语产生过程。

第二种观点认为，言语和手势之间存在着深层的认知联系，大概位于生理编码阶段（即必须从词汇记忆中获取单词形式的阶段）（Krauss，1998；Krauss & Hadar，1999）。从这一观点来看，当说话人在检索单词遇到困难时，手势就会尤其有用，因为手势激活了说话人心中的概念（即思想）的相关空间动态特征。因此，言语和手势之间的联系只限于言语产生的特定阶段。

第三种言语和手势观点假设这些交际活动是建立在共同的思想过程之上的（Iverson & Thelen，1999；McNeil，1992）。从语音编码到生成语法、语义和话语，言语和手势在整个语音生成过程中都有着很强的相互关系。尽管言语和手势可能传达人们思想的不同方面，但这些活动的紧密耦合表明，一种活动（如手势）中的任何干扰都会对另一种（如言语）产生负面影响。

有几种经验证据支持第三种观点，即言语和手势基本上基于相同的潜在认

166

知过程。首先，当说话人一时犹豫或结巴时，他们的手势往往保持不动，直到讲话继续（Mayberry & Jacques，2000）。有两种假说可以解释这个事实。词汇检索假说认为，手势在词汇通达中起着积极的作用，尤其是对于具有空间内容的词汇（Butterworth & Hadar，1989；Krauss，1998）。另一种观点信息包装假说则认为，手势参与了信息的概念规划。具体来讲，手势帮助说话者将空间信息打包成可言语的实体。因此，手势在言语产生中起着重要作用，因为它在概念化过程中起着作用。

一项比较这两个假设的研究让 5 岁儿童从事两项任务中的一项，这两项任务需要相似的词汇获取能力，但需要不同的信息包装（Alibali，Kita，& Young，2000）。在解释任务中，儿童需要回答两个选项是否有相同的数量（皮亚杰式保护）。在描述任务中，儿童描述了两个选项的不同之处。这两个任务引出了相似的话语（如"这个低，这个高"），对儿童空间信息的概念包装提出了不同的要求。因此在解释任务中，儿童在证明自己的判断时必须考虑多个感知维度，但这在描述任务中是不需要的。不出意料，儿童在解释任务中比在描述任务中使用更多的非冗余手势（例如，右手从后面移到玻璃顶部）。这一发现与信息包装假说最为一致。虽然手势可能有助于词汇检索，但单词查找并不是手势参与言语生成的唯一产物。手势似乎在信息的概念化和计划中起着至关重要的作用。

神经心理学研究支持手势和言语紧密相连的观点。第一，手部和手臂的运动表现在与负责声道运动密切相关的大脑部位。第二，在语言和序列运动功能方面存在共同的大脑机制，特别是在优势半球的外周皮层（Ojemann，1994）。对这个大脑区域的刺激会扰乱口腔的面部运动和言语产生（如在阅读中命名）。这些发现提出了一种可能性，即言语和手势之间的紧密时间联系，可能是因为激活从负责言语产生的大脑区域传播到与手和手臂运动相关的区域，反之亦然。

研究还表明，当人们被要求默读时，特别是当默读的单词是动词时，大脑的运动区域会出现高水平的脑电图活动（Pulvermueller，1999）。一项正电子发射体层成像研究显示，当人们需要为工具检索单词，而不是为其他概念类别检索单词（如动物）时，左前运动皮层表现出高度活跃（Grafton et al.，1997）。词和工具名称可能在运动皮层中表现出最强的大脑活动，因为人们将这些单词的运动功能编码为语义表征的一部分，当说话者试图从记忆中检索单词时，这些功能就会被激活。

这些数据表明，小脑和大脑的传统语言区域（如布洛卡区）之间可能有很强的联系。另一组使用功能磁共振成像的大脑研究表明，在语言和运动任务中激活的大脑区域之间有一些重叠（Loring et al.，2000）。在这个实验中，惯用右手的参与者进行了几项运动（如随机的手指敲击、脚趾运动、复杂的手指敲击、复制显示的手形）和动词生成任务。结果表明，在语言任务和每项运动任务中，布洛卡区都有显著的激活，尤其是那些需要手部运动的任务。可能最令人惊讶的是，证据还表明，当人们只想移动手的时候，布洛卡区就被激活了（Tanaka & Inui，2002）。更普遍地，最近的功能性脑成像研究报告了在语言领域之外的任务期间布洛卡区被激活，包括运动执行（Iacoboni，Woods，& Mazziotta，1998）、对他人行为的感知（Decety et al.，1997），以及心理模拟。与普遍认为布洛卡区只与语言产生的某些方面有关的观点相反，大脑的这一区域似乎广泛地参与了身体运动的任何连贯序列（Grezes & Decety，2001；Rizzolatti & Arbib，1998）。阿尔比布特别指出，布洛卡区的功能包括与基于口面部和手腕部的行为动作/识别有关的表征能力。

168

言语和手势之间紧密耦合的证据还来自一项研究。该研究表明，某些运动功能的损害（如序列移动的能力）也会损害语言功能。例如，一项对右半球受损患者的研究表明，在一项演示常用物品使用的任务中，以及在一项人们必须做出熟悉的手势来发出口头命令的任务中（如演示如何挥手告别）（Kimura，1973），他们在抄写的手部动作（例如，紧握拳头、砰地一声倒在桌子上、用手掌拍桌子）上的表现，要明显差于左半球受损的患者。这种干扰模式表明，大脑在说话和某些体力活动的表征方面是重叠的。现在许多研究者都认为，言语和手势起源于同一个神经系统（Corballis，1994）。

来自神经心理学的这些不同证据，通常与言语和手势构成紧密耦合的认知系统的观点非常吻合（Iverson & Thelen，1999）。一种关于言语和手势之间联系的观点认为，这种紧密耦合起源于运动和手协调能力的早期发展中（Iverson & Thelen，1999）。婴儿期会发生大量的手口接触。对 9～15 个月大的婴儿进行的研究表明，在面对面的相互作用中，手部动作类型与口头活动之间存在系统性关系（Fogel & Hannan，1985）。尽管手部和发声系统独立发展，但它们似乎在很大程度上相互影响，尤其是在节奏动作的产生上（Butcher & Goldin-Meadow，2000）。婴儿最初的手势往往是在不会说或说话毫无意义的情况下做出的。后来，当言语和手势开始出现时，它们并没有在时间上紧密地联系在一起，而是一个先于另一个。最后，当婴儿同时将有意义的单词和手势结合在一起时，言语-手势的同步性就会非常显著地表现出来了。

艾弗森和塞伦（Iverson & Thelen，1999）声称，言语和手势会瞬间激活并相互耦合为耦合振荡器。起初，婴儿关于手的活动是优先的，但是通过有节奏的活动和各种手势，手动行为逐渐对言语系统产生影响。将手和嘴一起移动的最初基础是单个耦合的连接系统，其中精神思想表现为运动。当婴儿学会通过

169 单词和短语进行语音交流时，这种最初的激活会增加，从而导致言语和手势的紧密同步。最终，每一个交际行为，无论是通过言语还是手势，都会被记忆为一个整体，包括行为的本体感受结果。言语和手势的这种联系提供了思想的感觉运动起源，以及提供了具身行动在心理生活中的持续重要性的另一个例子。

　　言语和手势相互作用的最后一个不同寻常的例子，出现在对美国平原印第安人使用的有意义手势的研究中（Farnell，1995）。在蒙大拿州北部的阿辛博人（Assinboine）和纳科塔人（Nakota）当中，说书人使用的手势构成了一种独特的指号系统，可以独立于语言之外使用。几个世纪以来，这种被称为"平原手语"（Plains Sign Talk，PST）的指号系统一直是说不同语言的平原印第安人部落之间的通用语。虽然流利的手势语现在已经不像 100 年前那么普遍了，但是在年轻时学习过 PST 的老人、聋哑人家庭和参加仪式的人都使 PST 保持了活力。对于阿辛博人来说，PST 不仅使演讲者叙事的能力显著增强，因为所有的言语行为都是同时发声和手动的，而且语言和指号元素都被认为是"说话"的一个方面。正如 PST 的一位老师在被要求提供口语时所说的那样："就像我刚刚给你看的一样。"

　　阿辛博人的"在世之在"（being-in-the-world）哲学使身体运动成为一种认识的基本方式。对于阿辛博人来说，肉体是获得力量的必要条件。例如，祈祷是一种高度具身的活动，身体在汗蒸房的热汽中受苦、禁食和隔离期为寻求和给予力量提供了重要途径。在太阳舞仪式上，当参与者禁食、跳舞、忍受太阳的高温时，痛苦是最强烈的。人只拥有自己的身体，这使得身体的牺牲成为获得精神指导和个人力量最有意义的方式。太阳舞仪式中的舞蹈动作本身就是祈祷，而不仅仅是伴随着口头祈祷的行为。

　　PST 与美国手语在许多重要方面形成了对比。在美国手语中，有关想法、思想和智力的符号集中在头部，而有关情感和感觉的符号集中在心脏和胸部附近。美国手语符号反映了美国社会主体中关于实体和权力空间位置的民间观念。但是，PST 符号对"知道"和"想"这样概念的标志是围绕着心脏制定的，而"怀疑"的符号则是字面上的"有两颗心"。为了说一个人头脑很好，纳科塔人会将被掐住的食指从心脏移开，手指笔直地指向前方，然后做出"好"的手势。心脏的运动在这里很重要，因为心脏不仅仅是头脑的位置。当然，在大多数西方社会中，心脏与思想几乎没有什么关系。

170 　　在英语中，"看见"是对"思考"的一个强有力的隐喻，尤其是在指代"思考的最终结果"时。说"我明白（see）你的意思"反映了一种隐喻性的观念，即感知事物就是正确理解事物。然而，PST 强调视觉隐喻的主动过程部分，而不是其最终产物。因此，思维是指看的动作，具体地说是发自内心地看。与英语中思维和感觉之间存在显著差异不同，PST 融合了阿辛博人的民间观念，即知道某事是"在一个人的心里知道"，这种观念减少了个人经历与客观上可能知道的真实之间的区别。

尽管阿辛博人主要把思考看作是一种发自内心的观察活动，但在与听见（hearing）、去听（listening）、看见（seeing）、去看（looking）、味觉、饮食、嗅觉等感官能力相关的 PST 中，大脑仍然扮演着重要的角色。这些个体的标志集中在面部和头部的各个器官附近。除此之外，许多个人和部落的名字都在面部和头部其他区域附近或与其接触的部位进行表征。例如，在 PST 中，通过拳头在脸颊上做圆运动来指称**布拉德人**（黑脚族人联盟的一部分），而**苏族人**或阿辛博人则用横过喉咙的扁平手来指"割喉"，**内兹佩尔塞人**的标志是"穿鼻"，**克里族人**是用手指画脸的侧面，**印第安部族**是向下压头部，**基奥瓦人**是切割一侧的头部。这些头部和面部导向的标志具有很强的隐喻性，是识别陌生人的主要方式。

这个案例研究表明，一个独立于言语的独特指号系统是如何揭示人们对世界和人类事件的内在理解的。PST 系统还说明了具身隐喻在人们如何有效地概念化抽象观念和事件中的重要性。

第五节　身体运动与话语

语篇分析人士长期以来一直认为，诸如眼神凝视、手势和姿势之类的具身活动，对于确立说者的对话目标至关重要。正如古德温（Goodwin，1981：125）指出的，"因此，涌现性展示将参与者的身体整合到谈话的生产中，并且成为会话的重要构成特征"。有很多例子可以说明说者和听者如何通过协调他们的身体姿势来表达不同的意思。例如，一项研究展示了学生是如何无声地使用手势和身体姿势来相互（和教师）进行交流的（Leander，2002）。分析中的一个对话发生在关于美国历史的一个高中课堂上。老师席德（Sid）开始复习前一天宪法课上的材料，然后向全班同学提出了一个问题。学生们围坐在教室里，其中包括谢尔（Chelle）在内的四个白人女孩坐在后排，沙米恩（Shameen）、罗德（Rod）和特伦特（Trent）等四个非裔美国学生聚集在教室前面。

171

　　席德："妇女享有完全平等的权利吗？"
　　罗德："是的。"
　　席德："那是什么保证了她们完全平等的权利呢？"

沙米恩："是第 19 条修正案吗？"

席德："第 19 条修正案给了她们投票的权利。是什么保证了她们完全平等的权利？"

谢尔：（在教室后面）"不，我们没有平等的权利。"

罗伯特："她说——我们这里有人说她们没有平等的权利。"

席德："她们没有平等的权利？"

特伦特："你在开玩笑吧。有一项修正案做到了这一点。"

罗伯特："她就是这么说的，'不，我们没有'。"（面朝前，左手大拇指越过肩膀指向谢尔）

谢尔："我们没有。"（当罗伯特回头看着她时，谢尔笑了笑）

席德："从宪法修正案来看，有哪些法律赋予了妇女充分平等的权利？"（卡琳娜进来，跪坐在罗伯特后面的桌子上）

沙米恩："第 13、第 14、第 15？"（伊恩从座位上站起来，走到房间后面）

席德："第 13 条修正案说所有的人都是——不——第 13 条说你不能占有和奴役一个人。第 14 条怎么说？"（举起手来，手掌压在一起）"举起你的手。"（卡琳娜从前面的座位移到后面的座位）

沙米恩："啊哈，我说过了。"

席德："第 14 条修正案说了什么？"

沙米恩："第 14 条修正案说人人生而平等。"

席德："不对。"

　　这段对话揭示了人们通过日常具身行动再现社会结构的几种方式。例如，在席德和沙米恩交流的过程中，罗伯特复述了谢尔的发言："她说——我们这里有人说她们没有平等的权利。"通过引起人们对谢尔评论的注意，罗伯特把自己和其他人带到了交流中，接着席德和沙米恩继续他们的提问和回答。但是罗伯特关于谢尔发言的评论，虽然是为了课堂讨论而提出来的，但也标志着他与班上的"我们"有着明显的一致性，因为他保持着脸朝前的姿势，用拇指指了指谢尔，然后只是简单地回头看了她一眼。这种具身定位使罗伯特坚定地与正在进行的课堂讨论保持一致，但通过身体指向一个不同的声音而破坏了谈话的稳定性。在回避分歧的同时引发分歧是沉默过程的一个重要部分。因此，使某人沉默，不仅可以通过反对某个特定的发言者来实现，而且还可以通过建立相对于主导者的沉默立场来实现。

　　在罗德和谢尔的相互作用中，卡琳娜进入教室并坐在座位上说明了学生如何就他们在语境中看待自己的社会取向来判断自己的具体立场。例如，暂时改变自己的位置可能与话题的转移、他们所唤起的意识形态以及学生之间的关系有关。卡琳娜一开始走进教室，把她的书留在了特伦特前面的座位上。然而，当她在讨论期间再次进入教室时，她在教室后面找了个位置观察着他们的互动。18秒后，卡琳娜走到房间前面，拿起她的书，在罗伯特后面的一个座位上坐下。这个新的座位让卡琳娜能够与教室后排的学生保持一致，同时避开了整个教室的谈话焦点。事实上，卡琳娜通过在班级中"重新定位"自己来展示她与谢尔的新结盟。学生用身体和言语来表达自己的立场。因此，人的身体是体现其思想观念的宝贵资源。

心理语言学的大量研究表明，在成功的交流中，说者和听者之间的"共同基础"非常重要（Clark，1996；Gibbs，1999a）。共同基础有三个主要来源（Clark，1996）。第一个来源是"语言共存"，即听者把所有的对话作为共同基础，包括目前正在被解释的话语。共同基础的第二个来源是"物理共存"（physical co-presence），即听者将他和说者目前所经历的直接物理环境，包括他们自己身体的动作和位置作为共同基础。第三个来源是共同体成员身份，这包括在共同体中普遍已知的信息，并且可以用诸如脚本（Schank & Abelson，1976）或图式（Rumelhart，1980）之类的心理结构来表征。此外，它还涵盖了共同的约定，这些约定控制着发出的句子的语音、语法和语义。

通常，共同知识是通过物理或语言共存和基于共同体成员身份的共同知识结合而建立起来的。但是，单独的物理共存（即视觉、声音、触觉）为会话基础提供了多种资源。一项关于协同解决问题的研究（如修理自行车）表明，物理共存现有几种独立的视觉信息来源：①参与者的手和脸；②参与者的行为和行动；③专注任务对象；④语境中的工作环境（Kraut，Fussell，& Siegel，2003）。当人们肩并肩工作时，他们拥有所有四种可用的视觉信息来源。因此，参与者可以针对任务对象（如自行车、自行车的零件、修理工具）相互监视对方的面部表情和身体朝向。针对这项任务的面部表情和可见的动作为一个人是否理解指令提供了证据。事实上，研究表明，当人们肩并肩工作时，他们比远程通过视频和音频，或单独音频连接的时候更快地完成修理自行车的任务，同时使用更少的话语（Kraut et al.，2003）。

视觉共存（visual co-presence），或只是分享一个联合视图，与完全的物理共存之间存在重大差异，其中人与任务对象之间的空间关系被监测。例如，看到另一个人的上半身，远程同伴就可以观察到他在指着什么东西。然而，要理解一个指向手势的精确目标，以及同伴眼睛注视的目标，需要对参与者和任务对象都有一个在空间上一致的视图。目前已经开发出了几种系统，可以为参与者提供多种提示，例如，会议上的某个人在任何时候都在看什么，或者手势的

173

目标是什么（Luff et al.，2003；Stiefehagen，Yang，& Waibel，2002）。

计算机的界面设计人员已尝试构建具身的界面智能体（interface agent），以提供比使用较少具身系统可能更高的通信带宽。遗憾的是，许多新的界面智能体并没有提供太多的身体信息，除了一些装饰性的东西，如多余的指点手势、一些面部表情、昂起的头和外部衣柜。但是，一个具身对话模型旨在利用身体来促进界面智能体和人类用户之间有意义的对话（Cassell et al.，2001）。REA是一个具身的、多模式的、实时对话智能体，它可以充当一个房地产销售人员，同时带领用户参观虚拟房屋。REA有一个完全清晰的图形身体，可以通过摄像头和音频输入被动地感知用户，并且能够通过语调、面部显示、手和眼睛的运动以及手势输出进行讲话。该系统由一个大的投影屏幕组成，屏幕上显示REA，用户站在屏幕前面，有各种麦克风来捕捉语音输入。安装在投影仪屏幕顶部的两个摄像头在空间中跟踪用户的手和头部位置。一台计算机运行REA的图形和对话，而另一台计算机管理语音识别和图像处理。

174　　　　以下是用户蒂姆和REA之间的实际对话交互（Cassell et al.，2001：60）：

> 蒂姆接近REA。
> REA注意到并看着蒂姆（微笑）。
> 蒂姆说："你好。"
> REA回答说："你好，我能为您做些什么？"（挥手）
> 蒂姆说："我想在麻省理工学院附近买套房子。"
> REA说："我有一套房子……"用一个节拍手势来强调新信息"房子"。
> 蒂姆开始做手势打断她（REA）。
> REA用"在剑桥"结束了她的发言。
> 蒂姆完善了他对房子的要求。
> REA完成了对房子的描述，然后继续。

尽管REA在会话互动中有点笨拙，但她还是能很好地交谈，因为系统能够跟踪用户的手和头的动作，推断用户传达的特定语音行为，并使用语音信息来识别对方何时开始和结束发言。这个项目的未来目标是允许REA与用户同步来调整其行为。

第六节　词　义

传统上，词汇是根据语义特征来定义的，这些特征通常是抽象的，被认为反映了不同的概念关系。然而，近年来，学者们认为词义的某些方面产生于感性经验，并在心理上表现为感性/具身体验。思考以下句子中的"站立"（stand）一词：

　　"请立正。"
　　"他不能忍受（stand）这样的待遇。"
　　"时钟立在壁炉上。"
　　"法律仍然有效（stand）。"
　　"他身高（stand）六英尺五英寸。"
　　"部分代表（stands for）整体。"
　　"她和一个陌生人发生了一夜情（one-night stand）。"

　　这些句子只是日常语言和写作中常见的"站立"的几个意思。其中一些感官指的是站立的物理行为（例如，"请立正""时钟立在壁炉上""他身高六英尺五英寸"），而另一些则是非物理的，可能是比喻性的解释（例如，"我们被指控犯有该罪行""部分代表整体""他不能忍受这样的待遇"）。与多义词意义相关的原则是什么？例如在上面提到的例子中，stand 在物理和非物理意义上的区别是什么？

175

　　一些语言学家近年来认为，许多多义词难以用一般的、抽象的核心意义来定义（Brugman & Lakoff，1988；Fillmore，1982；Geeraerts，1993；Sweetser，1986）。认知语言学家认为多义词的意义可以通过隐喻、转喻和不同类型的意象图式来表征（Lakoff，1987；Johnson，1987；Sweetser，1990）。根据这种观点，多义词的词汇组织不是一个随机的、特质信息的存储库，而是由整个词典中系统且反复出现的一般认知原理构成的。也许最重要的是，这些原则来自我们的现象学和具身体验。一种可能性是，身体体验在一定程度上激发了人们的直觉，让人们明白为什么"站立"的不同感觉具有它们所具有的意义。

　　吉布斯等（Gibbs et al.，1994）试图通过实验证明，多义词 stand 的不同含义是由我们对站立的身体体验产生的不同意象图式所激发的。他们的总体目标是通过经验证明，多义词 stand 的含义对于母语者来说并不是任意的，而是由人们在现实世界中反复出现的身体体验所驱动的。

　　为了进一步理解意象图式如何在一定程度上激发多义词 stand 的意义，我们进行了一个初步的实验，试图找出哪一种意象图式最能反映人们反复出现的站立的身体体验。一组参与者被引导进行一组简短的身体练习，让他们有意识地思考自己站立的身体体验。例如，参与者被要求站起来，四处走动，弯腰，仰卧起坐，以及踮起脚尖站立。让人们实际参与到这些身体体验中，有助于参与者直观地理解他们的站立体验如何与许多不同的可能意象图式相关。经过简短的站立练习后，参与者将阅读 12 种不同意象图式的简要说明，这些意象图式可能与身体站立的体验有一些关系（如**垂直、平衡、阻力、实现、中心-边缘、联结**）。最后，参与者评估了每一个意象图式与他们自己的具身站立体验的关联度。第一个实验的结果显示，有 5 种意象图式是人们站立时身体体验的主要意象图式（即**平衡、垂直、中心-边缘、阻力和联结**）。

176 第二个实验研究了人们对不同"站立"的感觉的相似性判断，参与者根据意思的相似性将 stand 的 35 种不同含义分成 5 组。对这些组的分析显示，参与者并没有将"站立"的物理感觉与非物理或比喻的感觉分开分类。例如，"立正"这一物理概念常常与"假设问题成立"和"经得起时间考验"中的 stand 这一隐喻意义组合在一起。

第三个实验考察了站立身体体验的 5 种意象图式与第二个实验中 stand 的各种意义之间的关系。同样，参与者首先被要求站起来，并关注他们站立时身体体验的不同方面。当他们这么做的时候，研究人员向参与者展示了 5 种意象图式的文字描述：**平衡、垂直、中心-边缘、阻力和联结**。之后，研究人员给参与者列出了 32 种 stand 的感觉，并要求他们评估每种感官与 5 种意象图式之间的相关程度。

来自第三个实验的评级数据使吉布斯等（Gibbs et al.，1994）能够为 32 种 stand 的每种用法构建一个意象图式。在 32 个 stand 意义的意象图式中，出现了一些有趣的相似之处。例如，"这是合乎情理的"和"按照现在的情况"都具有**联结-平衡-中心/边缘-阻力-垂直**的相同意象图式概要（按重要性排列）。"不能忍受这样的待遇"和"顶住巨大的困难"这两种表达方式均以意象图式**阻力-中心/边缘-联结-平衡-垂直**为特征。

然而，这项研究的主要目的，是评估在第二个实验中被视为意义相似 stand 的含义，是否可以从第三个实验中获得的意象图式中被可靠地预测出来。统计分析表明，通过了解 stand 不同意义的意象图式，我们可以预测第二个实验中 stand 分组的 79%。这些数据有力地支持了这样一个假设，即人们对 stand 含义的理解是由他们身体站立体验中产生的意象图式驱动的。

第四个实验表明，参与者在不同组中对 stand 的分类不能简单地用他们对这些词出现语境的理解来解释。因此，人们没有对短语进行分类，例如"不能忍受这样的待遇"和"顶住巨大的困难"，因为这些短语指的是相同类型的情况。相反，人们的相似性判断，似乎最好归因于他们对意象图式的不同模式如何激发多义词 stand 不同使用的默契理解。

这些研究表明，人们之所以理解 stand 的不同用法，是因为他们对一些意

象图式有了默契，而这些意象图式部分来自对站立的日常身体体验。这些意象 177
图式中最重要的是**平衡、垂直、中心-边缘、阻力和联结**，它们不仅为"站立"
的许多物理意义（如"他身高六英尺五英寸""站在路上""引起注意"等）
奠定了基础，同时也构成了人们对复杂的、隐喻性用法的理解（例如，"部分
代表整体""依据现状""发动机受不了不断的磨损"）。人们将 stand 的不
同意义理解为相似的意义，部分是基于该词在语境中每一次使用的潜在意象图
式概要。类似的研究也显示了人们对介词 on 的各种意义理解的具身基础
（Beitel，Gibbs，& Sanders，2001）。

　　我对几个多义词的意义进行了论证，但这并不意味着人们仅仅根据意象图
式来判断一个词的两种意义之间的相似性。词义的许多方面虽然与意象图式没
有直接关系，但在人们对词义的理解和多义词不同义之间的词义相似性判断中
起着一定的作用。同时，这项实验研究并不意味着人们每次遇到某个词的特定
用法时，都会自动访问某种特定模式的意象图式。但是，从关于 stand 和 on 的
实验工作中得出的主要结论是，人们会默契地认识到这些身体体验和语言意义
不同方面之间的某种联系，包括高度抽象和/或隐喻性的意义。

　　关于意象图式和词义的研究为以下观点提供了支持：意义的某些方面是建
立在当代说者的具身体验基础上的，他们可以在适当的实验条件下，默契地认
识到这些经验。但其他心理语言学研究表明，人们在阅读或聆听时，可能会自
动推断出词义的感知/具身特征。一些研究发现，在指称具有相似知觉特征的物
体词语之间存在启动效应（Schreuder，Flores D'Arcais，& Glazenborg，1984）。
例如，"橙子"和"球"这两个词在感知上是相似的，因为它们的形状相同。
另一方面，单词"跳绳"和"球"在概念上是相关的，因为它们都是玩具。另
外一些词组在感知和概念上都是相关的，比如"黄油"和"球"。最后，有些
词在知觉和概念上都是不相关的，如"锄头"和"球"。

　　有几项研究采用的任务是，参与者要么简单地发音，要么对目标项（如 ball）
做出词汇决定，结果显示出显著的知觉和概念启动效应。当一对词在知觉和概
念上都相关时，这些启动效应甚至更强（如"黄油"和"球"）。然而，最近
的研究表明，知觉启动只有在参与者第一次被提醒到一个物体的知觉特征时 178
才会被发现（Pecher，Zeelenberg，& Raaijmakers，1998）。这些关于单词识
别任务中知觉启动的研究通常表明，在阅读具体名词时，对象的知觉特征（包
括对象所能承受的）可能在记忆中自动激活，但可能并非在所有情况下都是
如此。

　　一组研究考察了感知符号用于在线语言理解的观点（Stanfield & Zwaan，
2001）。感知符号是感知经验的残留物，以激活模式的形式储存在大脑中。与

模态表征不同，感知符号与其现实参考具有相似的关系。在这些研究中，研究人员向参与者展示了诸如"他把钉子钉到墙上"和"他把钉子钉到地板上"这样的句子。在读完一个特定的句子后，参与者会看到一幅描绘句子中提到的物体的图片（如钉子）。这张图片以水平或垂直方向呈现对象，因此与句子所暗示的对象方向相匹配或不匹配。事实上，当暗示方向和图片相匹配时，参与者反应要比两者不匹配时快得多。这些结果支持了这样一种观点，即人们在理解话语中特定语境下的词语含义时，会激活和操纵感知符号。

随后的一系列研究将先前的研究扩展到句子理解中物体形状的表征（Zwaan，Stanfield，& Yaley，2002）。例如，参与者看到"护林员看见天空中的鹰"这句话，然后是一只翅膀折叠或展开的鹰的图片。不出所料，当图像与句子所暗示的形状相匹配时，人们会更快地对鹰作出识别判断。第二项研究显示了相同的发现，研究使用了命名任务且不涉及相匹配的图片。研究结果再一次支持了这样一个假设：在语言解释过程中，人们激活了所指事物的感知符号。

研究表明，人们把单词和句子翻译成与正常的感知经验相当的事件流。例如，研究者认为语言中事件所代表的词语反映了它们的时间顺序［即图示性假设（the iconicity assumption）］。要理解"穿越河流"中的"穿越"一词，读者就必须随时间推移跟踪某个目标或轨迹的空间评估，该目标从一侧开始，到另一侧结束。由于无法一次在两侧同时显示轨迹，因此，读者必须创建一种动态表征形式，以理解短语含义的时间感知特征。

179　　实验表明，人们在理解单词含义的过程中会创建动态的时间表征。扎瓦（Zwaan，1996）证明，叙事中的时间转移增加了处理时间。因此，在某些事件之后阅读"一小时后"一词的人，比使用一个隐含的时移（如短语"稍后"）花费的时间更长。这些发现与"相似性假设"是一致的，假定事件不仅是按时间顺序发生的，并且假定事件也是连续发生的。其他数据表明，句子中的连续动作比不连续的事件在记忆中更为活跃。因此，人们在读到"特蕾莎走上舞台。一小时后她崩溃了"这对句子后，会更快地说"走"是一个词。相关研究表明，持续的具身行动比已经停止的行为更有活力。因此，在阅读"史蒂夫停止踢足球"之后，人们判断"踢"是一个词的速度要慢于阅读"史蒂夫在踢足球"（Carreiras et al.，1997）。这些发现再次表明，人们对事件的解释基于他们的具身理解，这在语言表达中单词的记忆处理和表征中扮演着重要的角色。

最近的研究表明，意象图式是在动词的即时处理过程中引入的（Richardson et al.，2003）。一项标准化研究首先表明，参与者在将反映各种示意图图式（如圆圈、正方形、向上、向下、向左或向右看的箭头）的四幅不同图片与不同的具体和抽象动词（如"推""举""争辩""尊重"）配对时，总体上是一致的。第二个标准化研究让参与者在一个简单的计算机绘图环境中为动词创建自己的示意图。同样，人们认为最能描述不同动词意义的空间形状也有很好的一致性。这些发现表明，人们对不同动词，甚至抽象动词的空间表征有规范的直觉。

其他研究表明，在在线语言理解过程中，动词激活了潜在的空间表征。例如，在一项研究中，参与者听到一个句子（如"女孩希望得到一匹小马"），同时有两张图片在电脑屏幕的中央依次呈现。这两张图片反映了主客体名词在垂直或水平位置上的不同形象。之后，参与者在一个快速识别任务中测试他们对图片的记忆。正如所预测的那样，当人们沿着相关动词的同一轴定位时，他们识别图片的速度会更快。动词理解似乎激活了意象图式，这些图式充当了图片视觉记忆的支架。在记忆测试中，那些被编码成与动词意思相似的图片被识别得更快。这些结果表明，动词意义与影响在线理解和记忆的感知机制密切相关。一种可能是，不同的感知和运动经验与动词联系在一起，在理解过程中，动词作为人们感知运动模拟句子的一部分被激活。

不同的实验表明，具身行动会对简单语言语句的即时符号或语义判断产生影响。在这些研究中，参与者首先被要求做出与语言描述相对应的手势，如"捏"和"握紧"（Klatzky et al.，1989）。接下来，参与者对诸如"瞄准飞镖"（合理）或"闭合钉子"（不合理）等短语的敏感性进行快速判断。与这些短语相关的具身行动促进了人们对这些短语的快速验证。例如，表示"捏"的手势加快了"扔飞镖"的敏感度判断，而不是"掷拳"的敏感度判断。有趣的是，当参与者被要求对非语言启动做出语言反应（而不是手势形状）时（如向他们展示的非语言信号是"捏"这个词），启动效应被消除了。像在线理解一样，敏感性判断也需要使用一种具身的运动媒介进行某种心理模拟。

180

第七节　意象图式与话语解释

意象图式是人们从反复出现的具身体验中产生的认知表征（见第四章）。认知心理学的实证研究结果（见第五章）与人们在理解隐喻地表征动量的不同句子时得出的一些推论相一致。考虑下面的话语：

"我被那个想法迷住了。"
"我们的竞选势头太猛，不能退出。"
"我被自己的所作所为冲昏了头脑。"
"我们最好在事态发展到不可收拾的地步之前就停止争吵。"
"一旦他开始说话，你就无法阻止他说话。"

这些话语反映了**动量**的意象图式是如何允许对非常抽象的认知领域进行讨论的，比如政治支持、控制、争论，以及谈论具有动量的物理物体。考虑到认知心理学研究对表征动量的了解，我们可能能够预测人们在理解这些句子时得出推论的重要方面（参阅第五章）。

181

表征动量研究的一个发现是，人们的行为就像一个明显移动的物体在遇到障碍物后依旧继续移动。本质上，移动的物体似乎携带着障碍物，而不是偏离障碍物或停止移动。当人们理解"我被那个想法迷住了"这句话时，人们应该推断出那个想法很重要，说话人也对那个想法深信不疑。这源于运动物体的一个特征——物体越大，运动时产生的动量也就越大。因此，遇到障碍物的大物体应该导致该障碍物与大物体一起被携带。应用概念隐喻"**思想即对象**"，人们应该在阅读或听到"我被那个想法迷住了"时推断出，遇到一个重要（大）想法的人会被那个想法说服（携带）。

表征动量研究的另一个结果是，随着动量运动的物体被认为无法立即停止。即使施加一个力使物体停止运动，它也会持续一段距离才会停下来。从这种情况可以推断出，如果想要到达某个特定的目的地，那么物体的动量越大，物体到达目的地的机会就越大。我们可以把这些知识和概念隐喻"**成就即运动**"一起，应用到"我们的竞选势头太猛，不能退出"这句话，来推断参加竞选的其他候选人有很好的机会（很大的动力）赢得选举，因此不应试图退出（停止）竞选。

表征动量研究中的一个相关发现是，一个动量不受控制的物体会移动很长一段距离，甚至可能超过了预期的目标。这种情况会导致在理解"我被自己的所作所为冲昏了头脑"时得出的推论，一个人在做某事时，如果不监控所花的时间或投入的资源（一个物体以不受约束的动量运动），可能会在任务上投入太多的时间或太多资源（超出预期目标）。

表征动量研究的另一个方面涉及运动物体的表观速度和加速度。这个因素会影响物体所能感知到的动量。将这一发现应用到"一旦他开始说话，你就无法阻止他说话"这句话的推论是，在谈话的早期（当语速较低的时候）打断（阻止）这个人要比稍后打断他（速度很快时）容易得多。这个结果同样适用于"我们最好在事态发展到不可收拾的地步之前就停止争吵"，这里的推论可能是，争论开始时相当无害（速度很慢），但随着它们的进展，事情可能会变得不可补救（速度很快）。对于这两个句子，我们都明白应该尽早停止谈话或争论。

目前尚未有实验证据来支持这些推测性的想法。但是，这一讨论说明了一些重要的可能性，即意象图式可能是与话语意义相关的相当微妙的推理模式的各个方面的基础。

第八节　比喻性语言解释中的具身隐喻

　　然而，许多实验已经表明意象图式是如何在不同隐喻概念中充当源域的，并部分解释了包括习语、常规表达和新奇隐喻在内的各种语言现象的丰富含义（Gibbs，2002）。考虑短语"泄漏"（spill the beans）。尝试为该短语形成心理形象，然后问自己以下问题。豆子撒出来之前在哪里？这个容器有多大？豆子是熟的还是生的？撒落是意外的还是故意的？豆子被撒在哪里？豆子堆得整齐漂亮吗？豆子应该在哪里？豆子撒了之后容易回收吗？

　　大多数人对这些关于习语的心理意象问题都有明确的回答（Gibbs & O'Brien，1990）。他们通常说，豆子放在一个人头大小的锅里，豆子是未煮熟的，豆子撒出来是意外，而且溢出的豆子撒了一地，很难回收。如果我们假设习语的意义是任意决定的，那么人们对其心理意象直觉的一致性就很令人困惑。人们对习语的心理意象的描述，揭示了一些具身隐喻知识，这些知识激发了习语短语的意义。一项研究考察了人们的心理意象，找出了一些具有相似比喻意义的短语，比如关于揭露[如"泄漏"、"漏网之鱼"（let the cat out of the bag）、"揭发"（blow the lid off）]、愤怒[如"发脾气"（blow your stack）、"大发雷霆"（hit the ceiling）、"发怒"（flip your lid）]、精神错乱[如"发疯"（go off your rocker）、"失去理性"（lose your marbles）、"无比兴奋"（bounce off the walls）]、隐匿[如"保密"（keep it under your hat）、"闭口不谈"（button your lips）、"隐瞒"（keep in the dark）]和施加控制[如"要挟"（crack the whip）、"制定法律"（lay down the law）、"发号施令"（call the shots）]（Gibbs & O'Brien，1990）。参与者被要求描述他们对这些习语的心理意象，并回答关于这些习语的原因、意图和行为方式的问题。

　　总的来说，对于具有相似比喻意义的不同习语，参与者对其心理意象的描述是非常一致的。人们意象背后的一般图式并不是简单地表征习语的比喻意义，而是通过意象捕捉到动觉事件的更具体的方面。例如，关于愤怒的习语，如"发怒"和"大发雷霆"都是指"生气"的概念，但参与者特别为这些习语设想了某种力量，使容器以暴力的方式释放压力。在这些不同习语的表面形式中，并没有任何东西可以严格限制参与者的意象。毕竟根据不同的情况，盖子（lid）可以翻转、天花板（ceiling）可以通过多种方式被撞击。但是，在本研究中，对于意思相近的成语，参与者意象中发生的一般事件几乎没有变化。

　　对于他们的意象中所描述的行为的原因和后果，参与者的回答也高度一致。考虑一下对有关愤怒习语的调查问题最常见的回答（如发脾气、发怒、大发雷霆）。当人们想象愤怒的习语时，人们报告说是压力（即压力或挫折感）导致了这种行为，一旦压力增大，人们几乎无法控制它，它的剧烈释放是无意的（如发脾气），一旦释放发生（即天花板被击中、盖子会翻转、烟囱会冒烟），动作就很难逆转。

在谚语的心理意象中也有类似的发现（Gibbs，Strom，& Spivey-Knowlton，1997）。例如，人们以特定的方式想象"滚石不生苔"这句话，部分是因为"**生活即旅行**"的隐喻性想法，这根植于"**源-路径-目标**"的意象图式。因此，人们为习语和谚语创建的意象种类受到限制，因为非常具体的具身知识有助于构建他们对各种概念的隐喻理解（Gibbs & O'Brien，1990）。例如，人们对愤怒习语的意象，是建立在对某些物理事件的民间观念基础上的。也就是说，人们利用他们对容器中加热流体的行为的具身知识（如作为容器的身体以及其中的体液），并将这些知识映射到愤怒的目标领域，以帮助他们更具体地概念化理解关于愤怒的概念。这些一般的隐喻映射产生了各种特定的含义，这些隐喻映射提供了人们对烟囱冒烟、翻盖子、撞天花板等描述活动的原因、意图、方式和后果的一贯反应的具体见解。因此，人们对经验进行部分概念化的具身隐喻方式，似乎为说话人对类似比喻意义的成语和谚语具有一致性心理意象和具体知识提供了部分原因。

第九节 隐喻处理中的具身行动

一项新的研究调查了身体行为对人们快速处理简单隐喻短语的可能影响。诸如"抒发情感"（**stamp** out a feeling）、"提出一个问题"（**push** an issue）、"嗅出真相"（**sniff** out the truth）和"说出一个秘密"（**cough** up a secret）等短语都表示对抽象事物的物理行为。威尔逊和吉布斯（Wilson & Gibbs，2005）假设，如果抽象概念确实被理解为可以被身体作用的事物，则执行相关动作，应有助于对提及该动作的比喻短语做出明智的判断。例如，如果参与者首先移动他们的腿，好像要踢什么东西，然后阅读"多考虑一下这个想法"（**kick around the idea**），他们应该比他们第一次做一个不相关的身体动作更快地验证这个短语的意义。

首先，根据不同的非语言提示，参与者被教会执行各种特定的身体动作。这 16 种身体动作包括投掷、踩踏、撕扯、推、咽、嗅、咳、吐、戳鼻子、抓、抖、伸手指、嚼、站、伸懒腰和摇晃。参与者通过在每个事件之前显示一个单独的图标后，观看演员执行这些动作的录像来学习这些动作。然后，参与者必须在各自的提示下展示对不同动作的完美记忆。随后，参与者分别坐在电脑屏幕前。实验包括一系列的考验，屏幕上会闪现一个图标，提示参与者进行适当的身体动作。完成后，屏幕上出现一串单词，参与者必须尽快判断这个单词串是否"合理"。

一半的单词串是合理的，另一半是不合理的。感性短语都是传统的隐喻性短语，指的是某个抽象概念上的具体动作。在实验中，参与者首先进行的一些身体动作与以下言语短语相关（例如，运动动作踢腿后接"反复考虑这个想法"），而有些则不相关（例如，咀嚼运动动作后接"反复考虑这个想法"）。第三种类型的实验完全不涉及准备工作（即参与者在看到单词串之前没有进行任何身体动作）。

与先前动作不匹配的隐喻性短语相比，参与者对与先前动作相匹配的隐喻性短语做出判断的速度更快。在进行了相关的身体动作后，人们对隐喻性短语的反应也比他们完全不动时要快。在对照研究中，人们只需提供一个最能描述每一个动作的词，结果表明，这些启动效应不仅仅是启动词和目标词之间先前的词汇联系造成的。简言之，执行一个动作有助于理解包含动作词的比喻短语，就像字面短语一样。作为惯例，人们不理解这些比喻性短语的非字面意义。相反，人们实际上理解的是"抛出一个计划"（**toss** out a plan），例如，在物理上扔东西（即计划被视为一个物理对象）。通过这种方式，处理隐喻意义涉及对身体在构建抽象概念中作用的一些想象性理解。

第十节　欲望即饥渴：具身隐喻的个案研究

另一个关于隐喻意义中具身行动的研究项目，着眼于人们对人类欲望的隐喻表达的解释（Gibbs，Lima，& Francuzo，2004）。考虑一下《神圣的饥饿：欲望回忆录》（Bullitt-Jones，1999）中的最后几句，作者总结了她在父亲去世后的精神旅程：

就我而言，我感到饥饿，我渴望着某样东西——或者某个人——能真正让我充实，充实我的生活，为我提供生活所需的东西，一个比日常生活更大的东西，在日子和季节的流转中，在太阳的升起和落下中，在生命纯粹的礼物中。

当我父亲去世时，我知道我已经在路上了。我已经定好了路线。我知道，无论我的生活是什么，都是关于欲望、超越一切欲望的欲望，这就是对上帝的渴望。它是关于学会倾听我内心深处的渴望，并让这种渴望指引我，就像一艘船在夜晚靠星星掌舵一样。

这几行语句诗意地描述了即使是最抽象的欲望，如对精神满足的需求，也常常是根据如与饥饿相关的那种感觉到的具身体验来概念化的。饥饿与欲望之间的隐喻映射经常出现在对各种欲望的讨论中，包括欲望以及对具体对象和抽象观念/事件的欲望。因此，说美式英语的人经常用饥饿（hunger）来形容抽象的欲望：

> 他渴望得到认可。
> 他渴望冒险。
> 他渴望权力。
> 他渴望复仇。

断言这种隐喻关系并不只是一种传统的或武断的表达欲望的方式，因为在感觉饥饿和感受欲望的不同方面之间，似乎有着丰富而系统的对应关系。吉布斯等调查了美国和巴西这两种文化下的大学生是否根据饥饿的具身体验隐喻地理解不同的欲望。他们首先考察了人们对饥饿的具身体验，除了他们在谈论欲望时对饥饿的理解。在说美式英语和巴西葡萄牙语的人群中，饥饿的身体体验要比其他体验明显突出。如果饥饿与欲望高度相关，并且人们从某种程度上隐喻了饥饿的欲望，那么他们的饥饿体验中这些更为突出的部分就应该始终映射到他们不同的欲望概念上。因此，人们应该从特定饥饿体验的角度来看待谈论欲望的某些方式，而不是从不那么突出的饥饿感受方面。

186 第一项研究向美国和巴西大学生展示了三种可能由饥饿引起的症状（这些症状被翻译成巴西葡萄牙语，供巴西参与者使用）。"局部"症状是指身体的特定部位，"一般"症状是指全身的体验，"行为"症状是指由于饥饿而导致的各种行为。这三种症状中的每一种都包括一些我们认为可能与饥饿的体验密切相关的东西、一些可能与饥饿有关的东西，还有一些与饥饿完全无关的东西。对这些评分的分析显示，说英语和葡萄牙语的人对不同的物品给出了相似的评级。例如，两组参与者一致认为，饥饿对人体的强烈影响包括肚子咕咕叫、想到食物就会流口水、胃痛和头痛（局部症状）；感到不适、虚弱、头晕、烦躁、有食欲（一般症状）；这个人感觉失去平衡，情绪变得脆弱，变得非常焦虑（行为症状）。两组参与者也对那些与他们的饥饿体验无关的事情达成了一致。这些项目的例子包括：膝盖肿胀、脚疼、手痒、手指折断（局部症状）；一个人想跑步，不想见任何人，变得健谈，发烧（一般症状）；个人行为正常，工作正常（行为症状）。总的来说，这些发现表明，人们对饥饿的具身体验有显著的规律，至少正如来自这两种不同文化背景的说者所暗示的那样。

第二项研究考察了人们对饥饿的大众知识是否与他们对不同欲望体验的

理解有关。为此，在第一项研究中，来自相同人群的讲英语和讲葡萄牙语的人被要求给出他们对两类问题的直觉。第一组问题着重于人们在经历三种类型欲望时的身体感受：爱、欲望和对人以外事物的欲望，如名望、冒险、金钱等（"其他"类别）。研究要求参与者阅读每个问题，然后对一个人在恋爱、性欲或经历其他欲望时各种身体经历的相关性（如变得头晕、虚弱、烦躁、健谈）进行评分。

第二组问题集中于人们对不同语言表达欲望的方式可接受性直觉上。与身体问题类似，如第一项研究所示，一半的项目是由对饥饿的强烈程度（或高度）评估的身体体验构建的，另一半来自被评为弱（或低）饥饿感的项目。这些语言问题是针对三种欲望（即爱情、欲望和其他）提出的，就像是针对身体的问题一样。参与者的任务只是阅读每个陈述（例如，"我全身因你而疼痛""我为知识而感到头疼""我的手为你发痒""我的膝盖因渴望了解我的先祖而疼痛"），并评价是否可以接受以各自语言进行交流的方式。

对平均评分的分析表明，在三种欲望（爱情、欲望、其他）的三种症状中，身体和语言问题的结果在英语和葡萄牙语中基本一致。例如，在学生对不同语言表达的可接受性评分方面，美国和巴西学生都认为"我对钱很感兴趣"和"我以前的生活方式让我胃痛"这两种表达不同欲望的方式是合理的、可接受的。但他们也认为，诸如"我为了冒险而变得健谈"和"我的膝盖因渴望了解我的先祖而疼痛"这样的表达方式是不可接受的谈论欲望的方式。

总之，研究结果表明，了解人们对饥饿的具身体验，可以让学者们根据我们对饥饿的复杂的具身理解，凭经验预测欲望的哪些方面会被考虑，哪些方面不会被谈论。这一证据在两种不同的语言和文化共同体中是一致的。人们使用他们的身体体验/行为的知识作为隐喻意义和理解的主要来源。

第十一节 理解时间表达

关于时间的语言是具身隐喻讨论中的一个重要话题。和大多数抽象领域一样，时间可以用不止一个隐喻来描述。在英语中，两个不同的隐喻被用来在时间上对事件进行排序（Lakoff & Johnson，1980）。第一个是自我移动隐喻，在这个隐喻中，自我或观察者沿着时间线朝着未来前进（如"我们将在圣诞节回来"）。第二个是时间移动隐喻，在这个隐喻中，一个人站着，时间线被设想成一条河流或一条传送带，事件正在从未来转移到过去（如"圣诞节即将来临"）。

这两个隐喻适用于时间线上前后的不同任务。在以自我为中心的隐喻中，

"前"（front）指的是未来或以后的事件（如"革命就在我们面前"，革命是一个后来的或未来的事件，因为它沿着观察者的运动方向走得更远，所以被称为"在前"）。当一个观察者沿着一条路径运动时，物体的顺序取决于观察者的运动方向。在时间移动的隐喻中，"前"指过去或更早的事件（如"革命在早餐前就结束了"，革命是较早发生的事件，之所以说它在前是因为它在时间运动的方向上走得更远）。同样，空间中的普通物体也存在类似的系统。当没有固有正面的对象在移动时，就会根据运动方向为它们指定前向。

188

自我移动和时间移动的表达是否通过不同的概念方案来理解？在关于时间的争论中，一个常见的论点是语言隐喻在形成抽象领域中没有因果关系（Murphy，1996）。一项测试该想法的研究为参与者提供了一系列时态陈述，这些时态陈述要么与一种方案一致，要么在自我移动方案和时间移动方案之间切换（Gentner，Imai，& Boroditsky，2002）。对于每一个陈述（如"圣诞节是新年前6天"），参与者被给予事件的时间线（如过去……元旦……将来），而且必须在时间线上安排一个事件（如圣诞节）。当时间陈述在两个隐喻之间切换时，参与者会花更多的时间来做这件事。

关于理解时间表达的另一项研究，向机场（芝加哥奥黑尔）的人们询问自我移动形式（如"波士顿的时间是领先还是落后？"）或时间移动形式（如波士顿比这里早还是晚？）的问题。在回答完问题后，参与者被问到目标问题"那么我应该把手表调快还是调慢？"这与自我移动的形式是一致的。实验者用伪装成手表的秒表测量了对目标问题的响应时间。同样地，对于始终如一的问题，回答时间比那些不一致的问题要短。转换模式导致处理时间增加。这些结果表明：两个不同的概念方案涉及时间序列事件。

关于理解时间陈述中具身隐喻的其他证据来自一项研究，在这项研究中，参与者回答了一组关于一周中（事件发生）的天数问题，这些问题是以自我移动隐喻（如"我们两天前过了最后期限"），或时间移动隐喻（如"最后期限已经过了两天了"）的方式表达的（McGlone & Harding，1998）。对于每一项陈述，参与者都要指出已经发生或将要发生的所涉事件在一周中的哪一天。在每个区块的末尾，参与者阅读一个模棱两可的临时声明，如"原定于下周三举行的会议已提前两天举行"，并被要求执行相同的任务。"向前移动"语句是不明确的，因为它可以使用一种或另一种模式来解释，从而产生不同的答案。自我移动条件下的参与者倾向于以与自我移动一致的方式（认为会议是在星期五）消除"前进"陈述的歧义，而时间移动条件下的参与者倾向于以与时间移动一致的方式（认为会议是在星期一）消除歧义。这些研究为在时间上对事件进行全局排序的两种不同方案的心理现实提供了有力的证据。

一些学者认为，即使语言在描述抽象领域时使用的隐喻不同，使用这些语言的人对这些领域的心理表征也不应有所不同（Murphy，1996）。最近的证据表明，事实并非如此（Boroditsky，2001）。说英语和说汉语的人谈论时间的方式不同。英语使用者主要使用横向术语来表示时间，而汉语使用者同时使用横向和纵向术语。隐喻结构解释可以预测汉语使用者在思考时间时，比英语使用者更倾向于依赖垂直空间图式。

这确实是观察到的情况。在回答关于时间的真/假问题时（如"三月比四月来得早"），汉语使用者使用垂直空间图式比使用水平空间图式更快。这一结果表明，汉语使用者在回答时间问题时，主要依赖于时间的纵向表征。讲英语的人则相反。说英语的人在使用水平空间启动词后，回答问题的速度要比使用垂直空间启动词时快。这种差异尤其显著，因为两组人都是用英语完成任务的，而且所有讲汉语的人都至少有 10 年说英语的经验。此外，接受过短暂训练的英语使用者使用垂直隐喻来谈论时间的结果，在统计学上与讲汉语的人无法区分。这有力地证明了具身隐喻概念在抽象思维的形成中起着重要作用。

人们对时间的理解不一定是基于在线的感觉运动活动，而是基于人们对过去和现在空间经验的表征和思考。支持这一观点的证据来自几个实验，在这些实验中，人们在不同的环境下被问及一个关于时间的问题（Boroditsky & Ramscar，2002）。例如，在咖啡馆排队等候的学生被告知"下周三的会议已提前两天"，然后被问到"改期的会议是哪一天？"排得更远的学生（也就是说，他们经历了更多向前的空间运动）更有可能说会议被移到了星期五。同样，坐火车的人也会被问到模棱两可的声明和关于重新安排会议的问题。在旅途末途的乘客回答说会议被移到周五的次数远远多于旅途中途的乘客。尽管两组乘客都在经历着同样的身体体验——坐在行驶的火车上，但他们对旅途的想法不同，因此对重新安排会议的问题的反应也不同。这些发现和其他研究结果表明，影响对时间事件想法的是人们对空间运动的看法，而不是身体体验本身。

人们如何看待空间中的运动也会影响他们对虚拟运动句的理解，例如"公路沿着海岸延伸"。尽管虚构的动作表达没有传达明确的动作（如道路不是字面上的运行），但人们可能会以内在的、虚构的运动感觉来理解这些陈述（Talmy，1996）。实验研究表明这是正确的（Matlock，2004）。参与者阅读一个主角穿越空间区域的故事，然后快速决定一个虚构的动作陈述是否与故事有关。当句子跟在描述短途、快速运动和整洁地形的故事之后，阅读时间会更快。人们对包含快速动词的陈述，如"这条路通向海岸"，比使用速度较慢的动词，如"这条路在海岸蜿蜒"做出的积极决定要快得多。在检查非虚构运动空间句的理解的对照研究中，并没有发现这些差异，这表明虚构运动的影响不是词汇

189

190

启动引起的。

总体而言，这些研究表明，具身模拟对于处理虚拟运动至关重要。因此，人们通过"重演"动作重建句子中隐含动作的心理设定来解释虚拟动作陈述的意义。但人们并没有意识到这些模拟，因此，虚拟运动处理并不依赖于对运动的刻意思考。这些心理语言学研究为这样的普遍主张提供了额外的支持，即语言是与基于普通具身行动的想象力紧密相关的。

一般来说，关于理解时间的语言陈述的实验工作表明了人们是如何以具身的、隐喻的方式来看待时间的。这些数据直接反驳了这样一种观点，即隐喻性的时间讨论是从空间和时间之间的抽象相似性中产生的（Jackendoff & Aron，1991）。

第十二节　美国手语中的具身隐喻

另一个关于身体行为如何影响话语解释的当代研究例子，来自对美国手语的研究。在美国英语和其他语言中，一个常见的概念隐喻是**"交流即发送和接收对象"**。这种概念隐喻是说话者使用和理解语言表达的基础，如"我们反复地抛出一些想法"和"他的意思就在我的脑海中闪过"。在每一种情况下，思想都对应于对象，而交流的行为则对应于这些对象的发送和接收。

最近关于美国手语的研究表明，在美国手语中，类似的概念隐喻是关于交流的基础（Taub，2001；Wilcox，2001）。美国手语的手势使用者通常利用空间图式表征空间关系、时间、顺序和概念结构的各个方面（Emmorey，2002）。当手语使用者描述空间关系时，在建筑形式和所描述场景的各个方面之间有一个结构上的类比。具体来说，美国手语中的物理元素（手）映射到场景中的物理元素（对象），手的移动映射到参考对象的运动，空间中的位置映射到场景中的物理位置。通过隐喻映射，手语使用者可以扩展量词结构和符号空间从而描述抽象概念和关系。

然而，美国手语中的概念隐喻不同于口语中的概念隐喻，因为它们涉及双重映射（Taub，2001）。首先，有一个从具体的具身源域到抽象目标域的隐喻映射（如可以被掌握并传递给他人的对象映射到观念/思想/概念上）。其次，有一个从具体领域到语言领域的标志性映射（如圆柱形物体映射到圆柱形的手形）。

例如，与说英语的人类似，美国手语的使用者也使用"交流即发送"隐喻。对于说话者和手语者来说，交流思想和投掷物品的话语是相互联系的，其中一个想法对应一个物体，而告诉或解释这个想法就相当于把物体扔给别人。但与英语口语不同，美国手语在具体领域（对象）和发音者（手）之间有一个额外的标志性映射。想想英语中"我没有明白他的意思"的这一说法，它是指一位说话者试图让听众理解某种想法或信念。在美国手语中，等价记号［（解读为**思维-反弹**（think-bounce）]表示无法交流，由一个弹射物从墙上弹回来的图像构成（主手形从头部移动，然后从非主手弹回来）。因此，美国手语中有两个标准的人类动作来表示交流失败。

美国手语在许多概念领域中表现出双重映射。例如，权力和高度之间的隐喻映射（如权力增加）在高度和手势空间之间有一个额外的图标映射。因此，在美国手语中权威人物与较高的位置相关，而权力较弱的人与较低的位置相关。这很好地说明了身体行为如何帮助表达抽象概念，比如我们对权威人物的概念化。类似地，手语者使用"亲密即接近"的隐喻，将已知或偏好的对象/人与身体附近的位置关联起来，将不太喜欢的对象/人与远离身体的位置联系起来。

塔布（Taub）还认为，一些手势（如**思维-渗透**）完全由一个隐喻驱动，而其他手势只有部分动机，同时受到多个隐喻的驱动，或者同时受到隐喻和纯粹相似性的驱动。例如，悲伤的标志是双手张开，手掌在脸前向下移动。手语者的手势建立在上下标度映射到情绪的基础上，其中负面情绪会向下移动（如"我今天情绪低落"）。

"**紧张**"的手势同时使用了"悲伤"和"快乐"这两个隐喻，并增加了第三个隐喻。因此，"**快乐情绪高涨**"的向上运动从胸部中央开始，此处"**情绪的发源地是胸部**"，包括开放的 8 字手形，这是由**感觉即触摸**的隐喻驱动的。

最后，"**兴奋**"的手势包含了隐喻和相似性。"**兴奋**"使用了与"**紧张**"相同的三个隐喻，但是在含义上与"**紧张**"不同，它不是让两只手在一个长时间的快速划水动作中向上移动，而是在胸部交替进行短暂的向上运动。因此，"**紧张**"的手势表征一种短暂、快速的体验，而"**兴奋**"的手势表征一种持续状态的体验。

另一个以身体运动为基础的隐喻是时间（Wilcox，2001）。在美国手语中，时间是相对于"时间线"来表达的，每个时间符号都沿着一条虚幻的线穿过身体。手语者的身体表征现在的时间，身体正面和背面的区域分别表征未来和过去（关于美国手语中不同的时间模型，参见 Emmorey，2002）。时间标记，如**现在、将来**和**过去的一天**，在线路上具有与时间消息一致的相对位置，即使它们的特定位置不是成比例的。一般来说，美国手语从空间路径和时间单向性的角度将时间表征为一种感知经验。因此，时间被认为是从过去（向后）到未来（向前）。人体的正面和背面与人体的日常运动相对应，即前进到未来，然后退回到过去。

192

与口语一样，容器图式在美国手语中也很普遍。例如，手语者通过在额头前部使用 C 形手形来表达一个人知识渊博的观点。这个手形表明大脑可以被想象成一个装满东西的容器。一个不完整的想法或是一念之差，手语者都可以用不同的手形传达。但是，美国手语中的容器隐喻不仅仅是描述抽象实体的简单本体隐喻。对隐喻映射的理解传达了容器内部的抽象联系。这些映射由不同的图像架构组织，如**源-路径-目标、联结、部分-整体、中心-边缘**和**前-后**。这些意象图式是许多复杂隐喻中源域的基础。例如，前-后图式指的是如"它在我脑海中的某处"这样的想法。耳聋的人知道大脑的活动集中在不同的区域，但他们通常使用前额区域来做出诸如记住、理解、记忆、思考、想象、想法、迷惑和假设等手势。

193 　一个例子是关于一个手语者的，他试图写一本书，详细描述他从与世界各地的聋人交谈中记住的所有笑话和民间传说（Wilcox，2001）。"将思想汇集到书中"的手势开始于手语者将两个拳头靠近额头，然后将拳头向外和向下朝大腿区域划去，手指张开，放在可以书写或阅读书籍的地方。这样，观念就从作为容器的头脑中被提取出来，放进另一个容器或书本中。

美国手语中还有一个隐喻是"**存在的观念是直立的**"。世界上那些竖的和直的实体，往往是那些持续存在的物体。有生命的物体是完整的、直立的，而死去的树、花，甚至人都会倒下。这些经验事件是理解抽象心理过程的源域。因此，观念、思想或理解可以被隐喻地看作有生命的东西。当涉及抽象思维和连贯思想的过程时，美国手语具有 G 形分类手形，食指垂直伸出，指向前额附近。直指的这个手势可以隐喻物理生命或存在。

毫不奇怪，有一个同样普遍的反隐喻映射，即"**不充分存在的观念是弯曲的**"。这个比喻建立在"不充分存在的实体很难观察到"的经验基础上。因此，当一个想法隐喻性地从视线中消失，手语者通过弯曲他们的食指来表征它的永远消失。引发"**不充分存在的观念是弯曲的**"想法的美国手语手势包括表征弱智、梦想和反复思考，每个手势都有用到弯曲的手指来表达。一般来说，思想对应于我们观看生命的过程，即随着手指的弯曲或伸直反映出生命的发生或崩溃。

最后，概念隐喻"**概念是一个需要掌握的对象**"是由一个同时具有象征性和隐喻性表征的手形表征的。因此，手势中使用了完全闭合的拳头形状来表征某人伸手去抓东西，就像"瑞恩用一只手捡起珠宝"一样。这个分类方式也适用于"我要带着祖母一起走"之类的情况，即使我们在带人去某个地方的时候并没有紧紧抓着他们。毫不奇怪，同样的手势也可以比喻为"抓住那个想法"。这个特殊的手形映射了对一个物体的把握，以至于它无法摆脱在记忆中永久保留某个想法的智识过程。

诸如此类的语言分析表明，口头语言和手语如何在具身体验/行动和更抽象的概念域之间共享许多相同的意象映射。然而，在理解美国手语的过程中，没有证据表明具身隐喻是被访问或激活的。但上述语言分析表明，这是很有可能的，应该成为未来实验工作的主题。

第十三节　语言的神经理论

实证研究表明，具身体验在语言理解中的重要性主要集中在行为和神经心理学证据上。但是最近，认知科学在语言神经基础的解释上也有新的进展。语言的神经理论（neural theory of language，NTL）是加州大学伯克利分校的一个跨学科项目，致力于了解人脑的神经结构如何塑造思想和语言，并影响语言的学习和理解（Feldman & Narayanan，2004）。这些研究试图定义用于连接大脑功能（包括与情绪和社会认知相关的功能）与语言使用之间的表征和计算。一个基于神经科学研究的普遍假设是，大脑中不应该有专门的语言区域，语言处理也不应该只局限于大脑的几个特定区域。

早期的 NTL 项目为研究世界语言中的空间关系术语提供了一个神经模型（Regier，1996）。例如，英语有几个具体而抽象的空间术语，可用来表达空间和非空间含义的介词，如"我处于抑郁状态""价格上涨""他气得发狂"。这些空间关系的非空间用法源于系统的概念隐喻，这些隐喻保留了源域的空间逻辑（见第四章）。过往的语言学研究表明，许多基本的空间关系本质上是地形关系（Talmy，2000）。为了建立一个空间关系的神经模型，雷吉尔（Regier）采用了几个认知神经科学方面的观点。第一，视野的地形图被用来计算同样是拓扑的意象图式。第二，方向敏感的细胞集合被用来计算依赖于身体方位的空间概念的定向方面（如上文所述）。第三，中心敏感受体场（center-sensitive receptor fields）被用来描述接触等概念。第四，填充体系结构被用来处理如控制之类的概念。

雷吉尔的模型以如下方式进行了测试。在一个简单的视网膜计算机模型中展示了一些简单的图形（正方形、圆形、三角形），它们具有各种静态和移动的空间关系（如"之中""之上""通过""在上方"）（$n \times m$ 像素）。一个图形用作地标，另一个用作轨迹（例如，如果圆形位于正方形下方，则正方形是地标，而圆形是轨迹）。该模型的任务是学习一种语言的空间关系系统和空间关系术语，以便该系统可以为计算机屏幕上显示的新空间配置提供正确的名称。这里的一个困难挑战，是要学习这些空间关系项，而无须任何有关系统何时不正确的反馈。

事实上，雷吉尔的模型非常善于学习这些空间术语，甚至可以在不经过原型训练的情况下准确地展示原型效果。这项工作的一个意义是证明概念和语言范畴可以通过视觉系统的感知装置来形成。因此，空间关系的概念范畴是基于大脑的结构和我们身体的空间关系体验而产生的。NTL 框架中的另一种模型被称为**隐喻和方位的基于知识的动作表征**（knowledge-based action representations for metaphor and aspect，KARMA），其特征是对事件的隐喻推理（Narayanan，1997）。许多叙事都从空间运动和操纵的角度描述了抽象的计划和事件。例如，阅读以下关于欧洲经济的简要报纸报道（Narayanan，1997：1）：

三年前，英国经济深陷衰退，而德国却日益繁荣。在德国陷入经济衰退很久之后，法国一直在稳步前进。但现在法国的经济却在进一步下滑，而德国经济依旧继续挣扎。英国一直在通过降息来刺激经济，并最终开始走出衰退。

纳拉亚南（Narayanan）的基本假设是，人们从他们对具身隐喻的认识中理解这种叙事，包括那些与平稳移动、摔倒、小步前进、陷入更深、挣扎和开始显现的隐喻。这些具身隐喻的功能是将空间运动和操作的特征投射到抽象的计划和过程中。被称为"x-图式"的表征结构，以一种保留其动态和高度响应性的实时性和对抽象事件进行推理的方式，对具身隐喻进行编码。

纳拉亚南的计算模型包括了任何运动图式如何以皮特里网（Petri nets）的形式建模的详细说明，皮特里网可简化为结构化联结主义的神经网络。x-图式表征法反映了低级运动协同作用，该协同作用执行运动控制并连接运动动作，以产生复杂的运动序列。这些运动事件、动作和过程不变地投射到更抽象的领域，以连接物理和经济领域，比如**行为即运动**、**衰退即空洞**、**更多即上升**。神经模型使用新闻故事中的物理语言以及控制结构（假设实际运动行为被抑制）激活对物理行为的心理模拟。结果表明，这种计算模型得出的推断，与人们在阅读大量有关经济学的新闻报纸时所做的推断相同。例如，系统得出与目标相关的推断（它们的完成、修改、子系统、协调或阻碍）、方面（事件的时间结构）、基于框架的推断、透视推断，以及关于沟通意图的推断。总的来说，纳拉亚南的系统展示了用于控制高级运动图式的相同结构化神经网络，是如何在经济事件的抽象推理中运行的。

纳拉亚南工作的第二部分集中在（身体动作）方面，或者是说话者用来引导听众注意某个情境的内部时间特征的语言手段。例如，动词"敲击"本质上是迭代的，表征重复的动作，"拾取"具有目的和最终状态，"奔跑"没有固有的最终状态，"滑倒"是非自愿的，而"行走"是持续的（需要一定的时间）。

196

英语有不同的词汇、形态和语法手段来指定方面。例如，英语的进行式结构（be + V-ing）使说话者能够专注于一个已经开始但尚未完成的潜在过程正在进行的性质。过去完成时的结构（has＋V-ed）让说话者能够具体说明一种情况的后果，比如某人完成了某个动作。不同的方面动词，如"敲击""行走""奔跑"，也表征情境的时间特征。

纳拉亚南（Narayanan，1997）建立了一个计算机模型，用于说明神经系统内的具身行动方面的语义学。这个模型展示了语言中的体态表达式，是如何与在感觉运动控制中反复出现的示意过程相联系的，如起始、中断终止、迭代、启用、完成、促使和努力。比如"杰克步行到了商店"。步行包括特定的启用条件（如直立姿势、视觉/动觉测试表明地面稳定）和特定资源（如能量），并且可能有特定的目标（如到达商店）。这些特性与控制器相互作用，从而产生特定的含义推断。因此，当听众听到"杰克走到了商店"（根据上下文，应该是杰克，不是约翰，原文有误——译者注），他很可能推断杰克到了商店。陈述"杰克正在步行到商店"并不意味着杰克实际上已经到达商店。大多数方面的理论都无法处理这种"不完美的悖论"，但纳拉亚南的模型说明了这两个句子之间的区别是如何产生的，即在第一个例子中（"杰克步行到了商店"），只有在达到目标（到达商店）时才能获得结果。在"杰克正在步行到商店"这个例子中，不存在这样的约束，结果只有在杰克到达商店之后才会出现。同样，纳拉亚南的模型给出了诸如"他在擦药膏"和"他在咳嗽"这样的重复解读，因为像"擦"和"咳嗽"这样的活动本质上是反复的。x-图式动态、高度响应的特性使纳拉亚南的计算模型，能够做出与理解方面相关的实时可推论性推论。

另一个神经模型被开发用于学习手部动作（Bailey，1998）。英语中有大量与不同手部动作相关的动词，包括"推""拉""撞""挥""捏""拽""拍""握""搓""挤""甩"。每一个动词都表示略有不同的具身行动。其他语言也有自己特殊的动词集合。例如，在波斯语中，zadan 表示许多快速运动的不同类型的对象操作。泰米尔语的 thallu 和 ilu 在英语中等同于"推"和"拉"，但它们指的是弹道动作，而不是平稳连续的动作。在粤语中，"遇见"指捏和撕，一般用两个手指用力操作，但也指完全抓握的方式撕扯大型物品。西班牙语中"推"有三个单独的词，pulsar 指戳或用一根手指按按钮，presionar 指对某物施加压力，empujar 意指推开门，或推动另一个人，通常会使用两只手。

在任何语言中，人体都为定义与手部动作相关的每个动词的意义范围提供了概念基础。人们无法直接接触到协调他们行为的复杂神经网络。但这是如何运作的呢？贝利（Bailey）创建了一个计算模型来模拟手部动作的动词语义习得。第一步是调整名为"杰克"的人体计算模型，该模型可以正确地执行手臂运动。这是通过创建一组修改的皮特里网来实现的，这些皮特里网被映射到一个结构化的连接网络上。由此产生的神经模型包含了一系列运动协同效应，这些运动协同效应是低水平的自我控制的运动动作，如收紧握把、伸出手指、松开握把、转动手腕等。这些协同作用被协调起来，以提供一种在不同环境条件下实时执行运动图式的机制。

另一种计算机制能模拟贝利模拟低水平运动协同效应与不同动词特征结构之间的关系。例如，假设程序了解到单词"推"涉及使用高强度和短持续时间的滑动执行模式。这些由模式和参数定义单词的信息是其存储定义的一部分。贝利通过向系统展示 165 个带标签的动作示例（对应于 15 个英语动词和 18 个词义），用英语和其他几种语言训练了该模型。

该模型有足够的计算到神经的局部映射，能够正确地学习手势动词，以便系统能够识别动作并正确命名它，并在特定动词下执行适当的手部动作（针对英语，以及较小范围的希伯来语、波斯语和俄语）。尽管这个模型并不完美（它在两个任务中都达到了 80%的水平），但贝利的模型证明了区分不同手部动作的动词的概念作用，是如何建立在感觉运动系统的基础上的。

这些结果很有趣，尽管参与该项目的研究人员指出，这些发现是作为"存在证明"，而不是作为实时运行的真实神经结构模型来呈现的。然而，作为存在的证据，这些研究揭示了大脑、身体和世界相互作用的复杂方式，为语言意义提供了基础。

第十四节　具身构造语法

198

具身构造语法（Bergan & Chang，印刷中[①]）遵循主流构造语法（Goldberg，1995；Kay & Fillmore，1999）和认知语法（Langacker，1991）的基本原则，认为所有层次的语言知识都可以被描述为形式和意义的配对，他们将此称为"构造"。广义来说，理解话语涉及对"具身图式"的内部激活，以及对语境中这些表象的心理模拟，从而产生丰富的推论。构造在这方面很重要，因为它们提供了音韵知识和概念知识之间的接口，从而唤起具身的语义结构。

考虑"玛丽给我倒了一杯酒"这个表达。结构分析假设，主动的双宾论证结构强加了一种解释，在这种解释中，一个实体采取了某种行动，导致另一个实体接受某物。尽管动词"倒"（toss）在许多论证结构中都可以看到，但只

① 已发表，见 Bergen B K, Chang N. Embodied Construction Grammar. 2004. DOI:10.3758/BF03194870——译者注。

有在其含义被认为有助于转移事件的情况下，才允许将其出现在"玛丽给我倒了一杯酒"中。"倒"这个词唤起了一种特定的身体行为，它还表征与所涉及的较大事件有关的时态信息。**倒**图式典型地表征了一种低能量的手的动作，它能使一个实体在空气中移动。更具体地说，**倒**图式有助于描述主动双宾结构中力运动模式的作用。因此，倒是对一个实体强有力的动作，它导致了倒东西的人（代理）和被倒的物体（对象）的运动。构造是不确定性的，但在一定程度上适合特定的话语和语境，处理的结果是最适合的一组构造。

　　这种构造分析的简要概述为确定"玛丽给我倒了一杯酒"这句话的意思提供了第一步。意义产生于模拟以构造分析为特征的基础语义结构。意义来自对以构造分析为特征的基础语义结构的模拟。首先，执行图式（简称 x-图式）用于执行和感知一个动作，并用于理解更大的抽象动作。例如，由"**倒了**"唤起的**倒**图式进入倒-执行图式，它是代理人（或倒东西的人）用于执行**倒**操作的语义模式的明确的接地表征。该方案具体地捕捉到与投掷物体有关的一系列动作，包括可能的准备动作（如抓住物体并将其移动到合适的起始位置）和发射物体所需的手臂运动。还包括使物体沿着适当的路径以较小的力移动的辅助动作。这种倒的执行计划还可以指定在事件的不同阶段可能存在的其他条件，例如被倒的物体必须在动作发生之前在代理人手中，并且该物体随后将飞向某个目标。

199

　　一般来说，构造，如主动双宾语，只需指定一组有限的参数，就可以让听者访问描述丰富的具身结构的详细动态知识。这种分析的一个重要结果是，x-图式提供了显著的推理能力，可以唤起任何话语的详细含义。例如，与理解"玛丽给我倒了一杯酒"相关的部分推论是指，事件层次转移计划和行动层次**倒**计划中固有的时间顺序阶段的各个方面。例如：

说者没有酒。

玛丽通过**倒**施加力。

在玛丽面前喝**酒**。

玛丽手里拿着**酒**喝。

玛丽把**酒**倒给**说者**。

玛丽释放能量（力度=低）。

酒洒向说者。

不喝玛丽手里的**酒**。

玛丽让**说者**喝**酒**。

说者喝了**酒**。

这种对隐含行为图式的分析，还可以指定一套丰富的推理意义。这些推理意义由隐喻性话语引发，比如"玛丽向《询问报》提供了一个有趣的花边新闻"这个表达，强调了与"玛丽给我倒了一杯酒"相同的结构，包括主动的双宾动词结构。但在隐喻性表达中，《询问报》不能是**迁移**图式中的字面接受者。解决这个问题的一种方法是构建一个隐喻映射，使涉及通信的目标域按照对象转换的相应源域进行构造，从而使《询问报》被解释为合适的接受者。一旦发生这种映射，就可以推断出对象传输也可能是属于"有趣"（juicy）和"花边新闻"（tidbit）解释的信息域，而不是食物域。此外，整个事件和它发生的方式都可以被理解为一种语言迁移行为，而不是物理迁移。

一般来说，具身构造语法是一种基于模拟的语言理解模型。这一观点的关键在于，运动动作可以被模拟并应用于理解语言的各个方面（Bergan & Chang，印刷中；Feldman & Narayanan，2004）。

第十五节 具身文本理解

读者利用他们的具身能力即刻对语言所描述的对象和动作的不同视角和视角的转换给出说明（MacWhinney，1998）。考虑这句话："在肉眼可见的范围内，玉米秸秆在汹涌的雨幕冲击下弯曲成波浪。"（MacWhinney，1998）读者如何对这句话作出有意义的解释？你可能会说，读者只要简单地想象一场倾盆大雨浇在大片玉米田上就能理解这句话。但这一描述并没有充分体现人们通常从这句话中理解的丰富性。一种更具具身性的理解观主张，读者采用不同的视角来理解句子中描述的复杂动作。读者可能首先会采用"眼睛"的角度，然后想象视线从前方一直扫掠到地平线处。这种空间角度可以解释"在肉眼可见的范围内"。想象"玉米秸秆"所需的空间视角需要从我们的角度进行转换，因为读者理解玉米秸秆是一个分布在广阔土地上的图形。其次，读者将茎视为弯曲，这是由"在冲击下"提出的第二空间视角而产生的，然后详细阐述视角向"汹涌的雨幕"的转变。因此，每一个视角的转变都是由特定的词语来引导的，比如"冲击"。总之，人们对这句话的具身理解需要从"眼睛""玉米秸秆""冲击""雨幕"四个角度进行转换。值得注意的是，句子句法形式强调"玉米"作为主语对外力的响应，随着一系列具身视角的转变，形成了句子处理的动态特征。

现在考虑一个不同的句子，该句子具有隐喻性内容："他偷偷瞥了一眼女裁缝，用他自己的方式进入她的心里（he **wormed** his way into her heart）。"

200

（MacWhinney，1998）读者首先会从被描绘的对象的角度出发，想象他朝女裁缝瞥了一眼。在此之后，读者转到主体的蠕动（worming）的具身行动（即像蠕虫一样移动），但很快就意识到，这里的动作不是字面意义上的，而是隐喻意义上的试图把自己放在女裁缝的心里。在这里，读者很快就会明白，通过隐喻性地把自己放入女裁缝的心里，他确实使自己更接近女裁缝的情感。蠕动的具身行动再一次暗示了一个缓慢的、深思熟虑的过程，在情感上更接近女裁缝，她含蓄地接受并允许求婚者进入她的感情。读者在理解句子时所采用的不同的空间视角产生了丰富的、具身的解释。

这种语言理解的方法表明，人们通过模拟语言中描述的对象和动作如何与具身可能性相关联来创建有意义的解释。因此，人们使用其具身体验来"软装配"（soft-assemble）意义，而不是仅仅激活预先存在的抽象概念表征。

实证研究表明，读者会使用空间视角来构造叙事文本的心理模型。一项研究要求参与者首先记住建筑物中未命名房间的布局以及房间中的物体（Morrow，Bower，& Greenspan，1989）。之后，参与者阅读一则描述一个人在整个建筑中活动的故事。在阅读故事的不同阶段，参与者被要求判断特定物体的位置。结果显示，当物品被放置在主角造访过的房间里时，人们会更快做出判断。因此，参与者通过采用故事中人物的具身视角来构建叙事的空间模型，而不是简单地对房间和其中的物体进行客观的描绘。

其他工作提供了空间索引和运动参与各种语言理解和记忆任务的证据（Richardson & Spivey，2000）。例如，当参与者面对一个空白屏幕（或者闭上眼睛）听一个场景描述，其中包含一个特定方向的时空动态，他们的眼球运动更倾向于那个方向，而不是其他方向（Spivey & Geng，2001）。此外，当人们尝试回忆起以前在计算机屏幕的特定位置显示的视觉对象或口头事实的语义属性时，他们倾向于盯着显示器上的那个（现在是空的）位置（Richardson & Spivey，2000）。空间信息似乎与一系列心理表征密切相关，即使那些空间属性是任意的或无关的，例如，在电脑屏幕的一个特定角落里，由一个谈话者随机提供的事实。

读者通过采用主角的视角来构建叙事的心理模型。一项研究的参与者阅读描述主角和目标物品的文本，比如慢跑者和运动衫（Glenberg，Meyer，& Lindem，1987）。在一个实验条件下，主角和目标物品在空间上是相互联系的（如慢跑者在慢跑前穿上运动衫），而在另一个条件下，两者是分离的（如慢跑者在慢跑前脱下运动衫）。在阅读了故事的主要部分之后，参与者判断他们是否更早地读到了"运动衫"这个词。与主角和目标物品分离时相比，人们在关联或关联状态下做出这种判断的速度更快。因此，读者似乎为叙事创建了心理模型，

201

其中空间信息（如运动衫的位置）与故事的人物及其具身行动相关联。

202 　　研究还表明，读者在理解文学故事时，会构建相当精细的具身化微观世界（Zwaan，Magliano，& Graesser，1995）。一项研究让大学生阅读简短的文学故事，以确定读者是否会自动想象微观世界的不同的可能维度，包括有关角色、时间、空间、因果关系和意图（即角色的目标和计划）的信息。通过估计阅读这些故事的各个部分所花的时间，可以发现当一个新角色进入微观世界时，故事的时间轴上有明显差距（如预叙和倒叙），空间设置发生变化，故事动作与先前的背景以及角色产生新的计划或目标，没有因果关系。这些数据支持以下观点：读者实际上"充实"了他们所读故事的重要的具身化人物，这需要花费大量的认知努力。

　　其他实证研究结果也表明，人们在阅读叙事时，会假设主角的视角。因此，一项研究的参与者在读到"在三个小时的辩论后，疲惫的演讲者走向椅子"比读到"疲倦的演讲者移开了他的椅子，走到讲台上继续进行了三个小时的辩论"时，读"坐"这个词的发音速度更快（Keefe & McDaniel，1993；O'Brien & Albrecht，1992）。同样，请注意，一个物体（如椅子）的不同方面是如何变得突出的，这取决于主角可能执行的身体动作类型（如坐着）。读者创造了具身表达的方式，不仅影响他们对主角行为的理解，而且还影响他们对物体取向的理解。

　　最后，在文本处理中有一种类型的具身知识被称作"脚本"（Schank & Abelson，1976）。脚本由经验丰富的场景组成，描述日常生活中结构化的具身情境。许多研究表明，当未明确说明与脚本相关的动作时，读者会自动推断出相应的动作（Abbott，Black，& Smith，1985；Bower，Black，& Turner，1979；Gibbs & Tenney，1980；Graesser et al.，1980）。其他实验表明，基于脚本知识的事先激活为读者提供了一组高度可用的因果关系，可以促进逐句整合（Bower et al.，1979；Garrod & Sanford，1985；Seifert，Robertson，& Black，1985；Sharkey & Sharkey，1987）。

　　基于脚本的叙事理解的观念的一个困难是，这些分类通常过于僵化，无法容纳可能会出现的变化。例如，我们通常没有"在大自然中散步，获得个人启示"的脚本。这个问题的解决方案假设脚本"不作为预编译的模块存在于内存中"（Schank，1982：16）。相反，脚本的不同部分可以根据语境重构。

203 　　有两种高级处理机制可让我们在理解文本的正确时间创建正确的脚本：内存组织数据包（memory organization packets，MOPs）和主题组织数据包（thematic organization packets，TOPs）（Downing，2000；Schank，1982）。MOPs 是一种处理结构，它允许人们将新信息与现有的预期联系起来，从而对未来事件做出合理的预测。TOPs 与 MOPs 相关，但它专门处理抽象任务，允许人们在不同事件之间建立联系并发现它们之间的相似之处。因此，读《西区故事》可能会让我们想起《罗密欧与朱丽叶》，因为他们的目标（如共同追求的目标）、条件（如外界的反对）和特点（如年轻的恋人、死亡的虚假报告）都是相似的。因此，TOPs 不仅是抽象原型范畴的静态记忆表征，同时也是一种处理能力，允许读者创造性地理解事件，比如文学文本中遇到的事件。

对美国小说《第二十二条军规》（Heller，1961）的一项分析表明，MOPs 和 TOPs 可以为不同文本提供连贯性（Downing，2000）。《第二十二条军规》讲述的是第二次世界大战期间美国轰炸机中队在意大利海岸边的一个虚构岛屿皮亚诺萨上的故事。小说以幽默的方式描述了 20 世纪的战争与美国军事工业力量的矛盾与荒谬。看看这部小说的摘录：

> 和一个疯了的男人同住一个帐篷并不容易，但纳特利并不在乎。他也很疯狂，并且一有空去修约瑟连（Yossarian）没有帮助建设的军官俱乐部。实际上，有许多军官俱乐部都不是约瑟连帮忙建设的，但他对皮亚诺萨的俱乐部最为自豪。这是一座坚固而复杂的纪念碑，展现了他的决心。约瑟连直到皮亚诺萨俱乐部完工都没有去那里帮忙——后来他经常去那里，对这座宽敞、精致、复杂的木瓦建筑感到非常满意。这真是一座宏伟的建筑，约瑟连每次凝视着它，他在想，里面没有一件东西是他完成的，心里都有一种强烈的成就感在悸动。（Heller，1961：28）

这段节选说明了两个 MOPs 之间的不相容性："帮助建立军官俱乐部"和"拒绝合作"。但纳特利同时持有这两个相互冲突的信念，并为此感到非常自豪。这种矛盾与我们通常的期望不同，即当人们真正为实现某个目标而做某事时，他们会感到自豪。但是，读者可以通过创建元-MOPs"骄傲"来解决这一矛盾，其中原型和通常与之相关的期望都没有得到满足。这样，通过这种方式，读者就"软组装"了一个具有自己原型结构的新概念。

然而，这种分析并不能解释，为什么读者会认为赫勒小说中的这句话既有趣又信息丰富。但 TOPs 对此目的很有用，因为它们在看似未连接的架构之间建立了连接。因此，阅读以上段落的读者必须在两种战争情境之间建立一种新颖的联系：一种是建设军官俱乐部，另一种是与敌人合作。读者通过在与敌人竞争和合作建立军官俱乐部之间建立一个类比来做到这一点。这两个事件都被认为是主题相关且消极的。敌人和高级军官之间的这种类比，反映了小说中反复出现的一种相似性，约瑟连明确指出："敌人是任何会杀害你的人，无论他站在哪一边。"

这种类比的不协调有助于解释约瑟连困境的幽默本质。与敌人合作虽然是

204

一件很严肃的事情，或者说是一件很重要的事情，相比之下，建立一个军官俱乐部就微不足道了。理解这一特定的主题代表了小说中反复出现的一个更广泛的主题，在这个主题中，琐碎的情况会显示出更戏剧化的背景。

对小说《第二十二条军规》（Downing，2000）中某一部分的讨论显示了文本理解的许多方面的适应性特征。熟练的读者不可能通过简单地以脚本的形式激活已经存在的原型来理解文本。相反，原型理解是动态和具身意义构建过程的产物（在本例中，通过 MOPs 和 TOPs 的相互作用）。

还有其他原因令人怀疑，人们在理解文本时是否会激活预先存储的原型知识。大多数原型事件序列（如发生在餐厅的事件）通常是给定文化中常识的一部分。然而，程序化的事件序列也可能是非常特殊的。例如，我的朋友约翰经常早上 5∶30 起床，喝一杯番茄汁，把猫放出来，然后去慢跑。当他跑完后，他会端上咖啡，刮胡子，刷牙，然后坐下来读 17 世纪的英国诗歌。尽管约翰每天都参与这一系列的活动，但除了他之外，其他人不太可能执行这一系列活动的顺序（Colcombe & Wyer，2001）。

人们是否会形成特定于个人的原型，然后用来理解表征他们的新体验？人们可能认为，自我和众所周知的他人行为的原型可能是最经久不衰的脚本，因为它们在日常生活中不断得到体现。但正如第四章所指出的，原型并不一定是为促进相关事件的处理而被激活的预先存在的心理表征。事实上，研究表明，当个体阅读与自己或熟悉的其他人（即父母或室友）有关的事件描述时，他们在解释这些事件时不会激活行为的原型表征（Colcombe & Wyer，2001）。不管这一序列是否与他们每天亲身经历或观察到的序列相似，也不管它是不是在特定情况下发生的事件（如兑现支票）的更一般原型。因此，即使原型行为序列（即脚本）存在于记忆中，并被用来理解不熟悉的人的行为，个体在理解与自己或熟悉的人有关的事件时也不会应用这些行为。这些最近的研究结果至少表明，人们不一定会对他们在日常生活中经历的最熟悉的事件序列形成抽象表征。人们可以选择动态地创建原型场景，作为他们在话语处理过程中参与具身模拟的一部分。

第十六节　案例研究：索引假设

在"索引假说"（Glenberg，1997，1999；Glenberg & Robertson，2000）中，关于具身性是人们理解语言的基础的说法得到了很好的发展。这一观点假设，在语境中理解语言时会发生三个主要步骤。第一，单词和短语与环境中的物体或长时记忆中的感知符号建立索引关系。第二，针对情境中的每一个对象，推导出可供性结构（即一个人对一个对象可能做的动作）。第三，听者必须根据现实世界中对具身可能性的限制来组合或"啮合"这种可供性。例如，一把椅子的可供性包括坐在椅子上，或者用它挡住一头怒吼的狮子，但它们通常不能与推动自己穿过房间的目标相结合。这种对具身可供性的限制预示着，比起解释"阿尔特用椅子推动自己穿过房间"这句话，人们更容易理解"阿尔特用椅子来保护自己免受咆哮的狮子的攻击"这句话。

对索引假设进行的一项实证检验要求人们判断诸如上面所示的有可供性（即具有连贯结构）和无可供性的（即没有相干结构）句子的意义。结果不出所料地显示，人们认为具有可供性的句子比不具有可供性的句子更为明智。此外，第二项研究测量了人们阅读这两种类型句子的速度。这项研究表明，阅读不具有可供性的句子，要比阅读具有可供性的句子花费更长的时间。这些心理语言学的发现，突出了人们在日常语言理解中结合概念表征时所感知和具身化信息的重要性。

考虑一下这句话："约翰用软盘挠他的背。"有人可能会反对说，由于背景知识，我们可以理解这句话，但理解不了"约翰用线挠他的背"这句话。古藤堡和罗伯森（Glenberg & Robertson，2000）证明，这种背景知识不能预先存储命题，而是通过形式过程从中推论出关系（如可以将软盘用于反向抓取）。第一，理解实验句子似乎并不取决于是否有过与句子中描述的类似经历（如使用软盘来挠背的经历）。古藤堡和罗伯森（Glenberg & Robertson，2000）使用刺激物描述了一些读者不太可能经历过的新奇场景（例如，在另一个场景中，一个人把一个直立的真空吸尘器当作衣帽架）。第二，从没有啮合的概念之间的关联关系来看，软盘和背面的概念之间的关联关系并不强。尽管如此，读者还是很容易拒绝那些由非啮合概念构成的句子。第三，人们需要大约相同的时间，来阅读和理解那些原本需要形式推断的句子，而不是那些不需要形式推断的句子（如她用后背抓痒器挠背）。第四，理解创新的名词性动词（如拐杖），因为这些动词是第一次在实验中使用的，因此没有预先存储的命题知识。因此，虽然背景知识必须用于理解，但背景知识似乎是非常灵活的，而不是预先存储的。这种灵活性是由感知符号提供的，在语法的指导下可以从这些感知符号派生出新的可供性，从而实现潜在的啮合。

语言在许多层面上都是由指令组成的，这些指令用来构建一个关于语言的具身心理模拟（即一个具身心理模型）。因此，名词短语是用于检索（索引）表征形式的指令，可以从中获得可供性（Glenberg & Robertson，2000），行为动词是用于检索运动程序或计划的指令，这些程序或计划有可能选择这些能力并对其进行操作，动词-自变量构造（如双宾语构造）提供了模拟动词效果时必

206

须完成的通用框架（如转移）（Kaschak & Glenberg，2000），而时间副词则提供了控制多种模型方式的指令组合。因此，"在……期间"是一条指令，用来模拟两个动作是如何同时执行的，"在……后"是模拟当前子句然后模拟下一个子句的指令，"在……前"是模拟第一个子句和第二个子句的指令，然后检查第一个子句（临时的第二事件）的模拟是否与第二个子句（临时的第一事件）模拟的结束状态相吻合。这种通用方法将语言视为构造模拟的指令。

207　　然而，具身体验对文本理解的制约程度似乎是有限度的。一组研究调查了人们在阅读时构建的推理类型（Graesser，Singer，& Trabasso，1994）。尽管读者很容易推断出行动者/事件发生的原因，以及作者为什么在文本中包含某些内容，但人们不一定要推断出某个行为/事件是如何发生的。例如，当读者看到"厨师绊倒了管家"时，他们立即推断出厨师为什么会这样做（如为了"复仇"），但读者并没有对事件如何发生做出具体的具身推断（如厨师用他的"脚"绊倒）。读者只能在一定程度上为文本构建具身表征，这些推理使他们能够理解情节和作者在文本中包含某些东西的理由。叙事文可能比说明文更容易理解，正是因为叙事文中的事件比说明文中的事件更具行动驱动力和具身性，使其能够追踪主角的目标。这些心理语言学研究提供了更多的证据表明人们对意义的理解受到对文本所暗示的具身可能性的认知约束。

第十七节　结　　语

　　认知科学的一个共同主题是，语言理解是一种模块化的活动，与概念和经验知识很少相互作用，特别是在其处理的早期阶段。即使使用语境信息来帮助适当地理解说话人/作者的意思，这种知识也被假定为以抽象的、离身的形式（如命题列表）来表征。本章介绍了各种实证研究，它们均指向相反的结论。具身行动至少在语言进化、言语和词义的处理、人们如何理解各种词和短语、具有它们所具有的意义，以及人们对口头表达和书面语篇的直接理解等方面发挥着作用。从第五章的高阶认知方面可以看出，具身行动塑造了部分在线交流和在语言处理过程中访问的离线知识。

　　具身行动的一个重要部分是服务于语言理解过程中的模拟过程。事实上，在真实的交际语境中，语言理解最好被描述为一种具身模拟，而不是对前存在的、离身的、符号知识的激活。这些都不意味着语言和交流的所有方面，包括用来表达意义的一些身体运动，都植根于具身性中。但有足够的证据表明，语言和交流的许多方面都是由身体体验产生的，并继续受到身体体验的指导。

第七章 认知发展

长期以来，发展心理学家一直在争论关于早期具身行动在认知发展中的作用。自皮亚杰（Piaget，1952，1954）撰写了关于感觉运动活动如何影响不同方面认知增长的论文以来，心理学家们就一直在考虑如何将儿童在身体和感知经验中出现的图式与后来的智力发展联系起来。现在许多心理学家认为，儿童获得重要概念能力的根源，在于先天赋予的知识，而其他人则强调儿童积极的看和听的技能。然而，这两种方式都没有恰当地注意到儿童在学习感知、思考和参与智能行为的过程中由自我产生的动作和感觉。像杜威（Dewey，1934）和蒙特梭利（Montessori，1914）这些学者早前就强调了"在实践中学习"的重要性，但对于动觉动作如何作为概念发展的潜在基石，还没有引起足够的关注。本章描述了支持认知发展的具身基础观念和经验证据。

第一节　皮亚杰的贡献

皮亚杰对儿童发展的开创性研究假定，成长是个体适应环境的一种形式。即婴儿的智能行为并不是通过思考展示的，而是通过他在世界上的实际行为展示的（Piaget，1952）。生物适应的两个原则，即同化（assimilation）和顺应（accommodation）提供了发展智能行动的机制。同化是指婴儿在应对环境挑战时利用现有能力的过程。顺应是指改变一个人现有的能力以适应某种任务或情境的过程。大多数行动都是同化和顺应的结合。例如，在6～12个月，婴儿学会吃固体食物，开始通过舌头和嘴唇的动作来吮吸母乳。但这些动作不足以处理其他软质或固体食物，婴儿必须以新的方式协调舌头的动作以适应食物的形状，有时还包括勺子的形状。同化和顺应都是儿童学习如何在现实世界中行动的必要部分。

皮亚杰的智力发展理论认为，感觉运动发育的第一个阶段发生在儿童生命的前两年。感觉运动阶段植根于婴儿对环境的具身性探索，或者更具体地说，婴儿将对自己身体的理解，以及他们的身体如何与世界上的物体和其他人相互作用联系起来（Piaget & Inhelder，1969）。

感觉运动阶段分为以下六个子阶段。

（1）反射图式（0～1个月）：先天反射，如吮吸、注视、哭泣等，建立婴儿与世界的第一次联系。

（2）初级循环反应（1～4个月）：重复的动作（循环）会诱导婴儿身体内的协调，例如口腔肌肉的协调以吮吸拇指，最初的事件是偶然发生的。

（3）次级循环反应（4～8个月）：重复动作涉及婴儿的动作与环境的协调，例如，通过踢腿进行悬挂式移动动作，最初的事件是偶然发生的。

（4）次级循环反应协调（8～12个月）：有目标导向的动作，不再是偶然发生的，比如用一只手握住一个物体，另一只手去探索它。

（5）三次循环反应（12～18个月）：熟悉的二级反应被用来制造新事物，例如，当儿童探索不同的物体如何从他的高脚椅上掉下时，这涉及对试错问题的解决。

（6）通过心理组合创造新的方法（18～24个月）：通过将行为表现为心理意象或符号而产生先思后行的能力，这是一个不经过试错就能解决问题的过程。

皮亚杰的理论是从他自己对幼儿的观察中发展而来的。例如，在以下对4个月大的劳伦特的观察中，我们可以看到第3阶段次级循环反应的证据："在4个月15天的时候，劳伦特试图抓住一个挂在他面前的洋娃娃，接着他摇动自己试图让它摆动，他不小心撞到了洋娃娃，然后又试着去再次撞它。在4个月18天的时候，劳伦特没有先试图抓住我的手就打到了我的手，但他开始只是挥舞着自己的手臂，然后才继续打我的手。第二天，劳伦特终于立刻就撞到了挂在他面前的那个洋娃娃。"（Piaget，1952：167-168）

皮亚杰把这一系列事件解释为，婴儿用自己的行动在世界上创造有趣效应的证据。这个例子也说明了不平衡如何成为发展的主要催化剂。每当同化和顺应过程达不到要求时，失衡的经历就会迫使儿童发现认识世界的新方法。然而，最重要的是，婴儿的早期技能和知识或计划始于感觉运动，这是后来涉及概念和思想的概念图式的基础。在操纵符号表征中使用的认知操作与受物理规律支配的感觉运动活动具有相同的形式结构。行动协调所固有的逻辑大概是在内部思维的层次上重建的，最终形成了客观的逻辑和数学知识。因此，随着婴儿的成长，外在的行为会让位于内在的"抽象物体的形象及其代替"（Piaget，1954：4）。因此，皮亚杰认为，儿童的身体活动是认识世界的必要组成部分，但更高层次的思维形式随着"内在化"而与早期的感觉运动行为相脱节。

第二节　关于物理推理的新近研究

在过去的几十年里，发展心理学家对皮亚杰许多关于感觉运动发展的原始观察结果进行了更为严格的研究。这项研究表明，幼儿对物体及其性质的复杂物理推理能力，远远超过皮亚杰所观察到的能力。推动这项研究的一个主要责难是，皮亚杰混淆了婴儿的运动能力和概念能力。当然，这种批评认为，概念上的内容可能与幼儿概念中的机动性，或更充分的具身性没有什么关系。这里的问题是，来自发展心理学的新证据是否可以表明感觉运动活动不是认知发展的先决条件。

让我们考虑物体永久性（object permanence）的情况。物体永久性是指儿童理解这样的情形：即使物体被隐藏在视线之外，它们仍然存在。皮亚杰通过研究幼儿的搜寻行为来评估这种能力。例如，当一个玩具先被展示给一个婴儿（0～4 个月大），然后再将其藏在一个垫子下面，婴儿无法找出这个物体。皮亚杰认为，这些婴儿将物品和他们自己的身体动作视为同样的东西。在物体永久性的下一个阶段，婴儿开始寻找部分隐藏但不完全隐藏的物体。以后，婴儿可以搜索完全隐藏的物体，但前提是重复实验时，物体被隐藏在同一空间位置。因此，如果玩具被隐藏在婴儿全视线的不同垫子下，则婴儿会在垫子下寻找之前试验中被藏起来的玩具。这种"A 非 B"错误（"A-not-B" error）发生在 8～12 个月大的婴儿之间。最终，婴儿进入了 A 非 B 错误消失的阶段，然后他们就可以正确地寻找物体的新位置了（当玩具从 A 变到 B 时）。然而，如果不先观察隐藏的物体，婴儿仍然无法在不同的垫子下寻找物体。最终，在物体永久性的第 6 阶段（15～18 个月）中，婴儿会系统地搜索隐藏的物体，直到找到它们。

皮亚杰的观察研究的一个困难在于通过分析婴儿的搜索行为来衡量物体概念。但是，婴儿在能够成功地触摸到物体之前可能已经有了物体的概念，并能意识到物体不同于他们自己的动作。婴儿在物体永久性任务中犯 A 非 B 错误的一个原因是，他们没有抑制一种主要的行为倾向，即在垫子下寻找最初被隐藏起来但现在已经不存在的物体（Diamond，1991；Reiser，Doxey，McCarrell，& Brooks，1982）。这表明婴儿可能有一些早期的物体概念，但由于他们倾向于物体最初隐藏的地方，因此提供了缺乏这种概念的误导性证据。

使用不要求婴儿伸手去接触物体的方法进行的重要研究表明，婴儿可能对物体的存在有很好的理解。例如，在一项研究中，5 个月大的婴儿坐在屏幕前，

211

屏幕朝着婴儿旋转 180 度，远离婴儿（Baillargeon, Spelke, & Wasserman, 1985）。在婴儿习惯了这一事件后，在仪器远端的屏幕路径上放置一个盒子。当屏幕开始 180 度旋转时，它逐渐挡住了障碍物，当它达到 90 度时，整个盒子都被遮蔽起来。研究人员向婴儿展示了两个关键事件。"可能事件"是指这样的事件，即屏幕一直旋转到 180 度，当停止时它明显与盒子接触。"不可能事件"是指这样的事件，即屏幕充分旋转到 180 度，显然正好穿过盒子所在的位置。尽管 180 度的旋转对于婴儿来说很熟悉，但他们花在观察不可能发生的事情上的时间，要多于观察可能发生的事情的时间。这一结果表明，即使是 5 个月大的婴儿也能理解物体永久性，因为他们似乎很惊讶屏幕能在不可能的事件中穿过盒子。

巴亚尔容等（Baillargeon et al., 1985）研究的一个难点是，实验任务可能会导致婴儿形成一种强烈的感知预期，即旋转的屏幕会停止转动。这种期望可能不要求婴儿形成被遮挡物体的表征。一些学者声称，婴儿可能对被遮挡物的持续存在有一定了解，但可能直到 1 岁左右才建立起对单个物体的表征。

为了验证这一观点，徐和凯里（Xu & Carey, 1996）比较了 10 个月大的婴儿对两种遮挡条件的反应，一种是属性类型的情况，另一种是时空条件的情况。在第一种情况下，婴儿坐在屏幕前，一辆卡车从右侧出来，然后返回屏幕后面。同样地，一只玩具小猫从屏幕的左侧出来，然后移到屏幕后面。婴儿习惯于这些反复发生的事情。然后，屏幕被移除，其中一个或两个玩具出现了。在第二种情况下，同样的事件序列发生了，但这次卡车和小猫同时从屏幕后面出现。最后，基准条件只是衡量婴儿对一个或两个未被遮挡的物体的注视时间。

对婴儿注视次数的分析显示，在基线和属性类的条件下，他们注视两个物体结果的时间更长，而在时空条件下，他们注视单一物体结果的时间更长。这种数据图式表明，婴儿通常更喜欢看两个物体，但在时空条件下可以克服这种偏好。徐和凯里认为，10 个月大的婴儿无法感知区分玩具和小猫，无法识别屏幕后面隐藏着两个不同的物体。因此，年幼的婴儿可能只具有物体的一般性理解。直到后来婴儿才能表征物体的特定身份。

这项工作在研究婴儿物理推理方面具有代表性，因为儿童的感觉运动行为和经验，在他们获得关于物体及其特性的概念知识方面，起着最小的作用。事实上，消除儿童在物体永久性任务中的触手可及性，被认为是从概念知识评估中排除运动行为的一个好方法。不足为奇的是，人们对采用优先注视法的研究提出了批评，尤其是在这些衡量标准是否充分评估了婴儿的认知能力（而不是单纯的感性能力）方面（Bogartz & Shinsky, 1998；Haith, 1997）。

但是，大量的习惯-去习惯（habituation-dishabituation）研究表明，幼儿能够识别许多其他物体属性和支配他们行为的规则。因此，3~4 个月大的婴儿对物体的物质性和物体运动的不同物理限制非常敏感，例如，一个固体物体不能穿过另一个物体，一个比开口大得多的物体不能通过它（Spelke et al.，1992）。这个年龄的婴儿也会意识到重力的影响，当一个移动的物体在没有支撑的情况下停在半空中时，他们会显得很惊讶（Sitskoorn & Smitsman，1995）。即使是两个半月大的婴儿也能预料当一个运动的物体与静止的物体相撞时，静止的物体会移动。三个半月大的婴儿能辨别物体是不是可压缩的（如海绵和木块），或者它比屏幕高或低（Baillargeon，1987a，1987b）。到5～6个月大时，婴儿知道较大的移动物体会使静止物体移动得更远（Baillargeon，1994）。从大约 6 个月大的时候开始，婴儿就能认识到一个放在另一个上面的物体会掉下来，除非它的底部表面有更大的部分接触下面的物体（Baillargeon，1994；Baillargeon，Needham & DeVos，1992）。

213

习惯化研究还表明，幼儿不仅能够理解物体及其属性，而且能够表征物体之间的空间关系。例如，在一项研究中，五个半月大的婴儿习惯于在显示器上看到一只高兔子和一只矮兔子绕过显示器并出现在另一侧（Baillargeon & Graber，1988）。接着，婴儿看到了同样的显示器，只是显示器顶部的一个窗口被剪掉了。如果一只高兔子从屏幕后面的区域走过，那么它就应该出现在窗口中。事实上，当矮兔子从改装过的屏幕后面经过时，婴儿仍然习以为常。然而，当高兔子从修改过的屏幕后面经过却没有出现在窗口中时（这是一个不太可能发生的事件），婴儿表现出无所适从（即显示出更长的观看时间），婴儿可能会产生这样的预期，即一个物体在一个可见的轨迹上移动时，会在短暂的遮挡下出现。

对照组的婴儿受到相同的待遇，只是在实验开始前，他们短暂地看到两只兔子站在屏幕的两边。这些婴儿对这个不可能事件并不感到不习惯。婴儿似乎能理解这种显示方式：一只兔子从屏幕后面经过并停下来，而另一只兔子出现在屏幕的另一边。后来的研究表明，三个半月大的婴儿表现出同样的行为方式（Baillargeon & DeVos，1991）。因此，非常小的婴儿似乎能够表现出空间关系。最后，不同的研究表明，10 个月大的婴儿在看不见物体时，能记住物体的位置长达 70 秒（Baillargeon，DeVos，& Graber，1989）。当看到一个蓝色的球消失在屏幕后面，另一边出现一个红色的球时，10 个月大的婴儿推断是第一个物体（蓝色的球）启动了屏幕后面的第二个物体（红色的球）（Cohen & Oakes，1993）。

这里再次声明，本书这里提到的研究，同样只是几十个实验中的一小部分，这些实验表明，婴儿对物体及其属性的认识，比皮亚杰所说的要复杂得多。然而，一项新的研究表明，年龄在 2 岁至 3 岁的儿童缺乏这方面的知识。例如，在一项任务中，2岁和3岁的儿童必须在看到一个球滚到屏幕后停下才能找到它，而3岁以下幼儿的表现并不比仅仅猜测球的位置时预期的好（Berthier et al., 2000）。后续研究通过将不透明的玻璃窗换成透明的，为儿童提供了更多关于球轨迹的视觉信息（Butler，Bertier，& Clifton，2002）。这些额外的视觉信息对2岁的幼儿没有帮助，但在一定程度上帮助了2岁半的幼儿。最后，即使让儿童看到球的轨迹，直到它靠墙停下来，大多数2岁的儿童仍然找不到球。对儿童目光的分析显示，如果他们在屏幕下降时看着球，然后一直盯着它，直到门打开，他们的准确率几乎达到90%。

这些发现表明，蹒跚学步的儿童，并不像年幼的婴儿那样具备连续性和稳定性的知识。当儿童看到不可能发生的事情时，至少可以用习惯化任务来衡量。一种可能是，幼儿在搜索任务中遇到的问题要求他们预测球应该在哪里，这在典型的习惯化研究中是无法衡量的。此外，上述研究中的幼儿必须将他们的预测与在正确地点伸手接球的适当动作相协调。因此，3～4个月大的婴儿似乎可以推理出物体的运动受到连续性和一致性的限制，这一点已经被习惯化研究所证明，但他们还不能对事后不一致的事件进行推理（Keen，2003）。在习惯化研究中，婴儿对不可能事件的感知认知，可能仅仅反映了婴儿对现实世界中物体和事件做出预测的最终能力的一小部分。

第三节　认知发展的三种理论：体验重要吗？

同样，上述实验任务的成功是否依赖于感官运动体验仍然是一个问题。皮亚杰可能大大低估了婴儿的概念和物理推理能力，但这并不一定意味着，具身体验在早期概念发展中没有什么作用。一些心理学家认为，在6个月大的时候，婴儿就已经掌握了相当多的关于物体的知识。这些学者认为，婴儿发展物理推理的能力必须建立在先天的、模块化的知识基础上，随着其接触到物理世界的不同方面，这种知识变得更加复杂（Leslie，1994；Spelke，1988，1990，1991）。根据这一观点，婴儿天生就对物体如何在连续的路径中移动不会改变形状或彼此穿过对方有着实质性的信念，这基于诸如凝聚力、有界性和刚性等不变的（可能是先天的）原则（Spelke，1994；Spelke & Newport，1998）。当儿童会注意环境的相关特征时，这些最初基于知觉的概念描述就会逐渐完善。这些早期概念中的一些可能是模块化的，即在信息上与其他种类的物理和空间知识隔离开来（例如，几何空间模块；参见 Hermer & Spelke，1994，但也可参见 Newcombe，2002，以获取反驳该建议的证据）。

对概念发展的一种稍有不同的观点认为，婴儿被赋予了某些域-特异性偏见（而不是模块），在与外部环境的相互作用中，这些偏差逐渐模块化，或者随着发展的进行专门获得知识（Karmiloff-Smith，1992）。尽管婴儿（像大一点的儿童）使用域-通用过程，如表征重述，在不同领域中将感觉运动输入重新编码为可访问的格式，但不太可能出现皮亚杰所提出的域-通用阶段的变化。因此，婴儿在出生时拥有成年人所拥有的原始知识形式，并以渐进的、连续的方式发展（Case，1992；Karmiloff-Smith，1992）。

关于婴儿物理推理发展的第三个观点认为，婴儿对物体没有天生的信念。相反，婴儿来到这个世界时，有着高度受限的机制来指导他们对物体的推理（Baillargeon，1994，1995，2000）。婴儿首先以"全或无"的方式学习概念的初步方面，捕捉其本质，然后开始识别与概念相关的离散和连续变量，以形成更详细的概念表征。

前面巴亚尔容的一些研究提供了支持该主张的证据。婴儿对支持、碰撞和揭示关系的推理表明，最初的概念是如何随着时间的推移而修正的，以提供更详细的概念。因此，支持的概念首先以全或无的方式理解为接触或不接触。有了较多的感知经验，主要是通过观察，婴儿会纳入离散（如支撑点）和连续（如支撑量）信息。巴亚尔容和他的同事声称，这种习得序列并不是对支持的某些固有信念逐渐展开的，而是源于受限制的学习机制，例如婴儿对物体和他们的行为有秩序地做出适当的概括。婴儿认识到小物体不能通过无间隙的开口，然后才明白大物体不能穿过小间隙。由于渗透性的某些核心原则，对概念发展的先天信念观认为，婴儿应该同时理解两种可能性。

根据巴亚尔容的观点，婴儿通过观察和倾听等感性手段，而不是通过在世界中的行为来获得重要的概念方案，例如前文中提到的物体永久性。以一个 3 个月大的婴儿为例，她意识到一个物体在半空中释放时会坠落，而当物体落地时会完全停止。该婴儿最初可能会理解这种物理行为，因为她经常看到大人把东西从桌子上扔下来，把衣服扔到篮子里。只有当婴儿能够独立地把物体放在物体表面上，并且看到如果物体表面没有得到足够的支撑，它们会如何掉落时，他们才能完全掌握这个概念。

通常，一旦婴儿观察了很多物体移动、碰撞、掉落等后，他们就可以推断出物体行为的规则。这些视觉体验最初受到学习机制的约束，该学习机制专用于获取事件一般性的期望（如涵盖所有遮挡、包含和覆盖事件的一般原理），后来又发展为实现事件特定性期望的机制（即分别关于遮挡、包含和覆盖事件的不同原理）（Baillargeon，2004）。事实上，让婴儿接触物理事件的不同对

216

比信息，如与身高有关的信息，似乎有利于九个半月大的婴儿发现违反特定原则的行为（Wang，Baillargeon，& Brueckner，2004）。总的来说，这种机制主要强调婴儿的视觉技能，这是成功区分物理推理的关键因素。

第四节　具身行动在物理推理中的重要性

上述认知发展理论中的每一个，都很少关注健全的感觉运动活动在儿童学习推理物理世界方面所发挥的作用。斯皮克（Spelke，1998）正确地指出，某些任务行为随时间变化的简单事实，并不一定意味着经验是这种发展的原因。或许由环境触发的各种成熟过程，可能会整体上推动行为的改变和发展，除了儿童观察或操纵物体的任何特定体验。然而，对认知发展的先天论者仍然忽视了儿童在与物质和文化世界相互作用时，从身体体验中获得的基本知识（包括深度的非表征性信息）。

我完全同意斯皮克（Spelke，1998）的观点，她为研究认知发展的研究者提出了四条指导原则，其中一条说："婴儿研究结果的所有叙述都需要证据。特别是，那些通过感觉或运动过程来解释婴儿表现的人，必须为这些过程提供证据，这与那些从感知或认知过程来解释婴儿表现的人一样。"（Spelke，1998：41）但是，接受概念是通过非感官或离身过程获得的这一观点的学者们，也必须分担负担，即必须明确地寻找一种替代方案作为其实验工作一部分。

婴儿直到 6 个月大时才熟练操作物体这一现象，忽略了一个明显的事实，即婴儿与物体仍有许多复杂的身体相互作用（如触摸物体、被放在物体上和物体内部、嘴巴放在物体上）。婴儿通常会把放在手上的东西拿到嘴边进行口腔接触（Lew & Butterworth，1997）。这种口腔接触使婴儿能够学习物体的重要特性，如它们的坚固性、有界性和刚性，这些特性被广泛认为是与生俱来的。其他研究表明，婴儿的手和手臂的运动绝非随机的。在一项关于手和手臂运动的研究中，婴儿被置于三个条件下：一个人面对他们，一个球在他们前面缓慢移动，以及一个没有人或球的控制条件（Roseblad & von Hofsten，1994）。与其他两种情况相比，这些婴儿在社交环境中（即一个人面对他们）更经常弯曲手指并移动手。当婴儿看到滚动的球时，他们更可能伸出手指（好像要抓握），移动拇指和食指（好像要抓到），并向前伸展手臂（好像要伸手）。另一项研究表明，当成年人试图操纵婴儿的手臂时，婴儿会反抗，而且如果他们能看到他们的手臂，则可以从视觉上跟随手臂的运动（van der Meer，van der Weel，& Lee，1995）。最后，当婴儿看到一个放在不同位置的物体时，他们的手臂和手会更多地向该物体的方向运动（Bloch，1990）。这些不同的结果共同表明，即使是不能真正接触或抓握的婴儿，他们也可以进行适应社会和物理环境的运动活动。

虽然 2 个月和 3 个月大的婴儿最初对一个物体的探索倾向于口腔接触，但 4 个月和 5 个月大的婴儿倾向于通过视觉来观察物体（Rochat，1989）。然而，有 2 周戴黏性手套（即手掌粘在物体边缘并允许婴儿拿起它们的手套）的丰富经验的婴儿，后来显示出比没有经验的同龄人更多的物体参与（Needham，Barrett，& Peterman，2002）。因此，在物体上进行操作的经验，可能对增加婴儿接触物体和发展他们的物体探索技能至关重要。

随着婴儿的成长并经历与物体的更多直接接触，不仅仅是用他们的手接触，他们会直接从他们的动觉体验中学习到很多关于支持、连续性和有界性的概念——例如婴儿自我产生的运动，以及他们对视觉悬崖深处的反应（Bertenthal，Campos，& Barrett，1984；Bertenthal et al.，1994）。与没有自主运动经验的婴儿相比，早期有自主运动经验的婴儿（无论是他们自己自然获得的经验，还是使用婴儿学步车人工获得的经验），对悬崖深侧表现出警惕性（如心率增加或突然避开悬崖深侧）。当婴儿第一次学习走路时，自己产生的运动并不一定会导致他们恐高，因为婴儿可能需要重新学习每个运动领域深斜坡的后果（如爬行和行走）（Adolph，1997，2000；Clearfield，2000）。婴儿能够走路还能增加社交活动。因此，一个直立行走的婴儿更有可能朝成年人看、发声和微笑。最后，通过爬行或辅助行走，具有更多运动经验的婴儿更有可能坚持寻找隐藏的物体（如物体永久性任务中所述）（Bai & Bertenthal，1992；Bertenthal et al.，1984；Kermoian & Campos，1988）。行走方式的发展也有助于盲人婴儿寻找隐藏的物体（Bigelow，1992）。

218

其他观察婴儿腿部运动与悬挂式移动之间联系的研究，为以下说法提供了额外的支持：产生对物体有明显影响的动作对于婴儿来说是高度加强的（Rovee-Collier & Hayne，2000）。与那些积极探索策略较少的婴儿相比，那些拥有更积极探索策略（探索更多，在口头和视觉探索方式之间进行更多转换）的婴儿，也能更好地将视觉显示分离到其组成部分（Needham，2001）。

上述研究显示了婴儿的感知能力、认知能力和行动能力之间的重要联系。这些结果并不意味着仅仅是感觉运动处理过程就能影响婴儿对物理事件的理解。但是，至少有证据表明，感官运动体验有助于婴儿理解物体及其行为。婴儿最早的物体概念不仅与他们的视觉体验有关，而且还应注意到物体在不同情况下是如何变化的，无论是在婴儿自身的运动中发生变化，还是婴儿在成年人携带物体时绕着物体移动（Bloom，1993）。例如，当婴儿被放下休息时，毯子就会出现，当他被抱起来喂食或玩耍时，毯子就会消失。因此，婴儿的物体理论必须部分地源于其与物体有关的具身行动。那么，婴儿的第一个词表达一些关于运动物体的内容就不足为奇了（如"球"）（Bloom，1993）。"概念范畴和最终的语言范畴都建立在婴儿关于物体、运动、空间和因果关系的理论基础上，而这些理论源于随着运动和位置变化而产生的早期经验。"（Bloom，1993：86）

一种可能是，物体的运动类似于婴儿自己的触觉-动觉活动的某些方面。在这个方面，有两种类型的运动：自激运动和被引起运动。成年人认为生物运动具有一定的节奏性，但却是不可预测的，而机械运动被认为是不可改变的，除非运动物体以某种方式偏转。婴儿的注意力集中在运动物体上，这很容易引导他们分析运动物体的运动轨迹。

219　　事实上，婴儿对自动移动的物体和被推动移动，或以其他方式移动的物体之间的区别很敏感（Leslie，1988）。自我运动是一个独立轨迹的开始，其中没有涉及其他物体或轨迹。我们注意到，狗在运动时，会上下摆动以及遵循不规则的路径就是一个例子。当1岁到2岁的儿童玩各种动物和交通工具的小模型时，他们的反应通常是让动物沿着桌子跳跃，但让交通工具排成直线滑行（Mandler，Bauer，& McDonough，1991）。因此，年幼的儿童似乎也能理解有生命和无生命物体运动方式的差异。

感知到的运动图式差异，可用来帮助婴儿早期理解有生命和无生命物体的区别（Premack，1990；Mandler，1992）。自动推进的、不规则移动的东西往往是有生命的，而接触推动的、平稳移动的东西往往是无生命的。然而，有生命的/无生命的区别可能来自一种信念，而不是来自身体信息。比如，关于一个物体是否有正确的能量来源（内部还是外部），以及是否由正确的物质组成来启动自己的行动（Gelman，Durgin，& Kaufman，1995）。因此，学龄前儿童可以根据有生命物体和无生命物体的静止图像，做出与动画动作有关的判断。但是，这一发现可能是由于婴儿对各种形状与动画动作之间关系的理解（如对曲线轮廓及面部的感知）。人们经常从静态知觉中推断出动态的有时是具身的信息（见第三章）。特征在感知物体及其行为中是很重要的，因为这些特征与儿童从自己身体和观察他人时所体验到的动态信息相关。

第五节　感知意义分析：曼德勒理论

我之前简要回顾了认知发展的三大理论，发现很少有方法能恰当地承认婴儿在物理推理能力方面的感觉运动能力。有一种理论认为，婴儿从感性表现中提取某种信息的能力，是与感觉运动技能同时发展的，而不是随后发展的（Mandler，1992，2004）。早期概念的形成并不依赖于与物体的物理相互作用，而是来自对某些感知经验的独立分析。天生的感知机制很早就开始生成抽象的、非命题的图像，这些图像是"空间结构的简化和压缩关系"（Mandler，1992：591-592）。因此，感知分析过程通常从视觉体验中提取对象的空间结构，及其在空间中运动的各个方面，尽管其中也包括触摸、听觉和自己的运动。感知意义分析将感知性显示的空间和运动结构重新描述为构成可访问概念系统原语的类比表征或意象图式（参见第四章）。一种可能是，意象图式是儿童早期习得的许多概念的基础，如动物性、无动物性、能动性、包容和支持关系（Mandler，2004）。

　　如第四章所述，意象图式不完全是图式，因为图式必须具有关于对象运动的详细信息，如速度和方向。例如，与视觉图像不同，意象图式通常不是有意识的，我们最好将其视为可能很复杂的地形表征，尽管它们具有原始的本质（如**容器**图式由边界加上内部和外部组成）。虽然意象图式可能是人们在具身模拟过程中即兴创建的临时结构，但曼德勒（Mandler，1992，2004）坚持更传统的观点，即意象图式是记忆中的永久性表征。尽管如此，让我现在更全面地探讨意象图式是幼儿概念的基础这一观点。

　　首先考虑幼儿理解动物性的基础是各种意象图式。动画运动的偶然性不仅涉及一个动画对象跟随另一个动画对象的因素（如意象图式**连接路径**所描述的），还涉及避免障碍物和在加速度上发生突然变化。成年人对有生命运动的所有这些方面都很敏感（Stewart，1983），但是还不知道婴儿是否对这种运动有反应，尽管他们看起来有明显的感知。也没有人考虑过如何用意象图式的形式来表达障碍回避等因素（Mandler，1992）。几种**力**图式，如**阻塞和转移**可能在描述避障方面很有用，但是这些图式需要进一步区分以说明有生命和无生命的物体轨迹。例如在阻塞图式中，有生命和无生命物体的轨迹差异在于接触障碍物时，它可能会在障碍物移动之前停止运动或者在障碍物移动之后停止运动（Mandler，1992）。

　　研究婴儿对因果关系的理解，可能会揭示**力**图式和**引起移动**图式如何塑造对因果关系的理解。想象一个电影片段，一个球从右边的屏幕后面滚出，并撞击位于屏幕中间的第二个球，然后第二个球从屏幕的左边滚出。当观看这部影片时，观察者会感觉到第一个球引起了第二个球的移动。现在想象同样的事件，在第一个球击中和第二个球移动之间有一个短暂的延迟。延迟消除了因果关系

221 的表象。但是现在想象一下我们看到第三个电影片段，这只是反向播放的第一个电影片段的副本。现在一个球从左边移动，击中中间的球，使它滚到右边。除了移动方向外，第三个片段与第一个片段有着完全相同的连贯性和连续关系。就像第一个电影片段一样，我们认为第三个片段也是有因果关系的。然而，方向的改变却带来了重要的不同。在第一个片段中，人们将左侧的球视为具有因果力的动因，而这些力量则与屏幕中央的球紧密相连。在第三个片段中，右边的球是造成这种情况的原因。

甚至 6 个月大的婴儿对因果关系也很敏感（Leslie & Keeble，1987）。当婴儿看第二个片段时，先快进再倒放，他们不会因为倒放而变得很兴奋。当他们看到第一个片段向前播放然后再向后播放时（就像第三个片段一样），他们会因为反向播放而变得非常兴奋。第一个逆转被认为是因果力轨迹的变化，但第二个逆转却没有因此而被感知。这些发现表明，连续性和继承性不足以解释我们如何看待因果关系（Leslie & Keeble，1987）。除了空间和时间属性的概念外，婴儿还有一种先天的因果力概念。时空属性是归因因果力的指导因素，但它们不是因果力的构成要素。在这种观点下，因果力①不能用任何感知表征来识别。

这个关于因果关系的结论的主要问题是，它忽视了婴儿对自身身体的理解，认为自己的身体既是因果力的来源，又是因果力的接受者。与成年人一样，婴儿和幼儿也会操纵物体，并感受到与他们接触物体的推拉。在这些情况下，特殊的动觉和体感体验会被特别感受到，婴儿可能会利用这些经验来巩固他们早期的因果力概念。他们可以将特殊的具身体验投射到可感知的物体上。

例如，儿童在台球碰撞时所看到的连续性和继承性，与他们看到自己与物体的相互作用所产生的图式极为相似。因此，婴儿识别因果关系的部分能力可能是由于像力这样的意象图式，这种**力**是通过体感和动觉体验而产生的，当它们作为原因时投射到无生命物体上。一种观点是，婴儿在理解物体间的偶然相互作用之前，还应该先分析成年人与婴儿相互作用过程中的给予与接受（Mandler，2004；Murray & Trevarthen，1986），这当然是一种具身活动。

一些**连接**图式也可以建构幼儿对有生命物体和无生命物体之间因果关系的理解。当儿童经常遇到一个接着一个事件时，就会建立一个**连接**。比如，当一个勺子从高椅的一侧被推下来时，勺子总是落在地板上。当然，知道自己运动的能力，而不是被别人或其他东西推动的能力，产生了**自我运动**图式，这对

222 感知许多涉及有生命和无生命物体的因果事件也很关键。对 7 个月大的婴儿进

---

① 原文是 casual power，有误，应该是 causal power——译者注

行的不同研究表明，在没有接触其他物体的情况下，婴儿对物体运动的观察时间更长（Spelke et al.，1995）。通过这种方式，婴儿可以从他们自己对身体体验的感觉理解中获得对物体和环境的理解。这些意象图式提供了足够的信息，以理解"开始移动"的概念是什么样，而不需要对每个感知事件进行更详细的感性分析（Mandler，2004）。此外，研究表明，3 个月大的婴儿可以区分正确和不正确的人类行为（Bertenthal，1993），这表明动物性的概念根植于像**自我运动**这样的意象图式中。

包含是另一种对认知发展至关重要的意象图式。当封堵器由直立容器而不是倒置容器或屏幕组成时，一些包含概念似乎有助于 9 个月大的婴儿在隐藏物体任务上表现得更好（Freeman，Lloyd，& Sinha，1980；Lloyd，Sinha，& Freeman，1981）。这些婴儿似乎已经有了容器的概念，容器就是东西消失和重现的地方。意象图式可以解释其中一些数据。例如，**容器**图式有三个结构元素（内部、边界和外部），主要由两个来源产生：①对图形与地面的区分进行感知分析，即将对象视为有界的，并且具有与外部分离的内部（Spelke，1988）；②对进出容器的物体进行感知分析。婴儿经历相关包容关系的清单很长。比如吃饭、喝东西、吐东西，看着他们的身体被穿上衣服和被脱掉衣服，从婴儿床和房间进出，等等。

婴儿对打开和关闭的理解也与控制能力的发展有关。皮亚杰（Piaget，1952）详细记录了 9～12 个月大的婴儿在学习模仿他们自己看不见的动作时所做的动作，比如眨眼。在婴儿完成正确的动作之前，他们有时会张开或闭上嘴，张开或握住手，或者用枕头蒙住或不蒙住眼睛。皮亚杰的观察证明了婴儿参与的感知分析，以及他们对试图复制的行为结构的类比理解。这样的理解似乎是一个清晰的例子，即当任何事物打开或关闭时，不管事物本身的细节如何，都会涉及空间运动的意象图式。

虽然身体体验可能是理解包含的基础，但身体体验本身并不明显是进行知觉分析所必需的（Mandler，1992）。婴儿有很多机会分析简单、容易看见的容器，如瓶子、杯子和盘子，以及使事物消失在其中并从中重新出现的包含（控制）行为。的确，分析牛奶进出杯子的情景，比之分析牛奶进出嘴巴的情景要容易得多。然而，无论我们如何开始对食物进行分析，人们都会认为食物是一种入口的东西，这是一种早期的概念。

容器早期概念涉及的另一个方面是支持概念。真正的容器不仅能包装东西，而且能为它们提供支持。当物体之间的支撑关系被破坏时，3 个月大的婴儿会感到惊讶（Needham & Baillargeon，1993）。五个半月大的婴儿在看到没有底部的容器里可以装东西时会感到惊讶（Kolstad，1991）。同样地，9 个月大的婴儿在把一个积木放到另一个盒子上时，只有当他们一眼就能比较出积木和盒子的宽度时，才能判断一个积木是否能被顶部打开的盒子支撑（Sitskoorn & Smitsman，1991）。最后，巴亚尔容（Baillargeon，1993）证明，十二个半月大的婴儿只有在能够直接比较突起的大小与玩具的大小时，才能确定有小突起的布罩是否可以隐藏小老虎玩具。这些发现表明，包含和支持的概念可能在早期就紧密相关。**支持**的原始意象图式可能只需要表征垂直维度上两个对象之间的接触（Mandler，1992）。

有人可能认为，物体永久性概念的发展可以看作是几种不同意象图式的发展，以及它们之间转换的运作方式。按照曼德勒（Mandler，1992）的想法，从**界标**到**阻塞**，再到**去除阻塞**，最后又回到**界标**，这是在四个半月大的婴儿身上展示物体永久性的基础。三个半月大的婴儿没有表现出物体永久性的原因是，他们要么没有发展出一种或多种这样的意象图式，要么还没有能力转化它们。具体的解释需要更具体的测试来确定，但我们怀疑它与**阻塞**和去除**阻塞**有关。这是因为三个半月大的婴儿已经能够专注于单个物体，因此似乎已经形成了**界标**的意象图式。

最后来考虑能动性（agency）的概念。一个传统的信念是，婴儿通过观察自己的行为对世界的影响来习得能动性（Gibson，1988）。一个婴儿通过观察他的独立运动带来的预期结果来发现他自己的能动性，例如使图片保持清晰（Kalnins & Bruner，1973）。

224　　　但是，这种关于能动性如何发展的观点，并没有正确地认识到儿童的动觉活动（Sheets-Johnstone，1999）。例如，在婴儿生命的早期，简单地把嘴唇、舌头和嘴放在母亲的胸口上，就直接让孩子暴露在自己的因果力前。婴儿的吞咽动作，如弯曲的手指和其他动作，提供了触觉和其他动作。这种对能动性的理解不仅仅是一种从看到我们在世界上的努力后获得的意识，而是植根于我们自己的触觉-动觉体验。当然，幼儿和成年人一样，不会无缘无故地进行活动，而是为了达到特定的目的（如触摸物品、获取食物）。发展研究表明，5 个月大的婴儿开始区分目标导向的行为和偶然发生的行为（Woodward，1999）。到 9 个月大的时候，婴儿似乎能够理解物体行进的路径（Gergely et al.，1995）。这些发现与**源-路径-目标**的意象图式，以及**动物性和自我运动**有助于婴儿对运动物体的行为进行推理的观点一致。再次声明，婴儿反复使用身体和身体的各个部位，从动眼注视特定物体到移动整个身体以接触人和物体，都为更复杂的身体推理技能奠定了基础。

第六节 再谈物体永久性

我开始讨论最近的认知发展工作时，主要关注的是物体永久性的实验研究。这些研究旨在探讨婴儿何时以及如何获得物体概念和物体行为的原因。我批评这些研究的原因在于，它们没有探讨儿童自身行为（如趋近特性）在概念习得理论中的重要性。

但是，有几项新的研究试图模拟儿童在物体永久性任务上的表现，特别是调查婴儿的 A 非 B 错误。例如，莫那卡塔等（Munakata et al.，1997）开发了一个联结主义模型，以解决婴儿在物体概念搜索任务中的成功与通过视觉偏好评估的成功之间的发展差距。传统搜索任务成功和失败的解释都是基于原则的，即早期的成功意味着对原则的完全了解或完全不了解（如物体永久性），而失败则归因于辅助性缺陷（如意味着最终能力）。莫那卡塔等认为，以原则为基础的方法导致了一个过早的推论，即三个半月大的婴儿对"不可能的"消失事件观察的时间更长（见 Baillargeon，1993），他们拥有物体永久性的知识。

他们提出的一种替代的"适应性过程"说明了物体概念的获得，在这种概念中，知识在本质上是分级的，而不是"全有或全无"，知识随着经验而发展，并嵌入到以身体行为为基础的特定过程中。适应性过程将成功归因于表征被遮挡对象的能力，换句话说，这取决于许多相关神经元之间的连接，而这种能力是通过增强这些连接的过程而获得的。失败的发生是因为不同的行为需要在相关的底层处理系统中进行不同程度的开发以及由此产生的内部表征。

这一联结主义模型展示了婴儿如何随着时间的推移，逐渐学会表征被遮挡的物体，从而解释了在物体搜索任务中成功和失败的原因，而无须假设原则和物体搜索任务的辅助的缺陷。塞伦等（Thelen et al.，2001）提出了一种动态替代方法，以替代莫那卡塔等（Munakata et al.，1997）的 A 非 B 式网络模型。动态系统心理学家从婴儿与环境积极互动的角度来看待发展，而不是依赖于理论约束或神经系统程序。正如海伦和史密斯辩护的那样，"发展并不是因为内在的成熟过程告诉系统如何发展。相反，发展发生在系统本身的活动中，也是系统活动的结果"（Thelen & Smith，1994：305）。根据这种观点，认知是在运动活动中形成的。幼儿整合不同感官模式信息的能力不是发育的结果，而是发育产生的基础。发展被看作是整个系统中涌现出来的一种属性，并且只能通过心理、生物和物理组成部分之间复杂的相互作用来理解。动态系统的一个关键特征是它们是自组织的——它们只是通过自身的功能到达新的状态，而不需要环境的规范或内部的决定。随着一个或多个控制参数（类似于但不等同于自变量）的连续变化，新状态可能会作为系统部分之间非线性相互作用的函数而自发出现。

非常重要的是，在表现水平上呈现出不连续或无序的行为发展，可能源于其本身是连续和有序的基本过程（如婴儿的词汇习得或蹒跚的第一步），这是所有自组织系统的一个关键特征。动态系统理论擅长解释多个层次的表现（例如，根据视觉偏好来评估，婴儿在感知水平上是合格的，但根据触觉来评估，婴儿则不合格）。动态系统对 A 非 B 错误的观点认为，这种行为并不特定于发展中的任何点，而是可能发生在儿童对记忆中的位置产生目标导向的行为的不同情况下。更具体地说，误差是由许多因素相互作用造成的。这些过程包括在感知物体时起作用的视觉和注意过程、用于规划和执行手与手臂向目标位置移动的运动过程、在相关感知线索缺失时活跃于维持任务相关信息的短时记忆过程，以及维持过去行为结果的长时记忆过程。

在典型的 A 非 B 实验中，婴儿在反复实验中，首先在 A 位置找到隐藏的物体，从而对 A 位置产生相对稳定的长时记忆。在第一次 B 实验开始时，婴儿计划向 B 位置移动以取回物体。然而，当物体被隐藏时，如果没有适当的知觉线索来指明物体在 B 位置，移动向 B 的运动计划会衰退，特别是在较长的时间间隔内。几秒钟后，从先前的实验中已经确立的向 A 移动的计划开始占据主导地位，因此，婴儿在触碰 A 位置的物体时犯了 A 非 B 错误。

有几个实验测试了这一理论，实验者让 2 岁的儿童先观察，然后在 A 位置找到一个玩具，经过几次实验来验证这个理论。当玩具被藏在 B 位置时，幼儿的搜索偏向于 A 的方向。A 位置的吸引力大小，取决于玩具先前被藏在该位置的次数。此外，儿童在到达 B 位置之前等待的时间越长，他们越有可能对 A 做出反应。即使在训练和主要实验任务的 A 实验中，对位置 A 的偏爱也会在 8 英寸[①]区域内发生变化。最后，婴儿位置和视觉感知的变化影响了犯 A 非 B 错误的概率。当 8～10 个月大的婴儿在 B 实验中站起来时，他们显著减少了 A 非 B 错误（Smith et al.，1999）。这些结果与动态主张一致，即该错误是由四个因素的相互作用引起的：空间记忆的分级性质、任务中事件的顺序、任务空间中有限的某个位置以及 B 任务的延迟。

动态发展方法意义重大，因为它包含了认知与身体动作有关的思想。通过自组织的动态不确定性，儿童的新生能力得以显现。与大多数理论不同的是，动态视角从多个原因和联系的角度来解释发展，并承认即使是很小的、意想不到的因素也可能对发展进程产生重大影响。此外，动态发展理论认识到研究整

---

① 1 英寸=2.54 厘米。

个系统（即儿童）对理解发展的重要性，而不是假设认知增长是基于孤立能力的获得。动态发展系统理论在描述运动和知觉发展方面最为成功（Bertenthal & Pinto，1993；Butterworth，1993；Goldfield，1993；Thelen，2000；Thelen & Smith，1994；van Geert，1991），也有越来越多的研究表明，情绪和人格发展也可以用动态术语来描述（Granott & Paziale，2002）。这项工作显然与我的"具身性前提"一致，它明确地找到了具身活动在人类发展中的可能作用。

第七节 身体残疾的儿童

感官运动体验对认知发展至关重要这一观点的一个挑战，来自对身体残疾个体的研究。虽然感官运动活动可以为知觉系统提供部分输入，但高级符号思维仍然可以在没有它的情况下产生。许多学者认为，"由于运动在儿童的概念能力中不起重要作用，所以我们没有理由相信，有运动障碍的儿童在这些早期思维基础的发展中处于不同的不利地位，除非大脑的非运动区域发生了额外的损伤"（Berko et al.，1992：229）。

事实上，一些研究报告一致表明，运动经验不是智力发展的关键。这些学术研究包括：先天截肢儿童的学业成就的研究（Clarke & French，1978），患有严重四肢瘫痪性脑瘫的儿童的物体持久性的研究（Eagle，1985），一名 3 岁先天性上下肢畸形儿童的第 6 阶段物体永久性和主体间性的研究（Kopp & Shaperman，1973），以及至少有一部分肢体的沙利多胺患儿的心理测度认知提高的研究（Gouin-Decarie，1969）。

但是，许多研究被解释为支持运动经验对认知发展至关重要的观点。让我们考虑运动的发展。首先，爬行可以与环境产生不同种类的相互作用，而与不动的婴儿相比，爬行经验被认为是在空间位置编码中转换的原因。对那些因先天性白内障而视力模糊的儿童以及在不同年龄段接受手术摘除白内障恢复视力的儿童的研究表明，正常的预期输入对正常视力的发展很重要。与先天性失明儿童相比，偶然失明的个体在距离判断上表现得更好，这表明可预期的早期经验对于基本空间功能的重要性（Reiser，Lockman，& Pick，1980）。严重运动障碍群体在复杂的空间关系和规划技能方面存在延迟（McDonnell，1988；Rothman，1987）。此外，因患有脑瘫不能行走的儿童，比四肢未受影响的儿童表现出更明显的缺陷（McDonnell，1988；Rothman，1987）。当然，患有脑瘫的儿童也可能有其他神经损伤。

在这些关于感官运动体验和认知发展的不同观点中，确定哪一个是正确的是一个棘手的问题。大多数关于肢体残疾者认知发展的研究都存在一些方法论上的问题，包括所用程序的多样性、产生的数据在研究中不可通约，以及通过对物体的双手操作来促进某些概念性任务的执行等事实。因此，肢体缺陷儿童和非残疾儿童之间结果的差异可能反映的是运动限制，而不是概念缺陷。损害程度也非常关键。沙利多胺个体和先天性截肢者至少有一个功能性肢体或节段，可用于运动计划的形成。这些儿童将通过补偿残疾来规避预期的损伤（Eagle，1985）。即使在身体损伤的极端情况下，儿童仍然可以控制至少一种与环境相互作用的方式（Sinclair，1971）。例如，眼睛的运动或咀嚼中可能涉及的运动，足以使运动计划得以发展。

严重四肢瘫痪的儿童，比先天性截肢和沙利多胺患儿受损更严重。因此，除了胳膊和腿的损伤外，躯干、眼睛的运动和嘴巴通常会痉挛、僵硬或异常张力衰退。但是，先天性身体受损的婴儿通常有更广泛的脑损伤，这种脑损伤会扩展到非运动区域。在每一种情况下，我们都很难分辨任何观察到的认知延迟中器官因素与经验因素的独特作用（Eagle，1985）。即使器官的作用可以被排除在外，其他类型的剥夺，如社会剥夺，也常常与身体残疾联系在一起。

但最重要的是，肢体残疾的人可能仍会从眼、口、头的运动和其他身体功能产生的感觉中，体验到大量的触觉-动觉信息。这些身体体验可能足以协调许多行动计划，而这些行动计划是认知成长的基础。此外，最近的研究表明，正常发生的感官体验在物种特有的本能行为中起着重要作用，而这些行为传统上被认为是遗传的结果（Gottlieb，2002）。按照这种观点，如果没有正常发生的感觉经验，神经系统就不会完全或正常地发育。婴幼儿不一定需要四肢或以正常方式移动身体，因为在他们发展基本概念的过程中，他们仍然可以从简单和复杂的动作模式中受益匪浅。这样，即使是残疾儿童也会有足够的身体体验，从而形成各种各样的意象图式，包括**包含、平衡、源-路径-目标、连接**等。

第八节　多模态感知

许多发展心理学的研究表明，幼儿能在不同的感官体验之间发现抽象的相似性。婴儿似乎能够将视觉信息和触觉信息联系起来。例如，给 6 个月大的婴儿吮吸两个奶嘴中的一个，这两个奶嘴的质地不同（Meltzoff & Borton，1979）。一个奶嘴的表面是光滑的，而另一个有肋状表面。一开始，婴儿在没有看到奶嘴的情况下吮吸奶嘴。在实验的第二部分，研究人员向婴儿展示两种奶嘴的大图片。正如预期的那样，大多数婴儿更喜欢看他们刚刚吮吸过的奶嘴。这种对一致性的偏好表明，即使是 1 个月大的婴儿也对交叉知觉模式有一定的理解。

婴儿还可以在听觉和视觉信息之间建立交叉知觉模式连接。例如，4 个月大的婴儿同时观看两个节奏性事件的电影：一个女人在玩"捉迷藏"游戏和用一根指挥棒敲击木块（Spelke，1976）。当他们在看电影的时候，两个屏幕中间放着一盘适合其中一部电影的录音带。婴儿更喜欢观看与听觉来源相匹配的视觉事件。这也为理解交叉知觉模式提供了证据。

2～5 个月大的婴儿能够根据口腔运动和说话时间之间的时间同步性和共同节奏，感知连贯的单一多模态事件，例如人的面部和声音之间的关系（Dodd，1979；Lewkowicz，1996），以及嘴唇的形状和相应的声音。到 5～7 个月大时，婴儿可以根据共享的时间和空间信息，将自己的身体运动（本体感受）与视觉显示相匹配（Bahrick & Watson，1985；Bahrick，1995）。因此，当一个 5 个月大的婴儿看到她自己的腿和另一个婴儿的腿一起移动的实时视频时，她能够区分这两种腿，并且更喜欢看另一个婴儿的新颖画面。

内在模态关系的检测不仅仅是两种同时发生的体验的关联。例如，3 个月大的婴儿熟悉不同的可视和听觉拍摄事件（Bahrick，1988）。一部电影描绘了一只手在摇晃一个装有很大的大理石的透明塑料瓶。另一部电影描绘了一只手在摇晃装有许多非常小的大理石的类似瓶子。在电影和声音音轨的配对中，有四种不同情况，即合适的音轨（一个或多个弹珠）是否与电影配对，或者一个音轨是否与电影同步。只有一组婴儿熟悉电影配以适当的同步音轨。熟悉后，对每组婴儿进行内部偏好测试，两部影片并排放映，同时播放一个中央音轨。数据表明，学习确实是在更加熟悉的情况下进行的，因此婴儿倾向于匹配由其适当音轨指定的电影。但最重要的是，学习能力只局限于一组婴儿，即那些熟悉适当的同步视觉和声音组合的婴儿。在偏好测试中，与不恰当的音轨联系的机会均等并不会导致对该组合的偏好。这些发现表明，非常小的儿童表现出在不同的感觉方式下获得事件之间抽象关系的能力。

关于儿童如何发现不同感官体验中的抽象相似性的另一个不同研究路线来自对通感（synesthesia）的研究。在一项早期研究中，婴儿被要求在两个事件之间建立一个相似的关系，这两个事件没有共同的物理特征（如虚线和实线的脉冲音调与配对幻灯片）。9～12 个月大的婴儿在有脉冲音调的情况下，看虚线的时间比看实线的时间长，这表明他们理解了一种隐喻性的匹配（Wagner et al.，1981）。同样地，他们在听升调时更多地注意指向上方的箭头，而在听降调时更多地注意指向下方的箭头。因此，婴儿能够识别出两个物理和时间上不同的

230

事件背后的抽象维度（如脉冲音调的不连续性和虚线的不连续性）。另一项研究表明，4 岁的儿童已经能感知并想象出音调和亮度之间的相似性（例如，低音等于昏暗；高音等于明亮），以及响度和亮度之间的相似性（例如，柔和等于昏暗；响亮等于明亮）。这些发现尤其重要，因为他们与成年人将意象图式从一个领域投射到另一个领域的观念相似，例如，根据垂直度概念化数量（例如，**多是向上，少是向下**）。

最后，最近的研究考察了婴儿是否能够理解面部表情（如喜悦）和听觉事件（如升调）之间的抽象统一，这些事件也没有共同的生理特征或共存的记录（Phillips et al.，1990）。在这项研究中，7 个月大的婴儿并没有对喜悦和愤怒的不同面部表情进行分类。但是，当这些表情分别与上升、脉冲、下降和连续的音调相匹配时，婴儿在观察喜悦、惊讶和悲伤时的时间明显更长。由于这项实验任务中的听觉和视觉事件本质上是不同的，婴儿必须在短时间内对这些事件采取行动，为差异带来意义（即确定等价性）。因此，婴儿必须确定面部表情和听觉事件之间的等价性。这项出色的演示说明了婴儿是如何通过隐喻匹配不同的事件来理解面部情绪表达的某些含义的。

内在模态感知有三个基本原则（Bahrick，2000）。第一个原则认为，全局、抽象的内在模态关系会比更具体的嵌套关系更早被检测到。例如，全局关系涉及同步性，就像锤子撞击地面时的声音和视线是同步的。嵌套关系则更为具体，可以揭示事件的细节，例如特定对象在撞击地面时会发出特定的声音，而复合对象（如一盘餐具）会发出一组复杂的声音。

第二个原则主张，非模态关系比任意关系更早被感知。因此，一个人的声音始终与他的嘴巴动作保持同步，以使该同步提供模态信息。但是准确的声音是任意的，无法预先指定。此外，我们不可能预测红色物体掉到地板上时会发出的特定声音。

第三个原则认为，对非模态关系的检测有助于对任意关系的感知学习。例如，当婴儿觉察到他母亲的脸和声音之间的同步性时，他就会学会将独特的声音与那个人联系起来。如果这两种方式不同步，那么面部和声音的联系就无法被学习。这一原则引导婴儿通过迷宫般的视觉、声音和其他自然的心理组合，并提供一种组织感知经验的方式，引导婴儿对成年人有更成熟的认识。

多模态感知的实验工作与认知发展的具身视角息息相关。这项工作清楚地表明，婴儿能够进行跨模态或跨感官的联系，使他们能够理解世界上物体和事件的重要方面。然而，这些跨模态连接也构成了意象图式的基础，而意象图式是许多具体和抽象概念的基础。

第九节　模　仿

模仿是一种具身认知活动。皮亚杰认为，婴儿在 8 个月或 9 个月大之前缺乏模仿成年人动作的技能，如伸舌头和张嘴。但是，刚出生 42 分钟的婴儿就有了粗糙的模仿能力，比如，他们开始像成年人一样移动舌头、张开口和进行嘴唇运动（Meltzoff，1990；Gallagher & Meltzoff，1996）。这种将视觉与本体感受相匹配的能力，可以被假设为代表"超模态表征系统"或胚胎体图式（Meltzoff，1990）。

皮亚杰认为，延迟模仿在 18 个月以下不会表现出来，因为这时的婴儿还不能在直接的环境刺激之外形成心理表征。然而，6 个月大的婴儿就能表现出延迟模仿能力或模仿 24 小时前看到的动作的能力，如成年人的面部表情（Collie & Hayne，1999；Meltzoff & Moore，1994）。在 9 个月大的时候，婴儿可以模仿成年人对物体的动作（Meltzoff，1990），并且可以在一段时间后复制事件序列（Carver & Bauer，1999）。在 14 个月后，婴儿可以模拟成年人以及同伴对不同对象的行为（Hanna & Meltzoff，1993；Meltzoff，1990）。梅尔佐夫（Meltzoff，1995）证明，18 个月大的婴儿会超越模仿本身，在短暂的记忆间隔之后，会执行一个模型的预期（即启动但未完成的）动作。这些研究清楚地表明，延迟模仿并不是感觉运动阶段的最终成果，它是一种在幼儿期早期出现并在幼儿期结束时变得更加复杂的表征。

有三个假说已被提出来解释婴儿惊人的模仿能力（Meltzoff & Moore，2000）。第一，模仿可能基于来自父母的强化。但是，父母并没有意识到在孩子出生后的前 4 周内他们会模仿一些行为。因此，父母的强化似乎不太可能成为婴儿早期模仿的来源。

第二，模仿可能基于先天的释放机制（Anifeld，1996）。根据这个想法，嘴唇运动和连续的手指移动是固定动作模式，当婴儿看到相应的成年人的手势时，这些动作就会被释放。但是，婴儿的手势是多种多样的，这表明他们的模仿能力并非归因于一小组固定的动作模式。

最后一种可能性是，模仿的基础是婴儿在视觉和本体上，表现出视觉和本体感知信息的能力。在这种观点下，婴儿将来自他自己身体动作的感觉信息，与视觉感知手势的"超模态"表征进行比较，并在两者之间建立匹配关系。梅尔佐夫和摩尔（Meltzoff & Moore，1992，1997）认为，真正的模仿是通过主动内模态映射（active intermodal mapping，AIM）机制实现的，这种机制使婴儿

232

能够在看到或听到的身体转变和根据他们自己的触觉-动作感受到的身体转变之间，进行跨模态等价转换，以此产生匹配反应。这个想法与儿童早期的感觉运动行为，为成功模仿中使用的抽象表征系统提供部分基础的可能性是一致的。

233　　　然而，婴儿模仿背后的心理基元可能不一定是由于身体图式，或是一些发展中的表征系统。相反，模仿可以反映触觉-动觉身体的原始动画（Sheets-Johnstone，1999）。无论婴儿是单纯地模仿他人的身体运动，还是他人如何与物体相互作用，他们的模仿都反映了一个动态协调的身体和一个有组织的动觉活动性。婴儿所看到的是他自己感觉运动的动态复制。在这种观点下，模仿只是学习自我移动的一个方面。在某些情况下，也许再现一个事件不是通过记忆，而是通过一个物体的存在和它可能引发或产生的行为再现。这种可能性强调了感觉运动活动是婴儿理解物体的一个组成部分，即使婴儿以前没有在特定物体上做过这些动作。当然，这一观点仅限于传统的运动模式，无法解释婴儿重建新序列或动作的发展能力（见 Mandler，2004）。

　　　另一个模仿的例子是大一点的婴儿对先前看到事件的类比再现。皮亚杰认为，感觉运动行为通过一个内在化过程成为表征性行为。公开行为是通过一个类比过程特别是"运动类比"来理解现实世界事件的模型。皮亚杰观察到，他的孩子用自己的身体模仿了他们在物理世界中看到的某些空间关系。例如，皮亚杰的孩子们通过手和嘴的开合来模仿火柴盒的开合。皮亚杰认为，这种行为表明，婴儿试图通过运动类比来理解火柴盒的机制，再现一种打开和关闭的动觉图式。心理意象后来被认为是在动态模仿的基础上发展起来的，这是渐进式内化的结果。

　　　事实上，各种研究表明，10 个月大的婴儿可以进行空间关系映射，13 个月大的婴儿可以很容易地将空间关系映射转移到新物体上（Bauer，1996；Chen，Sanchez，& Campbell，1997）。陈等（Chen et al.，1997）给了婴儿一个他们够不着的洋娃娃。洋娃娃在一个盒子后面，上面有一根绳子，绳子放在一块看得见的布上。婴儿可以通过一系列动作把洋娃娃带到伸手可及的地方，比如把盒子拿开或者拉布，这样他们就可以拉到玩具上的线。一旦婴儿能够成功地完成这个动作并把洋娃娃拉向自己，他们就会面对两个不同的场景，每个场景都使用相同的工具（布料、盒子和绳子）。然而，这些新问题的不同之处在于，布料、盒子和绳子都与以前遇到的不同。此外，在这个新的问题中，虽然只有一对可以够到玩具，但是却出现了两条绳子和两块布料。

　　　该实验对 10 个月和 13 个月大的婴儿进行了测试。一些大一点的婴儿自己想出了解决办法，而另一些婴儿在成功解决问题之前模仿了父母的解决方案。
234　第一个问题解决后，13 个月大的婴儿就把类似的解决方法转移到第二个和第三个问题上。但是，10 个月大的婴儿在把第一个解决方案类比到第二个和第三个问题之前，他们只关注一个显著的感知线索。这些数据普遍支持皮亚杰的观点，即基于感觉运动方案的类比迁移是婴儿学习如何表现和再现真实世界事件的关键部分（参见 Gibbs，1994 关于相关发展证据的进一步讨论）。

第十节 发展一种他人心智的理论

儿童发展的标志之一是获得了一种"心智理论"。儿童心智理论的证据有多种来源，其中最著名的是错误信念实验。在错误信念实验研究中，参与者会被问及另一个人或角色的想法和行为，而这个人或角色缺乏参与者所知道的某些信息。例如，参与者知道一个糖果盒里装有铅笔。当另一个人进入房间，参与者会被问道："走进房间的这个人会说糖果盒里有什么？"4 岁的儿童通常会做出正确的回应，即认为其他人会认为盒子里有糖果。但是，3 岁的儿童意识不到对方可能会错误地认为盒子里有糖果，并回应对方说，盒子里实际上装的是铅笔。

人们提出了一些理论来解释这一里程碑式的发现。"理论-理论"（theory theory）认为，儿童的心智理论是作为一种固有的域特异机制而生成的，或者是专门为阅读他人的思想而设计的（Baron-Cohen，1995；Tooby & Cosmides，1995）。首先，儿童会发展出一种一阶信念，这种信念使他能够将自己的信念与他人的信念区分开来。后来，3 岁或 4 岁时，儿童就有能力注意到他人对第三人思想的看法（二阶信念归因）。

与理论-理论相反，模拟理论认为，个人通过假装站在另一个人的角度来理解另一个人的思想。更具体地说，在当前情况下，观察者试图让自己的思维模仿他人正在经历的思维过程。通过再现另一个人的假定思维过程，观察者将逐渐理解对方的观点。

有大量的文献致力于"理论-理论"和"模拟理论"观点之间的争论。这两种观点都认为，儿童发展的心智理论是在儿童发展出涉及他人心理状态可能存在的理论立场时产生的。这两种理论都基于一个共同的假设，即"心理主义假设"（Gallagher，2001），该假设指出，"了解另一个人就是了解那个人的思想，以及了解他们的信仰、欲望或意象状态"（Gallagher，2001：91）。人们用他们的"理论"来解释和预测他人的行为。

然而，错误信念范式未能解释 4 岁左右儿童可获得的主要主体间性的许多方面，这种主体间性可能对儿童读懂他人思想的能力至关重要（Bloom & German，2001）。4 岁左右时儿童心理上显然发生了一些事情，而错误信念任

235

务可能会利用这种专门认知能力的某些部分。但是，正如错误信念实验所要求的那样，解释和预测确实是专门的活动，并不能反映出儿童或其他人通常是如何相互交流的，在某种程度上也不能反映出他们是如何读懂彼此的思想的。实验参与者必须采用第三人称视角来解决这些问题，而第二人称意图是我们与他人相互作用的典型方式。此外，错误信念任务需要有意识的元表征过程，这与人们与他人相互作用和阅读他人心理的初级无意识方式相反。

一般来说，一个儿童在某个年龄获得了心智理论，因此他可以有意识地解释或预测未与其相互作用的其他人知道什么，这并不能证明儿童对其他人的初步理解仅仅植根于心智能力理论。

还有第三种可能的理论需要考虑。这种理论认为，儿童的心智理论并非主要基于发展他人的理论或构建内部模拟。相反，理解另一个人是一种具身实践形式（Gallagher，2001）。即使在发展出阅读他人思想的能力之前，幼儿也会进行感觉运动、知觉、情感和非概念的具身实践。这些实践"构成了我们理解他人的主要途径，而且即使在我们获得了心智能力理论之后也会继续这样做"（Gallagher，2001：85）。

婴儿和幼儿可能会获得一种"心智理论"，而不一定发展出一种对他人的心理理论。即使在获得假定的心智理论模块之前，婴儿也会通过观察他人的身体和表达动作，来识别人们的意图或发现某些物体的意义。早在9～14个月大的时候，婴儿就通过观察他人的眼睛来帮助解释模棱两可事件的意义（Phillips，Baron-Cohen，& Rutter，1992）。因此，一个儿童可以理解另一个人正在看一扇门，并且可能会因该人的身体运动而对该门有某种意图。5～7个月大的婴儿可以察觉到指定情绪表达的视觉和听觉信息之间的关系（Walker，1982）。这种对情绪的感知尤其来自对他人运动的感知，而不是来自婴儿对情绪事件的理论或模拟。如前所述，5个月大的婴儿认识到人类运动的情感本质，这表现在他们在点光源行为表现中对人体形状的优先关注（Bertenthal et al.，1994）。他人的情绪状态不是婴儿必须推断出来的东西，而是婴儿通过对他人行为的动作和经验直接感知到的东西（Allison，Puce，& McCarthy，2000）。这也解释了为什么11个月大的婴儿能够在一些连续的场景中识别出意图边界（Baldwin & Baird，2001），以及为什么18个月大的儿童能够理解其他人打算做什么，甚至在某些情况下，可能完成另一个人没有完成的动作（Meltzoff，1995）。这些能力都不要求儿童必须推断他人的心理状态。

加拉格尔（Gallagher）认为，在儿童形成心智理论之前，他就已经对他人有了理解，这种体验包括："①理解作为一个体验主体意味着什么；②理解环境中某些种类的实体（而不是其他实体）确实是这样的主体；③理解这些实体在某些方面与自身相似，而在其他方面不同。"（Gallagher，2001：86）梅尔佐夫和布鲁克斯（Meltzoff & Brooks，2001）根据这一思路推测，婴儿对人类行为的解释是有意向的和目标导向的，这源于作为社会认知起点的"像我"（like me）类比。

大多数情况下，这种观点认为，主要的主体间性不仅仅是儿童心智发展理论的先驱。相反，主要的主体间性包含了一系列的具身实践，这些实践不仅在发展的意义上，而且在任何人都可以解释或预测他人的信仰、欲望或意图的意义上（Gallagher，2001）。

最后，儿童对心智理论的习得还包括进入一个心智共同体，在那里，具有不同心智的人为了共同的目的和理解进行交流（Nelson et al.，2003）。因此，构建心智模型的重点并不在于儿童的个体认知过程，而是"来自更大共同体的礼物，它将这些结构融入其语言和共同体内人们关注的话题"（Nelson et al.，2003：43）。这一观点与认知发展的经验主义观点一致。在经验主义观点中，儿童所知的来源被视为植根于特殊社会和文化世界中的经验条件，以及儿童所经历的现象学。两项针对 3 岁和 4 岁儿童参与不同的心智理论任务并讨论他们反应的研究结果表明，他们对自己和他人心理状态理解的变化，反映了他们对共同体的参与，而其中的社会相互作用针对特定的语用目的。

第十一节 心 理 意 象

237

具身行动可能对儿童形成意象能力的发展至关重要。研究表明，如果儿童（5～8 岁）首先公开操纵物体，则他们形成物体动态心理图像的能力会大大提高（Wolff & Levin，1972）。有趣的是，即使当儿童无法通过视觉看到自己的动作或被操纵的物体时，这种现象也是存在的。其他研究表明，处理物体对儿童心理旋转任务的成功至关重要，至少在 9 岁和 10 岁之前是如此（Zabalia，2002）。这两组发现都支持了皮亚杰关于显性和隐性活动在心理意象创造中起作用的观点。

一项不同的研究也显示了具身运动的重要性。在这项研究中，儿童要么看着别人建造四个简单的积木建筑，要么看着完成的建筑，然后假装和实验者一起建造建筑，或者在看着建筑的图片时自己建造这些建筑（Corriss & Kose，1998）。之后这些建筑被拆除，儿童被要求重建它们。比起仅看着成品或观看建造过程，儿童在想象或实际建造建筑物后能更准确地重建建筑。这些结果表明，如果儿童以某种方式进行身体行为，无论是模仿建筑过程还是进行建筑物想象，他们对建筑物的心理意象都会更加清晰。想象自己的行为比想象另一个人的行为更有效。这一结果支持了想象是一个基于行为过程的理论。

第十二节　结　　语

发展心理学家一直在持续争论感知运动活动在认知发展中的作用。尽管有大量的证据表明，不同的具身体验是认知成长各个方面的基础，但太多的发展研究忽视了儿童在自我引导认知过程中自身的触觉-动觉体验。关于这个问题，我再举最后一个例子。

儿童对平衡概念的理解已经被发展心理学家广泛研究，尤其是在儿童的物理推理能力方面。最普遍的情形是，这项研究表明，随着儿童年龄的增长，他们在处理不同的平衡任务时会考虑更多的变量。例如，关于儿童如何学会平衡物体的研究，主要被视为学习如何结合不同物理变量的信息的研究。当然，儿童和成年人都可以参与不同的平衡活动，这能更好地解释他们是如何做到的。评估儿童对平衡概念的理解的任务，包括给儿童看一些海豹试图在它的鼻子上平衡一个球的一组图片，并要求儿童选择海豹能正确地平衡球的那一张（Pine & Messer，2003）。另一项任务要求儿童在支点的两边分别放置 6 个积木，让所有的积木都能保持平衡。在一项研究中，5～6 岁的儿童在 5 天的时间里参与了这些和其他平衡任务。毫不奇怪，儿童在这段时间里有所进步，但他们仍然在解释正确的平衡行为上遇到了困难，这表明他们没有足够的意识来获得关于平衡的陈述。

我毫不怀疑这些发现的准确性。但值得注意的是，对儿童发展中平衡观念的研究并没有承认儿童自己的触觉-动觉体验，即在感官形式和全身感知和动作之间保持平衡。平衡不是我们通常学习的抽象观念或原则，而是我们作为生物体的具身体验的恒定组成部分。**平衡**的意象图式来自这些不同的具身活动，并且正如前面章节所论述的，这也是许多抽象概念的关键部分。我对发展心理学家的诉求是找到更明智的方法来评估如平衡之类的概念是如何以具身性为基础的，而不是假定解决物理推理问题是以某种纯粹的非感知、离身经验的认知能力来发展的。

我对认知发展的具身视角的支持，与皮亚杰的主张并不完全一致，因为他低估了儿童的认知能力，并错误地假设了更高层次的认知形式是从感觉运动的动作中抽象出来的。正如我在前几章中所建议的，我们的许多具身体验被纳入我们的概念和语言表征中。此外，我们的现象学身体体验继续重申和支持认知符号。

第八章　情绪与意识

意识流揭示了关于我们是谁、我们如何思考，以及我们如何感受的许多洞见。以尼古拉斯·凯奇（Nicholas Cage）饰演的电影《改编》中的角色查理·考夫曼（Charlie Kaufman）为例。考夫曼是一位编剧，他被雇来改编苏珊·奥尔良（Susan Orleans）出版的一本关于对兰花狂热之人的书。不幸的是，考夫曼疲于应付这个任务，担心即将与经纪人进行的会面。一天早上，考夫曼在客厅里踱步，试图想出一些改编的点子，他心想（旁白）：

我老了，胖了，还秃顶。（伸手去拿笔记本，看见了光着的脚）我的脚指甲变得越来越奇怪。我上了年纪。我——（翻看笔记本，踱步）我什么都没有。她会认为我是个白痴。为什么我不能继续节食呢？她会假装不失望，但我会看到那种眼神，那种眼神——（经过镜子，快速地瞥了一下镜子里的自己，然后移开视线）天哪，我真让人讨厌。（又看了一下镜子）但真和我想的一样令人讨厌？我的体像障碍混淆了一切。我是说，我知道人们在背后叫我胖子，或者肥仔，又或者嬉皮笑脸地叫我瘦子。但我也意识到，这是我自我膨胀的变态形式，根本没有人谈论我。谁会对一个又老又秃又胖的男人有什么兴趣呢？

许多人像沮丧的查理·考夫曼一样，都在与情绪的起伏做斗争，而情绪往往支配着我们的意识阶段。我们每个人可能不都像考夫曼那样有消极的自我形象，但所有人通常都经历过在心理剧场里对自己、他人和周围的世界进行叙述。我们内心的声音通常会产生一些零碎的想法，而不是完整的句子。这种叙述与自我紧密相连，因为我们觉得声音就是"我"在说话。意识流的语言性质向许多人表明，意识与肉体是完全分离的，这再次重申了笛卡儿的著名观点："我思故我在"。但是，意识的高度私密性和特质性很大程度上阻碍了科学心理学家和其他人的研究。

幸运的是，认知科学的情况现在已经改变了。情绪和意识都被认为是研究心身关系的理想现象。从这项工作中逐渐得出的一个重要结论是，情绪和意识部分产生于具身行动，又通过具身行动来表达。本章阐述了具身性在情绪和意识中的重要性。

第一节　情　绪

一、情绪语言

我们谈论情绪的方式为理解情绪体验提供了一条重要线索。在下面一位男士和他的心理治疗师之间的对话中，我们可看到一个令人印象深刻的例子：人们是如何通过具身运动来体验自己的情绪的，这种具身运动既有质感又有深度（Ferrara，1994：139-141）。霍华德是一个 30 多岁的男性客户，他正在和他的治疗师朱迪在他们的第三次治疗中交谈。一个月前，霍华德在一家医院当勤务兵，因为被怀疑偷窃了一些药品而被解雇。霍华德坚持认为，他没有偷药品，并最终恢复了职务。

朱迪："当你遇到问题时，你会怎么做？"

霍华德："我会保持现状。我通常什么都不做，或者我……前几天我也在考虑这个问题。"

朱迪："如果你不采取任何措施，这个问题会消失吗？"

霍华德："不，情况会变得更糟……或者，随着时间的推移，事情会变得越来越复杂。"

朱迪："你能把自己的生活看成一个连续的整体吗？就像是沿着一条线往前看，看看你的生活中会发生什么？"

霍华德："就像是沿着路往下看。"

朱迪："是啊，想象一下，如果你不处理生活中的某些问题，你的生活……你的问题……你能看到它会如何使你的生活变得更复杂吗？"

霍华德："它将继续保持现状。"

朱迪："这有点像雪球效应"。

霍华德："不，不，不是雪球。像是顺流而下。"

朱迪："顺流而下。"

霍华德："这就是我现在所做的。这就是我担心我会重蹈覆辙的原因。我第一次跟你谈话的时候就说了。"

朱迪："是的。"

霍华德："我害怕回到那种漂浮状态。你明白的，漂浮、漂流……"

朱迪："所以你现在很迷茫？"

霍华德："是的。感觉自己像死了一样，我觉得……我喝点酒会感觉更麻木一些。不，那不是真的。"

朱迪："你是感到沮丧……还是麻木？"

霍华德："是的，都有。"

朱迪："你觉得自己麻木了？"

霍华德："是的。是的。"

朱迪："来和我讲讲更多关于顺流而下的感觉？"

霍华德："又舒适又安全。你知道，一切都保持平稳的状态。"

朱迪："嗯。"

霍华德："你只是觉得有点漂浮……"

朱迪："就像在一艘独木舟上吗？"

霍华德："不，更像一艘航行在一条古老大河上的大型驳船……"

朱迪："驳船，非常稳定。"

霍华德："是啊，有足够的空间伸展，而且……坐在阳光下，你还不必担心从边缘掉下去。"

朱迪："嗯。"

霍华德："还有太阳，你知道，那种有点朦胧不是很晴朗的太阳。"

朱迪："嗯。"

霍华德："有点半睡半醒的感觉，就是这样。"

朱迪："那当你来到……瀑布，瀑布在河下游两英里处时，你要怎么做？"

霍华德："赶快离开这条该死的河。"

朱迪："逃离当然也是一种处理方法。"

霍华德："我感觉很不舒服。上个月就发生了这样的事。我上个月撞上了那些瀑布。"（噪声）

朱迪："我不知道为什么会这样，这就是发生的事情。嗯……上次有一种……一种外部环境迫使你离开你的船。"

霍华德："这很不舒服，但我很出色，我也很享受。我不想再回到那种漂浮的状态。这感觉很不舒服，我出去了，我不知道，我漂浮了很长时间。"

朱迪："嗯……好吧，你发现它对你有用……从某种意义上讲。"

霍华德："什么对我有用？"

朱迪："漂浮。"

霍华德："因为……我待得很舒服。"

朱迪："在某种意义上，但它可能……不合适。它可能不起作用……就像过去一样。"

霍华德："嗯……是啊，我想时不时地兴奋一下。"

朱迪："来一些激流。"

霍华德："是的（笑），来一些我可以控制的、不会让我被淹死的激流。但是……是的，我觉得我很无聊。"

这段对话之所以值得注意，是因为它的具身隐喻构造语篇的方式。例如，客户霍华德将他未来的生活比喻为"沿着路往下"（down the road）。治疗师接受了这个想法，并要求霍华德在他关于想象未来道路的问题中详细阐述隐喻，以及他目前是否感到漂泊不安。当霍华德拒绝治疗师的关于生活就像"雪球效应"（即一种无法控制地被卷走的强烈感觉）的问题时，他提供了更多细节。相反，他的体验感觉就像是"顺流而下"。客户和治疗师通过谈论保持"平稳的状态"，经历"一些激流"，以及不必"担心从边缘掉下去"，进一步扩展了他们对霍华德生活感受的隐喻性描述。在这个治疗的语境中，这里的隐喻意义似乎既恰当又可行。霍华德与朱迪的对话，说明了在谈论一个人的情绪体验时，感觉运动的价值。

当我们经历一种强烈的情绪体验时，我们感觉自己被一种情绪所控制，好像要被它的控制和力量卷走了。许多关于情绪话语隐喻性的认知语言学研究都说明了运动在人们情绪体验中的重要性（Harker & Wierzbicka, 2001; Kovecses, 2000a, 2000b; Yu, 1999）。例如，科维塞斯（Kovecses, 2000a, 2000b）提供了大量的例子，说明了情绪是如何被理解为改变人的具身定位的力量的。考虑一下这些概念隐喻和相关的语言例子，它们是**情绪即力量**隐喻的具体实例：

情绪是对手

"他被情绪控制住了。"

"他在和自己的情绪作斗争。"

"我被情绪攫住了。"

"她被情绪所征服。"

情绪是野兽

"他的情绪失控了。"

"她控制住了自己的情绪。"

"他抑制不住自己的情绪。"

情绪是社会力量

"他被恐惧所驱使。"

"他的一生都被激情所支配。"

"他被愤怒所控制。"

情绪是自然力量

"我被迷住了。"

"我被她的爱淹没了。"

情绪是精神力量

"我们的情绪经常愚弄我们。"

"他的情绪欺骗了他。"

"她被自己的情绪误导了。"

情绪是精神错乱

"她激动得忘乎所以。"

情绪是物理搅动

"演讲激起了每个人的感情。"

"我都被吓坏了。"

"他听到的消息使他有些恼火。"

"孩子们被他们所看到的东西所困扰。"

情绪是一种身体力量

"当我发现时，我深受打击。"

"那是一个可怕的打击。"

"她把我打翻在地。"

"他们立即相互吸引。"

"我被她迷住了。"

"我被她所吸引。"

"那让我反感。"

在英语中，这些不同的概念隐喻都说明了情绪过程中最普遍的大众理论（Kovecses，2000b）：①情绪的起因—情绪起因的力量倾向—②自我具有情绪—情绪的力量倾向—③自我的力量倾向—情绪的力量倾向—④结果效应。这个图式反映了我们对情绪的基本理解，即不同的物理/具身力量的相互作用。

二、作为感觉运动的情绪

种种语言学证据表明，具身性对理解情绪体验至关重要。大多数认知理论都承认，情绪过程中重要的身体组成部分就是随时准备采取行动（Lazarus，1991；Oatley，1992）。这种行动的准备状态是一种有形的冲动，想要做某事——接近某人、袭击某人、触摸某个东西、逃离某个事物或某人等。情绪并不等同于踢腿、拥抱、奔跑等简单动作，而是反映了姿态（postural attitude）的变化，或这种动作的情绪意义（Sheets-Johnstone，1999）。

244 　　"被感动"（be moved）指的是感觉自己处在不同的处境中，这一观点抓住了具身行动和情绪之间的基本关系。"情绪"这个词来源于拉丁语中的 e（out）和 movere（to move）。强调情绪运动是心理学文献中经常出现的主题。例如，阿德勒（Adler，1931：42）将情绪定义为"时间有限的心理运动形式"，而阿诺德和加松（Arnold & Gasson，1954： 294）则认为"可以将情绪或情感视为对被判断物体的感觉倾向，根据情绪类型进行特定的身体变化来增强或远离被判断为不合适的对象"。很明显，产生情绪涉及某种身体运动的感觉。

　　一项早期研究考查了人们在思考不同的情绪术语时的运动感觉（Manaster，Cleland， & Brooks，1978）。参与者对他们的感觉运动（即朝向他人或远离他人）进行了 140 个情绪术语的评分。结果显示，有一组 20 个情绪词倾向于使人向他人靠近（如爱、快乐、深情、性感、自信、多愁善感），另一组 20 个情绪词倾向于使人远离他人（如憎恨、羞辱、愠怒、痛苦、内疚、恶化）。其他研究表明，情绪和空间定位之间有很强的关联，比如，当正面词出现在电脑屏幕的顶部时，人们会更快地将其归类为"好的"，而当负面词出现在屏幕正下方时，人们会将它们归类为"坏的"（Meier & Robinson，2004）。这些结果与我们的隐喻观念一致，即**好即是向上，坏即是向下**（Lakoff & Johnson，1980，1999）。诸如此类的研究结果支持这样的观点：拥有情绪体验的主要感觉是被感动。每一种情绪都反映出不同的、微妙的身体运动。我们有时可能会体验到某种情绪，这是一种被动的感动而不是自我感动的状态。

　　情绪体验涉及在某种情况下，我们对某种情境和自身发生的有意义变化的可感知来源。当我们对某些情况做出适应性反应时，情绪就会出现。表征情绪体验的感觉维度的一种方法是"情绪空间"，即我们体验不同情绪时所经过的空间（Cataldi，1996）。这种情绪空间的概念很好地说明了我们是如何在忧虑时犹豫不决、在恋爱时温柔绽放、在悲伤或沮丧时游荡，或在感到愤怒时突然爆发。

　　人们体验自己的情绪就像是朝着自己的某个方向运动。当人们感到快乐的时候，他们会把自己重新定位为"世界之巅"，或者当他们感到情绪困扰的时候，他们会觉得"肩膀上"有一种负担，当他们的头垂下来时他们就会萎靡不振，身体就会向下倾斜。感觉自己高人一等会让我们觉得自己在"往下看"（轻视）（looking down）那个人，或者他"低于我们"（beneath us），对别人的钦佩使我们"仰视"（look up）那个人。不同的情绪意味着不同程度的疏远。当"我"感到不知所措的时候，世界似乎离"我"太近，让"我"感到窒息。
245

恋爱意味着与我们所爱的人亲近或接近，而憎恨则使我们远离他人。当"我"感到孤独时，"我"感觉自己的身体和别人是分开的。恐惧感驱使我们远离他人，并且像所有的情绪一样，伴随着一系列复杂的行为倾向。

考虑以下恐惧中涉及的动觉的现象学解释（Sheets-Johnstone，1999：269）："强烈而持续的全身张力推动着身体向前运动。这与慢跑或跑步问候某人时的紧张感大不相同。整个身体都会变得硬，凝结成单一的紧密团块。运动的驱动速度凝结在空中成为单一的连续运动。正面的运动有时是不稳定的，方向会突然发生变化。随着这些变化，双腿分开，加宽支撑和加大膝盖处的弯曲，从而使整个身体降低。它打破了原本毫不松懈的推进速度。身体可能会突然转向、闪避、扭动、俯身或蹲下，头部可能会在向前俯冲之前旋转，然后继续以其集中和不间断的能量向前俯冲。"

正如这段所揭示的那样，情绪空间具有一种感官上的感觉，这是一种使它既不纯粹是精神上的，也不可还原为生理机体的质感（texture）。事实上，情绪的认知成分可能正是基于情绪的这些感觉和触觉维度（Cataldi，1996）。这就是为什么当我们在情绪上被某件事影响时，我们会说"被触动"（touched），当一种情况被感觉为"触摸"（touching）时，如果情绪和触摸没有重叠，那将是令人惊讶的，因为我们谈论的是与身体相关的"感觉"。

例如，当我们感到焦虑时（如第一次坠入爱河），我们会感觉到"肚子里有蝴蝶飞舞"。这种感觉不能被客观地定义为引起这种反应的胃部痉挛。毕竟，我们可能会感到痉挛的胃而不带任何特别的情绪，例如，当我们吃了什么东西扰乱了我们的胃部消化。这就是为什么在感到焦虑时，我们会感到有蝴蝶在胃中飞舞，而不是简单地出现胃痉挛。这里的具身感觉在运动上类似于蝴蝶飞舞，因为我们感觉到的焦虑是可触摸到的"外部"（如蝴蝶飞舞）和"内心"（我们的胃）感觉的混合体。因此，情绪不是简单或完全的"心理感觉"，它也依赖于外界的触觉和感觉，这些感受成为我们内在情绪体验的一部分。

在情绪空间中移动有一种纹理的、可触感的维度，就像我们用皮肤触摸到物质的不同纹理一样。我们接触的物质对它们具有深度，这就是为什么我们的情绪也会在不同的深度上被体验。人们用来谈论他们情绪细微差别的语言，再一次揭示了不同情绪的纹理、深度感受的重要方面。考虑一些与不同情绪相关的感觉纹理（Cataldi，1996）。例如，当我们感到非常害怕的时候，我们觉得我们的身体被冻结，几乎要被"石化"（惊呆）（petrified）；我们因爱而容光焕发，或沐浴在骄傲中，或沉溺于悲伤中，或在幸福中沸腾，或在充满喜悦中飘飘然，或沉湎于自怜中，或在忧虑时小心翼翼。我们在情欲勃发时感到有潮气；在无聊时感到干燥、窒息和陈腐。平静能使人感到顺畅，而感激之情有一

246

种舒适或奢侈的感觉。当我们精疲力竭的时候，我们可能会在某些情况下感觉到情绪上的堵塞，比如当我们遇到困难或阻碍时。

一般来说，每一种情绪都可以通过我们在情绪空间中移动时感受到的表层纹理来区分。此外，情绪的极端程度越高，我们在纹理体验中感受到的深度就越深。情绪状态不需要在直接的公开行动中表现出来，但它肯定意味着很有可能很快就会从一个人的情绪状态向外发展。在许多情况下，这种状态很容易被识别和解释为有意向的，但是在其他情况下，它们似乎是在无意的情况下，自发且不合逻辑地在一个人体内"沸腾"（boil up）。

在我们身体不动的情况下，我们感觉到自己的情绪就好像我们内在的某些东西在动一样（De Rivera，1977）。情绪可能具有与之动态一致的独特动力学形式，但这些形式与情绪并不完全相同。我们可以根据情绪的感觉和所表现出的姿态来区分情绪，以及表现出情绪的实际动觉形式。人们可能在肉体上体验到一种情绪，即使实际的身体运动并没有发生。因此，如果有必要，人们可以抑制与情绪相关的运动。我们可能会学会在心理上模拟我们的行为——快速移动、挥舞手臂、脸红等——而不参与这些行为。这样，情绪就是动觉的或潜在动觉的，而动觉可能是情绪的或潜在情绪的（Sheets-Johnstone，1999）。

三、基本情绪和面部表情

大多数认知科学家忽视了全身运动在情绪实证研究中的重要性。然而，在过去的30年里，一种身体行为——面部表情——得到了广泛的研究。一个被广泛接受的观点是，特定的面部表情表明并定义了普遍的"基本情绪"（Ekman，1992，1994）。这一观点持有以下假设（引自 Fernandez-Dols，Carrera，& Casado，2002）：

（a）有少数基本情绪（7±2）。

（b）每一种基本情绪都是由基因决定的，普遍且独立存在。

（c）每一种基本情绪都是面部行为、生理学和工具动作的连贯模式。

（d）任何缺乏自己独特面部表情的状态都不是一种基本情绪。人们一致认为存在六种基本情绪：快乐、惊讶、恐惧、愤怒、厌恶和悲伤。

（e）除基本情绪外，所有情绪都是基本情绪的子类别或混合物。

（f）情绪的表达是自发的。自发的面部表情可以模仿自发的表情。

（g）不同的文化建立了不同的显示规则。显示规则会抑制、夸大或掩盖自发表达。

（h）基本情绪的表达很容易为所有人所理解。

（i）识别基本情绪表达的能力是天生的，而不是由文化决定的。

（j）基本情绪是否存在的真正标准可从人的面部运动中找到。情绪的口头报告可被忽略。

（k）基本情绪的面部表情意义在其产生的语境变化中是不变的。

这些特定假设得到了实证研究的支持。在实验研究中，参与者被展示了一小组原型面部表情的图片，并要求他们将其中的每一种归类为一种基本情绪（如幸福、悲伤、愤怒、恐惧、厌恶和惊奇）。结果表明，处于不同文化背景下的人们，经常将特定的面部表情与特定的情绪联系起来（Ekman，1985）。

然而，这些研究中存在一些方法论上的问题，引起了对其解释的质疑（Fernandez-Dols et al.，2002；Russell，1995）。第一，这些研究中的实验者在跨文化研究中通常不会说参与者的语言。许多用来描述基本情绪的术语，对母语人士和实验人员可能有不同的含义。第二，大多数的研究都使用了强迫选择的反应形式，这可能迫使参与者以他们在日常生活中无法做到的方式，将特定的面孔与特定的情绪词汇配对。因此，在这些面部实验中对情绪的"识别"，并不一定代表个体已知的普遍实体，这更像是一种归因，即人们使用非专业的解释将某些情绪与某些面部模式联系起来，而这些解释与情绪的实际体验及其行为后果没有任何必要或充分的关系。例如，当人们威胁某人时可能会皱眉，而大多数人在威胁某人之前都会生气。一个理想的描述应该是，人们在生气的时候会皱眉。一个现实情况的描述会说，这个人是愤怒的，然后在威胁另一个人时皱起眉头。事实上，实证研究表明，人们会把一个人的面部表情与他情绪的真实陈述联系起来（如"你伤害了我儿子！"），而不会将其与反映一个人思想的陈述联系起来（如"所以，他伤害了我儿子！"）（Fernandez-Dols et al.，2002）。这表明，面部表情可能反映了情绪体验之后发生的事情，但不一定与之同时发生。

面部表情是内在情绪体验自然的、自动的表达，这一观点也与实证研究结果不符。实验表明，成年人在强烈的情绪发作期间，自发的面部表情非常罕见（Fernandez-Dols & Ruiz-Belda，1995）。在特定情况下，缺乏面部表情可以和强烈的面部表情一样具有信息量（Carrera-Levillain & Fernandez-Dols，1994）。对普拉多（Prado）画作的一项分析表明，微笑是由粗俗、醉酒、疯狂的模特或儿童展示的。微笑并不像今天这样与美丽联系在一起。坚定、开朗的微笑是简单而不是幸福的标志（Fernandez-Dols et al.，2002）。

此外，大量的研究表明，许多情绪化的面部表情都是有策略的或有意产生的（Gibbs，1999a）。例如，一项研究观察了保龄球运动员的面部表情（Kraut & Johnston，1979）。观察者被安置在等待坑和车道尽头的针座机的后方。这让观察者能够记录保龄球运动员在滚动、观察球滚动以及面对保龄球队成员时的行为。保龄球运动员面对球时很少微笑，但当他们转身面对在等待球池中的朋友时却经常微笑。掷球的结果可能会影响投球手的情绪，但这与微笑的产生几乎没有关系。

另一项研究分析了奥运会金牌得主在颁奖典礼上的面部表情（Fernandez-Dols & Ruiz-Belda，1995）。运动员只在与他人交流时微笑，很少独自微笑。尽管观察者认为运动员很快乐，但他们只有在看着别人或与别人交谈时才会微笑。这一事实表明，心理信念和欲望（如向他人传达自己信息的意图）在调节情绪行为方面的重要性。

有一种行为被广泛认为是内在情绪状态的读出，那就是运动模拟。当听到别人的恐惧时，我们会退缩；面对别人的愤怒时，我们会咬紧牙关。但是我们现在知道这种运动模仿是一种交流。例如，一项关于面部展示内在意图功能的实证表明，移情性疼痛的退缩时间取决于展示给它目标受众的可用性（Bavelas et al.，1986）。在一项研究中，一名实验人员在实验参与者的注视之下，将一台彩电显示器掉到了他显然已经受伤的手指上。当实验者直接面对参与者时，参与者经常表现出同情和退缩，但当实验者放下电视后马上转身离开时，参与者最初的退缩很快就停止了。同样，我们非语言展示的许多方面都是专门针对观众的，并试图被这些预定接受者所识别。

最后，其他的研究表明，只有当评估者知道自己在被观察时，观察者才能从评估者的情绪表情中轻松识别出气味的类型（好、坏或中性），在仅当评估者知道自己在进行评估时并不会出现这种结果（Gilbert，Fridlund，& Sabini，1987）。同样地，人们在自己吃甜的或咸的三明治时，很少会有自发的面部表情，但在和其他人一起吃这些三明治时，就会产生很多面部表情（Brighton et al.，1977）。

这些研究发现与传统观点相矛盾。传统观点认为，面部表情本质上是纯粹或真实情绪的非言语表达，而不是社交的表现。一个人的显性情绪行为并不是一种来自内心替代经验的"溢出效应"（spillover），这些显性情绪行为具有明显的交际功能。即使我们自言自语时，在这些行为的过程中展示面部表情，我们也是在交流。因此，当我们独自一人时，我们常常把自己当作相互作用者（Fridlund，1994）。

一种情绪表达不需要完全有意识，它就可以被理解为一种有意向的行为。研究表明，人们倾向于自动模仿并同步他人的动作、面部表情、姿势和情绪表达——这种现象被称为"情绪感染"（Hatfield，Cacioppo，& Rapsom，1992）。情绪感染行为仍然表达着行为，因为人们倾向于在情绪上与他们周围的人趋同。当然，我们也可以进行有意识的展示，例如，在我们不觉得特别开心的情况下假装微笑。情绪化的表情通常与有意向的行为有着不同的表征（Ekman，1994）。然而，上述研究中观察到的许多由社会决定的、有意向的情绪表达（如奥运运动员在获得奖牌时的微笑）都是相当真实的，没有通常与假装情绪表现相关的特征。那么，如果认为只有非自愿的、非行动情绪表现才是"真实的"，那就错了。情绪上的表达可以是有意向的，同时也是真诚的。

250

四、情绪和身体变化

长期以来，不仅仅是在面部表情方面，心理学家还一直在争论情绪体验和身体变化之间的关系。100 年前威廉·詹姆斯提出，情绪的感觉与伴随和某些令人兴奋的事实感知的身体变化有关。他指出，"这些有机活动的各种排列和组合是容易受影响的，从抽象的角度来说，任何情绪的影子，无论多么轻微，都不应该像情绪本身一样，在整体上没有独特的身体反响"。

神经生理学家已经把他们的注意力集中到情绪的解剖结构上。例如，帕佩兹（Papez，1937）提出在下丘脑、前丘脑、扣带回和海马体之间存在一个完整的回路。大脑边缘结构，如杏仁核，已经被证明在情绪中起着至关重要的作用（Aggleton & Mishkin，1986；Damasio，1994；LeDoux，1998）。

但是，心理生理学家已经跟随詹姆斯探索了情绪被自主神经系统活动区分的程度。这项研究的大部分集中在"特异性争论"上，或者不同的情绪是否可以通过独特的体感唤醒模式加以区分（Cacioppo et al.，1993；Ekman & Davidson，1994；Panksepp，1998）。一些心理生理学家试图根据诸如皮肤温度、心率、呼吸、手指温度、皮肤电导、面部温度和血压等测量指标，比较两种或更多种的情绪来证明特异性（Ax，1953；Ekman，Levenson，& Friesen，1983；Levenson et al.，1992）。例如，人们生气时心率和体温会上升，而感到悲伤时心率和体温会下降。

然而，其他心理生理学家认为，身体觉知不足以区分不同的情绪体验（Mandler，1984；Schachter & Singer，1962）。情绪体验中的身体觉知，仅仅是一般唤醒的觉知，而情绪体验则主要基于对身体唤醒的认知归因。一种情绪是一种唤醒加上它的认知标签，如愤怒、悲伤、快乐等。在某些情况下，人们错误地将唤醒归咎于一些与他们的意识感受无关的因素。

　　一些实证研究探索了人们在体验不同情绪时的身体感觉。一项研究要求一组心理学专业的学生想象一个场景，在这个场景中他们会体验到一种特定的情绪，并被要求写下定义这种特定情绪体验的特征（Parkinson，1995）。参与者 2/3 的情绪定义涉及某些身体症状。许多情绪都与身体的特定变化相对应。例如，愤怒与紧张、体温升高和受伤密切相关，而恐惧则与恶心、出冷汗和心率加快有关。特定的身体症状与幸福和悲伤的关系较小。因此，身体变化可能不会以相同的程度伴随着所有情绪体验。

　　另一项不同的研究要求参与者记住不同的情绪体验，并画一张人体前部和后部与他们的感受有关区域的示意图（Nieuwenhuyse，Offenberg，& Frijda，1987）。人们普遍认为，某些情绪与局部的身体症状有紧密的联系。例如，恐惧集中于腹部和肛门区域。有些情绪似乎会扩散到整个身体，比如当我们因恋爱而感到兴奋的时候。然而，在这项研究中我们很难理解身体症状和情绪之间的因果关系，因为它没有区分身体症状、情绪对未来人类行为的后果，以及我们对情绪反应相适应的体验。

　　另一个项目试图证明，身体运动和姿势在某种程度上特定于某些情绪（即身体运动和姿势不仅反映情绪的数量，而且还反映情绪的质量）（Wallbott，1998）。研究人员分析了 224 段录像中男女演员的身体运动和姿势，这些录像中男女演员分别演绎了快乐、幸福、悲伤、绝望、恐惧、恐怖、生闷气、暴怒、厌恶、蔑视、羞耻、骄傲、内疚和无聊等情绪。结果显示，66%的动作和姿势类别在情绪或被研究的情绪子类之间有显著差异。例如，当一个人经历羞耻、悲伤或无聊的情绪时，直立的身体姿势是非常罕见的。在这些情绪状态下，行动者往往会选择一种紧缩的身体姿势。另一方面，抬起肩膀是高兴和愤怒的典型表现，在其他情绪中很少出现。与其他情绪相比，人在厌恶、绝望和恐惧的情绪中经常会向前移动肩膀。不同类型的头部动作和头部姿势在情绪上也有显著差异。在无聊的情绪中，头部直接朝向相机的频率最低。另一方面，头部向下是厌恶情绪的典型表现。与其他情绪相比，在感到无聊的时候，人们更容易把头向后仰，也就是抬起下巴。在感到骄傲和高兴的时候，人们也会这样做。

　　情绪之间最显著的变化表现在不同类型的手和手臂姿势与动作。在暴怒、生闷气和感兴趣（即相当活跃的情绪）期间，横向的手/手臂运动最为频繁。手臂伸向前方表明了同样的三种情绪，而且与其他情绪相比还表现出喜悦。双臂侧向伸展是恐怖情绪的典型表现，但很少用于其他情绪。感到骄傲和厌恶的时候，在身体前面交叉手臂是相当频繁的。双手的张开和合拢同样是一些活跃情绪的典型表现，如暴怒和欣喜若狂，但在经历绝望和恐惧情绪时也有类似表现。总体而言，这些判别分析表明，仅根据运动模式的分析，就可以正确地对不同的情绪进行分类。这意味着运动和姿势行为的独特模式可能至少与某些情绪有关。

所有这些研究结果都与这样的观点一致，即人们认为不同情绪与不同局部身体症状有关。这些关于身体和情绪体验之间联系的信念是否反映了对情绪的实际生理反应，目前尚不太清楚。内脏感受研究表明，实际上，人们对自己的生理变化知之甚少（Pennybaker，1982；Rime，Philippot，& Cisamolo，1990）。许多学者认为，症状感知的过程至少在一定程度上是由个体自身生理状态和文化期望所决定的。如果一种文化有一种大众的心理刻板印象，即人们因愤怒而"热"，或因恐惧而"冷"，那么他们就会说他们因愤怒而感到热，而不管他们在愤怒时是否真的感到热（Philippot & Rime，1997）。因此，报告与情绪相关的身体感觉可能是一个理论驱动的过程，反映了各种各样的社会图式。

了解生理与情绪体验关系的一种方法是检查有身体残疾的个体。身体感觉的下降会降低情绪的强度吗？一项研究采访了 25 名没有精神问题的成年男性，他们曾遭受脊髓损伤，并且在损伤部位以下失去了所有感觉（Hohmann，1966）。研究人员向患者询问了他们的性感觉、恐惧、悲伤、感伤和整体情绪。自受伤以来，大多数男性报告称性欲下降，颈部受伤的患者报告其性欲下降尤其明显。一名男子表示，在受伤之前，他的性感觉是"一种炙热、紧张的感觉遍布全身"，但自从事故发生后，"它对我没有任何帮助"（Hohmann，1966：148）。一名在胸部高位处受伤的男子谈到了恐惧。一天，他正在湖边钓鱼，突然起了风暴，一根木头刺穿了他的船。他说："我知道我在下沉，我确实很害怕，但不知怎的，我没有那种我所知道的、以前曾有的陷入恐慌的感觉。"（Hohmann，1966：150）

随着性感觉、恐惧和愤怒的减少，大多数参与者报告了一种可能被称为多愁善感的感觉的增加，在如分手等场合会流泪和哽咽。但其中一些结果可能是由于参与者逐渐变老，改变了他们对事件的认知评估，从而导致不同的情绪和情绪强度。例如，一个参与者谈到愤怒时说："现在我感觉不到身体的活力……当我看到一些不公正的事情时，我有时会生气。我大喊、咒骂、大吵大闹，因为如果你不这样做，有时候人们就会利用你，但我这样做却感受不到任何活力。这是一种精神上的愤怒。"（Hohmann，1966：151）

这项研究似乎支持了詹姆斯的观点，即情绪始于身体感觉。但其他研究却给出了不同的结论。例如，一项研究采访了 37 名在过去 1～8 年（平均为 4.5 年）遭受脊椎损伤的参与者（Bermond et al.，1991）。参与者被询问了有关生理体验的强度与情绪体验的主观强度之间的关系。具体来说，参与者被要求记住两种恐惧的经历，一种来自受伤前，另一种来自受伤后，并描述导致他们产生这种感觉的原因。总的来说，参与者在受伤后的恐惧体验比之前更为显著，

253

尽管在受伤后情绪中纯粹的生理障碍已经减少。

参与者还对他们的恐惧、愤怒、悲伤、多愁善感和快乐进行了评分，并显示出受伤后的增减程度。在整个组中，或在感觉丧失最大的 14 个人（即颈部受伤者）中，情绪强度均没有普遍下降。大多数参与者报告他们的情绪强度在很大程度上几乎没有变化，尽管有些人报告说他们受伤后情绪强度有所增加。这些发现很难与詹姆斯的预测相一致。

关于身体残疾和情绪研究的一个问题是，在西方文化中，人们往往意识到身体感觉是情绪的一部分，却没有意识到身体感觉也是一种情绪。一项研究发现，在与全科医生进行的所有咨询中，有 18% 是焦虑症或抑郁症患者，他们抱怨身体症状，但不知道具体的情绪或认知症状，并且对自己的情绪状态认识不足（Bridges & Goldberg，1992）。

思考身体在情绪体验中作用的另一种方法是，查看特定的身体运动是否会诱发特定的情绪。有一种观点认为，一些面部表情可以通过收缩面部血管来影响情绪（Zajonc，Murphy，& Inglehart，1989）。这些面部血管收缩会影响大脑各部分的血液流动，然后产生温度变化，在情绪上表现为积极或消极。为了验证这个想法，以德语为母语的人被要求大声朗读一些故事。其中一些故事中充满了需要他们用嘴和嘴唇做动作的词语，这些动作就像厌恶的面部表情一样，而其他的故事中很少有这样的词语。与其他的故事相比，参与者更喜欢引起厌恶表情的故事，尽管这两种故事在内容上几乎是相同的。

在另一项研究中，参与者被要求简单地把一支笔放在嘴里，这样就能在参与者意识不到的情况下，做出微笑所特有的肌肉运动（Strack，Martin，& Stepper，1988）。当他们这么做的时候，参与者要判断不同的卡通片是否幽默。这些参与者认为这些卡通片比对照组更有趣，而对照组（没有嘴含铅笔的参与者）也做出了同样的判断。

参与相关研究的参与者被要求评价一个被描述为非常中性的虚构人物的个性（Berkowitz & Troccoli，1990）。其中一半的参与者在不碰到嘴唇的情况下将笔咬在牙齿之间时听完了描述。像这样咬笔，会迫使脸部产生类似于微笑的表情。剩下的参与者在咬着一条毛巾时听了同样的描述，这个动作会产生类似皱眉的表情。与皱眉的参与者相比，微笑的参与者对虚构人物的评价要更为积极。这一发现表明，当身体被置于与某种情绪高度相关的环境中时（如微笑或皱眉），其他认知（即具身化）处理会被限制。另一项实验则是诱导人们以一种模仿悲伤表情的方式把眉毛皱在一起（Larsen，Kasimatis，& Frey，1992）。这些人对图片的判断比对照组更消极，尽管他们并不知道眉毛形态隐含了悲伤。

以上所有的研究都表明，做出特定的面部表情会促使人们体验稍微不同的情绪状态。但面部反馈可能不是情绪体验的必要组成部分。研究表明，失去面部表情能力的中风患者在情绪体验方面并没有损失（Ross & Mesulam，1979），先天性面部运动丧失的默比乌斯（Moebius）综合征患者在情绪体验方面也没有明显的缺陷（Cole，1997）。这些临床数据都表明，面部表情的反馈不是情绪体验的重要组成部分。

除了面部表情之外，特定的身体运动会引发特定的情绪吗？在一项研究中，参与者采用了三种不同的姿势，但并没有被告知这些姿势代表什么（Duclos et al.，1989）。在一种带有恐惧特征的姿势中，参与者保持头向前倾，上身向后倾斜，轻微扭转身体，并垂下一侧肩膀，这与突然出现危险时他们的反应类似。另一种是通常与悲伤有关的姿势，人们将双手合十放在膝盖上，低下头，让身体下垂。第三种姿势是愤怒的姿势，参与者双脚平放在地板上，紧握双手，身体前倾。在每个姿势保持一段时间后，参与者会评估他们当时的感受。参与者报告了与每种姿势相关联的最强烈的情绪感受。因此，与情绪相关的身体运动以及面部表情，即使只是在较低的强度水平上，似乎至少也会引发一些情绪体验。

当然，与情绪相关的肌肉运动能够影响我们的思想和感觉。人们悲伤时的归因与愤怒时的归因是不同的。悲伤增加了人们将自己的生活环境归因于情境因素的可能性，而当感到愤怒时，人们更倾向于认为某个人对发生在他们身上的事情负有特别的责任。此外，通过让人们在面部和身体上采取悲伤或愤怒的姿势，可以产生因果归因的差异（Keltner，Ellsworth，& Edwards，1993）。

一个案例研究为这样一种观点提供了一些支持，即仅仅参与和某些情绪相关的行为倾向，就很容易使人感受到那种情绪（Damasio，2003）。一位患有帕金森病的 65 岁妇女最近接受了在脑干双侧植入微小电极的治疗。这些电极会发出一种低强度、高频率的电流，用来改变运动细胞核的功能。大多数患者在手术后都得到了显著的恢复，能够快速地正常行走并准确地移动他们的手。但是，为了不产生不必要的副作用，确定电极应该植入的位置是很困难的。例如，该患者在电流通过她左侧的一个接触部位时经历了意外事件。她立刻垂下头来，眼睛垂向右侧，显得很伤心。很快，这个女人开始哭泣，然后啜泣着开始描述她感到多么悲伤，她已经没有精力继续生活了。负责治疗的外科医生意识到这个问题并放弃了这个手术。仅仅几秒钟后，患者的行为就恢复了正常，她似乎对刚刚发生的事情感到非常困惑。这个例子说明了控制特定运动的脑干核的激活是如何通过面部肌肉、嘴、咽、喉和隔膜的运动的集合来实现的，所有这些运动都是哭泣所必需的，它会使一个人感到非常悲伤。即使没有任何事件发生导致悲伤，患者也不倾向于体验这种悲伤，情绪相关思想（感到悲伤）也可以

255

影响已经开始的情绪动作序列。

　　另一种不同的研究侧重于阅读他人情绪的身体线索。一些研究表明，成年人会使用六种特定的身体线索来推断人们的不同情绪状态（Boone & Cunningham，1998）：①手臂向上运动的频率；②手臂靠近身体的持续时间；③肌肉张力的大小；④向前倾斜的时间长度；⑤面部和躯干方向性变化的次数；⑥在特定动作序列中的节奏变化次数。实验表明，这六种线索有助于观察者在观看行动者不说话时的不同情绪。例如，愤怒可以通过面部和躯干上更多的方向变化和更多的节奏变化来区分。观察者通过手臂向上运动次数的增加，以及手臂远离躯干时间的增加——比如行动者将双手举过头顶并保持手臂伸开——来区分快乐与悲伤和恐惧。当行动者保持低着头、身体耷拉着的姿势（也就是说，减少肌肉紧张）时，他们会被认为是悲伤的。当行动者的身体僵硬，头部保持警觉时，就会被认为是感到恐惧。

　　其他实证研究调查了人们从步态中对情绪的识别（Montpare，Goldstein，& Clausen，1987）。参与者观看了步行者的录像，并被要求判断步行者表达了四种情绪（快乐、悲伤、愤怒和骄傲）中的哪一种。步行者阅读描述情绪状况的简短情景，并被指示想象自己处于这种情境中并据此行走。在从步行者的步态中识别悲伤、愤怒、快乐和骄傲时，参与者的表现要好于随机水平（chance levels）。与悲伤或愤怒相比，人们不太擅长识别骄傲。对步行者（他们向观察者传递了最一致的情绪）的进一步分析揭示，表达愤怒的步态最笨拙，而表达悲伤的步态的手臂摆动量最少。表达愤怒和骄傲的步幅最长，表达快乐的步态比其他步态要快。与这些发现相一致的是，其他研究表明，当人们只能看到位于舞者主要关节处的光点时，他们就能分辨出快乐的舞蹈（Brownlow et al.，1997）。毫不奇怪，抑郁的人比没有抑郁的人更倾向于少做手势和低下头（Segrin，1998）。这些数据都支持了情绪信息可以在步态中体现的观点。

　　不同的实证研究着眼于特定的身体运动和情绪体验的关系，包括对他人情绪的解读，倾向于单独分析一个因素（面部动作、身体姿势、步态感知）对定义特定情绪的影响。在这种情况下，有时很难确定学者们是否一定希望声称，所研究的自变量一定是导致不同情绪体验的唯一因果原因。然而，一些心理学家公开宣布，身体在情绪体验中起到了非常复杂的作用。例如，伯科威茨（Berkowitz，2000）声称，情绪体验源于身体感觉与其他相关心理表征的结合，包括先前获得的关于在某一类情况下习惯感觉的概念。假设乔（Joe）面对一个刚侮辱了他的恶霸。乔的身体反应很快。他的心跳加快，脸变得很热，嘴巴紧闭，眉头紧闭，拳头紧握。乔还能回忆起他被侮辱的其他时候和在这些场合他所经历的感受，以及他读过的、看到的、听到的那些激怒他的事情。乔的大脑积极地整合所有这些输入，并在某种程度上受到他对愤怒的理解的引导，其结果是，乔觉得/认为"我生气了"。

对情绪的这种整合观点表明，有关身体和情绪表达的某些信念，在某种程度上构成了主观感觉的情绪。在这个观点下，关于情绪的素朴理论应该在人们关于自己情绪状态的报告中发挥重要作用。事实上，各种研究表明，在身体和心理情绪体验中至少存在一些文化差异。语言学研究表明，不同文化背景的说话者在情绪话语中对身体的关注程度不同。例如，俄罗斯参与者以话语方式将情绪建构为以多种外部行为表达的行动过程，而美国参与者则以内部状态来表达情绪（Pavlenko，2002；Wierzbicka，1999）。

实证研究揭示了情绪体验中的其他文化差异。例如，与北美人相比，中国人对身体情绪定位和体验的频率要高得多（Kleinman，1982）。中国人的愤怒体验通常发生在胸部和心脏，抑郁体验通常发生在胸部或头部，悲伤则可能表现为一种背部疼痛。与北美人不同，中国人很少用"内心感受"来描述情绪体验，如个人思想。相反，他们对情绪体验的评论，只针对一个情境及其身体和内在的影响，而不针对个人认知。因此，个体或文化自我和情绪的默认模式会影响情绪体验的形式。

但是，尽管存在这种文化差异，在身体体验和情绪的联系上，不同文化之间仍然存在很大程度的相似性。一项针对五大洲 37 个国家人群的大型研究（基于 10 个问题）考察了 7 种情绪状态下人的身体状态（Scherer & Wallbott，1994）。尽管跨文化会出现一些统计差异，但总体而言，情绪影响要比文化影响大得多。

一项相关的研究要求美国、德国、波兰和俄罗斯的学生报告他们在身体的哪个部位感到愤怒、羡慕、恐惧和嫉妒（Hupka et al.，1996）。将身体问题的数量扩大到 31 个，研究人员在这 31 个问题中体现了文化的作用，其中 8 个人在愤怒的情况下会受到文化的显著影响，6 个人在羡慕的情况下受到影响，9 个人在恐惧的情况下受到影响，以及 6 个人在嫉妒的情况下受到影响。因此，在不同的文化中，人们的身体情绪表达似乎存在着一些差异。然而，跨文化相似性似乎再一次占据了主导地位。事实上，其他研究表明，6%～8%的身体感觉差异是由文化差异造成的（Philippot & Rime，1997）。这些分析表明，一些情绪，包括社会情绪（喜悦、内疚、羞耻和厌恶），会比其他情绪（愤怒、恐惧、悲伤和惊讶）产生更多的文化差异。同样地，某些身体感觉，如温度、呼吸变化或肌肉感觉，比其他感觉更以文化差异为特征。文化和身体情绪表达之间的关系显然是复杂的。

最后，近期的一个理论提出，任何情绪状态都是基于认知评价的评价描述（evaluative descriptions，ED）和行为属性（action attribute，AA）的组合

258

（Lambie & Marcel，2002）。一个单独的 ED 并不必然与任何一个 AA 联系在一起。一个单一的特定情绪发作（如悲伤）可能会随着时间或 ED 或 AA 的经历程度而变化。这在应对消极情绪时尤其明显（如在应对过程中我们可以看到不同的应对策略）。一个特定的 ED 和一个 AA 之间也没有一对一的确定关系；每一种情绪状态都是由两者的结合来定义的。这个理论也承认，情绪可以自我关注（身体物质）又可以关注世界（心理空间）。表 8-1 给出了几种典型情绪的例子和它们具有的典型 ED 和 AA，以及它们所关注的世界聚焦空间（改编自 Lambie & Marcel，2002：238）。

表 8-1

情绪	评估	行动	聚焦的世界
喜悦	增强的	轻快、明亮、便于行动、有能力	开放、有魅力、平和、乐于助人
悲伤	削弱的	沉重、无能、虚弱	空虚、封闭、负担、缺乏吸引力
生气	阻碍、压缩、推倒	准备推出	阻碍、压缩、需要强制清除障碍
恐惧	即将被征服、被刺痛、被推垮	自我保护	压倒性的、敏锐的、分裂的
羞耻	被玷污的	退缩、自闭	他人咄咄逼人的目光
骄傲	扩张的	增加暴露的自我	他人欢迎的目光

259　　　总之，任何一种情绪的本质都无法通过其在体内的表达方式被完全理解。比如说，如果"我"处在一个让"我"感到沮丧到极度激动的境地，"我"可能会觉得自己快要爆炸了，"我"可能会大声发出一些声音或说一些话，"我"可能会握紧拳头，故意摇晃，好像在和一个想象中的对手搏斗，或者"我"会有意识地发誓必须做些什么，甚至采取行动重新定位自己。所有这些手势、思想和行为的感觉表达组合在一起，可能会让"我"觉得好像自己就在那里"接触"愤怒的本质。但是，愤怒的本质从来没有完全被"我"的身体表现所捕捉到。在某些情况下，"我"可能会通过完全沉默和脸色发青来表达愤怒。其他情况下当"我"生气的时候，"我"也可能会绷紧眉毛，撅起嘴唇，脸色发红，但说话的声音却很平静。这些观察结果证明了情绪过程是"情绪格式塔"，这一情绪源于"相互作用的环境、身体和认知变量"的复合体（Thagard & Nerb，2002：275）。让我在下面更详细地探讨这个观点。

五、情绪表达的动态观

本书第三章提出了一个与探索情绪表达相关的意向行为动力学模型（Gibbs &

van Orden，2003）。想象一下，你走在街上，遇到一个你认识的人，然后你冲他微笑。你为什么这么做？看到认识的人时，你的微笑是故意的还是无意识的？如上所示，有很多研究表明，人们可能会有策略地表达情绪，意图传达特定的信息。但是，其他的情绪表达，如紧张时手心出汗，这也是有意识的吗？这种大众层面的分析，没有充分捕捉到意向性或情绪表达的心理动态。动态系统将情绪表达视为自组织的临界状态，可以自然而然地得出情绪表达的统一视图。动态系统有一种自我控制的能力，通过这种能力，它们可以将一系列潜在的行为（如向朋友打招呼的大量潜在方式）还原为实际表达的行为，例如特定的微笑举动。自组织降低了行动的自由度，直到一个人的脸成为一个与情境相适应的"特殊装置"——一个微笑装置、一个皱眉装置，或任何适合该行动所处的特殊环境的装置。这种能力具有创造性，并且对特定情境非常敏感，也就是说，它能够针对特定情境产生特定的行动。

　　在动态观下，情绪表达与意向内容并驾齐驱。一个人有目的地微笑，举手打招呼，或是做一些其他的问候，这些都是其自组织能力的结果。例如，即使在微笑的欲望尚未被意识到之前，伴随着自组织的意图就有可能有目的地微笑（Ellis，2002；Shaw，2001）。意向行为，如有目的地微笑，从这样一个观点开始：自组织的动力学结构是全局稳定的，即使它们可能是构成局部无序的根源。因此，在外部环境和系统自身内部动态过程的相互作用下，一个复杂系统可以被驱动向局部不稳定的方向发展。

260

　　例如，当看到一个朋友时感到高兴，可能会引发局部的不稳定，这不仅表现在神经系统上，而且表现在认知和情感"层面"的抽象关系上。通过形成一个意图，比如在见到朋友时微笑，认知阶段的变化可能会找到一个局部更稳定的轨迹（即在"朋友关系"的情况下和友好交谈的可能性之间更好地匹配）。新的意图重组（"修剪"）了大量的行为可能性，排除了除潜在友好行为之外的所有可能性。这些对潜在集合的意向限制避免了考虑和评估行动的每一个逻辑和物理可能性的需要（Shaw & Turvey，1999）。因此，要想让朋友知道你见到他（她）很开心，那就让他（她）把一系列原因都归结为微笑这个行为，同时排除其他行为的可能性，比如给对方写便条、握手、对他耳语等。

　　动态观也同样适用于情绪表达的其他方面。例如，人们有时体会到一种情绪但并不表现出任何外在的身体反应。在某些情况下，人们还可能最小化或抑制某种情绪行为，甚至用一种表情来代替另一种表情（如在感到愤怒时的微笑）。如果情绪表达在意图和环境（而非因果链）的相互作用中进行展示，则可能会发生这些不相符的情况。这种方法也可以解释，当人们不太可能感受到某种情绪时，人们是如何产生某些可被编码为情绪的面部表情的。这可以在自组织的框架内通过结合非运动的面部表情来解释。

例如，一张脸可以产生一系列连续的肌肉动作，这些动作可以组合成无限多种形态。但是，实际上仅会出现这些配置的有限子集。由于肌肉动作间较低层次的协同关系（即运动控制的协调结构）所施加的约束，脸部仅假设一组外接的构图状态。肌肉结合的方式是有限制的（具身性约束）。除了明显的进化来源外，这种协调结构可能以几种不同的方式出现。另一个来源可能是情绪本身的体验（如惊喜）。然而，如果它的一些组成部分是在工具行为中产生的，那么同样的面部动作组合也可能会再次出现。

261　　比如，皱眉是可以单独发生或与其他面部表情结合出现的面部动作。一项针对 5 个月和 7 个月大婴儿的发育研究表明，眉毛抬高与抬头和/或眼睛向上的动作显著相关（Michel，Camras，& Sullivan，1992）。当需要抬起头和/或凝视事物时，更容易扬起眉毛。这表明，皱眉是头部、眼睛和眉毛协调运动结构的一部分。这种协调结构的运作可能决定了婴儿在表达这种情绪时是否会抬起眉毛来表达兴趣。同样，抬起头和/或凝视但不出现感兴趣的情绪时，有时也可能会产生皱眉这个动作。其他的研究表明，婴儿在扬起眉毛的情况下会产生惊讶的表情，比如当婴儿张开嘴巴对一个物体进行口腔探索时（Camras，Lambrecht，& Michel，1996）。

大多数情况下，这些结果表明，在一个语境中出现的协调结构，可以在其他语境中被用于各种目的。这种征用发生在面部肌肉动作之间的低级协同关系上。因此，与情绪相关的面部结构，有时可能会在没有情绪的情况下产生。在情绪和相应的面部表情或其他身体行为之间，我们可能找不到独特和排他性的联系；同样，我们也无法在身体中找到单一的因果链。这些观点的一个关键结果是消除了传统意义上有意识和无意识情绪表达之间的区别。一旦我们将情绪表达看成是突现的动态结构，情绪就会消失。

六、了解我们如何感受：情绪和意识的相互作用

我们中的大多数人都能感觉到我们在任何特定时刻的感受。然而，如前所述，人们经常误解他们的感受，在某些情况下，我们很难界定自己的感受。哲学家奈特卡·牛顿（Naitka Newton）问道："我如何知道自己的感受？"（Newton，2000）他试图从情绪和意识的动态角度来回答这个问题。对这个问题的典型回答集中在我们观察自己的心理状态的能力上，包括那些与各种想法和欲望有关的心

理状态，这些对于我们理解自己的思想至关重要。但是，牛顿却建议，最好将了解我们的感觉描述为一个自组织过程。考虑以下情况（Newton，2000：102）：

> 我想继续写这篇论文，但也想停下来小睡一会儿。这两种意象图式都很吸引人，因为其中没有明显的障碍。但我无法想象同时做这两件事。如果我想象现在小睡一下，那这会激活令人愉悦的画面，让人联想到飘然入睡的画面，但同时它也会激活其他画面，让我很难再继续写作。如果我想象继续写作的话，这种想象会激活预期中的不适感，但也会激活可以晚点睡觉而不用担心论文的其他意象。后一种意象赢得了竞争，至少在这个场合是这样。

牛顿认为，她对自己感觉的判断，可用关于两个层次运作的自组织过程的动态术语来描述：整个自组织系统（维持体内稳态的同时寻求与环境的相互作用，以满足有机体的目标，如营养和繁殖）和意识。意识是一种针对有意识行为的自组织活动（见下文）。但是，要知道一个人有意识地感受到什么，既不需要观察心智的内容，也不需要反思我们当前的经验。相反，我们通过生成心理状态来了解自己的思想。

例如，牛顿知道她在写论文时的感受："我觉得不愿意继续工作，但这让我急于想在写完之前打个盹儿，所以我基本上觉得我想继续写下去，直到论文写完。"（Newton，2000：103）因此，她明确地将自己的感受概念化，这不是通过观察它们，而是通过"富有想象力地执行替代性的动作，以确定它们最能满足情绪"（Newton，2000：103）。这样，她就产生了一种在想象中进行相关活动的感觉。了解一个人对某种情况的情绪，依赖于这种想象力和在某些情况下真实世界中的具身行动。自组织整体的各个子系统之间的竞争导致它们可以更好地组织起来，并朝着一个单一目标前进。正如我们现在看到的，有意识的心理状态是目标导向的身体在与环境的动态相互作用中的情绪驱动反应。

第二节　意　识

意识的话题是心身问题的核心。有意识的思想是否存在于一个独立于身体和身体体验的领域？或者说，意识是否不仅在大脑内，而且在整个身体的活动中？这都与具身行动密切相关？然而，许多当代学者认为，意识必须与神经相关（Crick & Koch，1996；Metzinger，2000；Jackendoff，1987 提出了一个相关的观点，即在感觉处理和高级思维之间存在一个中级水平的内部表征）。实际上，最近的研究在使用神经影像技术表征意识的神经相关物方面做了巨大的努力。

但是，正如查尔默斯（Chalmers，1996：384）正确地指出的，"关于意识的事实并不是只关于神经过程的结构和激活"。在这些过程和经验层面——即意识的所谓"难问题"——之间存在着解释鸿沟。即使神经系统和有意识经验之间存在重要的关联，我们也不清楚这一证据是否证明两者之间存在内容匹配（Noe & Thompson，2004）。例如，正如诺伊和汤普森（Noe & Thompson，2004：11-12）所指出的，在感知垂直线的过程中，某些细胞会发生跃迁，"垂直线的感知经验绝不仅仅是以这种方式记录垂直线存在的问题。垂直线的感知经验将表征背景中的直线在自我中心的空间中占据一定的位置，也就是说，与具身感知者占据特定空间关系"。因此，感受域（receptive field）内容与感知经验内容是两种不同的内容。根据我在第三章中关于减少体感皮层神经放电的身体问题的讨论，除了考虑整个活动动物的感觉运动含量外，没有其他方法可以确定神经元的感受域含量（Varela et al.，1991）。我的观点是，从这个角度看，理解意识如何从动态运动中产生，更具体地说是大脑、运动中的身体和环境之间的动态相互作用，是缩小这一解释鸿沟并最终解决"难问题"的最佳方法。让我更详细地讨论一下这个观点。

一、定义意识及其功能

意识的本质是经验：那些现在就在你头脑中的东西，比如不同的感知、身体感觉、思想、感觉、形象等。正如本章开头所描述的，心理体验的要素似乎漂浮在一个连续的意识流中，只要我们清醒着或活着，它就一直持续下去。今天大多数的意识学者不相信这个（意识）流表征了意识的全部，甚至不相信有一个单一的、明确的意识流。"相反，存在多个通道，在这些通道中，专门回路作为平行混乱之处，尝试做各自的各种事情，在它们前进的过程中产生多个草稿……一些通过大脑中虚拟机的活动被提升到更进一步的功能性角色。"（Dennett，1992：253-254）因此，仅从意识流的角度来定义意识，就低估了心理体验的复杂性，即使这个意识流揭示了意识的过程和内容。然而，有意识的想法和图式，总是以一种高度物理和基于身体的方式被拥有（Donald，2001；James，1892）。我们拥有自己有意识的思想，就像我们拥有自己的身体一样。有意识的体验不是虚无缥缈的，而是经常伴随着一种原始的感觉，证明了它们的具身本质。认知科学家还没有完全理解这种具身拥有（embodied ownership）的物理性质，但意识作为我们身体的一部分，是相当真实的。

心理学家乔治·米勒（George Miller）曾写道："意识是一个被许多语言

磨得光滑的词。"他指出，意识被用来指心理经验的许多方面，从简单的意识到复杂的自我意识。尽管如此，与其他事件如睡眠/昏迷、习惯性事件、无意识问题解决、非自愿行为相比，意识至少有以下几个特征（Baars，1988）：①意识经验通常包括传播信息。因此，此信息可用于所有效应器和动作模式；②意识事件在内部是一致的。这将意识与梦区分开来，即使梦的内容通常具有传播性；③意识事件具有信息性（即它们要求系统的其他部分与其相适应）；④意识事件需要自我系统的介入；⑤意识事件可能需要持续一定时间的感知/想象事件。

一种流行的观点认为，意识主要起着聚光灯的作用，通过注意力指向心智剧场的某一点（Baars，1988）。意识整合了多个感觉输入，并将它们传播给神经系统内不同的模块。通过这种方式，有意识的行为赋予了许多进化上的优势（Mandler，1975），例子如下。

（1）意识使我们能够隐秘地尝试与直接环境相互作用的可能方式。对复杂输入-输出意外情况的考虑，消除了对可能产生有害后果的动作进行公开测试的需要。

（2）意识使重新制订长期计划成为可能，包括为长时记忆检索信息、修改信息、记住新计划等。

（3）意识为正常无意识运行的系统提供故障排除功能，但只有当系统发生故障时才有意识。例如，如果一个人在开车时刹车突然失灵，意识会立即转移到手头的任务上，使这种故障维修工作得以展开。

这些功能使人们能够反射性地而不是自动地做出反应，并在生物体和环境之间提供更具适应性的相互作用。一般来说，意识是直接与行动联系在一起的，无论是身体上的行动还是精神上的娱乐。然而，意识并不是沿着一个维度而存在的。意识至少可被区分为三种类型（Shannon，1997）。最基本的形式是感官存在或肉体意识（Sheets-Johnstone，1998）。感官体验将活人或有生命的人与无生命或死亡的人区分开来。无生命的物体不像有生命的有机体那样，每时每刻都对环境做出动态反应。意识的第二种形式是心理觉知，它通常提供关于认知的内容而非过程。最后，反思也许是意识的最高形式，在这里，生物不仅意识到它们目前的具身情境，而且可以反思自己过去和未来的行动。

二、意识与生成性

意识经验从根本上说是植根于感知指导的环境中的活动。当我们在世界上移动时，我们的感知系统（如可供性）可以获得各种各样的信息，这些信息指定了依次占据不同空间位置的视点。我们最关注的是那些提供行动机会的东西。我们的身体与物体的相互作用所产生的可供性，通常会在我们体内产生一种短暂的内在运动，我们又将其带入意识。这种感知基础，加上我们对身体的主观体验，为意识经验提供了支持。意识经验的连续性和统一性的本质是心智的具身性和情境性的结果（Carlson，1997；Damasio，1994）。这种意识经验的观点不同于丹尼特（Dennett，1992）的观点，即意识的连续性特征是由于文化传播的模因（或观念）。

意识依赖于运动的观点在心理学上有很长的历史，尽管这些观点较为零碎。沃什伯恩（Washburn，1916）认为，意识与"实验性运动"有关，而这些运动是真实行动的变体。他推测，是大脑皮层而不是肌肉，决定了这些实验性意识运动。身体的举止和态度对于蒂森纳观点的意义至关重要。因此，一个人赋予一个情境的意义，取决于其在那个情境中体验到的身体感觉。

一些当代认知科学家认为，意识明显与基本感觉和运动过程有关（Ellis，2002；Newton，1996，2000）。一些神经科学家认为，思想起源于感觉运动图式的激活（Damasio，1994；Edelman，1992），这些图式捕捉了人们过去如何以某种方式移动或感觉自己身体的记忆。哲学家牛顿（Newton，1996，2000）提出，我们对具象的意识经验是我们意向性概念的基础。这种目标对象的直接性，是直觉心理状态的标志，关系到一个物理行为对目标的经验定向。正如牛顿所说："我们对心理状态意向性的明显内省意识，是我们对构成这些状态的感觉运动表象的有意识体验。"（Newton，2000：105）当工作记忆中的感觉运动意象（由分布在大脑皮层的感觉和运动联系组成）与持续的感觉和躯体感觉输入相结合时，人们就会体验到意识。该图式提供了某种特定动作的效果（Newton，2000）。

运动与意识有关，因为意识植根于有生命的运动中。一些心理学家强调，意识的主要功能是生成（Shannon，1997）。生成（enactment）是一种心理活动，在这种活动中，人们在现实世界中模拟具体的具身行动，而不公开进行这种行为（例如，想象一个对话，在心理上旋转一个物体以从不同的角度想象它）。香农（Shannon，1997）提供了一个例子，他正考虑即将前往巴黎城市大学居住。香农思想中有意识的内容是与 S 的一次想象中的对话，S 是他以前在同一所大学读书的朋友。这段谈话在香农的脑海中形成了一系列的想法：

（1）他们在城市大学里给了我一个房间。
（2）你是否知道他们给你提供床单？
（3）哦，我可以问 S 在大学他们是否给你提供床单。

尽管如此，这个普通的序列还是很了不起的。香农明确地在他的脑海中进行了一次对话，在对话中他提出了一个问题，但只有在对话结束后，他才决定在现实世界中执行他所期望的行动。在头脑中进行对话对于决定实际向 S 提出问题是必要的。以这种方式，生成不只是我们容纳的思想序列，而且是实际被执行的行动。生成不是纯粹的心理计算，而是从根本上由行动构成的。意识使人们能够找到在世界上执行动作自然且有效的方式。不同的思想实验（Gedanken experimentum）是研究生成性的极好例子，人们可以在思想上创造实体，并通过对这些实体的主动操纵来探索假设的行动状态。认识到动觉动作与认知之间的紧密关系（即我们做出的决定）表明，认知能力与意识之间没有神秘的鸿沟（Shannon，1997）。实际上，控制我们有意识的思想的能力可能与控制生物与环境的相互作用所使用的大脑-小脑动力学相同（Ito，1993）。神经影像研究表明，与这一观点相一致的是，精神分裂症患者经常出现的控制妄想，可能与大脑-小脑循环功能的问题有关，这种功能使人们能够认识到我们的想法源于我们自己（Frith，Blakemore，& Wolport，2000）。

267

运动产生的各种详细的身体感觉为意识提供了基础（Sheets-Johnstone，1999）。意识不是一种为行动做准备的神经状态，而是根本上从行动中产生的。生物将自己的某些部分区分为有生命形式的基本动觉能力，这构成了"肉体的意识"（corporeal consciousness）。一个生物的肉体意识主要集中在它自己身体的运动上。当生物移动时，它们会从静止的状态中脱离出来，并通过对周围环境的适当反应来开始移动。动态形式有一种内在的动觉特性，它提供了广泛的运动可能性——一系列的"我可以"，它们构成了创造者的能动性。当生物开始爬行、起伏、飞行、伸长、收缩等时，它们在当前动作中的本体感受动作在感官上有所不同。

根据这种观点，意识不仅仅局限于人类的经验。它不仅仅是一种自然产物，而是一种内在的、复杂的生物能力。"因此，意识并不存在于物质中，它是一种生命形式的维度，特别是一种活动的生命形式的维度。"（Sheets-Johnstone，1999：60）意向性的原始形式存在于任何动物中，而动物存在于用来追求目标的感觉运动的表征世界中（Newton，1996）。

有意识的思维因关注的内容是自我还是世界而有所不同。思考一下将食指压在桌子的水平边缘上的情形。简单地通过注意力的转移，你可以体验（a）你手指内端对压痕和压力的感觉，它有形状和方向，或者（b）对外部物体边缘的感觉，它有形状、纹理、方向、质量和位置。由于手指与另一物体机械接触而接收到的单个信息状态，可能会使自己意识到以上二者中的任何一个，或者两者兼而有之。对世界的关注产生触觉感知经验（桌面边缘）；对身体的注意产生了触觉（感觉到手指上的压力）。在注意力上，外部世界或身体都变成了图式。

这两种注意模式之间存在着一些有趣的差异。第一，身体感觉会随着自己的运动而改变，而外部感知的物体特征却不会。第二，通过本体感受的感知均是独一无二的。第三，它们（两种注意模式）具有一种不同于外界感知对象或特征的享乐性质。这些在空间参照系、空间属性、认知属性和感情属性上的差异强调，即使一个人的身体位于这个世界上，但两者并非同一经验世界的同质部分。这就是为什么下面的三段论是无效的：我的手很疼，我的手在桌子上，因此疼痛在桌子上。

这些区别也表明体验内容的所有权之间存在有趣的差异。身体感觉的内容是以一种触觉感知内容（表面、边缘、物体）没有的方式来体验的。触觉压力、疼痛、痒，是"我的"或"你的"和"我很热或很痛"。对桌子边缘的触觉感知是我的或你的，但感知到的桌子边缘不是。只有当一个人的身体及其状态作为一个（身体的）自我体验时，才能获得这种经验上的区别。一般来说，任何感觉和行动准备都是身体"我"经验状态的一部分（Gallagher & Marcel，1999）。

三、意识的变化状态

意识的变化状态或非普通状态尚未在认知科学中被广泛研究或讨论。但是，有一项引人注目的现象学研究探讨了关于"死藤水"（Ayahuasca[①]）对意识经验的各种影响，揭示了对意识经验某些方面具身本质的一些见解。香农（Shannon，2002）详细研究了包括他自己在内的数十名"死藤水"使用者的报告，特别是在亚马逊土著文化的背景下。"死藤水"是一种由几种植物酿造的饮品，被用于宗教仪式和部落仪式，最近被各种融合基督教和美洲印第安人传统的宗教团体所使用。过度饮用"死藤水"的后果包括整体的高度敏感、增强的意义感、更快的心理状态和更多的精力，以及其他更具体的效果，如视觉形象、增强隐喻性［视为（seeing-as）］、更多的联觉和更大的易变性（即对新看法的开放性）。"死藤水"的饮用者经常报告说，在饮用"死藤水"后自我和非自我之间的鸿沟明显缩小，他们有时会体验到一种超乎常人的超凡脱俗的感觉。

香农（Shannon，2002）对"死藤水"饮用经验的分析表明，有两种类型的非普通意识经验（意识 4 和意识 5），它们是对三种普通意识类型（意识 1、

[①] 一种用南美藤本植物的根泡制而成的、有致幻作用的饮料——译者注。

意识 2 和意识 3）的延伸（Shannon，1997）。意识 1 包括感官的无差别组成，这与有知觉的行为者与外部现实世界联系在一起这一事实有关。意识 2 是一种差异化的、定义明确的状态，包含所有思想序列、心理意象、梦或白日梦。意识 3 是自我意识或反映思维能力的二阶能力。所有这些意识类型都是相互关联的，并构成一个连贯且统一的系统。在正常的清醒的生活中，我们不断在这三种类型的意识体验之间游走。

269

还有另外两种意识类型描述了在"死藤水"影响下不寻常的意识状态。和意识 1 一样，意识 4 也由与现实世界接触的直接感官体验组成。但在意识 4 中，未分化的心理似乎是独立且被外部赋予的，而不是个人思想的产物。意识 5 指的是有时被称为"超"（super）或"宇宙"（cosmic）的意识，其中的经验超越了人类的能动性。

这两种非普通意识被描述为与熟练的身体表现相似，特别是在沉浸于身体活动中，同时仍能专注于当前环境的各个方面的悖论。例如，饮用"死藤水"的经验被比作一个人用音乐大师演奏乐器的方式演奏自己的心智。钢琴大师能使自己沉浸在弹奏钢琴的过程中，似乎与乐器融为一体。但他也可以与这个活动保持一定的距离，批判性地反思自己的表现。因此，在完全沉浸和批判性反思之间有一种持续的、动态的流动。同样，"死藤水"大师也展示了一种矛盾的技巧，既能立足于世界，又能不受约束地高高攀升。静坐时身体姿势挺直，呼吸稳定，心态放松，冥想时注意力分散，都能让人感觉到踏实。这使饮酒者能够"沉浸在另一个死藤水王国"（Shannon，2002：352）。但是，饮用"死藤水"的人可立即将他们的注意力转移到真实世界的事件上，从帮助他人体验一场艰难的饮用"死藤水"的经历，到在饮用"死藤水"的地方追赶一只狗。

描述非普通意识特征的一个不同的类比是舞蹈。舞者通常会发现自己的意识状态与标记为"改变"的状态非常相似，如"流动"状态（Csikszentmihalyi，1990）。当舞者充分参与运动时，他会沉浸在一种单独的现实中，从而使他与当时处于舞者外部的生活领域分离。与其他人跳舞时（如在双人舞中），舞者有时会感到自己的个人身份发生了变化，因此与伴侣成为一体。但是，熟练的舞者仍然能够意识到自己和周围环境发生了什么。香农声称，这个例子完美地说明了饮用"死藤水"体验的重要方面。

幻觉体验不仅是感知上的，因为它也与行动有关。当"死藤水"饮者体验到感性的视觉时，他们通常不再仅仅是旁观者，而是扮着演员的角色。一个人可以进入他的视野，同时保持静止和简单的观察。然而，他也可以在场景中移动，有时像在现实中一样与场景中的其他生物和对象相互作用，有时在没有与其他人相互作用的情况下移动。有时，这种具身沉浸（embodied immersion）

270

会伴随着变形的感觉，就好像一个人变成了另一个人或另一个生物。有些表演对于人们来说特别有意义，因为它们包含了在现实生活中通常不会完成的个人表演。想想下面这个简单的例子（Shannon，2002：158）："当时我正在爬一座很高的山。我一生中从未进行过任何登山活动，因此这项壮举对于我来说非常困难。我快要登顶了，但是再也无法继续了。然后有位仙女推了我一把，我到达了山顶。这是最令人愉快的体验。"

在非普通意识方面，生成的重要性并不局限于内在的思想，因为喝了"死藤水"的人经常会把自己的幻觉表现出来，或者从事诸如唱歌、跳舞或演奏乐器之类的活动，这些活动显然提供了这种特殊心智状态的明确证据。

四、意识与自组织

许多认知科学家认为，建立科学的意识理论的第一步是发现意识的神经关联。如上所述，这种策略忽略了解释神经结构和经验内容之间鸿沟的"难问题"。但是，即使是对意识的神经基础的理解，也最好是在动态大脑信号（多个频带上的大规模动态活动模式）的层次上进行，而不是在特定回路或神经元类别的结构层面完成。这种动态地理解意识的方法，几乎没有理由去寻找内部心理表征和意识体验之间的内容匹配。意识的关键过程贯穿了大脑-身体-世界的各个部分，这是个人具身能力的一部分，而不只是限于头部的神经事件（Thompson & Varela，2001）。

神经动力学和有意识的情境主体之间的关系，可以用神经过程参与构成行为体生命的"操作循环"来描述（Thompson & Varela，2001）。我们可以区分出三种循环（Thompson & Varela，2001）。

首先，整个身体的机体调节循环。这种调节的主要基础是自主神经系统，在这个系统中，进出身体的传感器和效应器连接神经过程，以建立内脏器官和内脏的动态过程。情绪状态——通过下丘脑反映自主神经系统和边缘系统之间的联系——是动态调节的重要组成部分。通过这种方式，有机体调节有一个普遍的情绪维度，它体现在构成感知的情绪行为和感觉的范围内——这被称为活的感觉（通常被称为原始意识或核心意识）。

其次，感觉运动与环境的耦合循环，为生物提供了一种基于其感知的运动方式的感觉。这些循环的基质是身体的感觉运动路径，它在大脑中由多个新皮层区域和皮层下结构所调节。瞬时神经装配调节感觉和运动表面的协调，感觉运动与环境的耦合制约和调节这种神经动态过程。

最后，主体间相互作用的循环提供了对言语和非言语行为中意向意义的认识。根据我们对他人身体的了解，众所周知，神经结构，诸如杏仁核、腹侧额叶皮层和右侧躯体感觉相关的皮层，在社会认知中很重要。主体间性涉及不同形式的感觉运动耦合，如镜像神经元。当动物完成某些目标导向的手部动作时，以及当行动者观察到另一个人做同样的动作时，这些神经元都显示出相同的活动模式。因此，对他人行为意图意义的认知显然依赖于前运动区域的神经活动模式，而前运动区域的神经活动模式与产生相同类型行为的神经活动模式相似。

更一般来讲，这三个周期的循环表明了意识如何依赖于大脑动态嵌入动物生命的体细胞和环境中的方式。大脑、身体和环境的耦合动力学，在多个层面上表现出自组织和涌现过程，这种涌现，既包括向上的因果关系，也包括向下的因果关系。当神经活动影响认知操作和现象学经验时，就会产生向上的因果关系。向下因果关系发生在这些系统的多个层次，包括与局部神经活动有关的有意识的认知行为。

虽然有意识的认知行为可能是一种涌现现象，但它们仍然会对局部神经元活动产生因果效应。这表明，人们可以在局部神经元活动特性的层次上观察到意识瞬间及其基底的大规模神经集合。一个案例研究支持了这一观点（Varela，2002）。当癫痫患者从事不同的特定认知任务（即视觉和听觉辨别任务）时，这种活动会影响癫痫放电所产生的局部活动的特定效果。因此，在人类癫痫活动的明显随机波动中，确定性的时间模式可以在认知任务中被调节。对这个人的大脑活动的周期性轨道进行的分析表明，知觉行为以特定的方式将癫痫活动"推"向不稳定的周期性轨道，这显然是向下因果关系。通过这种方式，有意识经验作为大脑活动的统一整体模式，可能会对局部神经活动产生向下的因果关系。

乍一看，向下因果关系的观点似乎与经典理论相悖，但仍有争议的发现是，有意识的意志（即决定行动的人）可能不是简单的手部动作的最终原因（Libet，1985）。但是，利贝特（Libet）的研究只涉及从有意识意志到简单身体动作的简单单向因果关系。瓦雷拉的工作重点是提供了一个意识的动态模型，不把意识仅仅看作局部的大脑活动。相反，意识最好能被理解为一种整体的活动，人处于其中，或者通过大脑、身体和世界的动态相互作用与世界相联系。事实上，另一项研究显示，接受过训练的参与者在深度知觉任务上的表现说明，大脑活动的同步模式与持续的经验（即一个人的准备意识和感知质量）相关。但是，呈现视觉对象与正进行的大脑活动之间的关系，取决于个人实验重复前后的情况。因此，了解个人意识瞬间动态不仅仅是大脑与主观体验之间的瞬时关联，因为任何意识体验都根据刺激之前的持续活动和刺激之后的活动来表征。这项

272

工作旨在更广泛地展示在构建身心理论时，第一人称数据如何并且必须用于解释神经数据。这种观点显然处于理论发展的早期阶段（见 Varela & Shear，1999）。然而，动力学理论为弥合心身之间的解释鸿沟提供了前景。

关于意识动态观点的一个暗示是，意识可能会超出个人大脑的限制，并且可能会在时间上超越任何一个单一的时间点（类似主张参见 Donald，2001；Wilson，2004）。我们每个人都可能在几秒钟内意识到我们的直接经验。但是，当我们有意识地考虑学习一项复杂的技能、创造一种叙述、遵循地图上的指示或其他一些复杂的指令时，意识的大多数时刻都是时间性延长的，包括更长的时间尺度，如分、小时、天（Wilson，2004）。这些不同的意识实例利用了环境和文化工具，帮助将认知转移到现实世界中。就像很多推理的例子一样（见第五章），我们很难区分纯粹的内在意识和那些延伸到身体并进入物质/文化世界的意识。与看似单一的感知行为类似，如观察我们面前的杯子（见第三章），许多有意识的时刻都是围绕着感觉运动的偶发事件而构建的，这些事件是关于我们可能、能够或将要对那些直接关注的对象做什么。甚至身体疼痛的感觉也不仅被认为是被动的感觉，而且还朝着诸如"受伤的膝盖"之类的身体部分如何参与各种身体动作的方向发出。这些不同的经验反映了意识的"似然性"（as-if），它既包括我们过去所经历的，也包括我们将来可能经历的。因此，意识并不仅仅局限于一个非常短的时间，比如我们"意识流"中的几秒钟，而是扩展到更长的过去、现在和未来的时间尺度，而这些时间尺度从根本上与大脑、身体和世界的复杂相互作用有关。

273

第三节　结　语

情绪和意识都与人类行为直接相关。我们在情绪空间中感受到不同的情绪，而情绪空间定义了我们是谁。即使我们可能无法根据特定的身体感觉来严格定义个体情绪，不同的情绪对身体也会产生不同的影响。但是，情绪表达可以通过大脑、身体和世界之间相互作用的特定动力学模式来表征。这种对情绪表达的动态观点，打破了传统上自动产生的行动和有意产生的行动之间的鸿沟。这两种表达方式都是自组织过程的产物，它们限制了各种情绪被感受、被表达和被作用的程度。如此一来，情绪跨越了大脑、身体和世界，因此，它既不是纯粹的心理现象，也不是纯粹的生理现象。

意识经验也不纯粹是心理的，而是作为一种行动而存在，即使这些行动并未以健全的行为表现出来。这些行动不是抽象的，因为人们在进行有意识的反思时，通常会体验到明显不同的身体感觉。当然，意识发生在不同的体验层次上，但是，每个层次都由其自身的运动感觉构成，无论是身体与世界的直接相互作用，还是我们想象自己参与过去或未来的行为。动态系统框架最能描述意识是如何从大脑、身体和世界的相互作用中涌现的，而不是大脑状态激活的特定结果，或者仅仅是与人体无关的非物质。

　　情绪和意识紧密地联系在一起，这使我们能够考虑为当前和长期目标采取适当的行动。认知科学历来对人类经验的第一人称调查表示怀疑。但很明显，情绪和意识的研究都需要进一步理解第一人称体验，即我们的感觉和意识是如何与我们现象学觉知（phenomenological awareness）之外的大脑和身体的第三人称属性相对应的。这是现象学认知科学的任务，其目的在于填补传统情绪和意识研究的解释鸿沟，并赋予具身行动在心智的科学研究中应有的合法地位。

274

第九章　结　　论

身体体验在精神生活中至关重要。认知不再与对身体的思考和对我们身体的现象经验相分离，因为心智与身体紧密地交织在一起。本书前几章描述了大量支持思想和语言具身观的经验证据。这项工作是认知科学史上第二波浪潮的代表，它与纯粹符号的、计算的和离身的传统心智观念截然不同。尽管我们可以用其他方法来解释某些证据的某些方面，但这项工作最令人印象深刻的关键在于，它提出了一个统一的心身观。

在认知科学中，关于具身性的大多数讨论专门集中在特定的主题上，比如两个视觉系统（第三章）或隐喻的具身基础（第四章和第六章）的讨论。学者们从这些具体的研究领域出发，对具身认知的可能性得出一般性的结论。我写作本书的一个动机是提供一个更完整的具身图式，它跨越认知科学研究的许多领域，包括感知/行为、概念、心理意象、记忆、语言、发展、意识等。我的目标是以具身认知来更全面地表征各种学科和分支学科，而不是单纯讨论心身问题。大量的经验文献难以提供一个单一的、明确的模型来完美地描述身体体验塑造感知、认知和语言各个方面的精确方式。但是，本书描述的工作肯定以无数种方式证明，具身活动是精神生活的核心。

我寻求具身心智的关键部分是"具身性前提"（这里重复第一章的内容）。该陈述是：

人们对其身体活动的主观感受体验，为语言和思想提供了部分根基。认知是当身体接触到物质的、文化的世界时所发生的事情，所以必须从人与环境之间动态相互作用的角度来研究。人类的语言和思想来源于不断重复的身体活动模式，而这些模式限制了我们的智能行为。我们不能假设认知是纯粹内在的、符号的、计算的和离身的，而是应该找出语言和思想不可避免地被具身行动塑造的总体而详细的方式。

这个前提反映了认知科学的方法论要求。因此，除非明确的搜索未能找到心身联系，否则，认知科学家不必假定感知、认知或语言的任何方面来自离身过程。关于认知科学中具身性的争论大多是抽象的，学者们对感知、认知、行动或语言的自主性采取有原则的立场，然后只追求符合这些理想的研究。具身认知经常被忽视，或者被视为与认知科学的真正目标无关，认知科学家们没有进行适当的努力去寻找将心身联系在一起的"总体而详细的方式"。尤其是实验心理学家，历史上一直致力于在实验室研究中减少身体对人类行为的影响，这正是因为人们普遍认为，具身行动与认知或语言的本质没有什么关系。

然而，本书中所描述的研究工作清楚地提供了一个截然不同的观点，即身体的具身行动和经验是如何与人类各种各样的认知表现相联系的。当然，这并不意味着所有对感知、认知或语言内在基础的探索都必然会找到心身对应。我在本书中所论述的一切，都不一定表明心智完全是具身性的。但是，确实有足够的经验证据表明，只要我们仔细寻找，往往就会找到这种心身联系。基于这个原因，接受心智和语言的离身观的认知科学家，应该在支持如何否定身体在理解人类心智中应有地位的理论立场之前，通过寻找认知中的具身性，接受做正确科学事情的挑战。

认知科学包括心理学、语言学、哲学、计算机科学（人工智能）、神经科学和人类学等几个相关学科学者的思想和研究。来自生物学、教育学、文学和艺术学等许多其他学科的学者，也参与了正在进行的关于人类心智起源和功能的讨论，在我看来，这是更广泛认知科学网络的一部分。尽管几乎所有的认知科学家都一直认为，在构建人类心智的综合理论时，我们需要跨学科的研究和视角，但学者们仍然倾向于使用来自各自学术领域的方法和数据。例如，认知心理学家经常摒弃语言学和哲学的观点，正是因为这些学科不使用假设-演绎方法（如自然科学中使用的方法）从事科学工作。同时，在认知科学中还有一股强大的还原论力量，即用特定的大脑状态和神经激活的模式来解释有关认知的问题。

对人类认知进行严格的科学研究无疑是很重要的，例如，来自大脑成像研究的数据为具身心智提供了重要的约束条件，正如我在前几章中对这项工作的讨论所表明的那样。但是，我拒绝有关认知语言学和现象学证据与认知科学理论关系不大的说法，因为它们不是基于行为或神经心理学的研究。对语言的系统研究，包括考察语言-心智和语言-心智-身体的联系，对于理解抽象思想和具身体验中符号的基础来说是至关重要的。忽视认知语言学研究的认知科学家们，既没有实验证据，也缺少关于具身心智和语言的极其重要的经验证据。对认知语言学家所使用方法的可靠性有各种各样的疑问（Gibbs，1996），但是，对语言结构和行为的系统性探索，显然应该成为认知科学理解具身心智方法论工具的一部分。至少，认知科学家必须再一次解释，为什么人们用具身方式说话而不诉诸具身体验，然后他们才能拒绝认知语言学和认知心理学关于语言和思维基本特征的主张。

在有关心身问题的争论中，倾向于优先考虑自己的工作方法，这当然是很合理的。但是，这种正常的科学偏见有一个主要的负面影响。坚持认为来自现象学的报告、行为测量或功能性神经影像学（举三个例子）的数据，是目前发现认知原理，或者甚至是具身心智的最佳方法，但最终任何领域的认知科学家都会过于狭隘地定义什么是"认知的"因果轨迹。这里的部分问题在于，认知科学家经常假设复杂的人类行为背后有单一的原因。在大多数情况下，这些单一原因是高度局部化的功能或解剖机制，与在复杂环境中起作用的整个生物体相去甚远。例如，在认知心理学和神经心理学中，使用线性统计模型（如方差分析）将实验室任务中观察到的性能（如响应时间、错误率、识别率的整体可变性）分为成分效果，而这些成分效果被假定为源自心理的因果成分。因此，行为被理解为严格可分离的部分之和。此外，效果的存在等同于心理结构/表征的存在，效果的缺失等同于心理结构/表征的缺失。

这种"效果=结构"的逻辑是有很大缺陷的，尤其是在它隐含的假设中，行为任务可以被解包，从而揭示心理的各个组成部分，而这些都是导致行为的唯一原因。"效果=结构"谬论在认知科学中造成的后果之一就是，行为和神经心理学研究中使用了双重分离逻辑（double dissociation logic）（Plaut，1995；Shallice，1988；van Orden，Pennington，& Stone，2001）。在标准逻辑下，假定来自两个不同实验者定义类别的材料性能之间的双重分离，依赖于专门用于处理不同类别材料的单独模块。考虑一下这个范例的一些典型发现。在图片命名和属性验证中，生物和人工制品之间的双重分离被用来为不同的语义类别划分模块（Warrington & McCarthy，1987）。阅读抽象名词与具体名词时的双重分离被用来论证抽象名词和具体名词的独立模块。此外，过去时态的异常词与常规词产生的双重分离，被用来为单词和规则的单独的大脑机制辩护（Pinker & Ullman，2002）。不同的并行分布/连接处理模型为这些数据提供了一个单一的、集成的相互作用机制，而不是单独的模块（Farah & McClelland，1991；Plaut，1995）。一般来讲，观察到的分离模式表明自主或独立的表征（单一原因），只是重申了假设首先存在自主表征的必然结果（van Orden，Jansen op de Haar，& Bosman，1997；van Orden et al.，2001）。

在当代的脑成像研究中，用单一原因来解释人类表现的努力也很明显，该研究也坚持"效果=结构"谬论。因此，在某些实验任务中表现出的分离与不同的神经活动模式有关。研究人员从这些研究中得出结论，认为某些认知行为的神经基础植根于特定的大脑部位或神经激活模式。一些学者甚至认为，这种神经心理学证据是具身心智的真实位置和因果基础。

如前所述，这些关于思维和语言神经基础的争论，与我自己对具身心智的   279
看法相去甚远。显然，我并没有忽视神经心理学的研究结果，正如我在前几章
中经常提到的那样。但是，认知科学家在解释神经心理学的发现，尤其是在他
们将特定的大脑部位识别为人类不同类型行为的单一因果目的上，存在着严重
的问题。首先，显示特定的大脑区域在特定条件下被"点亮"，并不能说明大
脑的其他部分在做什么，是否确实对人类的行为有所贡献。其次，大脑并不是
孤立地工作，而是一个有机整体的一部分，这个整体包括神经系统和活动中的
身体动觉。断言特定的大脑部位是特定类型认知表现的因果位置，完全没有考
虑到认知的全身性本质（full-bodied nature）。具身性不仅将认知行为塑造为一
个远因或终极因，而且也将其塑造为一个近因，即身体体验在个体的一生中不
断地持续影响着认知。最后，如果要描绘一幅人类认知的图画，作为大脑状态
对应的表现，部分认知科学家创造了一个完全由头骨/身体内部所定义的扭曲的
心智形象。传统的心智与环境的分离，忽略了心智通过身体活动被塑造，并延
伸到物质/文化世界的重要方式。

认知科学中对自主的、离身的表征进行假设的强烈趋势，在关于心理模块
化的理论中也可以清楚地看到。例如，福多（Fodor，1983）认为，大脑由基因
规定的、独立运作的模块组成，如那些负责视觉、运动和语言的模块。来自环
境的信息首先通过感觉传感器系将数据转换为每个专用模块可以处理的格式。
然后，每个模块以通用格式输出数据，以进行集中的区域通用处理。这些模块
被认为是硬连接的（hardwired）（不是由更原始的过程组装而成），有固定神
经结构的（遗传基因）、域特异的、快速的和信息封装的（即对其他模块或中
心认知目标的操作不敏感）。

近年来，许多认知科学家修正了福多的观点，认为高阶认知的许多方面也
可能是模块化的。例如，进化心理学家认为，大脑不是一个具有统一学习过程、
单一长时记忆和少量推理的机器，它具有相当专业化的知识和行动故事，并逐
步发展（在进化过程中），用来服务于特定且适应性的重要目的的百宝囊
（Sperber，2001；Cosmides & Tooby，1997）。因此，有专门的模块用于思考空
间关系、工具使用、理解、社会理解等。与早期关于模块化的提议不同，这些   280
较新的理论甚至假设在其他模块中也存在一些模块，例如，将理解模块嵌入到
专门的心智理论模块中。模块化理论接受了传统心智观点，认为心智是由自主
的成分组成的，即使它另外认为这些成分是域特异的并且是由进化决定的。尽
管针对不同种类的身体动作可能有特定的模块，但模块化理论在认知过程的发
展和持续运行中淡化了具身体验的作用。

我热衷于从人类认知的角度去解决复杂环境中生物的适应性问题。确实，

可能存在各种特殊的、由基因决定的装置，它们是人类不同表现的基础。但是，模块化理论家们似乎忽视了认知中具身体验的重要性，他们希望将认知过程简化为专门的模块。许多行为可能看起来是模块的和域特异的。但这些影响可能被更好地理解为个体自组织能力的功能性结果，而不是潜在因果机制的证据。如前所述，这里的问题部分在于指导性假设，即复杂的人类行为可能是由自主的心智成分引起的。在研究模块化的学者中，没有人致力于研究模块之间的共同点，甚至没有人去描述这些模块是如何相互作用产生适应行为的。

例如，考虑两种不同的人类行为，两个人互相交谈和两个人穿过一个房间并穿过狭窄的门口。这些不同的事件有什么共同之处？大多数认知科学家会回答说，这些是非常不同的人类活动，事实上，这些行为也可能会被不同类型的学者研究。但是，两个事件都需要一种植根于身体动作的协调。两个说话的人都通过身体的姿势和言语行为来建立一种具身性协调。就像两个人同时穿过一个狭窄的门口，必须默契地协商谁先进入门口一样，两个人也必须以某种方式合作，以实现他们各自的和共同的目标。这两个事件都需要依靠具身性协调才能成功完成，因此，它们之间的共同点都源于具身体验。模块化理论家假设了大量独立的心智模块，完全忽略了不同模块之间的共同点，其中一些模块可能涉及具身行动。当然，模块化学者错过了认知表现中的具身性规律也就不足为奇了，因为他们从没有在经验和理论上寻求心身对应。这种忽视是当代认知科学的一个主要问题。

281　　我要在此补充，承认具身认知并不意味着人类认知行为必定存在域通用机制。毕竟，可能存在驱动适应性行为的不同专用域特异机制。但是，这些机制可能有不同程度的具身性（即由个体发生和系统发生的具身行动所塑造），也可能是大脑、身体和世界相互作用的特定模式的一部分，而不是心智/大脑的独立功能组成部分。

动态系统理论提供了关于认知表现的另一种思考方式，它恰当地承认了具身体验，并且不认为认知应该被还原为单一且自主的心智成分。如前所述，这种观点引用了因果关系的互惠形式，其中系统的每个部分始终存在于该系统的每个行为中。每一个部分都在不同的时间尺度上持续影响着系统的整体行为，以至于它的独立贡献无法从整体行为中分离出来。最重要的是，认知系统的表现来自相互依赖的感觉运动组合之间的协调活动。这些强烈的非线性且定性的转换表明，将认知能力还原到单一因果神经的组合或单一因果成分的振荡是不可能的。这种自组织的格式塔可使动作与知觉、生物与环境之间保持流畅的连续性。毫不奇怪，这种认知方法不仅解释了许多实证结果而不诉诸具体的潜在表征，更重要的是，在心理生活的科学研究中，我们应注意有机体的整体具身性。

我们目前还不清楚，这种理论方法是否能够解释适应性人类行为的所有方面。尽管如此，前几章明确指出，动态系统方法适合于描述人类经验的多样性，范围从感知/行动的低级方面到情感和意识。动态系统理论最能抓住我的观点，即具身认知源自大脑、身体和世界之间不断进行的相互作用，并通过这种相互作用得以维持。

我主张采用动态系统认知方法的论点，似乎与我在不同地方认为具身行动是人们的概念表征基础的说法相矛盾。动态系统理论家通常旨在将人类的表现描述为一个自组织的过程，而不需要任何明确的内在心理表征作为适应性行为的因果基础。具身表征的倡导者认为，许多概念符号都包含有关人们感知和思考具体对象和抽象观念时所涉及的运动行为的重要信息。在有关人类心智的认知理论中是否需要明确的"表征"，在认知科学中存在着许多争论。这些争论中有许多非常有趣（例如，Clark，1997；Doffner，1999；Markman & Deitrich，2000；van Gelder，1998），与 50 年前认知革命诞生时发生的一些争论相呼应，当时行为主义在人类思维过程的研究中被抛弃。"表征"的倡导者们总结到：动态系统可以描述反应性认知主体的特征，但同时也需要某种形式的内部表征来解释认知的高阶方面。

在我看来，研究认知的具身方法并不要求研究者要么接受，要么放弃心智理论中的表征主义。动态学系统理论对各种各样的感知和认知现象的解释能力，给我留下了深刻的印象，其中包括涉及意图、信念和欲望的纯粹心理行为。然而，我仍然对认知的某些方面可能需要内在的心理表征持开放态度，至少其中一些心理表征应该是由具身体验深刻塑造的。但我也反对将自动反射性表征作为人类表现的驱动因果力，这在认知科学中太常见了。采用动态的观点可以正确地认识到身体在认知行为中的作用，如大脑、身体和世界的相互作用。在这种观点下，我们不太容易将认知行为还原为单一的、自主的、离身的心智组成部分。我希望，认知科学能继续本书中描述的研究趋势，并通过正确地认识到具身体验是如何在真实世界语境中塑造和引导认知表现的，从而进一步探索我们鲜活的身体。

282

参 考 文 献

Abbott, V., Black, J., & Smith, E. (1985). The representation of scripts in memory. *Journal of Memory and Language, 24*, 179-199.

Adler, A. (1931). *What life should mean to you*. Oxford: Little, Brown.

Adolph, K. (1997). Learning in the development of infant locomotion. *Monographs of the Society for Research in Child Development, 62*.

Adolph, K. (2000). Specificity of learning: Why infants fall over a vertiable cliff. *Psychological Science, 11*, 290-295.

Adolphs, R., Damasio, H., Tranel, D., Cooper, G., & Damasio, A. (2000). A role for somatosensory cortices in the visual recognition of emotion as revealed by three-dimensional lesion mapping. *Journal of Neuroscience, 20*, 2683-2690.

Aggleton, J., & Mishkin, M. (1986). The amygdala: Sensory gateway to the emotions. In R. Plutchik & H. Kellerman (Eds.), *Emotion: Theory, research, and experience* (pp. 281-289). Orlando, FL: Academic Press.

Aglioti, S., Goodale, M., & DeSouza, J. (1995). Size-contrast illusions deceive the eye but not the hand. *Current Biology, 5*, 679-685.

Agre, P., & Chapman, D. (1987). Pengi: An implementation of a theory of activity. *Proceedings of AAAI-87*. Menlo Park: AAAI.

Ahsen, A. (1995). Self-report questionnaires: New directions for imagery research. *Journal of Mental Imagery, 19*, 107-122.

Akshoomoff, N., Courchesne, E., & Townsend, J. (1997). Attention coordination and anticipatory control. *International Review of Neurobiology, 411*, 575-598.

Alibali, M., & DiRusso, A. (1999). The function of gesture in learning to count: More than keeping track. *Cognitive Development, 14*, 37-56.

Alibali, M., Kita, S., & Young, A. (2000). Gesture and the process of speech production: We think, therefore we gesture. *Language and Cognitive Processes, 15*, 593-613.

Allison, T., Puce, R., & McCarthy, G. (2000). Social perception for visual cases of the STS region. *Trends in Cognitive Science, 4*, 267-278.

Andrews, E. (1995). Seeing is believing: Visual categories in the Russian lexicon. In E. Contini-Morava & B. Goldberg (Eds.), *Meaning as explanation* (pp. 363-377). Berlin: Mouton de Gruyter.

Anifeld, M. (1996). Only tongue protrusion modeling is matched by neonates. *Developmental Review, 16*, 149-161.

Arditi, A., Holtzman, J., & Kosslyn, S. (1988). Mental imagery and seeing experiences in congenital blindness. *Neuropsychologia, 26,* 1-12.

Arnold, M. (1946). On the mechanism of suggestion and hypnosis. *Journal of Abnormal and Social Psychology, 41,* 107-128.

Arnold, M., & Gasson, S. (1954). Feelings and emotions as dynamic factors in personality integration. In M. Arnold & S. Gasson (Eds.), *The human person* (pp. 294-313). New York: Ronald.

Asci, F. (2003). The effect of physical fitness training on trait anxiety and physical self-concept of female university students. *Psychology of Sports and Exercise, 4,* 255-264.

Attneave, F., & Olson, R. (1967). Discriminability of stimuli varying in physical and retinal orientation. *Journal of Experimental Psychology, 74,* 149-157.

Ax, A. (1953). The physiological differentiation between fear and anger in humans. *Psychosomatic Medicine, 15,* 433-442.

Ayer, A. (1936). *Language, truth, and logic.* London: Gollancz.

Ayres, T., & Jonides, J. (1979). Differing suffix effects for the same physical suffix. *Journal of Experimental Psychology: Human Learning & Memory, 5,* 315-321.

Baars, B. (1988). *Acognitive theory of consciousness.* NewYork: Cambridge University Press.

Babcock, M., & Freyd, J. (1988). Perception of dynamic information in static handwritten forms. *American Journal of Psychology, 101,* 111-130.

Bach-y-Rita. (1996). Sustitucion sensorielle et qualia. In J. Proust (Ed.), *Perception et intermodalite* (pp. 81-100). Paris: Presses Universitaires de France.

Baddeley, A. (1986). *Working memory.* Oxford: Clarendon Press.

Baddeley, A., & Hitch, G. (1974). Working memory. In G. Bower (Ed.), *The psychology of learning and memory: Vol. 8* (pp. 47-89). New York: Academic Press.

Baddeley, A., & Lieberman, K. (1980). Spatial working memory. In R. Nickerson (Ed.), *Attention and performance VIII* (pp. 521-539). Hillsdale: Erlbaum.

Bahrick, L. (1988). Intermodal learning in infancy: Learning on the basis of two kinds of invariant relational in audible and visible events. *Child Development, 59,* 197-209.

Bahrick, L. (1995). Intermodal origins of self-perception. In P. Rochat (Ed.), *The self in infancy* (pp. 349-373). Amsterdam: North-Holland.

Bahrick, L. (2000). Increasing specificity in development of intermodal perception. In D. Muir&A. Slater (Eds.), *Infant development: The essential readings* (pp. 119-137). Malden: Blackwell.

Bahrick, L., & Watson, S. (1985). Detection of intermodal proprioceptive-visual contingency as a potential basis for self-perception in infancy. *Developmental Psychology, 21,* 963-973.

Bai, D., & Bertenthal, B. (1992). Locomotor structure and the development of spatial search skills. *Child Development, 63,* 215-226.

Bailey, D. (1998). Getting a grip: A computational model of the acquisition of verb semantics for hand actions. Unpublished Ph. D. dissertation, International Computer Science Institute, University of California, Berkeley.

Baillargeon, R. (1986). Representing the existence and location of hidden objects: Object permanence in 6- and 8-month-old infants. *Cognition, 23,* 21-41.

Baillargeon, R. (1987a). Object permanence in 3.5 and 4.5 month-old infants. *Developmental*

Psychology, 23, 655-664.

Baillargeon, R. (1987b). Young infants' responding about the physical and spatial properties of a hidden object. *Cognitive Development, 2,* 179-200.

Baillargeon, R. (1993). The object concept revisited: New direction in the investigation of infant's physical knowledge. In C. Granud (Ed.), *Visual perception and cognition in infancy* (pp. 265-313). Hillsdale: Erlbaum.

Baillargeon, R. (1994). Object permanence in young infants: Further evidence. *Child Development, 62,* 1227-1246.

Baillargeon, R. (1995). Physical reasoning in infancy. In M. Gazzaniga (Ed.), *Physical reasoning in infancy* (pp. 187-204). Cambridge: MIT Press.

Baillargeon, R. (2000). How do infants learn about the physical world. In D. Muir &A. Slater (Eds.), *Infant development: The essential readings* (pp. 195-212). Malden: Blackwell.

Baillargeon, R. (2004). Infants' physical reasoning. *Current Directions in Psychological Science, 13,* 89-94.

Baillargeon, R., & DeVos, J. (1991). Object permanence in young infants: Further evidence. *Child Development, 114,* 1227-1241.

Baillargeon, R., DeVos, J., & Graber, M. (1989). Location memory in 8-month-old infants in a non-search AB task: Further evidence. *Cognitive Development, 4,* 345-367.

Baillargeon, R., & Graber, M. (1988). Evidence of location memory in 8-month-old infants in a non-search AB task. *Developmental Psychology, 24,* 502-511.

Baillargeon, R., Needham, A., & DeVos, J. (1992). The development of young infants' intuitions about support. *Early Development and Parenting, 1,* 69-78.

Baillargeon, R., Spelke, E., & Wasserman, S. (1985). Object permanence in fivemonth-old infants. *Cognition, 20,* 191-208.

Baker, L. (2000). *Bodies and persons.* New York: Cambridge University Press.

Baldwin, D., & Baird, J. (2001). Discerning intentions in dynamic human action. *Trends in Cognitive Sciences, 5,* 171-178.

Ballard, D., Hayhoe, M., Pook, P., & Rao, R. (1997). Deictic codes and the embodiment of cognition. *Behavorial and Brain Sciences, 20,* 723-767.

Bargh, J., Chen, M., & Burrows, L. (1996). Automaticity of social behavior: Direct effects of trait construct and stereotype activation on action. *Journal of Personality and Social Psychology, 71,* 230-244.

Baron-Cohen, S. (1995). *Mindblindness.* Cambridge: MIT Press.

Barsalou, L. (1983). Ad hoc categories. *Memory & Cognition, 11,* 211-227.

Barsalou, L. (1985). Ideals, central tendency, and frequency of instantiation as determinants of graded structure in categories. *Journal of Experimental Psychology: Learning, Memory, & Cognition, 11,* 629-654.

Barsalou, L. (1987). The instability of graded structure in concepts. In U. Neisser (Ed.), *Concepts and conceptual development: Ecological and intellectual factors in categorization* (pp. 101-140). New York: Cambridge University Press.

Barsalou, L. (1989). Intra-concept similarity and its implications for inter-concept similarity. In S. Vosniadou & A. Ortony (Eds.), *Similarity and analogical reasoning* (pp. 76-121). New York: Cambridge University Press.

Barsalou, L. (1991). Deriving categories to achieve goals. In G. H. Bower (Ed.), *The psychology of learning and motivation: Advances in research and theory*, Vol. 27 (pp. 1-64). New York: Academic Press.

Barsalou, L. (1995). Flexibility, structure, and linguistic vagary in concepts: Manifestations of a compositional system of perceptual symbols. In A. Collins, S. Gathercole, M. Conway, & P. Morris (Eds.), *Theories of memory*. Hillsdale: Erlbaum.

Barsalou, L. (1999a). Perceptual symbol systems. *Behavioral and Brain Sciences, 22*, 577-660.

Barsalou, L. (1999b). Language comprehension: Archival memory or preparation for situated action. *Discourse Processes, 28*, 61-80.

Barsalou, L. (2002). Being there conceptually: Simulating categories in preparation for situated action. In N. Stein & P. Bauer (Eds.), *Representation, memory, and development: Essays in honor of Jean Mandler* (pp. 1-15). Mahwah: Erlbaum.

Barsalou, L. (2003). Situated simulation in the human conceptual system. *Language & Cognitive Processes, 18*, 513-562.

Barsalou, L., & Medin, D. (1986). Concepts: Fixed definitions or dynamic contextdependent representations? *Cahiers de Psychologie Cognitive, 6*, 187-202.

Bassili, J. (1978). Facial motion in the perception of faces and emotional expression. *Journal of Experimental Psychology: Human Perception and Performance, 4*, 373-379.

Basso, K. (1990). *Western Apache language and culture: Essays in linguistic anthropology*. Tucson: University of Arizona Press.

Bateson, G. (1972). *Steps to an ecology of mind*. Chicago: University of Chicago Press.

Bauer, P. (1996). What do infants recall of their lives? Memory for specific events by one- to two-year-olds. *American Psychologist, 51*, 29-41.

Bauer, P. (1997). Development of memory in early childhood. In N. Cowan (Ed.), *The development of memory in childhood* (pp. 83-111). Hove: Psychology Press.

Bavac-Cikoja, D., & Turvey, M. (1995). Does perceived size depend on perceived distance? An argument for extended haptic perception. *Perception and Psychophysics, 57*, 216-224.

Bavelas, J., Black, A., Lemery, C., & Mullet, J. (1986). "I show how you feel": Motor mimicry as a communicative act. *Journal of Personality and Social Psychology, 50*, 322-329.

Beach, K. (1988). The role of external mnemonic system in acquiring an occupation. In M. Gruneberg & P. Morris (Eds.), *Practical aspects of memory* (pp. 342-346). Oxford: Wiley.

Beardsworth, T., & Buckner, T. (1981). The ability to recognize oneself from a video recording of one's movement without seeing one's body. *Bulletin of the Psychonomic Society, 18*, 19-22.

Becker, A., & Ward, T. (1991). Children's use of shape in extending novel labels to animate objects: Identity versus postural change. *Cognitive Development, 6*, 3-16.

Beer, F. (2001). *The meanings of war & peace*. College Station: Texas A & M Press.

Beer, R. (1997). The dynamics of adaptive behavior. *Robotics and Autonomous Systems, 20*, 257-289.

Beer, R. (2003). The dynamics of active categorical perception in an evolved model agent. *Adaptive Behavior*, *11*, 209-243.

Beitel, D., Gibbs, R., & Sanders, P. (2001). The embodied approach to the polysemy of the spatial preposition "on." In H. Cuyckens (Ed.), *Polsemy in cognitive linguistics* (pp. 241-260). Amsterdam: Benjamins.

Bergan, B., & Chang, N. (in press). Simulation-based language understanding in embodied construction grammar. In J. -O. Ostman & M. Fried (Eds.), *Construction grammar(s): Cognitive and cross-linguistic dimensions*. Amsterdam: Benjamins.

Berko, J., Burke, L., Craven, J., & Sarlo, N. (1992). The importance of motor activity in sensorimotor development: A perspective for children with physical handicaps. *Human Development*, *35*, 226-240.

Berkowitz, L. (2000). *Causes and consequences of feelings*. New York: Cambridge University Press.

Berkowitz, L., & Troccoli, B. (1990). Feelings, direction of attention, and expressed evaluations of others. *Cognition and Emotion*, *4*, 305-325.

Bermond, B., Nieuwenhuyse, B., Fasolti, S., & Schuerman, J. (1991). Spinal cord lesions, peripheral feedback, and intensities of emotional feelings. *Cognition and Emotion*, *5*, 201-220.

Bermudez, J., Marcel, A., & Eilan, N. (1995). *The body and the self*. Cambridge: MIT Press.

Bertenthal, B. (1993). Infants' perception of biomechanical motions: Intrinsic and knowledge-based constraints. In C. Granrud (Ed.), *Visual perception and cognition in infancy* (pp. 175-214). Hillsdale: Erlbaum.

Bertenthal, B., & Campos, J. (1987). New directions in the study of early experience. *Child Development*, *58*, 560-567.

Bertenthal, B., Campos, J., & Barrett, K. (1984). Self-produced locomotion: An organizer of emotional, cognitive, and social development in infancy. In R. Ende & R. Harmon (Eds.), *Continuties and discontinuities in evelopment* (pp. 174-210). New York: Plenum.

Bertenthal, B., Campos, J., & Kermoian, R. (1994). An epigenetic perspective on the development of self-produced locomotion and its consequences. *Current Directions in Psychological Science*, *3*, 140-145.

Bertenthal, B., & Pinto, J. (1993). Complementary processes in the perception and production of human movements. In L. Smith & E. Thelen (Eds.), *A dynamic systems approach to development: Applications* (pp. 209-239). Cambridge: MIT Press.

Berthier, N., DeBlois, S., Poirer, C., Novack, M., & Clifton, R. (2000). Where's the ball? Two- and three-year olds reasons about unseen events. *Developmental Psychology*, *36*, 394-401.

Berthoz, A. (2000). *The brain's sense of movement*. Cambridge: Harvard University Press.

Bigelow, A. (1992). Locomotion and search behavior in blind infants. *Infant Behavior and Development*, *15*, 179-189.

Blakemore, S-J., Wolpert, D., & Firth, C. (2000). Why can't you tickle yourself? *Neuro Report*, *11*, R11-R16.

Bloch, H. (1990). Structure and function of early sensorymotor coordinations. In H. Bloch & B. Bertenthal (Eds.), *Sensorymotor organization and development in infancy and early childhood* (pp. 163-178). New York: Kluwer Academic.

Bloom, L. (1993). *Language development from two to three*. New York: Cambridge University Press.

Bloom, P., & German, T. (2001). Two reasons to abandon the false belief task as a test of theory of mind. *Cognition, 77*, B25-B31.

Bogartz, R., & Shinsky, J. (1998). On the perception of partially-occluded objects in 6-month-olds. *Cognitive Development, 13*, 141-163.

Boone, T., & Cunningham, J. (1998). Children's decoding of emotion in expressive body movements: The development of cue attunement. *Developmental Psychology, 34*, 1007-1014.

Boroditsky, L. (2000). Metaphoric structuring: Understanding time through spatial metaphors. *Cognition, 75*, 1-28.

Boroditsky, L. (2001). Does language shape thought? English and Mandarin speakers'conception of time. *Cognitive Psychology, 43*, 1-22.

Boroditsky, L., & Ramscar, M. (2002). The roles of body and mind in abstract thought. *Psychological Science, 13*, 185-189.

Boschker, M., Bakker, F., & Michaels, C. (2002). Effect of mental imagery in realizing affordances. *Quarterly Journal of Experimental Psychology, 55A*, 775-792.

Botvinick, J., & Cohen, J. (1998). Rubber hands 'feel' touch that eyes see. *Nature, 391*, 756.

Bourdieu, P. (1977). *Outline of a theory of practice*. New York: Cambridge University Press.

Bower, G., Black, J., & Turner, T. (1979). Scripts in memory for texts. *Cognitive Psychology, 11*, 177-220.

Brandt, S., & Stark, L. (1997). Spontaneous eye movements during visual imagery reflects the contents of the visual scene. *Journal of Cognitive Neuroscience, 9*, 27-38.

Brass, M., Bekkering, H., Wohlschlager, A., & Prinz, W. (2000). Compatibility 6 between observed and executed finger movements: Comparing symbolic, spatial, and imitative cues. *Brain & Cognition, 44*, 124-143.

Brecht, M., Singer, W., & Engel, A. (1998). Correlation analysis of corticotectal interactions in the cat visual system. *Journal of Neurophysiology, 79*, 2394-2407.

Bridgeman, B. (1983). Mechanisms of space constancy. In A. Hein & M. Jeannerod (Eds.), *Spatially-oriented behavior* (pp. 263-279). New York: Springer.

Bridgeman, B. (2000). Interaction between vision for perception and vision for behavior. In Y. Rossetti & A. Revonsuo (Eds.), *Interaction between dissociated implicit and explicit processing* (pp. 17-40). Amsterdam: Benjamins.

Bridgeman, B., Kirch, M., & Sperling, A. (1981). Segregation of cognitive and motororiented systems of visual position perception. *Perception & Psychophysics, 29*, 336-42.

Bridgeman, B., Lewis, S., Heit, G., & Nagle, M. (1979). Relations between cognitive and motor-oriented systems of visual position perception. *Journal of Experimental Psychology: Human Perception and Performance, 5*, 692-700.

Bridgeman, B., Peery, S., & Anand, S. (1997). Interaction of cognitive and sensorimotor maps of visual space. *Perception & Psychophysics, 59*, 456-469.

Bridges, K., & Goldberg, D. (1992). Somatization in primary health care: Prevalence and determinants. In B. Cooper & R. Eastwood (Eds.), *Primary health care and psychiatric epidemiology* (pp. 341-350). London: Routledge.

Brighton, V., Segal, A., Werther, P., &Steiner, J. (1977). Facial expression and hedonic response to taste stimuli. *Journal of Dental Research, 56*, B161.

Brooks, L. (1968). Spatial and verbal components of the act of recall. *Canadian Journal of Psychology, 22*, 349-368.

Brooks, R. (1991). Intelligence without representations. *Artificial Intelligence, 47*, 139-159.

Brooks, R. (2002). *Flesh and machine: How robots will change us*. New York: Pantheon.

Browder, J., & Gallagher, J. (1948). Dorsal cordotomy for painful phantom limb. *Annals of Surgery, 128*, 456-469.

Browman, C., & Goldstein, L. (1992). Articulatory phonology: An overview. *Phonetica, 49*, 155-180.

Browman, C., & Goldstein, L. (1995). Dynamics and articulatory phonology. In R. Port &T. van Gelder (Eds.), *Mind as motion: Explorations in the dynamics of cognition* (pp. 175-194). Cambridge: MIT Press.

Brown, J., Collins, A., & Duguid, P. (1989). Situated cognition and the culture of learning. *Educational Researcher, 18*, 32-42.

Brownlow, S., Dixon, A., Egbert, C., & Radcliffe, R. (1997). Perception of movement and dancer characteristics for point-light displays of dance. *Psychological Record, 47*, 411-421.

Brugger, P., Regard, M., & Shiffrar, M. (2000). Hand movement observation in a person born without hands: Is body schema innate? Meeting of the Swiss Neurological Society, London, England, Sept.

Brugman, C., & Lakoff, G. (1988). Cognitive typology and lexical networks. In S. Small, G. Gorrell, & M. Tanenhaus (Eds.), *Lexical ambiguity resolution* (pp. 477-508). Palo Alto: Morgan Kaufman.

Brugman, C., & McCaulay, M. (1986). Interacting semantic systems: Mixtec expressions of location. *Berkeley Linguistic Society, 12*, 315-327.

Bruner, J., Goodnow, J., & Austin, G. (1956). *A study of thinking*. New York: Wiley.

Bruno, N. (2001). Whendoes action resist visual illusions? *Trends in Cognitive Science, 5*, 379-382.

Bryant, D., & Wright, G. (1999). How body asymmetries determine accessibility in spatial function. *Quarterly Journal of Experimental Psychology, 52A*, 487-508.

Bullitt-Jones, M. (1999). *Hunger: A memoir of desire*. New York: Knopf.

Burgess, C. (2000). Theory and operational definitions in computational memory models. *Journal of Memory and Language, 43*, 482-488.

Burgess, C., & Lund, K. (2000). The dynamics of meaning in memory. In E. Dietrich & A. Markman (Eds.), *Cognitive dynamics* (pp. 117-156). Mahwah: Erlbaum.

Burton, G. (1992). Nonvisual judgments of the crossability of path gap. *Journal of Experimental Psychology: Human Perception and Performance, 18*, 698-713.

Butcher, C., & Goldin-Meadow, S. (2000). Gesture and the transition from one- to two-word speech: When hand and mouth come together. In D. McNeil (Ed.), *Language and gesture: Window into thought and action* (pp. 167-191). New York: Cambridge University Press.

Butler, S., Berthier, N., & Clifton, R. (2002). Two-year-olds' search strategies and visual tracking in a hidden displacement task. *Developmental Psychology, 38,* 581-590.

Butterworth, B., & Beattie, G. (1978). Gesture and silence as indicators of planning in speech. In R. Campbell & P. Smith (Eds.), *Recent advances in the psychology of language* (pp. 347-360). New York: Plenum.

Butterworth, B., & Hadar, U. (1989). Gesture, speech, and computational stages: A reply to McNeil. *Psychological Review, 96,* 168-174.

Butterworth, G. (1993). Dynamic approaches to infant perception and action: Old and new theories about the origins of knowledge. In L. Smith & E. Thelen (Eds.), *A dynamic systems approach to development: Applications* (pp. 171-187). Cambridge: MIT Press.

Cacioppo, J., Klein, D., Bernston, G., & Hatsfield, E. (1993). The psychophysiology of emotion. In M. Lewis & J. Haviland (Eds.), *Handbook of emotions* (pp. 119-142). New York: Guilford Press.

Camras, L., Lambrecht, L., & Michel, G. (1996). Infant "surprise" expressions as coordinative motor structures. *Journal of Nonverbal Behavior, 20,* 183-195.

Carlson, R. (1997). *Experienced cognition.* Mahwah: Erlbaum.

Carpenter, P., & Eisenberg, P. (1978). Mental rotation and the frame of reference in blind and sighted individuals. *Perception & Psychophysics, 23,* 117-124.

Carpenter, W. (1874). *Principles of mental physiology, with their applications to the training and discipline of the mind and the study of its morbid conditions.* New York: Appelton.

Carreiras, M., Carriedo, N., Alonso, M., & Fernandez, A. (1997). The role of verb tense and verb aspect in the foregrounding of information during reading. *Memory & Cognition, 25,* 438-446.

Carrera-Levillain, P., & Fernandez-Dols, J-M. (1994). Neutral faces in context: Their emotional meaning and their function. *Journal of Nonverbal Behavior, 18,* 281-289.

Carroll-Phelen, B., & Hampson, P. (1996). Multiple components of the perception of musical sequences: A cognitive neuroscience analysis and some implications for auditory imagery. *Music Perception, 13,* 517-561.

Carver, L., & Bauer, P. (1999). When the event is more than the sum of its parts: 9-month-olds' long-term ordered recall. *Memory, 7,* 147-174.

Cary, M., & Carlson, R. (1999). External support and the development of problemsolving routines. *Journal of Experimental Psychology: Learning, Memory, and Cognition, 25,* 1053-1070.

Case, R. (1992). *The mind's staircase.* Hillsdale: Erlbaum.

Cassell, J., Bickmore, T., Campbell, L., Vihjammsson, H., &Yan, H. (2001). More than just a pretty face: Conversational protocols and the affordances of embodiment. *Knowledge-Based Systems, 14,* 55-64.

Castiello, U. (1996). Grasping a fruit: Selection for action. *Journal of Experimental Psychology: Human Perception & Performance, 23,* 582-603.

Cataldi, S. (1996). *Emotion, depth, and flesh.* Albany: State University of New York Press.

Chalmers, D. (1996). *The conscious mind.* New York: Oxford University Press.

Chambers, D., & Reisberg, D. (1992). What an image depicts depends on what an image means. *Cognitive Psychology, 24,* 145-174.

Chen, Z., Sanchez, R., & Campbell, T. (1997). From beyond to within their grasp: Analogical problem solving in 10- and 13-month-olds. *Developmental Psychology, 33*, 790-801.

Churchland, P. (1984). *Matter and consciousness*. Cambridge: MIT Press.

Churchland, P. (1985). Reduction, qualia, and the direct introspection of brain states. *Journal of Philosophy, 82*, 8-28.

Churchland, P., Ramachandran, V., & Sejinowski, T. (1994). Acritique of pure vision. In C. Koch & J. Davis (Eds.), *Large-scale neuronal theories of the brain* (pp. 23-60). Cambridge: MIT Press.

Cienki, A. (1998). Straight: An image schema and its metaphorical extensions. *Cognitive Linguistics, 9*, 107-149.

Clancey, W. (1997). *Situated cognition: On human knowledge and computer representations*. New York: Cambridge University Press.

Clark, A. (1996). *Being there: Putting brain, body, and world together*. Cambridge: MIT Press.

Clark, A. (1997). The dynamic challenge. *Cognitive Science, 21*, 461-481.

Clark, A. (2003). *Natural-born cyborgs: Minds, technologies, and the future of human intelligence*. New York: Oxford University Press.

Clark, H. (1996). *Using language*. New York: Cambridge University Press.

Clarke, E. (2001). Meaning and the specification of motion in music. *Musicae Scientiae, 5*, 213-234.

Clarke, S., & French, R. (1978). Can congenital amputees achieve academically? *American Corrective Therapy Journal, 32*, 7-11.

Clearfield, M. (2000). The role of locomotor experience in the development of navigational memory. Unpublished Ph. D. dissertation.

Clement, C. (1987). Applying general principles to novel problems as a function of learning history: Abstraction from examples vs. studying general statements. *Dissertation Abstracts International, 48*, 585.

Coccia, M., Bartolini, M., Luzzi, S., Provinciali, L., & Ralph, M. (2004). Semantic memory is an amodal, dynamic system: Evidence from the interaction of naming and object use in semantic dementia. *Cognitive Neuropsychology, 21*, 515-527.

Cohen, L., & Oakes, L. (1993). How infants perceive a simple causal event. *Developmental Psychology, 29*, 421-433.

Colcombe, S., & Wyer, R. (2001). The role of prototypes in the mental representation of temporally related events. *Cognitive Psychology, 44*, 67-105.

Cole, J. (1995). *Pride and the daily marathon*. Cambridge: MIT Press.

Cole, J. (1997). On "being faceless": Selfhood and facial embodiment. *Journal of Consciousness, 4*, 467-484.

Cole, M., Hood, L., & McDermott, R. (1997). Concepts of ecological validity: Their differing implications for comparative cognition. In M. Cole & Y. Engestroem (Eds.), *Mind, culture, and activity* (pp. 48-58). New York: Cambridge University Press.

Collie, R., & Hayne, H. (1999). Deferred imitation by 6- and 9-month-old infants: More evidence for declarative memory. *Developmental Psychobiology, 35*, 83-90.

Cooper, L., & Shepard, R. (1982). *Mental imagery and their transformations*. Cambridge: MIT Press.

Connell, J. (1989). A colony architecture for an artificial machine. AI Tech Report 1152, MIT AI

Labs, August.

Corballis, M. (1994). Neuropsychology of perceptual functions. In D. Zaidel (Ed.), *Neuropsychology handbook of perception and cognition* (2nd ed.) (pp. 83-104). San Diego: Academic Press.

Corriss, D., & Kose, G. (1998). Action and imagination in the formation of images. *Perceptual and Motor Skills, 87*, 979-983.

Cosmides, L., & Tooby, J. (1997). Dissecting the computational architecture of social inference mechanisms. Characterizing human psychological adaptations. Ciba Foundation symposium, No. 208 (pp. 132-161). New York: Wiley.

Craighero, L. (1996). Grasping a fruit: Selection for action. *Journal of Experimental Psychology: Human Perception and Performance, 22*, 582-603.

Craighero, L., Fadiga, L., Rizzolatti, G., & Umilta, C. (1999). Action for perception: A motor-visual attentional effect. *Journal of Experimental Psychology: Human Perception and Performance, 25*, 1673-1692.

Creem, S., & Proffitt, D. (1998). Two memories for geographical slant: Separation and interdependence of action and awareness. *Psychonomic Bulletin and Review, 5*, 22-36.

Crick, F., & Koch, C. (1996). Whyneurosciencemaybe able to explain consciousness. *Scientific American, 273*, 84-85.

Crott, W., & Cruse, A. (2004). *Cognitive Linguistics.* NewYork: Cambridge University Press.

Csikszentmihalyi, M. (1990). *Flow: The psychology of optimal experience.* New York: Perennial.

Csordas, T. (1994). *Embodiment and experience.* New York: Cambridge University Press.

Cutting, J., Proffitt, D., & Kozlowski, L. (1978). A biomechanical invariant for gait perception. *Journal of Experimental Psychology: Human Perception and Performance, 4*, 357-372.

Damasio, A. (1989). Time-locked multiregional retroactivation: Asystem-level proposal for the neural substrate of recall and recognition. *Cognition, 33*, 25-62.

Damasio, A. (1994). *Descartes' error: Emotion, reason, and the human brain.* New York: G. P. Putnam & Sons.

Damasio, A. (1999). *The feeling of what happens: Body and emotion in the making of consciousness.* New York: Harcourt Brace & Co.

Damasio, A. (2003). *Looking for Spinoza: Joy, sorrow, and the feeling brain.* New York: Harcourt.

Damasio, A., & Damasio, H. (1994). Cortical systems for retrieval of concrete knowledge: The convergence zone framework. In C. Koch & J. Davis (Eds.), *Large-scale neuronal theories of the brain* (pp. 61-74). Cambridge: MIT Press.

Decety, J., & Grezes, J. (1999). Neural mechanisms subserving the perception of human action. *Trends in Cognitive Science, 3*, 172-178.

Decety, J., Grezess, J., Costes, N., Perani, D., Jeannerod, M., Procyk, E., Grassi, F., & Fazio, F. (1997). Brain activity during observation of actions: Influence of action content and subject's strategy. *Brain, 120*, 1763-1777.

Decety, J., Jeannerod, M., & Problanc, C. (1989). The timing of mentally represented actions. *Behavioral Brain Research, 34*, 35-42.

Decety, J., Perani, D., Jeannerod, M., Bettinardi, V., Tadary, B., Woods, R., Mazziotta, J., &Fazio, F.

(1994). Mapping motor representations with PET. *Nature, 371,* 600-602.

DeLoache, J., Uttal, D., & Rosengren, K. (2004). Scale errors offer evidence for a perception-action dissociation early in life. *Science, 304,* 1027-1029.

Dennett, D. (1992). *Consciousness explained.* Boston: Little Brown.

De Rivera, J. (1977). *A structural theory of the emotions.* New York: International Universities Press.

Descartes, R. (1984). *The philosophical writings of Descartes: vol. 2.* New York: Cambridge University Press.

Dewey, J. (1896). The reflex arc concept in psychology. *Psychological Review, 3,* 357-370.

Dewey, J. (1934). *Art as experience.* New York: Minton, Balch.

Dewey, J. (1938). *Logic: The theory of inquiry.* New York: Henry Holt.

Diamond, A. (1991). Neuro-psychological insights into the meaning of object concept development. In S. Carey & R. Gelman (Eds.), *The epigenesis of mind: Essays on biology & cognition* (pp. 67-110). Hillsdale: Erlbaum.

Dijksterhuis, A., & van Knippenberg, A. (1998). The relation between perception and behavior, or how to win a game of Trivial Pursuit. *Journal of Personality and Social Psychology, 74,* 865-877.

Dijksterhuis, A., Bargh, J., & Miedema, J. (2001). Of mice and mackerels: Attention and automatic social behavior. In H. Bless & J. Forgas (Eds.), *Subjective experience in social cognition and behavior* (pp. 37-51). Philadelphia: Psychology Press.

DiPelligrino, G., Fadiga, L., Fogassi, L., Gallese, V., & Rizzolatti, G. (1992). Understanding motor events. *Experimental Brain Research, 91,* 176-180.

diSessa, A. (1993). Toward an epistemology of physics. *Cognition & Instruction, 10,* 105-225.

Dodd, B. (1979). Lipreading in infancy: Attention to speech in and out of synchrony. *Cognitive Psychology, 11,* 478-484.

Doffner, G. (1999). The connectionist route to embodiment and dynamicism. In A. Riegler, M. Peschl, & A. von Stein (Eds.), *Understanding representation in the cognitive sciences: Does representational need reality?* (pp. 23-32). New York: Kluwer.

Donald, M. (2001). *A mind so rare: The evolution of human consciousness.* New York: Norton.

Dorman, M., Studdert-Kennedy, M., & Raphael, L. (1977). Stop-consonant recognition: Release bursts and formant transitions as functionally equivalent, context-dependent cues. *Perception & Psychophysics, 22,* 109-122.

Douglas, M. (1970). *Natural symbols.* New York: Pantheon.

Downing, L. (2000). *Negation, text worlds, and discourse: The pragmatics of fiction.* Mahwah: Erlbaum.

Duclos, S., Laird, J., Schneider, E., Sexter, M., Stern, L., & Van Lighten, O. (1989). Emotion-specific effects of facial expressions and postures on emotional experience. *Journal of Personality and Social Psychology, 57,* 100-108.

Eagle, R. (1985). Deprivation of early sensorimotor experience and cognition in the severely involved cerebral palsy child. *Journal of Autism, and Developmental Disorders, 15,* 269-283.

Edelman, G. (1992). *Bright air, brilliant fire: On the matter of the mind.* New York: Basic Books.

Eimer, M. (1995). Stimulus-response compatibility and automatic response activation: Evidence from psychophysiological studies. *Journal of Experimental Psychology: Human Perception and Performance, 21*, 335-359.

Ekman, P. (1985). *Telling lies: Clues to deceit in the marketplace, politics, and marriage.* New York: Norton.

Ekman, P. (1992). Are there basic emotions? *Psychological Review, 99*, 550-553.

Ekman, P. (1994). Strong evidence for universals in facial expressions: A reply to Russell's mistaken critique. *Psychological Bulletin, 115*, 268-287.

Ekman, P., & Davidson, R. (1994). *The nature of emotions.* New York: Oxford University Press.

Ekman, P., Levenson, R., & Friesen, W. (1983). Autonomic nervous system activity distinguishing among emotions. *Science, 221*, 1208-1210.

Ellis, N., & Hennelly, R. (1980). A bilingual word-length effect: Implications for intelligence testing and the relative ease of mental calculation in Welsh and English. *British Journal of Psychology, 71*, 43-52.

Ellis, R. (1995). *Questioning consciousness.* Amsterdam: Benjamins.

Ellis, R. (2002). Efferent brain processes and the enactive approach to consciousness. *Journal of Consciousness Studies, 7*, 40-52.

Ellis, R., & Tucker, M. (2000). Micro-affordances: The potentiation of components of action by seen objects. *British Journal of Psychology, 91*, 457-471.

Emmorey, K. (2002). *Language, cognition, and the brain: Insights from sign language research.* Mahwah: Erlbaum.

Emmorey, K., Kosslyn, S., & Bellugi, U. (1993). Visual imagery and visual-spatial language: Enhanced imagery abilities in deaf and hearing ASL signers. *Cognition, 46*, 139-181.

Engelkamp, J. (1998). *Memory for actions.* Hove: Psychology Press.

Engelkamp, J., & Zimmer, H. (1984). Motor programme information as a separable unit. *Psychological Research, 46*, 283-297.

Epstein, W. (1973). The process of 'taking-into-account' in visual perception. *Perception, 2*, 267-285.

Farah, M., Hammond, K., Levine, D., & Calvanio, R. (1988). Visual and spatial mental imagery: Dissociable systems of representation. *Cognitive Psychology, 20*, 439-462.

Farah, M., & McClelland, J. (1991). A computational model of semantic memory impairment: Modality specificity and emergent category-specificity. *Journal of Experimental Psychology: General, 120*, 339-357.

Farnell, B. (1995). *Do you see what I mean? Plains Indian sign talk and the embodiment of action.* Austin: University of Texas Press.

Feldman, J., & Narayanan, S. (2004). Embodiment in a neural theory of language. *Brain & Language, 89*, 385-392.

Fernandez-Dols, J-M., & Carrera, P. (1994). Neutral faces in context: Their emotional meaning and their function. *Journal of Nonverbal Behavior, 11*, 287-299.

Fernandez-Dols, J-M., & Ruiz-Belda, M. (1995). Are smiles signs of happiness? Gold medal winners at the Olympic games. *Journal of Personality and Social Psychology, 69*, 1113-1119.

Fernandez-Dols, J.-M., Carrera, P., Casado, C. (2002). The meaning of expression: Views from art and other sources. In L. Anolli, R. Ciceri, & G. Riva (Eds.), *Say not to say: New perspectives on miscommunication* (pp. 117-134). Amsterdam: IOS Press.

Ferrara, K. (1994). *Therapeutic ways with words.* New York: Oxford.

Fery, J-C. (2003). Differentiating visual and kinesthetic imagery in mental practice. *Canadian Journal of Experimental Psychology, 57,* 1-10.

Fillmore, C. (1982). Frame semantics. In Linguistic Society of Korea (Ed.), *Linguistics in the morning calm* (pp. 111-138). Hansin, Seoul.

Finke, R. (1989). *Principles of mental imagery.* Cambridge: MIT Press.

Finke, R., & Freyd, J. (1985). Transformations of visual memory induced by implied motions of pattern elements. *Journal of Experimental Psychology: Learning, Memory, and Cognition, 11,* 780-794.

Finke, R., Freyd, J., & Shyi, G. (1986). Implied velocity and acceleration induce transformations of visual memory. *Journal of Experimental Psychology: General, 115,* 175-188.

Fisher, S. (1990). The evolution of psychological concepts about the body. In T. Cash & T. Pruzinsky (Eds.), *Body images: Development, deviance, and change* (pp. 3-20). New York: Guilford.

Fitzpatrick, P., Carello, C., Schmidt, R., & Corey, D. (1994). Haptic and visual perception of an affordance for upright posture. *Ecological Psychology, 6,* 265-288.

Flanagan, O. (2002). *The problem of the soul: Two visions of mind and how to reconcile them.* New York: Basic Books.

Flanagan, R., & Beltzer, M. (2000). Independence of perceptual and sensorimotor prediction in the size-weight illusion. *Nature Neuroscience, 3,* 737-741.

Flanagan, R., King, S., Wolpert, D., & Johansson, R. (2001). Sensorimotor prediction and memory in object manipulation. *Canadian Journal of Experimental Psychology, 55,* 87-95.

Fletcher, C., van den Broek, P., & Arthur, E. (1996). A model of narrative comprehension and recall. In B. Britton & A. Graesser (Eds.), *Models of understanding text* (pp. 142-164). Mahwah: Erlbaum.

Fletcher, R. (1994). Levels of representation in memory for discourse. In M. Gernsbacher (Ed.), *Handbook of psycholinguistics* (pp. 589-608). San Diego: Academic Press.

Flores d'Arcais, G., & Schreuder, R. (1982). Semantic activation during object naming. *Psychological Research, 49,* 153-159.

Fodor, J. (1983). *The modularity of mind.* Cambridge: MIT Press.

Fogel, A., & Hannan, T. (1985). Manual actions of nine- to fifteen-week-old human infants during face-to-face interactions with their mothers. *Child Development, 56,* 1271-1279.

Foster, D. (1983). Visual discrimination, categorical identification, and categorical rating in brief displays of curved lines: Implications for discrete encoding processes. *Journal of Experimental Psychology: Human Perception and Performance, 9,* 785-806.

Foster, J., & Strack, F. (1996). Influence of overt head movement on memory for valenced words: A case of conceptual-motor compatibility. *Journal of Personality and Social Psychology, 71,* 421-430.

Fowler, C. (1986). An event approach to the study of speech perception from a direct-realist perspective. *Journal of Phonetics, 14,* 3-28.

Fowler, C. (1987). Perceivers as realists, talkers too: Commentary on papers by Strange, Diehl et al., and Rakerd and Verbrugge. *Journal of Memory & Language, 26,* 574-587.

Fowler, C. (1994). Auditory "objects" - The role of motor activity in auditory perception and speech perception. In K. Pribram (Ed.), *Origins: Brain and self-organization* (pp. 593-603). Hillsdale: Erlbaum.

Fowler, C., & Rosenblum, D. (1991). The perception of phonetic gestures. In I. Mattingly & M. Studdert-Kennedy (Eds.), *Modularity and the motor theory of speech perception* (pp. 33-59). Hillsdale: Erlbaum.

Franz, V., Gegenfurtner, K., Buelthoff, H., & Fahle, M. (2000). Grasping visual illusions: No evidence for a dissociation between perception and action. *Psychological Science, 11,* 20-25.

Freeman, N., Lloyd, S., & Sinha, C. (1980). Infant search tasks reveal early concepts of containment and canonical usage of objects. *Cognition, 8,* 243-262.

Freeman, W. (1991). The physiology of perception. *Scientific American, 264,* 78-87.

Freeman, W. (2001). *How brains make up their minds.* New York: Columbia University Press.

Freyd, J. (1987). Dynamic mental representation. *Psychological Review, 94,* 429-438.

Freyd, J., & Finke, R. (1984). Representational momentum. *Journal of Experimental Psychology: Learning, Memory, and Cognition, 10,* 126-132.

Freyd, J., & Finke, R. (1985). A velocity effect for representational momentum. *Bulletin of the Psychonomic Society, 23,* 443-446.

Freyd, J., & Johnson, J. (1987). Probing the time course of representational momentum. *Journal of Experimental Psychology: Learning, Memory, and Cognition, 10,* 126-132.

Freyd, J., & Jones, K. (1994). Representational momentum for a spiral path. *Journal of Experimental Psychology: Learning, Memory, and Cognition, 20,* 968-976.

Freyd, J., Kelly, M., & DeKay, M. (1990). Representational momentum in memory for pitch. *Journal of Experimental Psychology: Learning, Memory, and Cognition, 16,* 1107-1117.

Freyd, J., & Pantzer, T. (1995). Static patterns moving in the mind. In S. Smith, T. Ward, & R. Finke (Eds.), *The creative cognition approach* (pp. 181-204). Cambridge: MIT Press.

Freyd, J., Pantzer, T., & Cheng, J. (1988). Representing statics as forces in equilibrium. *Journal of Experimental Psychology: General, 117,* 395-407.

Friberg, A., & Sundberg, J. (1994). Does music performance allude to locomotion? A model of final ritardandi derived from measurements of stopping runners. *Journal of the Acoustical Society of America, 105,* 1469-1484.

Friberg, A., & Sundberg, J. (1999). Does music performance allude to locomotion? A model of final ritardandi derived from measurements of stopping runners. *Journal of the Acoustical Society of America, 105,* 1469-1484.

Friberg, A., Sundberg, J., & Fryden, L. (2000). Music for motion: Sound level envelopes of tones expressing human locomotion. *Journal of New Music Research, 24,* 199-210.

Fridlund, A. (1994). *Human facial expression.* San Diego: Academic Press.

Friedman, R., & Forster, J. (2000). The effect of approach and avoidance motor actions on the elements of creative insight. *Journal of Personality and Social Psychology, 79*, 477-492.

Frith, C., Blakemore, S., & Wolport, D. (2000). Explaining the symptoms of schizophrenia: Abnormalities in the awareness of action. *Brain Research Reviews, 31*, 357-363.

Gainotti, G., Silveri, M., Daniele, A., & Giustolisi, L. (1995). Neuroimagining correlates of category-specific semantic disorders: A critical survey. *Memory, 3*, 247-264.

Gallagher, S. (1995). Body schema and intentionality. In J. L. Bermudez & A. Marcel (Eds.), *The body and self* (pp. 225-244). Cambridge: MIT Press.

Gallagher, S. (2001). The practice of mind: Theory, simulation, or primary interaction? *Journal of Consciousness Studies, 8*, 83-103.

Gallagher, S., & Marcel, A. (1999). The self in contextualized action. *Journal of Consciousness Studies, 6*, 212-228.

Gallagher, S., & Meltzoff, A. (1996). The emerging sense of self and others: Merleau-Ponty and recent evelopmental studies. *Philosophical Psychology, 9*, 211-233.

Gallese, V. (2000). The inner sense of action: Agency and motor representations. *Journal of Consciousness Studies, 7*, 23-40.

Gallese, V., Ferari, P., & Umilta, M. (2002). The mirror matching system: A shared manifold for intersubjectivity. *Behaviorial and Brain Sciences, 25*, 35-36.

Gallese, V., & Goldman, A. (1998). Mirron neurons and the simulation theory of mind reading. *Trends in Cognitive Science, 2*, 439-450.

Gardner, H. (1983). *Frames of mind: The theories of multiple intelligences*. New York: Basic Books.

Gardner, H. (1985). *The mind's new science: A history of the cognitive revolution*. New York: Basic Books.

Gardner, R., Martinez, R., & Sandoval, Y. (1987). Obesity and body image: An evaluation of sensory and non-sensory components. *Psychological Medicine, 17*, 927-932.

Garrod, S., & Sanford, A. (1985). On the real-time character of interpretation during reading. *Language and Cognitive Processes, 1*, 43-61.

Garry, M., & Polaschik, D. (2000). Imagination and memory. *Current Directions in Psychological Science, 9*, 6-10.

Geeraerts, D. (1993). Vagueness's puzzles, polysemy's vagueness. *Cognitive Linguistics, 4*, 223-272.

Geeraerts, D. (1997). *Diachronic prototype semantics: A contribution to historical lexicography*. Oxford: Clarendon.

Geertz, C. (1979). *Meaning and order in Morocan society*. New York: Cambridge University Press.

Gelman, R. (1991). Epigenetic foundations of knowledge structures: Initial and transcendent construction. In S. Carey & R. Gelman (Eds.), *Epigenesis of mind: Essays in biology and cognition* (pp. 293-322). Hillsdale: Erlbaum.

Gelman, R., Durgin, F., & Kaufman, L. (1995). Distinguishing between animates and inanimates: Not by motion alone. In D. Sperber & D. Premack (Eds.), *Causal cognition* (pp. 150-184). New York: Oxford University Press.

Gentner, D., Imai, M., & Boroditsky, L. (2002). As time goes by: Understanding time as spatial metaphor. *Language and Cognitive Processes, 17*, 537-565.

Georgopoulos, A., Lurito, J., Petrides, M., Schwartz, A., & Massey, J. (1989). Mental rotation of the neuronal population vector. *Science, 243*, 234-236.

Gergely, G., Nadasdy, Z. Csiba, G., & Biro, S. (1995). Taking the intentional stance at 12 months of age. *Cognition, 56*, 165-193.

Gergely, G., & Watson, J. (1999). Early socio-emotional development: Contingency perception and the social-biofeedback model. In P. Rochat (Ed.), *Early social cognition: Understanding others in the first months of life* (pp. 101-136). Mahwah: Erlbaum.

Gergen, K. (1991). *The saturated self.* New York: Basic Books.

Gerlach, C., Law, I., & Paulson, O. (2002). When action turns into words: Activation of motor-based knowledge during categorization of manipulable objects. *Journal of Cognitive Neuroscience, 14*, 1230-1239.

Geurts, K. (2002). *Culture and the senses: Bodily ways of knowing in an African community.* Berkeley: University of California Press.

Gibbs, R. (1994). *The poetics of mind: Figurative thought, language, and understanding.* New York: Cambridge University Press.

Gibbs, R. (1996). Why many concepts are metaphorical. *Cognition, 61*, 309-319.

Gibbs, R. (1999a). *Intentions in the experience of meaning.* New York: Cambridge University Press.

Gibbs, R. (1999b). Moving metaphor out of the head and into the cultural world. In R. Gibbs & G. Steen (Eds.), *Metaphor in cognitive linguistics* (pp. 145-166). Amsterdam: Benjamins.

Gibbs, R., Beitel, D., Harrington, M., & Sanders, P. (1994). Taking a stand on the meanings of "stand": Bodily experience as motivation for polysemy. *Journal of Semantics, 11*, 231-251.

Gibbs, R., & Berg, E. (2002). Mental imagery and embodied activity. *Journal of Mental Imagery, 26*, 1-30.

Gibbs, R., & Franks, H. (2002). Embodied metaphor in women's narratives about their experiences with cancer. *Health Communication, 14*, 139-165.

Gibbs, R., Lima, P., & Francuzo, E. (2004). Metaphor in thought and language is grounded in embodied experience. *Journal of Pragmatics, 36*, 1189-1210.

Gibbs, R., & Matlock, T. (2000). Psycholinguistics and mental representations. *Cognitive Linguistics, 10*, 263-269.

Gibbs, R., & O'Brien, J. (1990). Idioms and mental imagery: The metaphorical motivation for idiomatic meaning. *Cognition, 36*, 35-68.

Gibbs, R., Strom, L., & Spivey-Knowlton, M. (1997). Conceptual metaphor in mental imagery for proverbs. *Journal of Mental Imagery, 21*, 83-110.

Gibbs, R., & Tenney, Y. (1980). The concept of scripts in understanding stories. *Journal of Psycholinguistic Research, 9*, 275-284.

Gibbs, R., & van Orden, G. (2003). Are emotional expressions intentional? A selforganizational approach. *Consciousness & Emotion, 4*, 1-16.

Gibson, E. (1988). Exploratory behavior in the development of perceiving, acting, and the acquiring of knowledge. *Annual Review of Psychology, 39*, 1-41.

Gibson, J. (1962). Observations on active touch. *Psychological Review, 69*, 477-490.

Gibson, J. (1966). *The senses considered as perceptual systems.* Boston.

Gibson, J. (1968). What gives rise to the perception of motion? *Psychological Review, 57*, 335-346.

Gibson, J. (1979). *The ecological approach to visual perception.* Boston: Houghton Mifflin.

Gilbert, A., Fridlund, A., & Sabini, J. (1987). Hedonic and social determinants of facial displays to odors. *Chemical Senses, 12*, 355-363.

Glenberg, A. (1997). What is memory for? *Behavioral and Brain Sciences, 20*, 1-55.

Glenberg, A. (1999). Why mental models need to be embodied. In G. Rickert & C. Habel (Eds.), *Mental models in discourse processing* (pp. 77-90). Amsterdam: Elsevier.

Glenberg, A., & Robertson, D. (2000). Symbol grounding and meaning: A comparison of high-dimensional and embodied theories of meaning. *Journal of Memory and Language, 43*, 379-401.

Glenberg, A., Meyer, M., & Lindem, K. (1987). Mental models contribute to foregrounding during text comprehension. *Journal of Memory and Language, 26*, 69-83.

Glenberg, A., Schroeder, J., & Robertson, D. (1998). Averting the gaze disengages the environment and facilitates remembering. *Memory & Cognition, 26*, 651-658.

Glucksberg, S. (2001). *Understanding figurative language.* New York: Oxford University Press.

Glucksberg, S. (2002). Emotion language: A new synthesis? *Contemporary Psychology, 47*, 764-766.

Glucksberg, S., Brown, M., & McGlone, M. (1993). Conceptual metaphors are not automatically accessed during idiom comprehension. *Memory & Cognition, 21*, 711-719.

Glucksberg, S., & Keysar, B. (1990). Understanding metaphorical comparisons: Beyond similarity. *Psychological Review, 97*, 3-18.

Goff, L., & Roediger, H. (1998). Imagination inflation for action events: Repeated imaginings leads to illusory recollection. *Memory & Cognition, 26*, 20-33.

Goffman, E. (1959). *The presentation of self in everyday life.* New York: Doubleday.

Goffman, E. (1976). Response cries. *Language, 54*, 787-815.

Goldap, C. (1992). Morphology and semantics of Yucatec space relators. *Zeitschrift für Phonetik, Sprachwissenschaft und Kommunikationsforschung, 45*, 612-625.

Goldberg, A. (1995). *Constructions.* Chicago: University of Chicago Press.

Goldfield, E. (1993). Dynamic systems in development: Action systems. In L. Smith & E. Thelen (Eds.), *A dynamic systems approach to development: Applications* (pp. 51-70). Cambridge: MIT Press.

Goldie, P. (2000). Explaining expressions of emotion. *Mind, 109*, 25-38.

Goldinger, S. (1998). Echoes of echoes? An episodic theory of lexical access. *Psychological Review, 105*, 251-279.

Goldman, A. (1970). *A theory of action.* Englewood Cliffs: Prentice-Hall.

Goodale, M., & Humphrey, G. (1998). The objects of action and perception. *Cognition, 67*, 181-207.

Goodale, M., & Murphy, K. (2000). Space and the brain: Different neural substrates for allocentric and egocentric forms of reference. In T. Metzinger (ed.), *Neural correlates of consciousness* (pp. 189-202). Cambridge: MIT Press.

Goodwin, C. (1981). *Conversational organization: Interaction between speakers and hearers*. New York: Academic Press.

Goossens, L., Pauwels, B., Rudzka-Ostyn, M., Simon-Venderberger, J., & Varpays, J. (1995). *By word of mouth: Metaphor, metonymy, and linguistic action in a cognitive perspective*. Amsterdam: Benjamins.

Gorfein, D. (2001). *On the consequences of meaning selection: Principles of resolving lexical ambiguity*. Washington: APA Books.

Gottlieb, F. (2002). On the epigenetic evolution of species-specific perception: The developmental manifold concepts. *Cognitive Development, 17,* 1287-1310.

Gouin-Decarie, T. (1969). A study of the mental and emotional development of the thalidomide child. In B. Foss (Ed.). *Determinants of infant behavior* (pp. 167-187). London: Methuen.

Grady, J. (1997). Theories are buildings revisited. *Cognitive Linguistics, 8,* 267-290.

Grady, J. (1999). A typology of motivation for conceptual metaphor: Correlation vs. resemblance. In R. Gibbs & G. Steen (Eds.), *Metaphor in cognitive linguistics* (pp. 79-100). Amsterdam: Benjamins.

Graesser, A., Singer, M., & Trabasso, T. (1994). Constructing inferences during narrative text comprehension. *Psychological Review, 101,* 371-395.

Graesser, A., Woll, S., Kowalski, D., & Smith, D. (1980). Memory for typical and atypical actions in scripted activities. *Journal of Experimental Psychology: Human Learning and Memory, 6,* 503-515.

Grafton, S., Fadiga, L., Arbib, M., & Rizzolatti, G. (1997). Premotor cortex activation during observation and naming of familiar tools. *Neuroimage, 6,* 231-236.

Granott, N., & Paziale, J. (2002). *Microdevelopment: Transition processes in development and learning*. New York: Cambridge University Press.

Green, D. (2001). Understanding microworlds. *Quarterly Journal of Experimental Psychology, 54A,* 879-911.

Greenberg, J. (1978). *Universals of human language: Vol. 3*. Stanford: Stanford University Press.

Greene, R., & Samuel, A. (1986). Recency and suffix effects in serial recall of musical stimuli. *Journal of Experimental Psychology: Learning, Memory and Cognition, 12,* 517-524.

Gregory, R., & Wallace, J. (1963). *Recovery from early blindness: A case study*. Monograph No. 2. Experimental Psychology Society.

Grezes, J., & Decety, J. (2001). Functional anatomy of execution, mental simulation, observation, and verb generation of actions: A meta-analysis. *Human Brain Mapping, 12,* 1-19.

Grush, R. (2004). The emulation theory of representation: Motor control, imagery, and perception. *Behavioral and Brain Science, 27,* 377-396.

Hadamard, J. (1945). *The psychology of invention in the mathematical field*. Princeton: Princeton University Press.

Hadar, U. (1989). Two types of gesture and their role in speech production. *Journal of Language and Social Psychology, 8,* 221-228.

Hadar, U., Wenkert-Olenik, D., Krauss, R., &Soroker, N. (1998). Gesture and the processing of speech: Neuropsychological evidence. *Brain & Language, 62,* 107-126.

Haith, M. (1997). The development of future thinking as essential for the emergence of skill in planning. In S. Friedman & Scholnick (Eds.), *The developmental psychology of planning: Why, how, and when do we plan?* (pp. 25-42). Mahwah: Erlbaum.

Halff, H., Ortony, A., & Anderson, R. (1976). A context-sensitive representation of word meaning. *Memory & Cognition, 4,* 378-384.

Hall, C., Bernoties, L., & Schmidt, D. (1995). Interference effects of mental imagery on a motor task. *British Journal of Psychology, 86,* 181-190.

Hamilton, E., & Cairns, H. (1961). *Plato: The collected dialogues.* Princeton: Princeton University Press.

Hanna, E., & Meltzoff, A. (1993). Peer imitation by toddlers in laboratory and daycare contexts: Implications for social learning and memory. *Developmental Psychology, 29,* 701-717.

Hanrahan, C., Tetreau, B., & Sarrazin, C. (1995). Use of imagery while performing dance movement. *International Journal of Sport Psychology, 26,* 413-430.

Hardy, L., & Callow, N. (1999). Efficacy of external and internal visual imagery perspectives for the enhancement of performances on tasks in which form is important. *Journal of Sport and Exercise Psychology, 21,* 95-112.

Harker, J., &Wierzbicka, A. (2001). *Emotion in crosslinguistic perspective.* New York: Mouton de Gruyter.

Harman, K., Humphrey, G., & Goodale, M. (1999). Active manual control of object views facilitate object recognition. *Current Biology, 9,* 1315-1318.

Harnad, S. (1990). The symbol grounding problem. *Physica D, 42,* 335-346.

Hatano, G., & Osawa, K. (1983). Digit memory of grand experts in abacus-derived mental calculation. *Cognition, 5,* 47-53.

Hatfield, E., Cacioppo, J., & Rapsom, R. (1992). Primitive emotional contagion. In M. Clark (Ed.), *Review of personality and social psychology:* Vol. 14. *Emotion and social behavior* (pp. 151-177). Newbury Park: Sage.

Hatsopoulos, N., & Warren, W. (1996). Resonance tuning in rhythmic arm movements. *Journal of Motor Behavior, 28,* 3-14.

Healey, A. (1982). Short-term memory for order information. In G. Bower (Ed.), *The psychology of learning and motivation: Vol. 16* (pp. 191-238). New York: Academic Press.

Hecht, H., Vogt, S., & Prinz, W. (2001). Motor learning enhances perceptual judgment: A case for action-perception transfer. *Psychological Research, 65,* 3-14.

Heidegger, M. (1962). *Being and time.* New York: Harper & Row.

Heine, B. (1989). Adpositions in African languages. *Linguistique Africaine, 2,* 77-127.

Heine, B. (1997). *Cognitive foundations of grammar.* New York: Oxford University Press.

Heine, B., Ulrike, C., & Hunnemeyer, F. (1991). *Grammaticalization: A conceptual framework.* Chicago: University of Chicago Press.

Heller, J. (1961). *Catch-22.* New York: Knopf.

Hemingway, E. (1960). *The collected poems of Ernest Hemingway.* San Francisco: Pirated Edition.

Henderson, W., & Smyth, G. (1948). Phantom limbs. *Journal of Neurology, Neurosurgery, Psychiatry, 11*, 88-117.

Heptulla-Chatterjee, S., Freyd, J., & Shiffrar, M. (1996). Configural processing in the perception of apparent biological motion. *Journal of Experimental Psychology: Human Perception and Performance, 22*, 916-929.

Hermer, L., & Spelke, E. (1994). A geometric process for spatial reorientation in young children. *Nature, 370*, 57-59.

Hertenstein, M. (2002). Touch: Its communicative function in infancy. *Human Development, 45*, 70-94.

Hewes, G. (1983). The invention of phonemically-based language. In E. de Grolier (Ed.), *Glossogenetics: The origins and evolution of language* (pp. 143-162). Paris: Harwood Publishers.

Heywood, C., & Kentridge, R. (2000). Affective blindsight? *Trends in Cognitive Sciences, 4*, 125-126.

Hohmann, G. (1966). Some effects of spinal cord lesions on experienced emotional feelings. *Psychophysiology, 3*, 143-156.

Hommel, B. (1995). Stimulus-response compatibility and the Simon effect: Toward an empirical clarification. *Journal of Experimental Psychology: Human Perception and Performance, 21*, 764-775.

Hommel, B. (1996). S-R compatibility effects without response uncertainty. *Quarterly Journal of Experimental Psychology, 49A*, 546-571.

Hommel, B., Musseler, J., Aschersleben, G., & Prinz, W. (2001). The theory of event coding (TEC): A framework for perception and action planning. *Behavorial and Brain Sciences, 24*, 849-937.

Hornstein, S., & Mulligan, N. (2001). Memory of action events: The role of objects in memory of self- and other-performed tasks. *American Journal of Psychology, 114*, 199-217.

Howes, D. (2003). *Sensual relations: Engaging the senses in culture and social theory*. Ann Arbor: University of Michigan Press.

Hubbard, T. (1990). Cognitive representation of linear motion: Possible direction and gravity effects in judged displacement. *Memory & Cognition, 18*, 299-309.

Hubbard, T. (1995). Cognitive representations of motion: Evidence for friction and gravity analogues. *Journal of Experimental Psychology: Learning, Memory, and Cognition, 21*, 241-254.

Hubbard, T. (1996). Representational momentum, centripetal force, and curvilinear impetus. *Journal of Experimental Psychology: Learning, Memory, and Cognition, 22*, 1049-1062.

Hubbard, T. (1999). How consequences of physical properties influence mental representation: The environmental invariants hypothesis. In P. Killeen&W. Uttal (Eds.), *Fechner Day 99: The end of 20th-century psychophysics, Proceedings of the 15th annual meeting of the International Society for Psychophysics* (pp. 274-279). Tempe: International Society for Psychophysics.

Hubbard, T., & Bharacha, J. (1988). Judged displaced in apparent vertical and horizontal motion. *Perception & Psychophysics, 44*, 211-221.

Humphrey, N. (1974). Vision in a monkey without striate cortex: A case study. *Perception, 3*, 241-255.

Hupka, R., Zaleski, Z., Otto, J., Reidl, L., & Tarabrina, N. (1996). Anger, envy, fear, and jealousy as felt in the body: A five-nation study. *Cross-Cultural Research, 30,* 243-264.

Husserl, E. (1977). *Phenomenological psychology.* The Hague: Martinus Nijhoff.

Husserl, E. (1980). *Ideas pertaining to a pure phenomenology and to a phenomenological philosophy.* Boston: Kluwer Academic.

Hutchins, E. (1995). *Cognition in the wild.* Cambridge: MIT Press.

Hutchinson, W., Davis, K., Lozano, A, Tasker, R., & Dostrovsky, J. (1999). Painrelated neurons in the human cingulated cortex. *Nature Neuroscience, 2,* 403-405.

Iacoboni, M., Woods, R., & Mazziotta, J. (1998). Brain-behavior relationships: Evidence from practice effects or spatial stimulus-response compatibility. *Journal of Neurophysiology, 76,* 321-331.

Intos-Peterson, M., & Roskos-Ewoldsen, B. (1989). Sensory-perceptual qualities of images. *Journal of Experimental Psychology: Learning, Memory, & Cognition, 15,* 188-199.

Ito, M. (1993). Movement and thought: Identical control mechanisms by the cerebellum. *Trends in Neuroscience, 16,* 448-450.

Ito, M. (1999). Imagined movement and response programming. *Journal of Mental Imagery, 23,* 71-84.

Iverson, J., & Thelen, E. (1999). Hand, mouth, and brain: The dynamic emergence of speech and gesture. *Journal of Consciousness Studies, 11-12,* 19-40.

Ivry, R., & Fiez, J. (2000). Cerebellum contributions to cognition and imagery. In M. Gazzaniga (Ed.), *The new cognitive neuroscience* (pp. 999-1011). New York: Plenum.

Jackendoff, R. (1987). *Consciousness and the computational mind.* Cambridge: MIT Press.

Jackendoff, R., & Aron, D. (1991). Review of G. Lakoff & M. Turner, More than cool reason: A filed guide to poetic metaphor. *Language, 67,* 320-338.

Jackson, F. (1982). Epiphenomenal qualia. *Philosophical Quarterly, 32,* 127-136.

Jackson, F. (1986). What Mary didn't know. *Journal of Philosophy, 83,* 291-295.

Jackson, J. (1994). Chronic pain and the tension between the body as subject and object. In T. Csordas (Ed.), *Embodiment and experience* (pp. 201-228). New York: Cambridge University Press.

Jacobson, E. (1932). Electrophysiology of mental activities. *American Journal of Psychology, 44,* 677-694.

James, K., Humphrey, K., & Goodale, M. (2001). Manipulating and recognizing virtual objects: Where the action is. *Canadian Journal of Experimental Psychology, 55,* 111-120.

James, W. (1890). *The principles of psychology.* New York: MacMillan.

James, W. (1892). *Psychology: Briefer course.* Cambridge: Harvard University Press.

James, W. (1895). The knowing of things together. *Psychological Review, 2,* 105-124.

Jarvella, R., & Collas, J. (1974). Memory for the intentions of sentences. *Memory & Cognition, 2,* 185-188.

Jeannerod, M. (1994). The representing brain: Neural correlates of motor intention and imagery. *Behaviorial and Brain Sciences, 17,* 187-245.

Jeannerod, M. (1995). Mental imagery in the motor cortex. *Neuropsychologica, 33,* 1419-1432.

Jeannerod, M. (1999). To act or not to act: Perspectives in the representation of action. *Quarterly*

Journal of Experimental Psychology: Human Experimental Psychology, 52, 1-29.

Johansson, G. (1973). Visual perception of biological motion and a model for its analysis. *Perception and Psychophysics, 14*, 201-211.

Johnson, M. (1987). *The body in the mind.* Chicago: University of Chicago Press.

Johnson, M. (1991). Knowing through the body. *Philosophical Psychology, 4*, 3-20.

Johnson, M. (1993). Conceptual metaphor and embodied structures of meaning. *Philosophical Psychology, 6*, 413-422.

Johnson, S. (2000). Thinking ahead: The case for motor imagery in prospective judgments of prehension. *Cognition, 74*, 33-70.

Juarrero, A. (1999). *Dynamics in action: Intentional behavior as a complex system.* Cambridge: MIT Press.

Jusczyk, P. (1995). Infants' detection of the sound patterns of words in fluent speech. *Cognitive Psychology, 29*, 1-23.

Kaczmarek, K., & Bach-y-Rita, P. (1995). Tactile displays. In W. Barfield & T. Furness (Eds.), *Virtual environments and advanced interface design* (pp. 349-414). New York: Oxford University Press.

Kaiser, M., & Proffitt, D. (1987). Observers' sensitivity to dynamic anomalies in collision. *Perception and Psychophysics, 42*, 275-280.

Kalnins, I., & Bruner, J. (1973). The coordination of visual observation and instrumental behavior in early infancy. *Perception, 2*, 307-314.

Kandel, S., Orliaguet, J. P., & Viviani, P. (2000). Perceptual anticipation in handwriting: The role of implicit motor competence. *Perception & Psychophysics, 62*, 706-716.

Kant, I. (1787/1927). *Immanuel Kant's Critique of pure reason: In commemoration of the centenary of its first publication.* New York: MacMillan.

Karmiloff-Smith, A. (1992). *Beyond modularity: A developmental perspective on cognitive science.* Cambridge: MIT Press.

Kaschak, M., & Glenberg, A. (2000). Constructing meaning: The role of affordances and grammatical constructions in sentence comprehension. *Journal of Memory and Language, 43*, 508-529.

Kay, P., & Fillmore, C. (1999). Grammatical constructions and linguistic generalizations: The "what's X doing Y?" construction. *Language, 75*, 1-33.

Keefe, D., & McDaniel, M. (1993). The time course and durability of predictive inferences. *Journal of Memory and Language, 32*, 446-463.

Keen, R. (2003). Representation of objects and events: Why do infants look so smart and toddlers look so dumb? *Current Directions in Psychological Science, 12*, 79-83.

Kelly, M., & Freyd, J. (1987). Explorations of representational momentum. *Cognitive Psychology, 19*, 369-401.

Kelso, J. (1995). *Dynamic patterns: The self-organization of brain and behavior.* Cambridge: MIT Press.

Keltner, D., Ellsworth, P., & Edwards, K. (1993). Beyond simple pessimism: Effects of sadness and anger on social perception. *Journal of Personality and Social Psychology, 64*, 740-752.

Kennedy, J., Gabia, P., & Nicholls, A. (1991). Tactile pictures. In M. Heller & W. Schift (Eds.), *The psychology of touch* (pp. 263-299). Hillsdale: Erlbaum.

Kermoian, R., & Campos, J. (1988). Locomotor experience: A facilitator of spatial cognitive development. *Child Development, 59,* 908-917.

Kerr, N. (1983). The role of vision in "visual imagery" experiments: Evidence from the congenitally blind. *Journal of Experimental Psychology: General, 112,* 265-277.

Kimura, D. (1973). The asymmetry of the human brain. *Scientific American, 228,* 70-78.

Kintsch, W. (1988). The role of knowledge in discourse comprehension: A construction-integration model. *Psychological Review, 95,* 163-182.

Kintsch, W. (1998). *Comprehension: A paradigm for cognition.* New York: Cambridge University Press.

Kirsh, D. (1995). The intelligent use of space. *Artificial Intelligence, 73,* 31-68.

Kirsh, D., & Maglio, P. (1994). On distinguishing epistemic from pragmatic action. *Cognitive Science, 18,* 513-549.

Klatt, D. (1989). Review of selected models of speech perception. In W. Marseln-Wilson (Ed.), *Lexical representations and processes* (pp. 169-226). Cambridge: MIT Press.

Klatzky, R. (1994). On the relation between motor imagery and visual imagery. *Behavioral and Brain Sciences, 17,* 212-213.

Klatzky, R., Lederman, S., & Metzger, V. (1985). Identifying objects by touch: An expert system. *Perception and Psychophysics, 37,* 299-307.

Klatzky, R., Loomis, J., Lederman, S., Wake, H., & Fujita, N. (1993). Haptic identification of objects and their depictions. *Perception & Psychophysics, 54,* 170-178.

Klatzky, R., Pellegrino, J., McCloskey, B., & Doherty, S. (1989). Can you squeeze a tomato? The role of motor representations in semantic sensibility judgments. *Journal of Memory and Language, 28,* 56-77.

Kleinman, A. (1982). Neurasthenia and depression: A study of somatization and culture in China. *Culture, Medicine, and Psychiatry, 6,* 117-189.

Knoblich, G., & Flach, R. (2001). Predicting the effects of action: Interaction of perception and action. *Psychological Science, 12,* 467-472.

Knoblich, G., Seigerschmidt, E., Flach, R., & Prinz, W. (2002). Authorship effects in the production of handwriting strokes: Evidence for action simulation during action perception. *Quarterly Journal of Experimental Psychology, 55A,* 1027-1046.

Knuf, L., Aschersleben, G., & Prinz, W. (2001). An analysis of ideomotor action. *Journal of Experimental Psychology: General, 130,* 779-798.

Kohler, E., Keysers, C., Umilta, M., Fogassi, L., Gallese, V., & Rizzolatti, G. (2002). Hearing sounds, understanding actions: Action representation in mirror neurons. *Science, 297,* 846-848.

Koivisto-Alanko, P. (1998). Mechanisms of semantic change in nouns of cognition: A general model. In J. Coleman & C. Kay (Eds.), *Lexicology, semantics and lexicography* (pp. 35-54). Amsterdam: Benjamins.

Koleck, M., Bruchon-Schweitzer, M., Cousson-Gelie, F., Gillard, J., & Quintard, B. (2002). The body-image questionnaire: An extension. *Perceptual and Motor Skills, 94,* 189-196.

Kolstad, V. (1991). *Understanding of containment in 5.5 month-old infants*. Poster presented at the meeting of the Society for Research in Child Development, Seattle: Washington.

Kopp, C., & Shaperman, J. (1973). Cognitive development in the absence of object manipulation during infancy. *Developmental Psychology, 9*, 430.

Koslowski, L., & Cutting, J. (1977). Recognizing the sex of a walker from a dynamic point-light display. *Perception & Psychophysics, 21*, 575-580.

Kosslyn, S. (1987). Seeing and imagining in the cerebral hemisphere: A computational approach. *Psychological Review, 94*, 148-175.

Kosslyn, S. (1994). Image and brain: The resolution of the imagery debate. Cambridge: MIT Press.

Kosslyn, S., Cave, M., Provost, D., & von Gierke, S. (1988). Sequential processes in image generation. *Cognitive Psychology, 20*, 319-343.

Kosslyn, S., DiGirolamo, G., & Thompson, W. (1998). Mental rotation of object versus hands: Neural mechanisms revealed by positron emission tomography. *Psychophysiology, 35*, 151-161.

Kosslyn, S., Thompson, W., Wraga, M., & Alpert, N. (2001). Imagining rotation by endogenous versus exogenuous forces: Distinct neural mechanisms. *Neuroreport, 12*, 2519-2525.

Kotchoubey, B. (2001). About ham and eggs - perception and action, ecology, and neuroscience: A reply to Michaels (2000). *Ecological Psychology, 13*, 123-133.

Kourtzi, Z., & Kanwisher, N. (2000). Activation in human MT/MST by static images with implied motion. *Journal of Cognitive Neuroscience, 12*, 48-55.

Kourtzi, Z., & Shiffrar, M. (1997). One-shot view invariance in a moving world. *Psychological Science, 8*, 461-466.

Kourtzi, Z., & Shiffrar, M. (1999). Dynamic representations of human body movement. *Perception, 28*, 49-62.

Kovecses, Z. (2000a). *Metaphor and emotion: Language, culture and body in human feeling*. New York: Cambridge University Press.

Kovecses, Z. (2000b). Force and emotion. In L. Albertazzi (Ed.), *Meaning and cognition* (pp. 145-168). Msterdam: Benjamins.

Krauss, R. (1998). Why do we gesture when we speak? *Current Direction in Psychological Science, 7*, 54-60.

Krauss, R., & Hadar, U. (1999). The role of speech-related arm/hand gestures in word retrieval. In L. Messing & R. Campbell (Eds.), *Gesture, speech, and sign* (pp. 93-116). New York: Oxford University Press.

Kraut, R., Fussell, S., & Siegel, J. (2003). Visual information as a conversational resource in collaborative physical tasks. *Human-Computer Interaction, 18*, 13-49.

Kraut, R., & Johnston, R. (1979). Social and emotional messages of smiling: An ethological approach. *Journal of Personality and Social Psychology, 37*, 1539-1553.

Krist, H., Fieberg, E., & Wilkening, F. (1993). Intuitive physics in action and judgment: The development of knowledge about projectile motion. *Journal of Experimental Psychology: Learning, Memory, & Cognition, 19*, 952-966.

Kugler, P., & Turvey, M. (1987). *Information, natural law, and the self-assembly of rhythmic movement*. Hillsdale: Erlbaum.

Kuhl, P., & Miller, J. (1975). Speech perception by the chinchilla: Voiced-voiceless distinction in alveolar plosive consonants. *Science, 190,* 69-72.

Kuhl, P., & Meltzoff, A. (1987). The bimodal perception of speech in infancy. *Science, 218,* 1138-1141.

Kuzouka, H., Oyama, S., Yamazaki, K., Suzuki, K., & Mitsuishi, M. (2000). GestureMan: A mobile robot that embodies a remote instructor's actions. *Proceedings of the CSCW 2000* (pp. 155-162). New York: ACM.

Lachs, K., & Pisoni, D. (2004). Specification of cross-modal source information in isolated kinematic displays of speech. *Journal of the Acoustical Society of America, 116,* 507-518.

Laeng, B., & Teodorescu, D-S. (2002). Eye scanpaths during visual imagery reenacts those of perception of the same visual scene. *Cognitive Science, 26,* 207-231.

Lakoff, G. (1987). *Women, fire, and dangerous things*: *What our categories reveal about the mind.* Chicago: University of Chicago Press.

Lakoff, G. (1990). The invariance hypothesis: Is abstract reasoning based on imageschemas? *Cognitive Linguistics, 1,* 39-74.

Lakoff, G. (1993). The contemporary theory of metaphor. In A. Ortony (Ed.), *Metaphor and thought* (pp. 202-251). New York: Cambridge University Press.

Lakoff, G., & Johnson, M. (1980). *Metaphors we live by.* Chicago: University of Chicago Press.

Lakoff, G., & Johnson, M. (1999). *Philosophy in the flesh.* New York: Cambridge University Press.

Lakoff, G., & Nunez, R. (2000). *Where mathematics comes from*: *How the embodied mind brings mathematics into being.* New York: Basic Books.

Lambek, M., & Strathern, A. (1998). *Bodies and persons: Comparative perspectives from Africa and Melanesia.* New York: Cambridge University Press.

Lambie, J., & Marcel, A. (2002). Consciousness and the varieties of emotion experience: A theoretical framework. *Psychological Review, 109,* 219-259.

Landau, J., Libkuman, T., & Wildman, J. (2002). Mental simulation inflates performance estimates for physical abilities. *Memory & Cognition, 30,* 372-379.

Lang, P. (1995). The emotion probe: Structure of motivation and attention. *American Psychologist, 50,* 372-385.

Langacker, R. (1991). *Image, word, and symbol.* Berlin: de Gruyter.

Larsen, R., Kasimatis, M., & Frey, K. (1992). Facilitating the furrowed brow: An unobtrusive test of the facial feedback hypothesis applied to unpleasant affect. *Cognition and Emotion, 6,* 321-338.

Lazarus, R. (1991). *Emotion and adaptation.* New York: Oxford University Press.

Leander, K. (2002). Silencing in classroom interaction: Drawing and relating social space. *Discourse Processes, 34,* 193-235.

Leder, D. (1990). *The absent body.* Chicago: University of Chicago Press.

Lederman, S., & Klatzky, R. (1990). Haptic exploration and object representation. In M. Goodale (Ed.), *Vision and action: The control of grasping* (pp. 98-109). Norwood: Ablex.

Lederman, S., & Klatzky, R. (2003). Feelng surfaces and objects remotely. In R. Nelson (Ed.), *The somatosensory system*: *Deciphering the brain's own body image* (pp. 103-120). New York: C Press.

LeDoux, J. (1998). *The emotional brain*. London: Weidenfeld & Nicolson.

Leslie, A. (1982). The perception of causality in infants. *Perception, 11*, 173-186.

Leslie, A. (1988). The necessity of illusion: Perception and thought in infancy. In L. Weiskrantz (Ed.), *Thought without language* (pp. 185-210). Oxford: Clarendon.

Leslie, A. (1994). ToMM, ToBY, and agency: Core architecture and domain specificity. In L. Hirschfeld & S. Gelman (Eds.), *Mapping the mind* (pp. 119-148). New York: Cambridge University Press.

Leslie, A., & Keeble, S. (1987). Do six-month-old infants perceive causality? *Cognition, 25*, 265-285.

Levenson, R., Ekman, P., Heider, K., & Friesen, W. (1992). Emotion and autonomic nervous system activity in the Minangkabau of West Sumatra. *Journal of Personality & Social Psychology, 62*, 972-988.

Levin, D., & Simons, D. (1997). Failure to detect changes to attended objects in motion pictures. *Psychonomic Bulletin & Review, 4*, 501-506.

Levins, J., & Lewontin, R. (1985). *The dialectical biologist*. Cambridge: Harvard University Press.

Levinson, S. (1994). Vision, shape, and linguistic description: Tzeltal body-part terminology and object description. *Linguistics, 32*, 791-855.

Lew, A., & Butterworth, G. (1997). The development of hand-mouth coordination in 2- to5-month-old infants: Similarities with reaching and grasping. *Infant Behavior and Development, 20*, 59-69.

Lewkowicz, D. (1996). Perception of auditory -visual temporal synchrony in human infants. *Journal of Experimental Psychology: Human Perception and Performance, 22*, 1094-1106.

Leyton, M. (1992). *Symmetry, causality, mind*. Cambridge: MIT Press.

Li, L., & Warren, W. (2002). Retinal flow is sufficient for steering during observation. *Psychological Science, 13*, 485-497.

Libby, L. (2003). Imagining perspective and source monitoring in imagination inflation. *Memory & Cognition, 31*, 1072-1081.

Liberman, A. (1970). The grammars of speech and language. *Cognitive Psychology, 1*, 301-323.

Liberman, A. (1991). Speech: A special code. In A. Liberman (Ed.), *Learning, development and conceptual change* (pp. 121-145). Cambridge: MIT Press.

Liberman, A., Cooper, F., Shankweiler, D., & Studdert-Kennedy, M. (1967). Perception of the speech code. *Psychological Review, 74*, 431-461.

Liberman, A., & Mattingly, I. (1985). The motor theory of speech perception revisited. *Cognition, 21*, 1-36.

Liberman, A., & Mattingly, I. (1989). Aspecialization for speech perception. *Science, 243*, 489-494.

Liberman, A., & Whalen, D. (2000). On the relation of speech to language. *Trends in Cognitive Science, 4*, 187-196.

Libet, B. (1985). Unconscious cerebral initiative and the role of conscious will in voluntary action. *Behavioral and Brain Sciences, 8*, 529-566.

Liljedahl, P. (2001). Embodied experience of velocity and acceleration: A narrative. *Journal of*

Mathematical Behavior, 20, 439-445.

Lloyd, S., Sinha, C., & Freeman, N. (1981). Spatial references systems and the canonicality effect in infant search. *Journal of Experimental Child Psychology, 32,* 1-10.

Logie, R. (1995). *Visuo-spatial working memory.* Hillsdale: Erlbaum.

Logie, R., & Marchetti, C. (1991). Visuo-spatial working memory: Visual, spatial, or central executive? In R. Logie & M. Denis (Eds.), *Mental images in human cognition* (pp. 105-115). Oxford: North-Holland.

Logie, R., & Pearson, D. (1997). The inner eye and the inner scribe of visuo-spatial working memory: Evidence for developmental fractionation. *European Journal of Cognitive Psychology, 9,* 241-257.

Loring, D., Meador, K., Allison, J., & Wright, J. (2000). Relationship between motion and linguistic activation using fMRI. *Neurology, 54,* 981-983.

Low, S. (1994). Embodied metaphors: Nerves as lived experience. In T. Csordas (Ed.), *Embodiment and experience* (pp. 139-162). New York: Cambridge University Press.

Luff, P., Heath, C., Kuzuoka, Hi., Hindmarsh, J., Yamazaki, K., & Oyama, S. (2003). Fractured ecologies: Creating environments for collaboration. *Human-Computer Interaction, 18,* 51-84.

Maalej, Z. (2004). Figurative language in anger expressions in Tunisian Arabic: An extended view of embodiment. *Metaphor and Symbol, 19,* 51-75.

Mack, A., & Rock, I. (1998). *Inattentional blindness.* Cambridge: MIT Press.

MacNeilage, P. (1975). Preliminaries to the study of single motor unit activity in speech musculature. *Journal of Phonetics, 1,* 55-71.

MacWhinney, B. (1998). The emergence of language from embodiment. In B. MacWhinney (Ed.), *The emergence of language* (pp. 213-256). Mahwah: Erlbaum.

Manaster, G., Cleland, C., & Brooks, J. (1978). Emotions as movement in relation to others. *Journal of Individual Psychology, 34,* 244-253.

Mandler, G. (1975). *Mind and emotion.* New York: Wiley.

Mandler, G. (1984). *Mind and body: Psychology of emotion and stress.* New York: Norton.

Mandler, J. (1992). How to build a baby - 2. *Psychological Review, 99,* 587-604.

Mandler, J. (1998). Babies think before they speak. *Human Development, 41,* 116-126.

Mandler, J. (2004). *The foundations of mind: Origins of conceptual thoughts.* New York: Oxford University Press.

Mandler, J., Bauer, P., & McDonough, L. (1991). Separating the sheep fromthe goats: Differentiating global categories. *Cognitive Psychology, 23,* 263-298.

Manusov, V., & Rodriguez, M. (1989). Intentionally based nonverbal messages: A perceiver's perspective. *Journal of Nonverbal Behavior, 13,* 15-24.

Markman, A., & Deitrich, E. (2000). In defense of representation. *Cognitive Psychology, 40,* 135-171.

Marks, D. (1999). Consciousness, mental imagery, and action. *British Journal of Psychology, 90,* 567-585.

Marmor, G., & Zaback, L. (1976). Mental rotation by the blind: Does mental rotation depend on visual imagery? *Journal of Experimental Psychology: Human Perception and Performance, 2,*

515-521.

Marrone, R. (1990). *Body of knowledge: An introduction to body/mind psychology*. Albany: SUNY Press.

Marschark, M. (1994). Gesture and sign. *Applied Psycholinguistics, 15*, 209-236.

Martin, A., Ungerleider, L., & Haxby, J. (2000). Category specificity and the brain: The sensory-motor model of semantic representation of objects. In M. Gazzaniga (Ed.), *The new cognitive neurosciences* (2nd edition) (pp. 1023-1036). Cambridge: MIT Press.

Martin, A., Wiggs, C., Ungerleider, L., & Haxby, J. (1996). Neural correlates of category-specific knowledge. *Nature, 379*, 649-652.

Martin, E. (1994). *Flexible bodies: Tracking immunity in American culture from the days of polio to the age of AIDS*. Boston: Beacon.

Massaro, D. (1987). *Speech perception by ear and by eye: A paradigm for psychological inquiry*. Hillsdale: Erlbaum.

Matisoff, J. (1978). *Variational semantics in Tibeto-Burman: The organic approach to linguistic comparison*. Occasional paper of the Wolfenden Society. Philadelphia: Institute for the Study of Human Issues.

Matlock, T. (2004). Fictive motion as cognitive simulation. *Memory & Cognition, 32*, 1389-1400.

Maturana, H. (1980). Biology of cognition. In H. Maturana & F. Varela (Eds.), *Autopoiesis and cognition: The realization of the living* (pp. 5-58). Boston: Reidel.

Maturana, H. (1983). What it is to see? *Archivos de Biologica y Medicina Experimentales, 16*, 255-269.

Mayberry, R., & Jacques, J. (2000). Gesture production during stuttered speech: Insights into the nature of gesture-speech integration. In D. McNeil (Ed.), *Language and gestures* (pp. 199-214). New York: Cambridge University Press.

McCloskey, M., & Kohl, D. (1983). Naive physics: The curvilinear impetus principle and its role in interactions with moving objects. *Journal of Experimental Psychology: Learning, Memory, & Cognition, 9*, 146-156.

McDonnell, P. (1988). Developmental responses to limb deficiencies and limb replacement. *Canadian Journal of Psychology, 42*, 120-143.

McGlone, M., & Harding, J. (1998). Back (or forward) to the future: The role of perspective in temporal language comprehension. *Journal of Experimental Psychology: Learning, Memory, and Cognition, 24*, 1211-1223.

McGurk, H., & MacDonald, J. (1976). Hearing lips and seeing voices. *Nature, 264*, 746-748.

McNeil, D. (1992). *Hand and gesture: What gestures reveal about thought*. Chicago: University of Chicago Press.

Medin, D., Lynch, E., Coley, J., & Atran, S. (1997). Categorization and reasoning among tree experts: Do all roads lead to Rome? *Cognitive Psychology, 32*, 49-96.

Meier, B., & Robinson, M. (2004). Why the sunny side is up: Associations between affect and vertical position. *Psychological Science, 15*, 243-247.

Meltzoff, A. (1990). Foundations for developing a concept of self: The role of imitation in relating self to other and the value of social mirroring, social modeling, and self practice in infancy. In D. Cicchetti & M. Beeghly (Eds.), *The self in transition* (pp. 139-164). Chicago: University of Chicago Press.

Meltzoff, A. (1995). Understanding the intentions of others: Reenactment of intended acts by 18-month-old children. *Developmental Psychology, 31*, 838-850.

Meltzoff, A., & Borton, R. (1979). Intermodal matching by human noenates. *Nature, 282*, 403-404.

Meltzoff, A., & Brooks, R. (2001). "Like me" as building block for understanding other minds: Bodily acts, attention, and intention. In B. Malle, L. Moses, & D. Baldwin (Eds.), *Intentions and intentionality: Foundations of social cognition* (pp. 171-191). Cambridge: MIT Press.

Meltzoff, A., & Moore, M. (1992). Early imitation within a functional framework: The importance of person identity, movement, and development. *Infant Behavior and Development, 15*, 479-505.

Meltzoff, A., & Moore, M. (1994). Imitation, memory, and the representation of persons. *Infant Behavior and Development, 17*, 83-99.

Meltzoff, A., & Moore, M. (1997). Explaining facial imitation: A theoretical model. *Early Development and Parenting, 6*, 179-192.

Meltzoff, A., & Moore, M. (2000). (a) Imitation of facial and manual gestures by human neonates (b) Resolving the debate about early imitation. In D. Muir & A. Slater (Eds.), *Infant development: The essential readings. Essential readings in development psychology* (pp. 167-181). Malden: Blackwell.

Merleau-Ponty, M. (1962). *Phenomenology of perception*. London: Routledge & Kegan Paul.

Merzenich, M., Kaas, J., Wall, J., Nelson, R., Sur, M., & Felleman, D. (1983). Topographic reorganization of somatosensory cortical Area 3B and 1 in adult monkeys following restricted deafferentation. *Neuroscience, 8*, 33-56.

Metzinger, T. (2000). *Neural correlation of consciousness*. Cambridge: MIT Press.

Michel, G., Camras, L., & Sullivan, J. (1992). Infant interest expressions as coordinative motor structures. *Infant Behavior and Development, 15*, 347-358.

Michotte, A. (1963). *The perception of causality*. New York: Basic Books.

Miller, J., & Stigler, J. (1991). Meanings of skill: Effect of abacus expertise in number representation. *Cognition & Instruction, 8*, 29-67.

Milner, D., & Dyde, R. (2003). Why do some perceptual illusions affect visually guided action, when others don't? *Trends in Cognitive Sciences, 7*, 10-11.

Milner, D., & Goodale, M. (1995). *The visual brain in action*. New York: Oxford University Press.

Mitchell, R., & Gallaher, M. (2001). Embodying music: Matching music and dance as movement. *Music Perception, 19*, 65-85.

Möller, R. (1999). Perception through anticipation: A behavior-based approach to visual perception. In A. Riegler, M., Peschl, & A. von Stein (Eds.), *Understanding representation in the cognitive sciences* (pp. 169-176). New York: Kluwer Academic.

Montessori, M. (1914). *Dr. Montessori's own handbook*. London: Heineman.

Montpare, J., Goldstein, S., & Clausen, A. (1987). The identification of emotions from gait information. *Journal of Nonverbal Behavior, 1*, 33-42.

Morrow, D., Bower, G., & Greenspan, S. (1989). Updating situation models during narrative comprehension. *Journal of Verbal Learning and Verbal Behavior, 28*, 292-312.

Mulligan, N., & Hornstein, S. (2003). Memory for actions: Self-performed tasks and the reenactment effect. *Memory & Cognition, 31*, 412-421.

Munakata, Y., McClelland, J., Johnson, M., & Siegler, R. (1997). Rethinking infant knowledge: Toward an adaptive process account of success and failure on object permanence. *Psychological Review, 104*, 686-713.

Murphy, G. (1996). On metaphoric representations. *Cognition, 60*, 173-204.

Murphy, G. (2002). *The big book of concepts*. Cambridge: MIT Press.

Murphy, S. (1990). Models of imagery in sports: A review. *Journal of Mental Imagery, 89*, 216-223.

Murray, C. (2001). The experience of body boundaries by Siamese twins. *New Ideas in Psychology, 19*, 117-130.

Murray, I., & Trevarthen, C. (1986). The infant's role in mother-infant communication. *Journal of Child Language, 13*, 15-29.

Murray, J., Klin, C., & Myers, J. (1993). Forward inference in narrative text. *Journal of Memory and Language, 32*, 464-473.

Nairne, J., & Walters, V. (1983). Silent mouthing produces modality and suffix-like effects. *Journal of Verbal Learning and Verbal Behavior, 22*, 475-483.

Nakamura, R., & Mishkin, M. (1980). Chronic blindness following non-visual cortical lesions. *Brain Research, 188*, 572-577.

Narayanan, S. (1997). Moving right along: A computational model of metaphoric reasoning about events. Unpublished Ph. D. dissertation, International Computer Science Institute, University of California, Berkeley.

Needham, A. (2001). Object recognition and object segregation in 4.5 month-old infants. *Journal of Experimental Child Psychology, 78*, 3-24.

Needham, A., & Baillargeon, R. (1993). Intuitions about support in 4.5-month-olds. *Cognition, 47*, 121-148.

Needham, A., Barrett, T., & Peterman, K. (2002). A pick-me-up for infants' exploratory skills: Early simulated experiences reaching for objects using 'sticky mittens' enhances young infants' object exploration skills. *Infant Behavior & Development, 25*, 279-295.

Neisser, U. (1993). The self perceived. In U. Neisser (Ed.), *The perceived self: Ecological and interpersonal sources of self-knowledge* (pp. 3-21). New York: Cambridge University Press.

Nelson, K., Skwerer, D., Goldman, S., Henseler, S., Presler, N., & Walkenfeld, F. (2003). Entering a community of minds: An experientialist approach to a theory of mind. *Human Development, 46*, 24-46.

Neruda, P. (1972). *The captain's verses*. Evanston: Northwestern University Press.

Neumann, C. (2001). Is metaphor universal? Cross-linguistic evidence from German and Japanese. *Metaphor and Symbol, 16*, 123-142.

Newcombe, N. (2002). The nativist-empiricist controversy in the context of recent research in spatial and quantitative development. *Psychological Science, 13*, 395-401.

Newton, N. (1996). *Foundations of understanding*. Amsterdam: Benjamins.

Newton, N. (2000). Conscious emotion in a dynamic system: How I can know how I feel. In R. Ellis & N. Newton (Eds.), *Caldrons of consciousness* (pp. 91-108). Amsterdam: Benjamins.

Nicolelis, M., & Fanselow, E. (2002). Thalamocortical optimization of tactile processing according to behavioral state. *Nature Neuroscience, 5*, 517-523.

Nielsen, T. (1963). Volition: A new experimental approach. *Scandanavian Journal of Psychology, 4*, 225-230.

Nieuwenhuyse, B., Offenberg, L., & Frijda, N. (1987). Subjective emotion and reported body experience. *Motivation and Emotion, 11*, 169-182.

Noe, A. (2004). *Action in perception*. Cambridge: MIT Press.

Noe, A., & O'Reagan, K. (2002). On the brain-basis of visual consciousness: A sensorimotor account. In A. Noe & E. Thompson (Eds.), *Vision and mind* (pp. 567-598). Cambridge: MIT Press.

Noe, A., & Thompson, E. (2004). Are there neural correlates of consciousness? *Journal of Consciousness Studies, 11*, 3-28.

Nolfi, S., & Floreano, D. (2000). *Evolutionary robotics*: The biology, intelligence, and technology of self-organizing machines. Cambridge: MIT Press.

Nyberg, L., Habib, R., McIntosh, A., & Tulving, E. (2000). Reactivation of encodingrelated brain activity duringmemoryretrieval. *Proceedings of the National Academy of Sciences, 97*, 11, 120-124.

Nygaard, L., Sommers, M., Mitchell, S., & Pisoni, D. (1994). Speech perception as talker-contingent process. *Psychological Science, 5*, 42-46.

Oatley, K. (1992). *The best laid schemes*: The psychology of emotion. New York: Cambridge University Press.

O'Brien, E., & Albrecht, J. (1992). Comprehension strategies in the development of a mental model. *Journal of Experimental Psychology*: Learning, Memory, & Cognition, 18, 777-784.

Ochs, E., Jacoby, S., & Gonzales, P. (1994). Interpretive journeys: How physicists talk and travel through graphic space. *Configurations, 2*, 157-172.

Odling-Smee, F. (1988). Niche-constructing phenotypes. In H. Plotkin (Ed.), *The role of behavior in evolution* (pp. 73-132). Cambridge: MIT Press.

Ojemann, G. (1994). Cortical stimulation and recording in language. In A. Kertesz (Ed.). *Localization and Neuroimaging in Neuropsychology* (pp. 35-55). San Diego: Academic Press.

Ojemann, G., & Mateer, C. (1979). Human language cortex: Localization of memory, syntax, and sequential motor-phoneme identification systems. *Science, 205*, 1401-1403.

Olson, E. (2003). Personal identity. In S. Stich & T. Warfield (Eds.), *The Blackwell guide to philosophy of mind* (pp. 352-368). New York: Blackwell.

O'Regan, K. (1992). Solving the "real" mysteries of visual perception: The world as an outside memory. *Canadian Journal of Psychology, 46*, 461-488.

O'Regan, K., & Noe, A. (2001). A sensorimotor account of vision and visual consciousness. *Behavioral and Brain Sciences, 24*, 939-1031.

O'Regan, K., Resnick, R., & Clark, J. (1997). Picture changes during blinks: Not seeing where you look and seeing where you don't look. *Investigative Ophthalmology and Visual Science, 38*, S707.

Oudejams, R., Michaels, C., Bakker, F., & Dolne, M. (1996). The relevance of action in perceiving affordances: Perception of the catchableness of fly balls. *Journal of Experimental Psychology*: *Human Perception and Performance, 22*, 879-891.

Paillard, J. (1987). Cognitive versus sensorimotor encoding of spatial information. In P. Ellen & C. Thinus-Blanc (Eds.), *Cognitive processes and spatial orientation in animals and man* (pp. 35-54). Dordrecht: Martinus Nijhoff.

Paivio, A. (1986). *Mental representations*: *A dual-coding approach*. Oxford: Oxford University Press.

Pandya, V. (1993). *Above the forest*: *A study of Andamanese ethnoemology, cosmology, and the power of ritual*. New York: Oxford University Press.

Panksepp, J. (1998). *Affective neuroscience*. New York: Oxford University Press.

Papez, J. (1937). A proposed mechanism of emotion. *Archives of Neurology and Psychiatry, 38*, 725-743.

Parkinson, B. (1995). *Ideas and realities of emotion*. London: Routledge.

Parsons, L. (1987a). Imagined spatial transformations of one's body. *Journal of Experimental Psychology*: *General, 116*, 172-191.

Parsons, L. (1987b). Imagined spatial transformations of one's hands and feet. *Cognitive Psychology, 19*, 178-241.

Parsons, L. (1994). Temporal and kinematic properties of motor behavior reflected in mentally simulated action. *Journal of Experimental Psychology*: *Human Perception and Performance, 20*, 709-730.

Parsons, L., & Fox, P. (1998). The neural basis of implicit movements used in recognizing hand shape. *Cognitive Neuropsychology, 15*, 583-615.

Parsons, L., Fox, P., Downs, J., Glass, T., Hirsch, T., Martin, C., Jerabek, P., & Lancaster, J. (1995). Use of implicit motor imagery for visual shape discrimination as revealed by PET. *Nature, 375*, 54-58.

Pavlenko, A. (2002). Emotions and the body in Russian and English. *Pragmatics & Cognition, 10*, 207-241.

Pazzani, M. (1997). Influence of prior knowledge on concept acquisition: Experimental and computational results. *Journal of Experimental Psychology*: *Learning, Memory, and Cognition, 17*, 416-432.

Pecher, D., Zeelenberg, R., & Barsalou, L. (2003). Verifying different modality properties for concepts produces switching costs. *Psychological Science, 14*, 119-124.

Pecher, D., Zeelenberg, R., & Raaijmakers, J. (1998). Does pizza prime coin? Perceptual processing in lexical decision and pronunciation. *Journal of Memory and Language, 38*, 407-418.

Pennybaker, J. (1982). *The psychology of physical symptoms*. New York: Springer-Verlag.

Philippot, P., Rime, B. (1997). The perception of bodily sensations during emotion: A cross-cultural perspective. *Polish Psychological Bulletin, 28*, 175-188.

Phillips, R., Wagner, S., Fell, C., & Lynch, M. (1990). Do infants recognize emotion in facial expressions? Categorical and metaphorical evidence. *Infant Behavior and Development, 13,* 71-84.

Phillips, W., Baron-Cohen, S., & Rutter, M. (1992). The role of eye contact in goal detection: Evidence from normal infants and children with autism or mental handicaps. *Development & Psychopathology, 4,* 375-383.

Piaget, J. (1952). *The origins of intelligence in childhood.* New York: International Universities Press.

Piaget, J. (1954). *The construction of reality in the child.* New York: Basic Books.

Piaget, J. (1975). *The equilibrium of cognitive structures.* Paris: Presses Universitairse de France.

Piaget, J., & Inhelder, B. (1969). *The psychology of the child.* London: Routledge & Kegan Paul.

Pine, K., & Messer, D. (2003). The development of representations as children learn about balancing. *British Journal of Developmental Psychology, 21,* 285-301.

Pinker, S., & Ullman, M. (2002). The past and future of past tense. *Trends in Cognitive Sciences, 6,* 456-463.

Plaut, D. (1995). Double-dissociation without modularity: Evidence from connectionist neuropsychology. *Journal of Clinical and Experimental Neuropsychology, 17,* 291-321.

Pollio, H., Henley, T., & Thompson, C. (1997). *The phenomenology of everyday life.* New York: Cambridge University Press.

Port, R., & van Gelder, T. (1995). *Mind as motion: Explorations in the dynamics of cognition.* Cambridge: MIT Press.

Premack, D. (1990). The infant's theory of self-propelled objects. *Cognition, 36,* 1-16.

Presson, C., & Montello, D. (1994). Updating of rotational and translational body movements: Coordinate structures of perceptual spaces. *Perception, 23,* 1447-1455.

Preston, S., & de Waal, F. (2002). Empathy: Its ultimate and proximate bases. *Behavioral and Brain Sciences, 25,* 1-25.

Pribram, K. (1991). *Brain and perception: Holonomy and studies in figural processing.* Hillsdale: Erlbaum.

Prinz, W. (1997). Perception and action planning. *European Journal of Cognitive Psychology, 9,* 129.

Prinz, J. (2002). *Furnishing the mind: Concepts and their perceptual basis.* Cambridge: MIT Press.

Prinz, J., & Barsalou, L. (2000). Steering a course for embodied representations. In E. Deitrich & A, Markman (Eds.), *Cognitive dynamics: Conceptual and representational changes in humans and machines* (pp. 51-78). Mahwah: Erlbaum.

Proffitt, D., Creem, S., & Zosh, W. (2001). Seeing mountains in mole hills: Geographical-slant perception. *Psychological Science, 12,* 418-423.

Pulvermueller, F. (1999). Words in the brain's language. *Behavorial and Brain Sciences, 22,* 253-336.

Putnam, H. (1975). *Mind, language, and reality: Philosophical papers, Vol. 2.* New York: Cambridge University Press.

Quinn, J. (1994). Toward a clarification of spatial processing. *Quarterly Journal of Experimental Psychology, 47A,* 465-480.

Quinn, N. (1991). The cultural basis of metaphor. In J. Fernandez (Ed.), *Beyond metaphor: The theory of tropes in anthropology* (pp. 56-93). Stanford: Stanford University Press.

Radcliff-Brown, A. (1964). *The Andaman islanders*. New York: Free Press.

Ramachandran, V., & Blakeslee, S. (1998). *Phantoms in the brain*. London: Fourth Estate.

Ramachandran, V., & Hirstein, W. (1997). Three laws of qualia: What neurology tells us about the biological functions of consciousness. *Journal of Consciousness Studies, 4*, 429-457.

Redding, G., & Wallace, B. (1997). *Adaptive spatial alignment*. Mahwah: Erlbaum.

Reed, C., & Farah, M. (1995). The psychological reality of the body schema: A test with normal participants. *Journal of Experimental Psychology: Human Perception and Performance, 21*, 334-343.

Regier, T. (1996). *The human semantic potential*. Chicago: University of Chicago Press.

Reisberg, D., Rappaport, I., & O'Shaughnessy, M. (1984). Limits of working memory: The digit span. *Journal of Experimental Psychology: Learning, Memory and Cognition, 10*, 203-221.

Reiser, J., Doxey, P., McCarrell, N., & Brooks, P. (1982). Wayfinding and toddlers' use of information from an aerial view of a maze. *Developmental Psychology, 18*, 714-720.

Reiser, J., Lockman, J., & Pick, H. (1980). The role of visual experience in knowledge of spatial layout. *Perception and Psychophysics, 28*, 185-190.

Reiser, J., & Rider, E. (1991). Young children's spatial orientation with respect to multiple targets when walking without vision. *Developmental Psychology, 27*, 97-107.

Remez, R., Fellowes, J., & Rubin, P. (1997). Talker identification based on phonetic information. *Journal of Experimental Psychology: Human Perception & Performance, 23*, 651-661.

Repp, B. (1998). Musical motion in perception and performance. In D. Rosenbaum & C. Collyer (Eds.), *Timing of behavior: Neural, psychological, and computational perspectives* (pp. 125-141). Cambridge: MIT Press.

Resnick, A., O'Regan, K., & Clark, J. (1997). To see or not to see: The need for attention to perceive changes in scenes. *Psychological Science, 8*, 368-373.

Richardson, D., & Spivey, M. (2000). Representation, space, and Hollywood Squares: Looking at things that aren't there anymore. *Cognition, 76*, 269-275.

Richardson, D., Spivey, M., Barsalou, L., & McRae, K. (2003). Spatial representations activated during real-time comprehension of verbs. *Cognitive Science, 27*, 767-780.

Rieser, J., & Rider, E. (1991). Young children's spatial orientation with respect to multiple targets while walking without vision. *Developmental Psychology, 27*, 97-107.

Rime, B., Philippot, P., & Cisamolo, D. (1990). Social schemata of peripheral changes in emotion. *Journal of Personality and Social Psychology, 59*, 38-49.

Rizzolatti, G. (1994). Nonconscious motor images. *Behavioral and Brain Sciences, 17*, 220.

Rizzolatti, G., & Arbib, M. (1998). Language within our grasp. *Trends in Neuroscience, 21*, 188-194.

Rizzolatti, G., Fogassi, L., & Gallese, V. (1997). Parietal cortex: From sight to action. *Current Opinion in Neurobiology, 7*, 562-567.

Rizzolatti, G., Riggio, L., & Sheliga, B. (1994). Space and selective attention. In C. Umilta & M. Moscovitch (Eds.), *Attention and performance 15: Conscious and nonconscious information processing* (pp. 232-265). Cambridge: MIT Press.

Rochat, P. (1989). Object manipulation and exploration in 2- to 5-month-old infants. *Developmental*

Psychology, 28, 871-884.

Rochat, P. (2001). *The infant's world*. Cambridge: Harvard University Press.

Rosch, E. (1975). Cognitive reference points. *Cognitive Psychology, 7*, 532-557.

Rosch, E. (1999). Reclaiming concepts. *Journal of Consciousness Studies, 6*, 61-77.

Rosch, E., & Mervis, C. (1975). Family resemblances: Studies in the internal structure of categories. *Cognitive Psychology, 7*, 573-605.

Rosch, E., Mervis, C., Gray, W., Johnson, M., & Boyes-Braem, P. (1976). Basic objects in natural categories. *Cognitive Psychology, 8*, 382-439.

Roseblad, B., & von Hofsten, C. (1994). Repetitive goal-directed arm movements in children with development coordination: Role of visual information. *Adapted Physical Activity, 11*, 190-202.

Rosenbaum, D. (1991). *Human motor control*. New York: Academic Press.

Rosler, F., Heil, M., & Hennighausen, E. (1995). Distinct cortical activation patterns during long-term memory retrieval of verbal, spatial, and color information. *Journal of Cognitive Neuroscience, 7*, 51-65.

Ross, B. (1990). Reminding-based category learning. *Cognitive Psychology, 22*, 460-492.

Ross, B. (1999). Postclassification category use: The effects of learning to use categories after learning to classify. *Journal of Experimental Psychology: Learning, Memory, and Cognition, 25*, 743-757.

Ross, B., Perkins, S., & Tenpenny, P. (1990). Reminding-based category learning. *Cognitive Psychology, 2*, 460-492.

Ross, E., & Mesulam, M-M. (1979). Damaged language functions of the righthemisphere for prosody and emotional feeling. *Archives of Neurology, 36*, 144-148.

Rossi, S., Tecchio, F., Pasqualetti, P., Ulivelli, M., Pizzella, V., Romani, G., Passero, S., Battistini, N., & Rossini, P. (2002). Somatosensory processing during movement observation in humans. *Clincal Neurophysiology, 113*, 16-24.

Rotenberg, K., & Sullivan, C. (2003). Children's use of gaze and limb movement cues to infer deception. *Journal of Genetic Psychology, 164*, 175-187.

Roth, E., & Shoben, E. (1983). The effect of context on the structure of categories. *Cognitive Psychology, 15*, 346-378.

Rothman, G. (1987). Understanding order of movement in youngsters with cerebral palsy. *Perceptual and Motor Skills, 65*, 391-397.

Rovee-Collier, C., & Hayne, H. (2000). Memory in infancy and early childhood. In E. Tulving & F. Craik (Eds.), *The Oxford handbook of memory* (pp. 267-282). New York: Oxford University Press.

Rumelhart, D. (1980). Schemata: The building blocks of cognition. In R. Spiro, B. Bruce, & W. Brewer (Eds.), *Theoretical issues in reading comprehension* (pp. 33-58). Hillsdale: Erlbaum.

Rumelhart, D., & McClelland, J. (1986). *Parallel distributed processing: Volume 1 - Foundations*. Cambridge: MIT Press.

Runson, S., & Frykolm, G. (1981). Visual perception of lifted weights. *Journal of Experimental Psychology: Human Perception and Performance, 7*, 733-740.

Russell, J. (1995). Facial expressions of emotion: What lies beyond minimal universality? *Psychological Bulletin, 118*, 379-391.

Salway, A., & Logie, R. (1995). Visuospatial working memory, movement control, and executive demands. *British Journal of Psychology, 86*, 253-269.

Sartre, J-P. (1956). *Being and nothingness*. New York: Philosophical Library.

Schachter, S., & Singer, J. (1962). Cognitive, social, and physiological determinants of emotional state. *Psychological Review, 69*, 379-399.

Schank, R. (1982). *Dynamic memory*. New York: Cambridge University Press.

Schank, R., & Abelson, R. (1976). *Scripts, plans, goals, and understanding*. Hillsdale: Erlbaum.

Scheper-Hughs, N., & Lock, M. (1987). The mindful body: A prolegomenon to future work in medical anthropology. *Medical Anthropology Quarterly, 1*, 6-41.

Scherer, K., & Wallbott, H. (1994). Evidence for universality and cultural variation of differential emotion response patterning. *Journal of Personality and Social Psychology, 66*, 310-328.

Schladt, M. (1997). *Kognitive Strukturen von Korerteilvokabularien in kenianischen Sprachen*. Cologne: Institut fur Afrikanistik, University of Cologne.

Schreuder, R., Flores D'Arcais, G., & Glazenborg, G. (1984). Effects of perceptual and conceptual similarity in semantic priming. *Psychological Research, 45*, 339-354.

Schwartz, D. (1999). Physical imagery: Kinematic versus dynamical models. *Cognitive Psychology, 38*, 433-464.

Schwartz, D., & Black, T. (1996). Analog imagery in mental model reasoning: Depictive models. *Cognitive Psychology, 30*, 154-219.

Schwartz, D., & Black, T. (1999). Inferences through imagined actions: Knowing by simulated doing. *Journal of Experimental Psychology: Learning, Memory, and Cognition, 25*, 116-136.

Schwartz, D., & Holton, D. (2000). Tool use and the effect of action on the imagination. *Journal of Experimental Psychology, Learning, Memory, and Cognition, 26*, 1655-1665.

Scott, C., Harris, R., & Rothe, A. (2001). Embodied cognition through improvisation improves memory for dramatic monologue. *Discourse Processes, 31*, 293-305.

Scruton, R. (1997). *The aesthetics of music*. Oxford: Clarendon Press.

Segal, S., & Fusella, S. (1970). Influences of imaged pictures and sounds on detection of visual and auditory signals. *Journal of Experimental Psychology, 83*, 458-464.

Segrin, C. (1998). Interpersonal communication patterns associated with depression and loneliness. In P. Anderson & L. Guerrero (Eds.), *Handbook of communication and emotion* (pp. 215-242). San Diego: Academic Press.

Seifert, C., Robertson, S., & Black, J. (1985). Types of inferences generated during reading. *Journal of Memory and Language, 24*, 405-422.

Shallice, T. (1988). *From neuropsychology to mental structure*. New York: Cambridge University Press.

Shannon, B. (1997). What is the functions of consciousness? *Journal of Consciousness Studies, 5*, 295-308.

Shannon, B. (2002). *The antipodes of the mind: Charting the phenomenology of the Ayahuasca experience*. New York: Oxford University Press.

Sharkey, N., & Sharkey, A. (1987). What is the point of integration? The loci of knowledge-based facilitation in sentence processing. *Journal of Memory and Language, 26*, 255-276.

Sharkey, N., & Ziemke, T. (1998). Aconsideration of the biological and psychological foundations of autonomous robotics. *Connection Science, 10*, 361-391.

Shaw, R. (2001). Processes, acts, and experiences: Three stances on the problem of intentionality. *Ecological Psychology, 13*, 636-651.

Shaw, R., & Turvey, M. (1999). Ecological foundations of cognition II: Degrees of freedom and conserved quantities in animal-environment systems. In R. Nunez & W. Freeman (Eds.), *Reclaiming cognition* (pp. 111-123). Bowling Green: Imprint Academic.

Shebilske, W. (1977). Visuomotor coordination in visual direction and position constancies. In W. Epstein (Ed.), *Stability and constancy in visual perception: Mechanisms and processes* (pp. 89-112). New York: Wiley.

Sheets-Johnstone, M. (1998). Consciousness: A natural history. *Journal of Consciousness Studies, 5*, 260-294.

Sheets-Johnstone, M. (1999). *The primacy of movement*. Amsterdam: Benjamins.

Shepard, R. (1984). Ecological constraints on internal representations: Resonant kincmatics of perceiving, imagining, thinking, and dreaming. *Psychological Review, 91*, 417-447.

Shepard, R., & Metzler, J. (1971). Mental rotation of three-dimensional objects. *Science, 171*, 701-703.

Sherrington, C. (1906). *The integrative action of the nervous system*. New York: C. Scribner's Sons.

Shiffrar, M., & Pinto, J. (2002). The visual analysis of bodily motion. In W. Prinz & B. Hommel (Eds.), *Common mechanisms in perception and action* (pp. 381-400). New York: Oxford University Press.

Shirouzu, H., Miyake, N., & Masukawa, H. (2002). Cognitively active externalization for situated reflection. *Cognitive Science, 26*, 469-501.

Shontz, F. (1969). *Perceptual and cognitive aspects of bodily experience*. New York: Academic Press.

Shore, B. (1996). *Culture in mind*. New York: Oxford University Press.

Shore, P., & Repp, B. (1995). Musical motion and performance: Theoretical and empirical perspectives. In J. Link (Ed.), *The practice of performance*(pp. 55-83). New York: Cambridge University Press.

Shweder, R. (1991). *Thinking through cultures: Explorations in cultural psychology*. Cambridge: Harvard University Press.

Simon, J. (1969). Reactions toward the source of stimulation. *Journal of Experimental Psychology, 81*, 174-176.

Simon, J., & Ruddell, A. (1967). Auditory S-R compatibility: The effect of irrelevant cue on information processing. *Journal of Applied Psychology, 51*, 433-435.

Simons, D., & Chabris, C. (1999). Gorillas in our midst: Sustained inattentional blindness for dynamic events. *Perception, 28*, 1059-1074.

Sinclair, H. (1971). Sensorimotor activity patterns as a condition for the acquisition of syntax. In R. Huxley & E. Ingram (Eds.), *Language acquisition: Models and methods* (pp. 121-145). Oxford: Academic Press.

Sitskoorn, M., & Smitsman, A. (1991). *Infants' visual perception of relative size in and containment and support events.* Paper presented at the Biennial Meeting of the International Society for the Study of Behavioral Development, Minneapolis.

Sitskoorn, M., & Smitsman, A. (1995). Infants' perception of dynamic relations between objects: Passing through or support? *Developmental Psychology, 31,* 437-447.

Slamecka, N., & Graf, P. (1978). The generation effect: Delineation of a phenomenon. *Journal of Experimental Psychology: Human Learning and Memory, 4,* 592-604.

Smeets, J., & Brenner, E. (1995). Perception and action are based on the same visual information. *Journal of Experimental Psychology: Human Perception and Performance, 21,* 19-31.

Smets, G., Strappers, P., & Overbeeke, L., & van der Mast, C. (1995). Designing in virtual reality: Perception-action coupling and affordances. In K. Carr & R. England (Eds.), *Simulated and virtual realities: Elements of perception* (pp. 189-208). Philadelphia: Taylor & Francis.

Smith, C. (1981). *A search for structure: Selected essays on science, art, and history.* Cambridge: MIT Press.

Smith, L., Thelen, E., Titzer, R., & McLin, D. (1999). Knowing in the context of acting: The task dynamics of the A-not-B error. *Psychological Review, 106,* 235-260.

Smyth, M., & Waller, A. (1998). Movement imagery in rock climbing: Patterns of interference from visual, spatial and kinesthetic secondary tasks. *Applied Cognitive Psychology, 12,* 145-157.

Solomon, K. (1997). The spontaneous use of perceptual representations during conceptual processing. Doctoral dissertation. University of Chicago.

Solomon, K., & Barsalou, L. (2001). Representing properties locally. *Cognitive Psychology, 43,* 129-169.

Spelke, E. (1976). Infants' intermodal perception of events. *Cognitive Psychology, 8,* 626-636.

Spelke, E. (1988). When perceiving ends and thinking begins: The apprehension of objects in infancy. In Albert Yonas (Ed.), *Perceptual development in infancy* (pp. 197-234). Hillsdale: Erlbaum.

Spelke, E. (1990). Origins of visual knowledge. In D. Osherson & S. Kosslyn (Eds.), *Visual cognition and action: An invitation to cognitive science* (pp. 92-127). Cambridge: MIT Press.

Spelke, E. (1991). Physical knowledge in infancy: Reflections on Piaget's theory. In S. Carey & R. Gelman (Eds.), *The epigenesis of mind: Essays on biology and cognition* (pp. 133-164). Hillsdale: Erlbaum.

Spelke, E. (1994). Initial knowledge: Six suggestions. *Cognition, 50,* 431-445.

Spelke, E. (1998). Nativism, empiricism, and the origins of knowledge. *Infant Behavior & Development, 21,* 181-200.

Spelke, E., Breinlinger, K., Macomber, S., & Jacobson, K. (1992). Origins of knowledge. *Psychological Review, 99,* 605-632.

Spelke, E., & Newport, E. (1998). Nativism, empiricism, and the development of knowledge. In R. Lerner (Ed.), *Handbook of child psychology: Vol. 1. Theoretical models of human development*

(5th Edition) (pp. 275-340). New York: Wiley.

Spelke, E., Philip, A., & Woodward, A. (1995). Infants' knowledge of object motion andhumanaction. In D. Sperber & D. Premack (Eds.), *Causal cognition* (pp. 44-78). New York: Oxford University Press.

Spence, J., Smith, L., & Thelen, E. (2001). Tests of a dynamic systems account of the A-not-B error: The influence of prior experience in the spatial memory abilities of two-year-olds. *Child Development, 72,* 1327-1346.

Sperber, D. (2001). In defense of massive modularity. In E. Dupoux (Ed.), *Language, brain, and cognitive development: Essays in honor of Jacques Mehler* (pp. 47-57). Cambridge: MIT Press.

Sperry, R. (1939). Action current study in movement coordination. *Journal of General Psychology, 20,* 295-313.

Spivey, M., & Geng, J. (2001). Oculomotor mechanism activated by imagery and memory: Eye movements to absent objects. *Psychology Research, 65,* 235-241.

Stampe, D. (1976). Cardinal numeral systems. *Chicago Linguistic Society, 12,* 594-609.

Stanfield, R., & Zwaan, R. (2001). The effect of implied orientation derived from verbal context on picture recognition. *Psychological Science, 12,* 153-156.

Steels, L. (1994). Cooperation between distributed agents throughself-organization. In Y. Demazeau & J-P. Muller (Eds.), *Decentralized AI* (pp. 175-196). Amsterdam: North-Holland.

Steri, A., Spelke, E., & Rameix, E. (1993). Modality-specific and amodal aspects of object perception in infancy: The case of active touch. *Cognition, 47,* 251-279.

Stern, D. (1985). *The interpersonal world of the infant.* Cambridge: Harvard University Press.

Stevens, J., Fonlupt, P., Shiffrar, M., & Decety, J. (2000). New aspects of motion perception: Selective neural encoding for apparent human movement. *Neuroreport, 11,* 109-115.

Stevens, K., & Blumstein, S. (1981). The search for invariant acoustic correlates of phonetic features. In P. Eimas & J. Miller (Eds.), *Perspectives on the study of speech* (pp. 1-38). Hillsdale: Erlbaum.

Stewart, J. (1983). Perception of animacy. *Dissertation Abstracts International, 43,* 2376-2377.

Stiefehagen, R., Yang, J., & Waibel, A. (2002). Modeling focus of attention for meeting index based on multiple cues. *IEEE Transactions on Neural Networks, 13,* 928-938.

Stigler, J. (1984). Mental abacus: The effect of abacus training on Chinese children's mental calculation. *Cognitive Psychology, 16,* 145-176.

Stigler, J., Lee, S., & Stevenson, H. (1986). Digit memory in Chinese and English: Evidence for a temporally limited store. *Cognition, 23,* 1-20.

Stoerig, P., & Cowey, A. (1992). Wavelength discrimination in blindsight. *Brain, 115,* 425-444.

Stoffregen, T., Gordan, K., Sheng, Y-Y., & Flynn, S. (1997). Perceiving affordance for another person's actions. *Journal of Experimental Psychology: Human Perception and Performance, 25,* 120-136.

Stoller, P. (1989). *The taste of ethnographic things: The senses in anthropology.* Philadelphia: University of Pennsylvania Press.

Stolz, T. (1994). *Sprachdynamik.* Bochum: Brockmeyer.

Strack, F., Martin, L., & Stepper, S. (1998). Inhibiting and facilitating conditions of the human smile: A nonobtrusive test of the facial feedback hypothesis. *Journal of Personality and Social Psychology, 54,* 768-777.

Strauss, C., & Quinn, N. (1997). *A cognitive theory of meaning.* New York: Cambridge University Press.

Strathern, A. (1996). *Body thoughts.* Ann Arbor: University of Michigan Press.

Studdert-Kennedy, M. (1981). The emergence of phonetic structure. *Cognition, 10,* 301-306.

Studdert-Kennedy, M. (1983). The phoneme as perceptuomotor stimulus. In A. Allport & D. MacKay (Eds.), *Language perception and production*: *Relationships between listening, speaking, reading, and writing* (pp. 67-84). San Diego: Academic Press.

Suchman, L. (1987). *Plans and situated action*: *The problem of human-machine communication.* New York: Cambridge University Press.

Sudnow, D. (1978). *Ways of the hand*: *The organization of improvised conduct.* Cambridge: Harvard University Press.

Surprenant, A., Pitt, M., & Crowder, R. (1993). Auditory recency in immediate memory. *Quarterly Journal of Experimental Psychology, 46A,* 193-223.

Sweetser, E. (1986). Polysemy vs. abstraction: Mutually exclusive or complementary. In D. Feder, M. Niepokuj, V. Nikforidou, & M. Van Clay (Eds.), *Papers from the Twelfth Meeting of the Berkeley Linguistics Society* (pp. 528-538). Berkeley: Berkeley Linguistic Society.

Sweetser, E. (1990). *From etymology to pragmatics*: *The mind-body metaphor in semantic structure and semantic change.* New York: Cambridge University Press.

Talmy, L. (1988). Force dynamics in language and cognition. *Cognitive Science, 12,* 49-100.

Talmy, L. (1996). Fictive motion in language and cognition. In P. Bloom & M. Peterson (Eds.), *Language and space* (pp. 211-276). Cambridge: MIT Press.

Talmy, L. (2000). *Toward a cognitive semantics.* Cambridge: MIT Press.

Tanaka, S., & Inui, T. (2002). Cortical movement for action imitation of hand/arm positions versus finger configurations: An fMRI study. *Neuro Report, 13,* 1599-1602.

Taub, S. (2001). *Language from the body.* New York: Cambridge University Press.

Thagard, P., & Nerb, J. (2002). Emotional gestalts: Appraisal, change, and the dynamics of affect. *Personality and Social Psychology Review, 6,* 274-282.

Thelen, E. (2000). Grounded in the world: Developmental origins of the embodied mind. *Infancy, 1,* 3-28.

Thelen, E., & Smith, L. (1994). *Dynamic systems approach to development*: *Applications.* Cambridge: MIT Press.

Thelen, E., Schoener, G., Scheier, C., & Smith, L. (2001). The dynamics of embodiment: A field theory of infant perservative reaching. *Behavorial and Brain Science, 24,* 1-86.

Thomas, A., Bulevich, J., & Loftus, E. (2003). Exploring the role of repetitive and sensory exploration in the imagination inflation effect. *Memory & Cognition, 31,* 630-640.

Thomas, N. (1999). Are theories of imagery theories of imagination? An active perception approach to conscious mental content. *Cognitive Science, 23,* 207-245.

Thompson, E., & Varela, F. (2001). Radical embodiment: Neural dynamics and consciousness. *Trends in Cognitive Science, 5,* 418-425.

Thompson, E., Palacios, A., & Varela, F. (2002). Ways of coloring: Comparative vision as a case study. In A. Noe & E. Thompson (Eds.), *Vision and mind* (pp. 351-418). Cambridge: MIT Press.

Tilley, C. (1994). *A phenomenology of landscape.* Oxford: Oxford University Press.

Tipper, S. (1985). The negative priming effect: Inhibiting priming by ignored objects. *Quarterly Journal of Experimental Psychology, 37A,* 571-591.

Titchner, E. (1909). *Lectures on the experimental psychology of the thought processes.* New York: Macmillan.

Todd, N. (1999). Motion in music: A neurobiological perspective. *Music Perception, 17,* 115-126.

Tooby, J., & Cosmides, L. (1995). Mapping the evolved functional organization of mind and brain. In M. Gazzaniga (Ed.), *The cognitive neurosciences* (pp. 1185-1195). Cambridge: MIT Press.

Tranel, D., Damasio, H., & Damasio, A. (1997). A neural basis for the retrieval of conceptual knowledge. *Neuropsychologia, 35,* 1319-1327.

Traugott, E., & Dasher, R. (2002). *Regularity in semantic change.* NewYork: Cambridge University Press.

Trevarthen, C. (1977). *The interpersonal world of the infant.* New York: Basic Books.

Tucker, M., & Ellis, R. (1998). On the relations between seen objects and components of potential actions. *Journal of Experimental Psychology: Human Perception and Performance, 24,* 830-846.

Turing, A. (1950). Computing machinery and intelligence. *Mind, 59,* 433-463.

Turvey, M., Solomon, H., & Burton, G. (1989). An ecological analysis of knowing by wielding. *Journal of the Experimental Analysis of Behavior, 52,* 387-407.

Ungerleider, L., & Miskin, M. (1982). Two cortical visual systems. In D. Ingle, M. Goodale, &. Mansfield (Eds.), *Analysis of visual behavior* (pp. 549-586). Cambridge: MIT Press.

Valenti, S., & Costall, A. (1997). Visual perception of lifted weight from kinematic and static (photographic) displays. *Journal of Experimental Psychology: Human Perception and Performance, 23,* 181-198.

Vallee-Tourangeau, F., Anthony, S., & Austin, N. (1998). Strategies for generating multiple instances of common and ad hoc categories. *Memory, 6,* 555-592.

van der Heijden, A., Mussler, J., & Bridgeman, B. (1999). On the perception of position. In G. Aschersleben, T. Bachmann, & J. Musseler (Eds.), *Cognitive contributions to the perception of spatial and temporal events* (pp. 19-37). Amsterdam: Elsevier.

van der Meer, A., van der Weel, R., & Lee, D. (1995). The functional significance of arm movements in neonates. *Science, 267,* 693-695.

van Geert, P. (1991). A dynamic systems model of cognitive and language growth. *Psychological Review, 98,* 3-53.

van Gelder, T. (1998). The dynamical hypothesis in cognitive science. *Behavorial and Brain Sciences, 21,* 615-665.

van Leeuwen, L., Smitsman, A., & van Leeuwen, C. (1994). Affordances, perceptual complexity, and the development of tool use. *Journal of Experimental Psychology: Human Perception and Performance, 20,* 174-191.

van Orden, G., Jansen op de Haar, M., & Bosman, A. (1997). Complex dynamic systems also predict dissociations, but they do not reduce to autonomous components. *Cognitive Neuropsychology, 14,* 131-165.

van Orden, G., Pennington, B., & Stone, G. (2001). What do double dissociations prove?*Cognitive Science, 25,* 111-172.

van Rooij, D., Bongers, R., & Haselager, W. (2002). Anon-representational approach to imagined action. *Cognitive Science, 26,* 345-375.

Varela, F. (2002). Upward and downward causation in the brain: Case studies in the emergence and efficacy of consciousness. In Y. Yasue & M. Jibu (Eds.), *No matter, never mind: Proceedings of toward a science of consciousness* (pp. 95-117). Amsterdam: Benjamins.

Varela, F., & Shear, J. (1999). *The view from within.* Imprint Academics: Kluwer.

Varela, F., Thompson, E., & Rosch, E. (1991). *The embodied mind.* Cambridge: MIT Press.

Vishton, P., Rea, J., Cutting, J., & Nunez, L. (1999). Comparing effects of the horizontal-vertical illusion on grip scaling and judgment: Relative versus absolute, not perception versus action. *Journal of Experimental Psychology: Human Perception and Performance, 25,* 1659-1672.

Viviani, P. (2002). Motor competence in the perception of dynamic events: Atutorial. In W. Prinz & B. Hommel (Eds.), *Common mechanisms in perception and action* (pp. 406-442). New York: Oxford University Press.

Viviani, P., Baud-Bovy, G., & Redolfi, M. (1997). Perceiving and tracking kinesthetic stimuli: Further evidence of motor-perception interactions. *Journal of Experimental Psychology: Human Perception and Performance, 23,* 1232-1252.

Viviani, P., & Stucchi, N. (1992a). Biological movements look uniform: Evidence of motor-perceptual interactions. *Journal of Experimental Psychology: Human Perception & Performance, 18,* 603-623.

Viviani, P., & Stucchi, N. (1992b). Motor-perceptual interactions. In G. Stelmach & J. Requin (Eds.), *Tutorials in motor behavior II* (pp. 229-248). Amsterdam: North-Holland.

Vogt, S. (1995). On the relations between perceiving, imagining and performing in the learning of cyclical movement sequences. *British Journal of Psychology, 86,* 191-216.

Wagman, J., & Carello, C. (2001). Affordances and inertial constraints in tool use. *Ecological Psychology, 13,* 173-195.

Wagner, S., Winner, E., Cicchetti, D., & Gardner, H. (1981). Metaphorical mappings in human infants. *Child Development, 52,* 728-731.

Walker, A. (1982). Intermodal perception of expressive behavior by human infants. *Journal of Experimental Child Psychology, 33,* 514-535.

Wallbott, H. (1998). Bodily expression of emotion. *European Journal of Social Psychology, 28,* 879-896.

Wang, S-H., Baillargeon, R., & Brueckner, L. (2004). Young infants' reasoning about hidden objects: Evidence from violation-of-expectation tasks with test trials only. *Cognition, 93,* 167-198.

Warren, W. (1984). Perceiving affordances: Visual guidance of stair climbing. *Journal of Experimental Psychology*: *Human Perception and Performance, 10*, 683-703.

Warrington, E., & McCarthy, R. (1987). Categories of knowledge: Further fractionations and an attempted integration. *Brain, 110*, 1273-1296.

Warrington, E., & Shallice, T. (1984). Category-specific semantic impairment. *Brain, 107*, 829-854.

Washburn, M. (1916). *Movement and mental imagery*. Boston: Houghton Mifflin.

Wegner, D. (2002). *The illusion of conscious will*. Cambridge: Harvard University Press.

Wegner, D., & Wheatley, T. (1999). Apparent mental causation: Sources of the experience of will. *American Psychologist, 54*, 480-492.

Weiskrantz, L. (1980). Varieties of residual experience. *Quarterly Journal of Experimental Psychology, 32*, 365-386.

Weiskrantz, L., Warrington, E., Sanders, M., & Marshall, J. (1974). Visual capacity in the hemianopic field following restricted occipital ablation. *Brain, 97*, 709-729.

Welch, R. (1978). *Perceptual modification*: *Adapting to altered sensory environments*. New York: Academic Press.

Werner, A. (1904). Note on the terms used for "right hand" and "lefthand" in the Bantu languages. *Journal of the African Society, 13*, 112-116.

Wexler, M., Kosslyn, S., & Berthoz, A. (1998). Motor processes in mental rotation. *Cognition, 68*, 77-94.

Wheeler, M., Peterson, S., & Buckner, R. (2000). Memory's echo: Vivid remembering reactivates sensory-specific cortex. *Proceedings of the National Academy of Sciences, 97*, 11, 125-129.

White, P. (1999). Toward a causal realist account of causal understanding. *American Journal of Psychology, 112*, 605-642.

Wierzbicka, A. (1999). *Emotions across languages and cultures*: *Diversity and universals*. New York: Cambridge University Press.

Wilcox, P. (2001). *Metaphor in American sign language*. Washington: Gallaudet University Press.

Wilson, M. (2001). The case for sensorimotor coding in working memory. *Psychonomic Bulletin and Review, 8*, 49-57.

Wilson, M. (2002). Six views of embodied cognition. *Psychonomic Bulletin and Review, 9*, 625-636.

Wilson, M., & Emmorey, K. (1997). A visuospatial phonological loop in working memory: Evidence from American Sign Language. *Memory & Cognition, 25*, 313-320.

Wilson, M., Iverson, A., & Emmorey, K. (2000). Further investigation of the phonological similarity effect for sign language: Two effects of spatial similarity. Manuscript submitted for publication.

Wilson, N., & Gibbs, R. (2005). Realand imagined body movement primes metaphor comprehension. Manuscript submitted for publication.

Wilson, R. (2004). *Boundaries of the mind*: *The individual in the fragile sciences - cognition*. New York: Cambridge University Press.

Wilson, T. (2002). *Strangers to ourselves*: *Discovering the adaptive unconscious*. Cambridge: Harvard University Press.

Winkler, C. (1994). Rape trauma: Contexts of meaning. In T. Csordas (Ed.), *Embodiment and experience* (pp. 248-268). New York: Cambridge University Press.

Wohlschlager, S., & Wohlschlager, A. (1998). Mental and manual rotation. *Journal of Experimental Psychology*: *Human Perception and Performance, 24*, 397-412.

Wolff, P. (1999). Space perception and intended action. In G. Aschersleben, T. Bachmann & J. Musseler (Eds.), *Cognitive contributions to the perception of spatial and temporal events* (pp. 43-630. Amsterdam: Elsevier.

Wolff, P., & Levin, J. (1972). The role of overt activity in children's imagery production. *Child Development, 43*, 537-547.

Woodward, A. (1999). Infants' abilities to distinguish between purposeful and nonpurposeful behaviors. *Infant Behavior and Development, 22*, 145-160.

Wright, T. (2001). Karen in motion: The role of physical enactment in developing an understanding of distance, time, and speed. *Mathematical Behavior, 20*, 145-162.

Wu, L., & Barsalou, L. (2001). Grounding concepts in perceptual simulations: I Evidence from property generation. Manuscript submitted for publication.

Xu, F., & Carey, S. (1996). Infants' metaphysics: The case of numerical identity. *Cognitive Psychology, 30*, 111-153.

Yarbus, A. (1965). *Role of eye movements in the visual process*. Oxford: Nauka.

Yu, N. (1999). *The contemporary theory of metaphor*: *Perspectives from Chinese*. Amsterdam: Benajmins.

Yu, N. (2003). Chinese metaphors of thinking. *Cognitive Linguistics, 14*, 141-166.

Zabalia, M. (2002). Action and mental imagery in children. *Anne Psychologique, 102*, 409-422.

Zajonc, R., Murphy, S., Inglehart, M. (1989). Feeling and facial efference: Implication of the vascular theory of emotion. *Psychological Review, 96*, 395-416.

Ziemke, T. (1999). Rethinking grounding. In A. Riegler, M. Peschl, & A. von Stein (Eds.), *Understanding representation in the cognitive sciences* (pp. 177-190). NewYork: Kluwer Academic.

Zimler, J., & Keenan, J. (1983). Imagery in the congenitally blind: How visual are visual images? *Journal of Experimental Psychology*: *Learning, Memory, and Cognition, 9*, 269-282.

Zubin, D., & Choi, S. (1984). Orientation and gestalt: Conceptual organizing principles in the lexicalization of space. In D. Testen, V. Misha, & J. Drogo (Eds.), *Papers from the parasession of lexical semantics* (pp. 333-345). Chicago: Chicago Linguistics Society.

Zwaan, R. (1996). Processing narrative time shifts. *Journal of Experimental Psychology*: *Learning, Memory, & Cognition, 22*, 1196-1207.

Zwaan, R., Magliano, J., & Graesser, A. (1995). Dimensions of situated model construction in narrative comprehension. *Journal of Experimental Psychology*: *Learning, Memory, & Cognition, 21*, 386-397.

Zwaan, R., Stanfield, R., & Yaley, R. (2002). Language comprehenders mentally represent the shapes of objects. *Psychological Science, 13*, 168-171.

索 引

罗洛夫斯效应 Roelofs effect, 57

洛特，特伦特 Lott, Trent, 110

M

马图拉纳，汉贝托 Maturana, Humberto, 42

麦克洛斯基，弗兰克 McCloskey, Frank, 109

盲视 blindness, 66

    非注意（盲视） inattentional, 66

    心理意象 mental imagery, 131

盲视 blindsight, 57

美国手语 American Sign Language (ASL), 169

    ……中的概念隐喻 conceptual metaphors in, 191

    ……中的交流观念 communication ideas in, 190

    ……中的具身隐喻 embodied metaphors in, 190-194

    ……中的容器图式 container schema in, 192

    ……中的时间 time in, 192

    ……中的双重映射 double mappings in, 191

    ……中的隐喻 metaphors in, 193

美国手语 ASL. 见 American Sign Language

米勒，乔治 Miller, George, 264

面部表情 facial expressions

    ……的交际功能 communicative function of, 249

    气味 odor, 249

    情绪 emotions, 246-250, 253

    学习……的困难 study difficulties with, 247

    有意向的 intentional, 248

    运动模拟 motor mimicry, 248

    自然的，自动的 natural, automatic, 248

模仿 imitation, 231-234

    类比迁移 analogical transfer, 234

    延迟的 deferred, 232

    婴儿的…… of infants, 232-234

模块化理论，认知科学 modularity theory, cognitive science, 279-280

莫伊尼，帕特里克 Moynihan, Patrick, 110

N

P

R